(Chemical Safety Professional Engineer)

화공안전기술사

합격 서브노트 제2권

도서출판 전기박사드림

[추천사]

성재준 기술사의 화공안전기술사 합격서브노트 추천사

오늘 저는 성재준 기술사님의 혼과 땀방울이 고스란히 담긴 역작, 바로 '화공안전기술사 합격 서브노트'에 대해 몇 말씀 올리고자 합니다.

기술사의 길은 그저 지식만으로 걸어갈 수 있는 길이 아닙니다. 깊이 있는 이해와 더불어, 실제 현장에서 맞닥뜨릴 수 있는 수많은 변수까지 꿰뚫어 보는 통찰력이 필요하죠. 특히 '화공안전' 분야는 그야말로 생명과 직결되는, 한 치의 오차도 용납되지 않는 엄중함이 요구됩니다. 그런 점에서 성재준 기술사님은 이미 화공안전기술사와 가스기술사 자격을 갖추고 있으며, LG화학 공장장 역임 등 풍부한 실무 경험까지 겸비한 이 분야의 살아있는 전설 같은 분이십니다.

이 서브노트를 펼쳐드는 순간, 그분의 깊이 있는 지식과 오랜 경험이 마치 살아 숨쉬는 듯 페이지마다 가득 배어 있음을 느낄 수 있었습니다. 여느 수험서처럼 딱딱하고 건조한 이론 나열이 아닌, 합격을 위한 가장 효율적인 지름길을 명확하게 제시하고 있다는 점에서 큰 감명을 받았습니다. 방대한 화공안전 이론을 핵심만 짚어내어 명쾌하게 정리하고, 복잡한 개념들을 도표와 사례를 통해 쉽게 이해할 수 있도록 구성한 점은 그야말로 탁월합니다. 불필요한 군더더기를 걷어내고 시험에 꼭 필요한 내용을 압축하여, 수험생들이 시간 낭비 없이 목표에 집중할 수 있도록 돕는 진정한 '합격 서브노트'의 정수를 보여줍니다.

'전기박사 땡추'는 다양한 공학 분야를 접하지만, 안전이라는 대명제 아래 화공과 전기는 결국 하나로 통합니다. 이론과 실무의 균형이 얼마나 중요한지 누구보다 잘 알고 있기에, 이 서브노트가 가진 가치는 단순히 합격을 넘어 안전 전문가로서의 올바른 시작을 안내하는 훌륭한 길잡이가 될 것이라고 확신합니다. 이 책 한 권으로 화공안전기술사의 문을 두드리는 모든 이들이 합격의 영광을 누리기를 진심으로 기원하며, 주저 없이 이 서브노트를 강력히 추천하는 바입니다.

전기박사 땡추 김종선 대표

2025. 09. 22

[머리말]

화공안전기술사 합격 서브노트 머리말

안녕하십니까. 화공안전기술사 성재준입니다. 수십 년간 산업 현장에서 생생한 경험을 쌓으며 안전의 최전선에서 고군분투해왔습니다. 그 과정에서 얻은 깊이 있는 지식과 노하우를 바탕으로, 화공안전기술사 시험을 준비하는 수많은 수험생들이 합격이라는 목표에 실질적으로 도달하는 데 도움을 드리고자 이 '합격 서브노트'를 세상에 내놓게 되었습니다.

이 책은 단순히 방대한 이론을 나열하는 데 그치지 않습니다. LG화학 공장장으로서 쌓아온 32년의 풍부한 현장 경험과, 실제 시험에 출제된 방대한 기출 자료를 철저히 분석하여 합격에 꼭 필요한 핵심만을 압축했습니다. 복잡하고 난해한 화공안전 이론을 명쾌하게 해설하고, 산업안전보건법, 화학물질관리법, 고압가스안전관리법, 위험물안전관리법 등 필수 법규 지식을 시험의 관점에서 재해석하여 담아냈습니다. 불필요한 내용은 과감히 덜어내어, 제한된 시간 안에 효율적인 학습이 가능하도록 구성하였습니다.

화공안전기술사는 개인의 영달을 넘어, 우리 사회의 산업 현장 안전을 책임지는 숭고한 사명입니다. 이 서브노트가 여러분의 소중한 시간을 절약하고, 체계적인 학습을 통해 합격이라는 값진 결실을 맺는 든든한 동반자가 되기를 간절히 바랍니다. 여러분의 뜨거운 열정과 꾸준한 노력이 반드시 빛을 발할 것이라 믿어 의심치 않습니다.

부디 이 책이 여러분의 합격에 큰 도움이 되기를 진심으로 기원합니다.

교재 저자 성재준 기술사 드림
2025. 09. 22

INDEX 차례

화공안전기술사 합격서브노트 제1권

PART I 화공안전기술사 (온라인강의) 목차 (68강중 40강)

01. 연소공학_연소의 개념, 연소범위, 화재의 종류 ········· 23
02. 연소공학_연소속도, MIE, MESG, 불활성화 ········· 33
03. 연소공학_기출 (위험도계산, 가연물 구비조건, MOC계산) ········· 48
04. 폭발공학_폭발의 개요 ········· 57
05. 폭발공학_폭발의 분류 (수증기폭발 外) ········· 61
06. 폭발공학_BLEVE, UVCE, 반응폭주, 분해폭발 ········· 69
07. 폭발공학_폭굉(DDT&DID), 연소&폭발(폭연,폭굉)차이, 분진폭발 ········· 86
08. 폭발공학_분진폭발 영향인자, Fireball ········· 97
09. 폭발공학_폭발 방호대책 (5단계) - 피해국한화 & 경감화 ········· 109
10. 폭발공학_과압추정절차, 폭발효율, 기출(폭발감소대책 3원칙) ········· 118
11. 방폭공학_방폭의 개요, 방폭원리, 폭발위험장소 구분 (희석등급 外) ········· 127
12. 방폭공학_누출률, 방폭구조(종류)-내압,본질, 방폭전기기기 선정원칙 ········· 139
13. 방폭공학_분진폭발 위험장소 설정, 환기(국소배기장치, 필요환기량) ········· 154
14. 정전기_정전기의 개요, 영향인자, 대책 ········· 173
15. 부식_부식의 개요, 메카니즘, 영향인자, 갈바닉부식 ········· 191
16. 부식_틈부식, 입계부식, 공식, 선택부식, 프레팅 ········· 200
17. 부식_응력부식, 수소부식(HA,HB,HIC), 고온부식 ········· 210
18. 부식_전기방식법, 비파괴검사 (적용대상 및 종류) ········· 221
19. 위험물_위험물의 개요, 위험물 분류 (산안법, 위험물법) ········· 237
20. 위험물_NFPA 규정 (30, 704, 472 등), 인화성물질(4류). 금수성물질(3류) 249
21. 위험물_금수성물질의 소화방법, 혼합위험, MSDS ········· 257
22. 위험물_MSDS-GHS, 위험물 취급시 안전조치 ········· 269
23. 화학물질_수소 (특성, 종류, 안전대책) ········· 285
24. 화학물질_암모니아(특성, 대책), 황산TK 안전대책 ········· 290
25. 유류및가스_개요, 경질유 및 중질유의 상호비교 & 소방대책 ········· 300
26. 유류및가스_석유류TK 화재폭발대책, 상압TK 3단계 안전조치 ········· 307
27. 유류및가스_중질유 탱크의 재해형태, 액면화재 주요요인(4) ········· 316

28. 유류및가스_교환적재, Breathing Loss外, 방유제 ································· 325
29. 유류및가스_LPG와 LNG의 비교, 가스화재(개요, 종류) ················· 338
30. 유류및가스_Rollover, 고압가스(분류, 위험성, 장점), 초저온액체 ······· 349
31. PSM_공정안전보고서 개요 ··· 360
32. PSM_제출대상, 주요항목, R값 계산(기출) ··································· 366
33. PSM_제출&심사&평가 대상, 보고서 작성기준, 공정위험성평가 기법의 종류 373
34. PSM_변경관리, 비상조치계획, 밀폐공간 ······································ 386
35. PSM_CPQRA, 정성적 위험성평가 종류 ······································· 407
36. PSM_정성적 위험성평가 – FMEA&FMECA, Hazop, K-PSR ·········· 415
37. PSM_정량적 위험성평가 – FTA, ETA, CA(사고영향평가) ·············· 428
38. PSM_사고영향평가(TNT당량, TNO멀티에너지), Probit, 가우시안모델 ···· 445
39. PSM_TNO액면화재 모델, 위험의 표현방법, LOPA ······················· 459
40. PSM_최악&대안 누출시나리오, RBI, RCM ································· 476

PART II 화공안전기술사 문제 목차

▣ 제1장 연소공학

문1) 연소의 개념과 연소 메카니즘 ·· 23
문2) 연소(폭발)범위, 연소범위 영향요소 ··· 25
문3) 연소범위와 관련된 이론 ··· 27
문4) 연소의 종류, 화재의 종류 ·· 31
문5) 자연발화와 인화에 의한 발화 상호비교 ···································· 32
문6) 불꽃연소와 작열연소의 차이점 ·· 33
문7) 화학반응속도와 연소속도 ··· 34
문8) 연소의 4요소관점 소화방법 (물리적/화학적 소화) ······················· 36
문9) 최소발화에너지 (MIE) ·· 39
문10) 화염일주한계(최대안전틈새)와 MIE ··· 43
문11) 불활성화와 MOC ··· 46
문12) 메탄의 위험도 ··· 48
문13) 가연물의 구비조건, 가연물이 될수 없는 조건 ··························· 49
문14) Cst설명, 부탄(C4)의 MOC 및 화재폭발예방을 위한 MOC설명(Jones식 이용) 51

■ 제2장 폭발공학

문1) 폭발의 분류 ··· 61
문2) 폭발재해형태에 따른 분류 ·· 62
문3) 물리적폭발과 화학적폭발의 차이 ·· 64
문4) 증기폭발 ··· 61
문5) BLEVE (비등액체팽창 증기폭발) ··· 69
문6) 산화폭발 ··· 71
문7) 분해폭발 ··· 72
문8) UVCE (자유공간 증기운폭발) ··· 74
문9) 반응폭주 ··· 80
문10) Semenov 열발화이론 ·· 84
문11) 폭굉(Detonation)-랭킨유고니어곡선 ··· 86
문12) 박막폭굉 ··· 90
문13) 연소, 폭연, 폭굉의 차이 ·· 91
문14) 분진폭발 ··· 92
문15) 분진폭발 영향인자 ·· 97
문16) 분진폭발지수 및 분진폭연상수 ·· 99
문17) 폭발거동의 영향인자 ·· 101
문18) Fireball ··· 103
문19) 폭발방호대책 5단계 (폭발방호대책 진행방법) ······························ 109
문20) 폭발피해 국소화 위한 공학적 설계대책 ··· 111
문21) 폭발피해 국한화 및 피해 경감화 (방호대책) ································ 113
문22) 폭발방호 6단계 (피해국한화) ··· 115
문23) 폭발대상물의 임펄스(충격량), 과압, 동압 ·· 118
문24) 폭발효율 (Explosion Efficiency) ·· 121
문25) 폭발위험 감소대책 3원칙(기출) ··· 123

■ 제3장 방폭공학

문1) 방폭의 원리 ··· 129
문2) 폭발위험장소의 구분기준 (희석등급 &환기 이용도) ··················· 130
문3) 폭발위험장소의 범위선정 ··· 133

문4) 가스폭발위험장소 설정·관리 기술지침 (주요변수, 폭발위험장소구분) ·········· 135
문5) 누출율 산정시 매개변수, 누출량계산식 ··· 139
문6) 방폭구조의 종류 ··· 143
문7) 본질안전 방폭구조 ··· 147
문8) 방폭전기기기 선정원칙 ··· 152
문9) 분진폭발 위험장소 설정 기술지침 ··· 154
문10) 분진방폭구조의 종류 ··· 159
문11) 분진폭발위험장소의 종류와 방폭구조 ··· 160
문12) 산업환기설비 (국소배기장치) ··· 162
문13) 전체환기와 국소환기 ··· 166
문14) 후드의 누출안전계수 ··· 167
문15) 자연환기방식 (바람, 부력) ··· 168

▣ 제4장 정전기

문1) 정전기 ··· 174
    1) 발생 메카니즘 ··· 174
    2) 정전기 영향인자 ··· 175
    3) 정전기 발생형태 종류 (대전의 종류) ··· 175
    4) 정전기 방전현상 (방전의 종류) ··· 177
    5) 정전기 방지대책 ··· 178
    6) 인화성액체 취급시 정전기 방지대책 ··· 178
    7) 제전기 ··· 179
문2) 정전기 재해방지 5원칙 ··· 185
문3) 정전기 장애 ··· 187

▣ 제5장 부식

문1) 부식 (메카니즘, 종류, 원인, 방지대책) ··· 193
문2) 균일부식 ··· 197
문3) 갈바닉부식 (이종금속부식) ··· 198
문4) 틈부식 (간극부식, Crevice Corrosion) ··· 200
문5) 입계부식 (Intergranular Corrosion) ··· 202

문6) 공식 (Pitting Corrosion) ·· 205
문7) 선택부식 (Selective Leaching) ·· 207
문8) 프레팅부식 (Fretting Corrosion) ······································ 208
문9) 응력부식균열(SCC)과 피로부식균열(CFC) ···················· 210
문10) 수소손상의 종류 및 대책 (HA, HB) ···························· 212
문11) 수소유기균열 (HIC) ·· 214
문12) 넬슨선도 (Nelson Curve) ·· 217
문13) 고온부식 ··· 218
문14) 전기방식법 ··· 221
문15) 비파괴검사 (NDE, NDT) ·· 226

■ 제6장 위험물 및 화학물질

문1) 유해·위험물질 목록 기입방법 ·· 239
문2) 산안법상 위험물의 분류 ·· 240
문3) 위험물법상 위험물의 분류 ·· 244
문4) NFPA 30에 의한 인화성/가연성액체 분류 ·················· 248
문5) NFPA 704에 의한 위험물표시 ·· 251
문6) NFPA 472에 의한 위험물 분류 ······································ 252
문7) 금수성물질 ··· 253
문8) 혼합위험성물질 ··· 259
문9) 무기과산화물과 유기과산화물 ·· 262
문10) MSDS1 (Material Safety Data Sheet) ························ 263
문11) MSDS2 (Material Safety Data Sheet) ························ 265
문12) GHS (Globally Harmonized System) ·························· 268
문13) 위험물 위험분석 위한 물리·화학적 특징 ·················· 272
문14) 산안법상 위험물취급 안전조치 중 ······························ 280
　　　①공통사항 ②호스를 사용한 인화성물질의 주입
　　　③가솔린이 남아있는 설비에 등유의 주입
　　　④산화에틸렌 취급설비등에 대하여 각각 설명
문15) 수소 (Hydrogen) ·· 284
문16) 무수암모니아 저장에 관한 기술지침 ·························· 289
문17) 황산 저장TK 설계시 안전상 고려사항 ······················ 292

■ 제7장 유류(경질유,중질유) 및 가스(LPG, LNG)

문1) 저유조 (경질유/중질유) ·· 301
문2) 경질유TK 화재와 중질유TK 화재의 비교 ·· 302
문3) 석유류 저장TK 화재특성 및 화재진압방법 ····································· 303
문4) 석유류 저장TK 화재폭발 대책 ··· 306
문5) 상압저장TK의 안전장치 ·· 311
문6) 상압저장TK(콘루프, 돔루프)의 3단계 안전조치와 목적 ·············· 313
문7) 중질유 저장TK의 재해형태 (Boilover, Slopover, Frothover) ······ 315
문8) 경질유 TK의 재해형태 ··· 318
문9) 경질유와 중질유의 액면상의 거동 (화재형태) ····························· 319
문10) 저유조 내의 석유화재 (액면화재 4가지 요인) ··························· 320
문11) 윤화 (Ring Fire) ·· 323
문12) 교환적재 (Switch Loading) ·· 324
문13) Breathing Loss와 Working Loss ·· 326
문14) 방유제 설치기준 (코샤가이드) ·· 328
문15) 방유제 설치기준 (위험물법) ·· 332
문16) 방유제 비교 (산안법, 위험물법, 화관법) ···································· 335
문17) 방유제 설치대상 ·· 336
문18) LPG와 LNG의 비교 ·· 337
문19) 가스화재의 형태 ··· 339
문20) Pool fire와 Jet fire의 상호비교 ·· 345
문21) 가스화재와 가스폭발의 차이점 ·· 348
문22) Rollover현상 (LNG하역작업) ·· 349
문23) 고압가스의 분류 ·· 351
문24) 고압가스의 위험성 ·· 353
문25) 고압가스의 장점, 재해형태, 폭발방지대책 ································· 356
문26) 초저온액체(Cryogenic Liq.) 취급시 위험성 및 저장시 안전대책 ········· 358

■ 제8장 PSM 및 밀폐공간, 위험성평가

문1) PSM1 (공정안전보고서) ··· 361

문2) K사업장 PSM 제출대상여부 (R값 계산) ·· 372
문3) PSM2 (공정안전보고서) ·· 374
문4) 밀폐공간 작업프로그램 (포함내용, 절차) ································· 395
문5) 밀폐공간 작업허가서의 내용 ·· 399
문6) 밀폐공간 환기기준 및 절차 ·· 400
문7) 밀폐공간 (개방시·출입시·작업시 안전수칙) ··························· 401
문8) 정량적 위험성평가 절차 (CPQRA) ·· 408
문9) Hazard와 Risk, Danger의 차이점 ·· 410
문10) 정성적 위험성평가와 정량적 위험성평가의 차이점 ················· 411
문11) 정성적 위험성평가의 종류 ·· 412
문12) FMEA, FMECA 차이점 ·· 416
문13) 상대위험순위 결정기법의 F&EI ·· 418
문14) Hazop (회분식공정) ·· 419
문15) Hazop 기출문제 (가이드워드 정보표, Hazop sheet) ··············· 424
문16) K-PSR (공정안전성분석) ··· 427
문17) FTA (결함수분석) ··· 429
문18) FTA에서 최소컷셋, 최소패스셋 ··· 433
문19) ETA (사건수분석) ·· 435
문20) 사고영향평가 (CA, Consequence Analysis) ···························· 439
문21) 폭발피해 정량화방법 (TNT당량, TNO멀티에너지, Scaling의 3승근 법칙) · 446
문22) TNO 멀티에너지모델 과압추정절차 ·· 448
문23) TNO 상관관계 모델링 ·· 450
문24) Probit ··· 452
문25) 가우시안모델(Plume, Puff) 적용대상, 전제조건, 농도예측순서 ············· 456
문26) TNO 액면화재모델 전제조건, 피해예측절차 ··························· 459
문27) 위험의 표현방법 ··· 463
문28) LOPA (방호계층분석, Layer of Protection Analysis) ·············· 467
문29) SIS (안전계장시스템, Safety Instrumented System) ··············· 472
문30) SIF (안전계장기능, Safety Instrumented Function) ················ 473
문31) PFD (작동실패확률, Probability of failure on demand) ········· 474
문32) SIL (완전무결수준, Safety Integrity Level) ····························· 475
문33) 최악 및 대안의 누출시나리오 ·· 476
문34) 최악 사고시나리오 절차 ··· 478

문35) RBI (위험성기반검사, Risk Based Inspection) ······················ 482
문36) RCM (신뢰성중심 유지관리, Reliability Centered Maintenance) ··········· 486

화공안전기술사 합격서브노트 제2권

PART I 화공안전기술사 (온라인강의) 목차 (68강중 28강)

41. 신재생에너지_개요, 종류(연료전지), ATR, 온실가스, RE-100 & RPS ············ 21
42. 신재생에너지_탄소중립, CCUS, ESS 화재위험 ························· 38
43. 산업안전(법규)_안전관리자, 특별안전교육 外 ························· 51
44. 산업안전(법규)_유해위험방지계획서, 도급 外 ························· 67
45. 산업안전(법규)_중처법, 화관법(예방계획서, 취급시설 안전검사&진단) ··· 85
46. 산업안전(일반)_개요, 재해통계(빈도율, 강도율) ························· 101
47. 산업안전(일반)_하인리히법칙, 버드이론, 산업재해의 직접&간접원인 ······ 112
48. 산업안전(일반)_휴먼에러, 의식수준 5단계, 호흡용 보호구 ················ 129
49. 독성학_개요, 허용농도(TWA) & 치사농도(LC50) ························ 142
50. 독성학_충격감도&VHI, 누출 주요기기&대책, 독성물질 관리대책 ········· 160
51. 독성학_독성물질 확산방지대책, 혼합물 독성가스 판별기준, 특정고압가스(20) · 172
52. 화학장치설계_개요 ··· 191
53. 화학장치설계_화학설비의 종류 및 안전대책, 화학공장 설계시 안전대책 ····· 198
54. 화학장치설계_화학공정 설계시 안전대책(DP, MAWP), DP 계산문제 ········· 211
55. 화학장치설계_압력용기 내압시험, 반응기 안전대책 ······················ 224
56. 화학장치설계_고압가스 특정제조시설의 안전장치,
    증류탑(이상현상, 일상점검&개방시 점검) ···························· 239
57. 화학장치설계_건조설비, 펌프 ·· 250
58. 화학장치설계_압축기(단열압축), 신축이음쇠, 킬드강, STS304&304L 비교 ·· 264
59. 화학장치설계_Fail open&Fail close, MMS, Fail safe&Fool proof, P&ID&PFD · 273
60. 화학설비및안전장치_개요, 안전밸브 (설치대상 外) ······················· 287
61. 화학설비및안전장치_안전밸브 (배압, 설치기준 外) ······················· 297
62. 화학설비및안전장치_안전밸브 (소요분출량), 파열판 ······················ 312
63. 화학설비및안전장치_화염방지기, 안전거리&보유공지 ···················· 322
64. 화학설비및안전장치_화염검출기, 긴급차단밸브, 통기설비 ················· 338
65. 화학설비및안전장치_가스감지기, Flare System (Flare Header 外) ·········· 353
66. 화학설비및안전장치_Flare System (KO드럼, Seal Drum) ··················· 367
67. 화학공장의위험성_개요, 화학공장 위험성, 화재위험작업시 준수사항 ········· 383

68. 화학공장의위험성_화재감시자, 신뢰도함수(누적고장확률, MTBF) ·········· 404

PART II 화공안전기술사 문제 목차

▣ 제9장 신재생에너지

문1) 신에너지와 재생에너지 종류 ··· 24
문2) 연료전지의 원리 및 특징, 종류 ······································ 27
문3) ATR(Auto Thermal Reforming)의 주요 반응식과 특징 ········· 31
문4) 지구온난화 현상 ·· 32
문5) 오존층파괴 ··· 34
문6) RE-100 (Renewable Energy 100) ································· 36
문7) RPS (Renewable Portfolio Standard) ····························· 37
문8) 탄소중립 ·· 38
문9) CCUS ··· 42
문10) Li-이온배터리의 구성요소와 화재위험특성 ······················· 47

▣ 제10장 산업안전(법규) - 산안법,화관법(예방계획서)

문1) 산업재해와 중대재해, 중대산업사고 ································· 51
문2) 중대산업사고 판단기준 ··· 52
문3) 안전보건개선계획 수립시행, 공표대상사업장 ······················ 53
문4) 안전보건관리 담당자 ·· 54
문5) 관리감독자 ·· 55
문6) 안전보건관리책임자 ··· 56
문7) 안전보건총괄책임자 ··· 57
문8) 산업안전보건위원회 ··· 58
문9) 안전관리자 ·· 60
문10) 특별안전교육 ··· 63
문11) 산안법 개정사항 (23년 9월이후~) ································· 65
문12) 산업안전지도사 직무 ·· 67
문13) 유해위험방지계획서 ·· 68
문14) 안전보건관리규정 작성대상 및 상세내용 ························· 71
문15) 사업주의 유해·위험예방조치사항 ·································· 73

문16) 도급의 제한 (사업주 의무사항, 정보제공) ·· 75
문17) 안전인증 ·· 79
문18) 안전검사 ·· 82
문19) 작업중지 ·· 84
문20) 중대재해처벌법 (중대산업재해와 중대시민재해) ·· 85
문21) 화학물질관리법(정의) ··· 86
문22) 화학사고 예방관리계획서 (예방계획서) ·· 88
문23) 유해화학물질 취급시설의 검사 및 안전진단 ·· 95

▣ 제11장 산업안전(일반)

문1) 산업재해 발생시 조치사항 (7단계) ··· 103
문2) 산업재해 통계 및 분석 (빈도율·강도율) ·· 104
문3) 빈도율·강도율·도수강도치 ··· 106
문4) 계산문제 (빈도율, 강도율) ·· 109
문5) 블랙스완 ·· 110
문6) 산업재해 발생형태 4가지를 사람과 에너지 관계로 분류 ······························· 111
문7) 하인리히 재해발생 5단계 (도미노이론) ·· 112
문8) 하인리히 사고예방관리 5단계 ·· 115
문9) 산업재해예방 4원칙 (하인리히) ··· 117
문10) 버드의 신사고 연쇄성이론 (신도미노이론) ·· 119
문11) 하인리히법칙과 버드이론 ·· 122
문12) J.H.Harvey의 3E대책 ·· 124
문13) 불안전한 상태와 불안전한 행동 ·· 125
문14) 휴먼에러 ·· 129
문15) 인간의 의식수준 5단계 ·· 132
문16) 부주의 원인의 내적, 외적요인 ··· 134
문17) 등치성이론 ·· 136
문18) 간결성의 원리, 군화의 법칙 (게슈탈트) ·· 138
문19) 호흡용 보호구 ·· 142
문20) 화학물질용 보호복의 종류 ·· 143

▣ 제12장 독성학, 누출&안전대책

문1) 독성가스 허용농도의 종류, 용어 ··· 151
문2) NOAEL/LOAEL 개요 ·· 160
문3) 독성측면과 화재폭발측면에서의 충격감도 설명 ················· 161
문4) 증기위험도지수(VHI)와 허용농도지수(ACI) ······················ 163
문5) 산안법상 급성독성물질 구분4의 구분기준 ·························· 164
문6) 위험물 누출요인의 되는 주요기기 ···································· 166
문7) 누출 주요기기의 누출안전대책 ··· 168
문8) 독성물질 관리대책 (예방대책, 사후대책) ··························· 171
문9) 독성물질의 관리방법 및 확산방지대책 (본수능절) ··············· 174
문10) 가스상 급성독성물질의 하역 및 출하시 안전기준 ·············· 176
문11) 액상화학물질의 하역 및 출하장의 누출방지설비 ················ 181
문12) 독성가스 취급설비의 안전관리 (혼합물 독성가스판별기준) ·· 184
문13) 특정고압가스 종류(20), 사용전 신고 저장능력기준 ············ 187

■ 제13장 화학장치설계

문1) 화학설비의 종류 및 안전대책 ··· 198
문2) 화학설비별 위험요인 및 안전대책 ···································· 204
문3) 화학공장 설계시 안전상 고려사항 ···································· 207
문4) 화학공정의 위험관리 전략 (4단계) ··································· 211
문5) 화학공정 설계시 고려해야 할 안전사항 ······························ 213
문6) 설계압력(DP), 최고사용압력(MOP), 최고허용압력(MAWP), 과압(OP) 구분설명
 ·· 216
문7) 증류탑 설계압력 (계산문제) ·· 218
문8) 화학설비의 내화기준 ·· 220
문9) 스폴링(Spalling) : 콘크리트 폭렬현상 ······························ 223
문10) 압력용기 정의 (고법, 산안법, 에너지합리화법) ················· 224
문11) 압력용기 내압시험, 기밀시험 및 안전성 확보방안 ············· 225
문12) 반응기 (종류, 설계시 영향인자, 안전설계시 고려사항) ······· 229
문13) 회분식반응기의 안전설계모델(본수능절) ·························· 233
문14) 고압가스 특정제조시설의 안전장치 목록 ·························· 239
문15) 내부반응 감시장치 ·· 240

문16) 증류탑 · 241
문17) 증류탑 운전특성 (이상현상) · 242
문18) 증류탑의 일상점검 항목과 개방시 점검항목 · 248
문19) 열교환기 · 249
문20) 건조설비 · 250
문21) 펌프 (케비테이션, 베이퍼록, 수격현상, 맥동현상) · 253
문22) 소방펌프 · 262
문23) 압축기의 종류 및 특성 · 264
문24) 신축이음쇠 · 268
문25) 킬드강 · 271
문26) STS304와 304L, STS316과 316L의 차이점 및 구분하여 제작하는 이유 · 272
문27) Fail to open, Fail to close · 273
문28) Man-Machine System (시퀀스제어/피드백제어 포함) · 274
문29) Fail Safe와 Fool Proof · 279
문30) DCS와 PLC의 기능 및 차이점 · 280
문31) PFD와 P&ID · 282

▣ 제14장 화학설비 및 안전장치

문1) 안전밸브 (설치대상, 설치위치, 설치방법, 배압, 설정압력&축적압력, 종류) 293
문2) 안전밸브 설치위치 및 설치방법 · 305
문3) 안전밸브 배출배관 설치시 고려사항 · 307
문4) 안전밸브 형식표시 · 311
문5) 안전밸브 Type 선정 (계산문제) · 312
문6) 안전밸브와 릴리프밸브 비교 · 313
문7) 안전밸브 소요분출량 · 314
문8) 파열판 (Rupture Disk) · 316
문9) 안전밸브와 파열판의 직렬연결 요구조건 · 319
문10) 파열판의 성능기준 · 321
문11) 폭발진압과 보호시스템 (방호장치) - 봉차불폭폭안 · 322
문12) 불꽃방지기 (Flame arrester) · 324
문13) 안전거리 (산안법, 위험물법), 보유공지(위험물법) · 334
문14) 화염검출기의 종류 · 338

문15) 긴급차단밸브 ·· 342
문16) 통기설비 (Vent, Breather Valve) ··· 348
문17) 가스누출경보기 설치에 관한 기술지침 ·· 353
문18) 가스누출경보기 설치시 고려사항 ··· 356
문19) 플레어시스템의 설계・설치 및 운전에 관한 기술지침 ······························· 357
문20) 플레어스택의 종류와 특징 ·· 360
문21) 플레어헤더 (Flare Header) ··· 361
문22) 플레어시스템 설치시 고려사항 ··· 364
문23) 플레어시스템 운전시 고려사항 ··· 365
문24) 플레어시스템의 K.O드럼 설계 및 설치에 관한 사항 ·································· 367
문25) 버닝레인 현상 ·· 369
문26) 중간 K.O드럼 설치기준 ·· 371
문27) 액체밀봉드럼(Seal Drum)의 설계시 고려사항 ·· 373
문28) 플레어시스템에서 Dry Flare와 Wet Flare의 Header 구분기준 및 고려사항 380

■ 제15장 화학공장의 위험성

문1) 화학공장의 전반적인 개요 (화학적위험성) ·· 386
문2) 화학공장의 위험요인과 대책 ··· 388
문3) 화학공장의 화재예방에 관한 기술지침 ··· 390
문4) 화학공장에서 화기작업시 위험성 및 안전조치사항 ······································· 400
문5) 화재위험작업시 준수사항 (특별안전교육) ··· 403
문6) 화재감시자 ·· 404
문7) 고양저유소 풍등 화재사고 ··· 405
문8) 신뢰도함수 (Reliablity Function) ··· 407
문9) MTBF, MTTF, MTTR 설명 ·· 409
문10) 시스템의 직렬/병렬연결 개념 및 신뢰도, 고장율 산출방식 ······················· 411
문11) 신뢰도 (계산문제) ·· 413
문12) 중복설계 (Redundancy) ·· 414
문13) 욕조곡선 (Bathtub) ··· 416
문14) 정비작업 4가지 (TBM, CBM) ·· 417

기술사를 준비하며..

1. 마음가짐
   1) 강력한 의지, 간절함.
   2) 반복의 힘 : 공부가 아니라 훈련이다. (운동선수의 웨이트 트레이닝)

2. 학습방법
   1) 숲 ↔ 나무
   2) Subnote, 암기노트(손바닥 크기), 교재 3가지의 무한반복
      →짜투리시간 활용(수치, 공식등)
   3) 반복학습
      ① 에빙하우스 망각곡선
      ② 얀키(앱) : 조금씩 자주(빈도↑) > 한가지 깊이 학습
   4) 암기법
      ① 두문법 : 논리적언어, 정보혼란(오답), 쉽게 잊어버림
      ② 마인드맵(Xmind)
      ③ 그림법
      ④ 기타 : 메카니즘 여행법(세계 암기올림픽), 주남기억법(공간지각)
   5) 시험 2~3주전 : 기본문제(핵심문제 150)

3. 답안작성 방법
   1) Keyword 돋보이게.. (채점시간 : Page당 10초이내)
   2) 그림, 공식, 그래프, 도표(Table)
      ① 모든 내용을 그림으로 나타낼수 있다면..
      ② 한 페이지의 구도 고려 (그림의 구도)
   3) 현장 경험 서술
   4) 글씨 크게 : 채점자 연령 고려 + 페이지수↑
   5) 시간 엄수
      ① 10점 문제는 10점 분량만 : 정의(1~2줄), 질문내용
      ② 25점 문제는 25점 분량으로 : 개념(정의, 2줄), 질문내용(큰제목), 결론(향후방향, 시사점)

4. 준비물
   1) 펜 (제트스트림. 1.0mm, 흑색)
   2) 자 (20cm), 모형자 (Templete)   3) 답안지

5. 기타
   1) Self 시험
   2) 목차 되새김법
   3) 깊이보다는 넓게
   4) 기출문제 분석 : 전회 응시자는 즉시 오답확인 및 점수분석

6. 추가 학습자료
   1) 법규 : 산안규칙 (223~300조, 화재&폭발), 산안규칙(부록)
   2) 코샤가이드 (최근 개정분)
      ① 최근 10회분(코샤가이드 40%, 산안법 19%, 타법 10%)
      ② D(안전설계)+P(공정안전)→83%
      ③ P(공정안전)→129회 22년 개정분 4개중 3개 출제됨.
   3) 법제처
      ① 신구 법규 비교
      ② 고시(행정규칙) : 공정안전보고서 제출.심사.확인 및 이행상태 평가 등
                        사업장 위험성평가에 관한 지침
   4) 중대사고사례
      ; 공단 → 자료마당 → 통합자료실 → 재해사례 → 국내재해사례
         → 중대사고 이슈리포트, 중대산업사고
   5) 공단 : 자료마당 → 통합자료실 → (월간)안전보건+(특집기사)

제 9 장   신재생에너지

1. 신재생E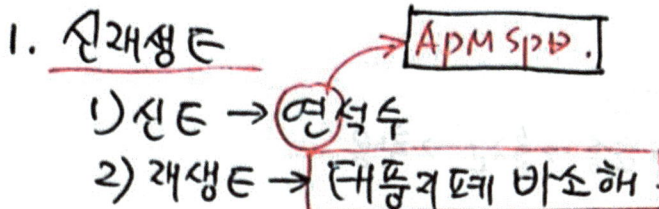
   1) 신E → 연석수
   2) 재생E → 태풍피해 바소해

2. 온실가스
   1) GWP

CO2	CH4	N2O	CFC	PFC	SF6
1	21	310	1300	7000	23900

   ✓ 2) 온실가스 CO_2 환산량
      → 각 온실가스 배출량 × GWP

3. 제5차 신재생E 기본계획 (2020~2034)
   1) RE-100
   2) RPS

4. 탄소중립

5. CCUS
   1) 분류
      ① CCS → CO_2-EOR (원유증진회수법)
      ② CCUS → 건축자재 ($CaCO_3$) · CO_2 드라이스덕
   2) 포집기술
      ① 연소전 : CO → CO_2 (건식, 분리막)
   (ASU) ② 연소중 : 순산소연소법 → 고농도 CO_2 보나 오효율↑
      ③ 연소후 = 습식 (흡수제 - alkanol amine계)
              ↓   건식 (고체흡수제 - M_2CO_3)
      CO_2 (배기가스) 포집.

6. 수소 value chain.
   1) 생산 → 저장 → 운송 → 충전 → 활용
   2) 생산측면.

   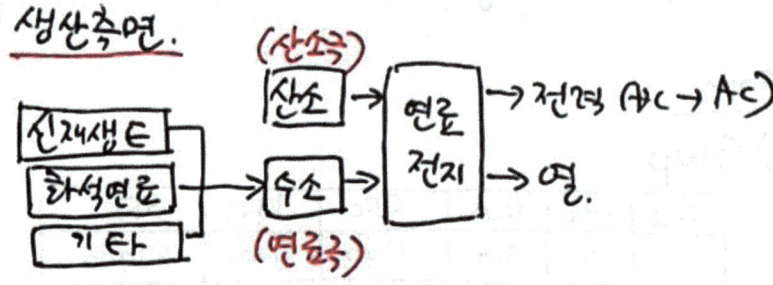

   ① 차세대 에너지원인 수소를 다양한 방법으로 생산/저장후 수소발전이라고 부르는 연료전지를 통하여 전력, 열을 생산함.

   ② 수소의 제법.
   ③ 연료전지
      ㉠ 전기화학반응에 의해 연료의 화학E → 전기E + 열
      ㉡ 메카니즘
         - 연료극 : $H_2 \rightarrow 2H^+ + 2e^-$
         - 산소극 : $\frac{1}{2}O_2 + 2H^+ + 2e^- \rightarrow H_2O$
         - 전체반응 : $H_2 + \frac{1}{2}O_2 \rightarrow 전기 + 열 + H_2O$
      ㉢ 전해질종류 → APMSPB

7. ESS (Li-이온 배터리)
   1) 구성요소.
   2) 화재 메카니즘
   3) 화재 위험특성

8. 연료전지 [APMSPD]

1) 종류

종류	전해질	동작온도 (Stack)	효율	용도
① 알칼리형 (AFC)	KOH	50~150℃	75%	군사용, 위성
② 인산형 (PAFC)	인산	150~220℃	70%	중형건물 (220kW)
③ 용융탄산염형 (MCFC)	탄산염	600~700℃	80%	중대형건물 (100kW~MW)
④ 고체산화물형 (SOFC)	질코니아	1000℃	85%	소중대용량 (1kW~MW)
⑤ 고분자전해질형 (PEMFC)	이온교환막	상온~80℃	75%	가정·산업용·자동차 (1~100kW)
⑥ 직접메탄올 (DMFC)	〃	150℃	40%	소형가동 (1kW↓)

2) 구성요소
 ① 연료개질장치   ② 연료전지 본체 ($H_2 + O_2 \to$ 전기,열)
 ③ DC/AC 변환장치 (inverter)

3) 장단점
 ① 장점
  ㉠ 에너지변환효율↑ ㉡ 유해가스 배출↓, 소음↓
  ㉢ 모듈구성으로 고효율 교환수리용이 ㉣ 설치용이
 ② 단점
  ㉠ 수소 민감 ㉡ 가격↑ ㉢ 내구성↓

1번 문제) 신에너지와 재생에너지 종류

1. 개요
   1) 정의
      기존화석연료를 변환하거나 햇빛·물·지열·강수·생물유기체를
      포함하여 재생가능한 에너지로 변환시켜 이용하는 E

   2) 종류
      ┌ 신E : 연료전지, 석탄가스화E, 수소E
      └ 재생E : 태양열E, 태양광E, 풍력E, 수력E, 해양E
                폐기물E, 지열E, 바이오E.
                          [대풍지폐 바소해]

2. 신E 종류 → 메카니즘 중요
   (연성수) 1) 연료전지
              ① 정의
                 연료를 산화하여 생기는 화학E → 직접 전기E로 변환
   [APMSPD]   ② 종류 (PAFC)   (SOFC)   (PEMFC)   (DMFC)
                 인산형, 용융탄산염, 고체산화물형, 고분자전해질형, 직접메탄올
                 ✓ 알칼리형   (MCFC)
                    (AFC)
   [IGCC]   2) 석탄액화가스화 (IGCC)
   integrated   ① 정의
   Gasification   석탄을 고온고압 하에 가스화시키면 저열량의 합성가스(CO+H2)
   Combined   생성되고, 합성가스로부터 고열량의 메탄가스를 얻는 기술
   cycle.   ② 메카니즘
   (석탄가스화
   복합발전)   ┌─────────────┐
                     │ 석탄(저급연료) │
                     └──────┬──────┘
                            ↓ ← 고온.고압.수증기   3C+O2+H2O
                     ┌─────────────┐   →3CO+H2
                     │ 합성가스(CO+H2) 생성 │
                     └──────┬──────┘
                            ↓
                     ┌─────────────┐
                     │   가스정제   │
                     └──────┬──────┘
                            ↓
                     ┌─────────────┐
                     │   메탄합성   │ CO+3H2 → CH4+H2O
                     └──────┬──────┘
                            ↓
                     ┌─────────────────┐
                     │ 가스터빈·증기터빈구동 │
                     └──────┬──────────┘
                            ↓
                     ┌─────────────┐
                     │   발전   │
                     └─────────────┘

              ③ 저연효율 석탄
                 → 휘발유, 디젤유등의 액체연료전환

           3) 수소에너지
              ① 연료전지의 연료, 수송용연료, 휴대용연료사용
              ② 물을 통해 얻을 수 있는 청정·비고갈성·리사이클E

3. 재생E의 종류 → 정의정도!

1) 태양열 E   [더 풍부하게 바꾸어서]
   ① 원리
   태양열 흡수(집열부) → 저장(축열부) → 열변환
   → 건물 냉난방·발전이용 (이용부)

   ✓특징: 무공해, 무제한, 지역적편중↓, 유지보수유리 (장점)
   장단점 E밀도↓, 초기설치비용↑, 겨울철 불리 (단점)

장점	단점

2) 태양광 E
   ① 원리
   ㉠ 태양광 → 직접 전기E 변환
   ㉡ 햇빛을 받으면 광전효과 → 전기를 발생하는
                                → 태양전지를 이용한 발전방식
   • 태양광 모듈 허가료부과 (17.5%↑) → 거품일 유통방지

   ② 특징: 무제한, 무공해, 지역적편중↓, 유지보수유리
            E밀도↓, 초기설치 비용↑, 겨울철 불리

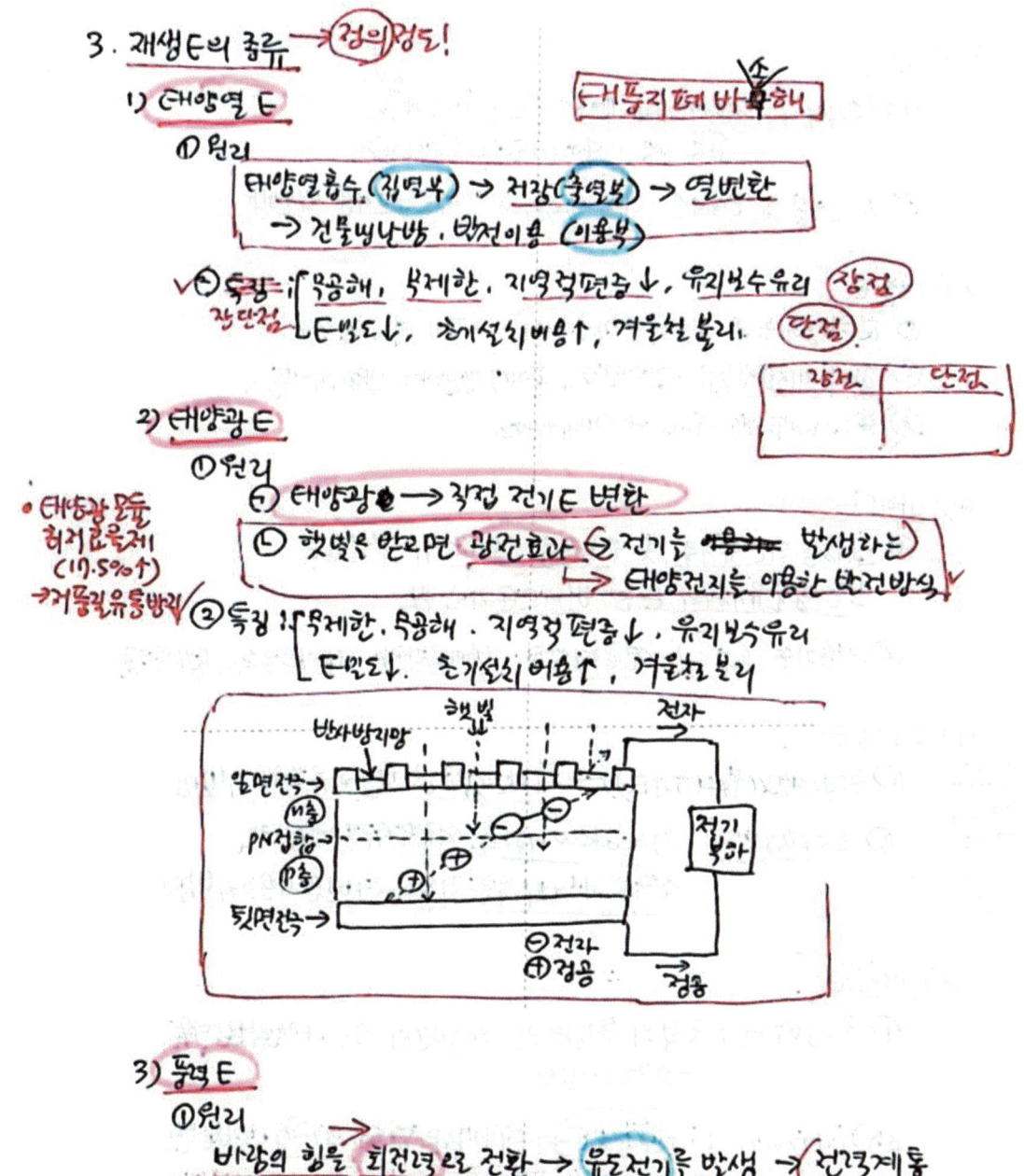

3) 풍력 E
   ① 원리
   바람의 힘을 회전력으로 전환 → 유도전기를 발생 → 전력계통
                                                      수요처공급
   ② 구성: 운동량 변환장치, 동력전달장치, 동력변환장치, 제어장치

4) 지열 E
  ① 천부지열 : 200m까지 10~20°C (하절기 이용),
     심부지열 : 40~150°C (동절기)
  ② 지열이용 : 온수이용, 지열발전, 지열 히트펌프 이용 냉난방.

5) 폐기물 E
  ① E 함량이 높은 폐기물은 가공처리 → 폐기물 고형연료
  ② 폐유 재생연료유·가스연료, 폐열생산하여 산업에 이용.
  ③ Land fill Gas → $CH_4 + CO_2$

6) 바이오 E
  ① 광합성 되는 유기물 및 유기물을 소비하여 생성되는
     모든 생물유기체의 E를 바이오E라고 함.
  ② 이용기술 : LFG, 연료형알콜, 바이오디젤, 바이오수소, 메탄 등

7) 소수력 E
  *양수발전
  낮 : 하천의물 → 상부
  밤 : 낙차에 의해 발전.

  ① 수력의 힘 (물의 위치E) → 회전력으로 전환 → 유도전기 발생
  ② 소수력 발전 : 3000KW 이하의 소규모 수력발전으로
     소규모 하천의 물은 낙하 터빈을 이용해 발전

8) 해양 E
  ① 조력발전 : 조석의 동력원으로 해수면의 상승하강작용 이용
     → 전기생산
  ② 파력 " : 파랑 E → 터빈같은 원동기의 구동력 변환
                      → 왕복운동 → 전기생산.
     → 전기생산
  ③ 조류 " : 빠른 해류이용 → 터빈회전 → 전기생산
  ④ 온도차 " : 해양표층수와 심해의 냉수의 온도차 이용
     → 기계적E 변환 → 발전

2번 문제) 연료전지의 원리 및 특징, 종류

1. 개요
   1) 연료전지란?
      ① 전기화학 반응에 의하여 연료의 화학E
         → 전기E + 열
      ② 대기오염물질의 배출이 적은 친환경 기술.
      ③ 발전효율 30~50% + 열효율 20~30%
         → 총효율 60~80%

2. 연료전지의 기본구성 및 반전반응
   1) 주요도식도

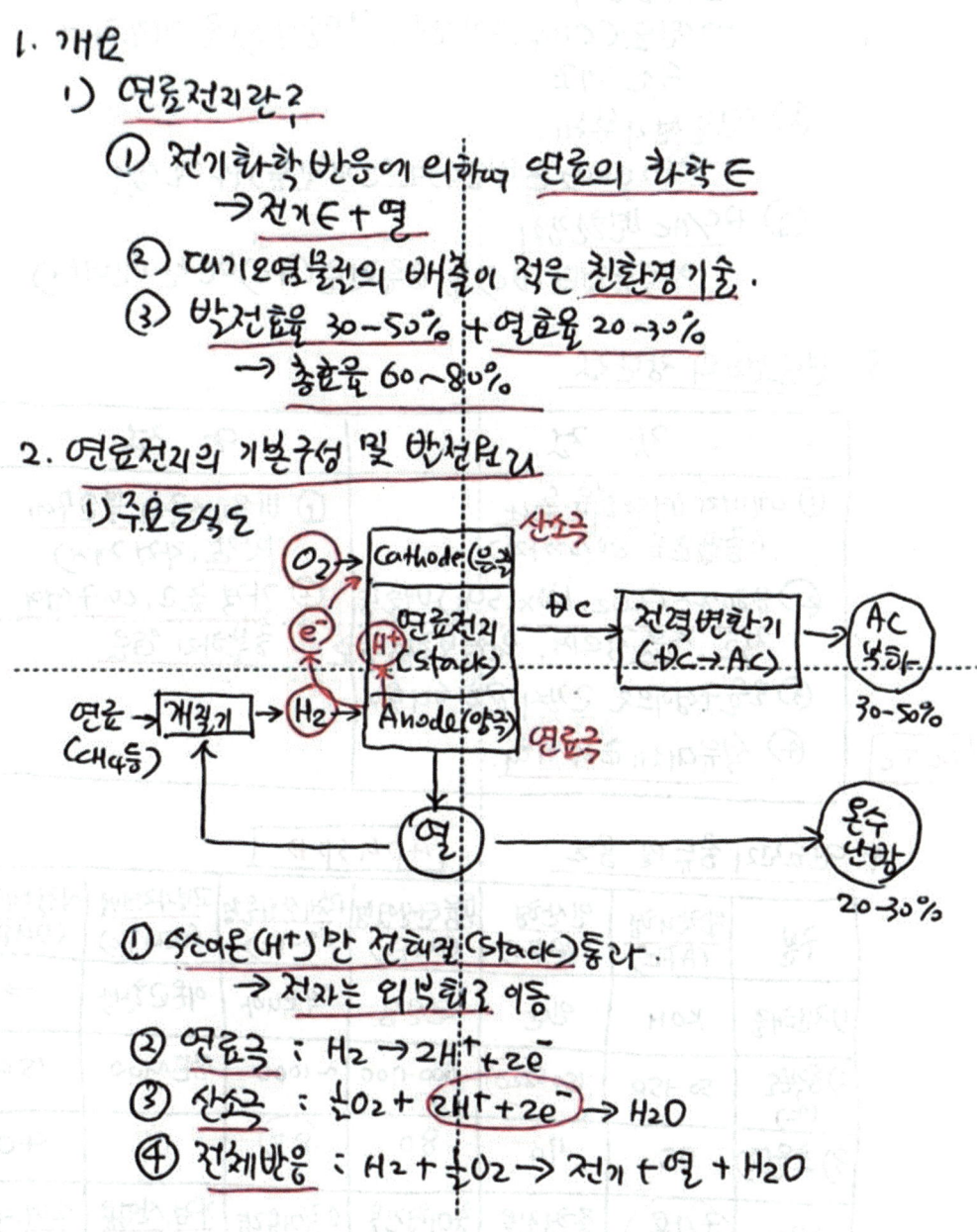

   ① 수소이온(H+)만 전해질(Stack)통과.
      → 전자는 외부회로 이동
   ② 연료극 : $H_2 \rightarrow 2H^+ + 2e^-$
   ③ 산소극 : $\frac{1}{2}O_2 + 2H^+ + 2e^- \rightarrow H_2O$
   ④ 전체반응 : $H_2 + \frac{1}{2}O_2 \rightarrow$ 전기 + 열 + H_2O

2) 주요 구성
  ① 연료개질장치
    → 연료 (CH_4, 메탄올, 석탄가스)를 개질하여 수소 제조
  ② 연료전지 본체
    → H_2라 O_2를 반응시켜 전기(직류)와 열 생산
  ③ DC/AC 변환장치
    → 직류전원(DC)을 교류전원(AC) 변환 (인버터)

3. 연료전지의 장단점

장 점	단 점
① 에너지 변환효율 높다 (종합효율 80%까지)	① 반응가스중의 불순물에 민감 (사전 제거)
② 유해가스 (CO_2, NO_x, SO_x) 배출량 적고, 소음 적으며, 환경친화성 양호	② 가격 높고, 내구성이 충분하지 않음
③ 모듈구성으로 고장시 교환수리 용이	
④ 석유대체 효과 기대	

[COTC]

4. 연료전지 종류 및 용도   [APMSPD]

구분	알칼리형 (AFC)	인산형 (PAFC)	용융탄산염형 (MCFC)	고체산화물형 (SOFC)	고분자전해질 (PEMFC)	직접메탄올 (DMFC)
1) 전해질	KOH	인산	탄산염	질코니아	이온교환막	→
2) 운전온도 (℃)	50~150	150~220	600~700	~1000	상온~100	150
3) 효율(%)	75	70	80	85	75	40
4) 용도	군사용 위성용	중형전용 (220kW)	중대형전용 (100kW~MW)	소중대용량 (1kW~MW)	가정, 산업용 자동차 (1~100kW)	소형, 이동 (1kW이하)
5) 보급 현황	-	400kW (두산)	MW이상 (포스코)	MW이상	1~100kW (삼성)	500kW

5. 신재생E 하이브리드시스템

1) 태양광, 풍력발전등의 <u>잉여전력</u>으로 물을 전기분해
   → <u>수소</u>를 탱크에 저장 → 전력에 민감한 시점에
   수소를 이용하여 발전하는 시스템.

2) 현재 <u>독립운동방식</u>과 계통연계 운전방식의 개발중

[강릉 ScTK 사고.]

2-4. 탄화수소로 부터 수소(H2)를 추출하는 방식중 자연개질(Auto Thermal Reforming)의 주요반응식과 특징. ATR.
→ 한국천연가스 수소화량 허리.
→ 교재 보전 p285. 변도전댐(교재 P社 p1)

1. 개요
   1) 수소의 주요특성
      ① 가연성↑ (폭발범위 = 4~75% vol)
      ② 폭발등급 : C
      ③ 역 줄-톰슨계수 : -80°C 이상에서는 누출시 돈↑.

   2) 수소의 제조법

수전해 방식	수증기 개질방식	수성가스 전이법	CO 전환법	NH3 해리법

   ┌ • SMR (Steam Methane Reforming)
   │ • POX (Partial Oxidation)
   └ • ATR (Auto Thermal Reforming)

2. ATR의 주요반응식과 특징
   1) 주요반응식
      → ATR은 SMR과 POX를 조합한 형태로 2단계 개질로 진행됨.

      ① 1차 개질 반응식 (SMR과 동일)
         $CH_4 + H_2O + Q \rightarrow CO + 3H_2$ (흡열반응)

      ② 2차 개질 반응식 (POX와 동일)
         $CH_4 + \frac{1}{2}O_2 \rightarrow CO + 2H_2 + Q$ (발열반응)

3번 문제) ATR(Auto Thermal Refoming)의 주요 반응식과 특징

① ATR은 1차개질로 SMR을 통하여 탄화수소(CH4)로 부터 수소(H2)를 생산하고, 2차개질로 POx반응(부분산화, 불완전연소)을 통하여 한번 더 개질함.

② 장점
 ㉠ 반응기구성상 SMR 대비 탄소포집이 용이함
 ㉡ 정상상태 도달시간이 짧음
 ㉢ 흡열/발열 반응이 동시에 일어나므로 열관리 유리함

③ 단점
 ㉠ 1100~1500°C의 고온운전으로 위험함.
 ㉡ 운전제어 어려움.

3. 수소 Reforming 반응 비교.

구분	반응식	장점	단점
1) SMR (Steam Reforming)	$CH_4 + H_2O + Q$ → $CO + 3H_2$ (흡열반응)	• 고농도 수소제조가능 (75%↑) • 효율↑ • 여러운전조건에 안정적 운영가능	• 정상상태 도달시간이 오래걸림 • 에너지 사용량↑
2) POx (Partial Oxidation)	$CH_4 + \frac{1}{2}O_2$ → $CO + 2H_2 + Q$ (발열반응)	• 정상상태 도달시간이 짧음 • 낮은 반응온도 • 에너지사용량 적음	• 수소농도 낮음 (35%↑) • 효율↓ • 운전제어 어려움 • Hot spot 발생빈도↑
3) ATR (Autothermal Reforming)	SMR + POx	• 탄소포집이 용이함 • 정상상태 도달시간 짧음 • 흡열/발열 반응이 동시에 일어나므로 열관리 유리	• 고온운전 (1100~1500°C) • 운전제어 어려움

4번 문제) 지구온난화 현상

1. 온실가스의 개요
   1) 온실가스란 땅에서 복사되는 에너지를 흡수함으로써 온실효과를 일으키는 기체
   2) 지구온난화, 오존층파괴로 인해 생태계파괴, 자연재해 발생의 인류의 생존을 위협.

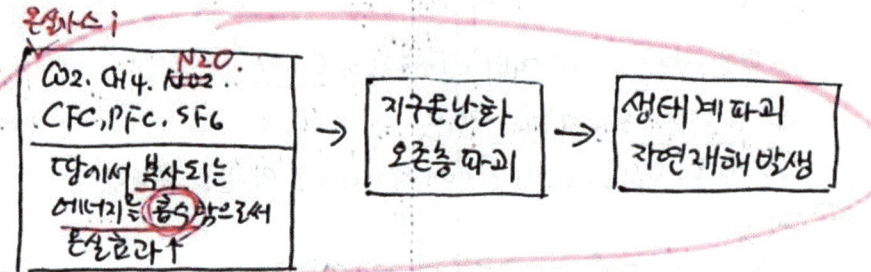

2. 지구온난화 지수 (GWP : Global warming potential)
   1) $GWP = \dfrac{\text{비교물질 1kg이 기여하는 온난화 정도}}{CO_2 \; 1kg이 \quad ''}$

   ※ CO_2 1kg과 비교하여 비교물질 1kg이 지구온난화에 미치는 영향의 상대적인 지수

   2) CO_2를 기준하여 지구온난화에 미치는 영향크기

종류	CO_2	CH_4	N_2O	CFC	PFC	SF_6
지수	1	21	310	1300	7000	23900

   ↓ 아산화질소   ↓ HFCs (수소불화탄소)

- HCFC (hydro-chloride fluoro carbon)
  → CFC와 HFC의 중간물질
  → CFC 10% 함유로 오존층파괴.
  → 2030년까지 폐기예정.

- CFC (염화불화탄소) → Cl이 오존층파괴.
  → Chloride fluoro carbon.
  → 듀폰 (프레온가스). 1928년.
  → 독성X · 불연성 → "꿈의 물질" 부식성X
  → 2010년 감축완료.

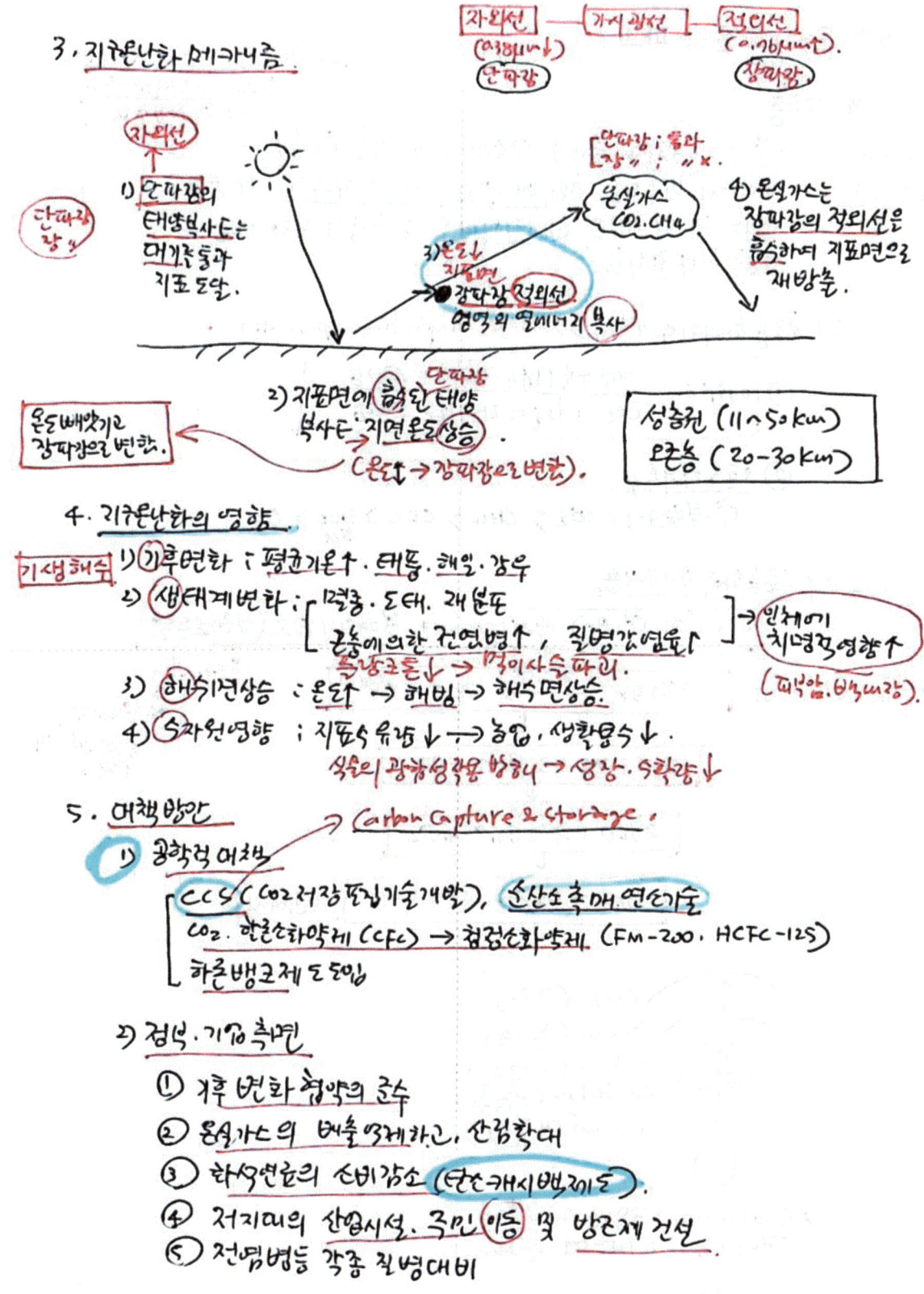

5번 문제) 오존층 파괴

1. 오존층

   성층권 (11~50km)

   지상 20~30km 높이의 성층권내에 있는 오존층은 태양에서 방출되는 연기에 해로운 UV-B 자외선을 차단하고 생물체에 덜 해로운 태양광선만을 선택적으로 통과시키는 천연여과장치임.

   → 유해한 단파장의 자외선을 흡수하고, 긴파장만 통과
   → 지구생물 보호.

2. 오존층 파괴지수 (ODP) → Ozone depletion potential.

   ① $ODP = \dfrac{\text{어떤 물질 1kg이 파괴하는 오존량}}{\text{CFC-11 1kg이 파괴하는 오존량}}$

   ② 오존층 파괴 물질
      ㉠ 영향크기 : CO_2 > CH_4 > CFC > NO_2/N_2O > O_3.

3. 오존층파괴 메커니즘.

   · CFC (예. CF_3Br) 안정성이어서 분해되지 않고 성층권 도달 → 오존층
   · 성층권에서 햇빛이 강해 분해..

   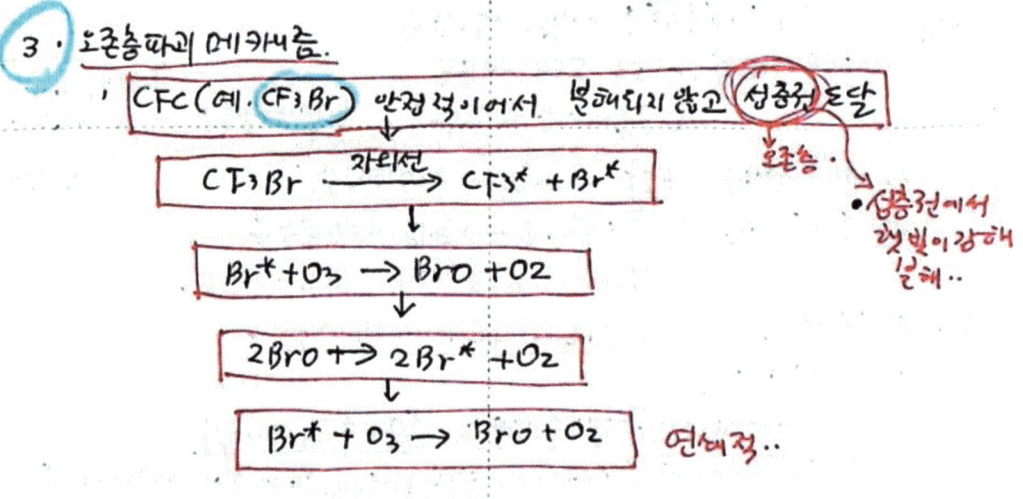

   연쇄적..

   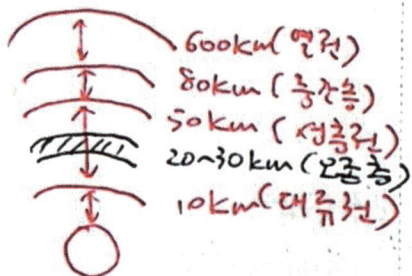
   600km (열권)
   80km (중간층)
   50km (성층권)
   20~30km (오존층)
   10km (대류권)

   * 달까지 거리 : 38만 4천4백km
   태양 " : 1억 5천만 km.

*앞 page랑 다 중복!

4. 오존층 파괴의 문제점 → 자외선↑   3:? 광따광의 (자외선을 오존층이 지구로 되돌려 보냄)

  1) 인체 : 피부암, 백내장
  2) 생태계 : 플랑크톤↓ → 먹이사슬 파괴
  3) 식물 : 광합성작용 방해 → 성장·수확량↓
  4) 돔나스석의 노후화 :

5. 대책
  1) 프레온가스규제
  2) 하론가스사용↓ → 청정소화약제
  3) 기후변화 협약 → 몬트리올 의정서 채택/준수.

[프레온 명명요령]

1) 메탄계
  ① 표기순서 : C→H→Cl→F
  ② 예 : $CHClF_2$ (R-22)
    ㉠ C : 1 → 두자리
    ㉡ F : 2 → 일의자리수 2
    ㉢ 십의자리수 H : 1
       → 개수 +1 (1+1).
  ③ C 에 원소수가 4개가 되도록 Cl로 맞추어 채움.
  ●냉매 : 오존층 파괴 주범임
    ⓒ은 안정되 제거 한것.

2) 에탄계
  ① 예 : $C_2H_4F_3$ (R-123)
    ㉠ C : 2 → 세자리.
    ㉡ F : 3개 → 일의자리수3
    ㉢ H : 1 → 십의자리수
       개수+1 (1+1).
  ② C 에 원소수가 6개가 되도록 Cl로 맞춤.

→ Trichloro fluoromethane
Freon-11 : CCl_3F.
Freon-12 : CCl_2F_2
Freon-13 : $CClF_3$
R-22 : $CHClF_2$.
Halon 1211, Freon 1281 : $CBrClF_2$
Halon 2311 : $CF_3CHBrCl$.
Halon 1301 : $CBrF_3$.

6번 문제) RE-100 (Renewable Energy 100)

1) 개요
   ① 재생에너지 (Renewable Energy) 100%.
   ② 2050년까지 기업이 사용하는 전력량의 100%를 재생E (풍력, 태양광 등) 전력으로 충당하겠다는 국제적인 캠페인.
      → 정부가 강제한 것이 아닌 글로벌 기업들의 자발적 참여로 진행되는 캠페인. (연간전기소비량 100GWh 이상인 기업).
   ③ 2014년 영국의 다국적 비영리기구인 「더 클라이밋 그룹」이 발족.
   ④ 재생E 종류 → 태양열, 태양광, 바이오, 풍력, 수력, 지열.
   ⑤ 한국 참여기업
      ㉠ SK 계열사 8곳 → 2020년 11월.
         → (주)SK, SK텔레콤, SK하이닉스, SKC, SK실트론, SK머티리얼즈, SK브로드밴드, SK아이이테크놀로지.

2) 한국형 RE-100 (K-RE100)
   ① 글로벌 RE-100기구와 동일한 2050년 100% 재생E 사용을 권고.
   ② 산자부는 2021년 부터 기업등 전기소비자가 재생E 전기를 선택적으로 구매 할수 있도록 함.
   ③ 글로벌 RE-100 캠페인은 연간전기사용량 100GWh 이상인 기업을 대상으로 참여를 권고하나,
      K제도는 전기사용량 수준과 무관하게 K에서 재생E를 구매하려고 하는 소비자 (산업용, 일반용)는 에너지공단 등록후 거쳐 참여가능.
   ④ 재생E 100% 사용 선언없이도 참여 가능.

7번 문제) RPS(Renewable protfolio Standard)

→ 의무할당제

→ 신재생 E 공급의무화제도
(Renewable portfolio standard).

1) 개념
일정규모 (500MW / 300MW) 이상의 발전설비를 보유한 발전사업자에게 총발전량의 일정비율 이상을 신재생 E 이용하여 공급토록 의무화 하는 제도.

2) 연도별 공급의무량

년도	2018	2019	2020	2021	2022	2023	2024이후
비율(%)	4.5	5	6	7	8	9	10

• 2034 : 40%

3) REC (Renewable Energy Certificate) — 신재생E 인증서

① 신재생E를 이용하여 전기를 생산·공급, 하였음을 증명하는 인증서
② 〃 공급 할당량 미달 시 : REC를 구입하여 할당량을 채워야 함
③ 〃 〃 초과 시 : REC 판매가능

4) 종합의견

① RPS제도에 의해 신재생E 발전소가 증가하고 있으며, 이에따라 ESS설치 또한 증가

② 최근 ESS 화재가 빈번히 발생하고 있으므로 효과적인 소방시스템 적용에 대한 연구가 필요함

8번 문제) 탄소중립

1. 탄소중립의 정의
   1) 배출하는 CO2양과 맞먹는 환경 보호 활동을 펼쳐서 탄소의 실질배출량을 "0"으로 만드는 것.
   2) 배출한 CO2양만큼 나무를 심거나, 신재생E (풍력, 연료전지 등)에 투자하여 오염을 상쇄

   > ㉠ CO2 1톤은 승용차기준 서울과 부산 7회 왕복할 때 발생양
   > ㉡ 국민1인당 연평균 2.63톤의 CO2 발생시키며, 이를 상쇄하기 위해 소나무 950그루 심어야 함

2. 탄소중립 프로그램
   1) 온실가스 배출자 스스로가 탄소감축사업을 실천하거나, 타인의 감축실적을 구매함으로써 (배출권 거래제) 온실가스 배출을 "0"으로 하는 자발적 탄소 감축 프로그램.

   2) 지구온난화에 대한 국민의식 확대 및 자발적 감축을 유도하기 위하여 상쇄된 탄소배출량에 대한 인증마크 부여

   3) 배출권 거래제
      ① 97년 교토의정서 채택이후 국가간에 배출쿼트의 거래를 허용하는 제도
      ② 유럽: 2005년~, 한국: 2015~ 도입시작

3. 탄소중립 필요성

1) 지구온난화 가속화

온실가스 → 지구온난화 오존층파괴 → 생태계파괴 자연재해 발생

2) 지구온난화 주요물질인 CO_2에 대한 규제 필요함 (원인: CO_2 감축)
→ 전세계 1600여개국 실시중 (배출권 거래제)
→ ←선진국을 중심으로...

① 온실가스 종류
CO_2, CH_4, N_2O, CFC, PFC, SF_6

② 지구온난화지수 (GWP)

$$GWP = \frac{비교물질 1kg이 기여하는 온난화정도}{CO_2\ 1kg이\ \ \ \ \ \ ''}$$

※ CO_2를 기준하여 지구온난화에 미치는 영향크기

종류	CO_2	CH_4	N_2O	CFC	PFC	SF_6
지수	1	21	310	1300	7000	23900

③ 오존층파괴지수 (ODP)

$$ODP = \frac{어떤물질 1kg이 파괴하는 오존량}{CFC-11\ 1kg이\ \ \ \ \ \ ''}$$

✓ 3) 지구온난화에 대한 국민의식 고취 및 자발적 참여 유도

탄소중립
*지구온난화

4. 대책

1) 공학적대책 → 기술향상 발

① 신재생 E 득과 가속화
  ㉠ 신E (연료수)
  ㉡ 재생E (태양광 …)

② CO_2 저감기술 개발
  → CO_2 저장포집기술 (CCS), 순산소혼매 연소기술

③ 온화탄 남사 대체할수 있는 미래 신기술개발
  → 바이오특자스터, 수소환원제철
  *HVO (바이오납사)

④ 에너지 다소비 설비의 에너지 효율 개선
  → 재생원료 재사용률 ↑

⑤ CO_2, 할론소화약제 (CFC. 프레온)
  → 청정소화약제 (FM-200, HCFC-125)
  → 할론뱅크제

⑥ 교통 SOP 관리
  → 자율주행차 ↑, 수소·전기 자동차 확대

2) 정부·기업차원
① 기후변화 협약 준수
② 온실가스 (CO_2) 배출 억제하고 산림확대
  → 화석연료 소비감소
③ 정부는 기업의 신재생 E 득과 적극지원
  → 저금리 대출지원, 기술적 지원

5. 결론

1) 정부는 최근 "2050 장기 저탄소발전전략 (LEDS)" 발표함

2) 16년 파리 기후협약 체결후 전세계 160여개국은 온실가스 저감노력 중이며,
   우리나라도 15년 부터 "2030 온실가스감축 로드맵"을 실시한바 있음. (지속 실시)

3) 정부와 기업뿐만아니라 각 가정에서도 차량운행 자제, 에어콘설정온도 상향 등 에너지 절감형 생활화가 필요함.

9번 문제) 탄소중립

1. 개요
   1) CCUS의 개념
      ① 화석연료를 사용할때 발생하는 CO_2를 포집하고 저장하고 활용하는 기술.
      ② 1996년 노르웨이 슬라이프너 해상가스전에 처음 적용한 기술임.

CCS	CCUS
Carbon Capture Storage	Carbon Capture (Utilization) Storage
• CO_2포집 → 압축 → 수송 → 저장 (영구저장)	• 포집한 CO_2를 활용하여 새로운 부가가치를 만드는 기술
• CO_2는 시간이 지남에 따라 용해되거나 광물화됨 → CO_2-EOR (원유증진회수법)	• 연료, 화학물질 (CO_2플라스틱) 건축자재 (CO_2 → $CaCO_3$)

   2) 탄소중립기술의 핵심기술 및 게임체인저.
      → CCUS 기술없이는 기후목표 (넷제로) 달성 불가능.

2. CO₂ 포집기술

구분	설명	공정도
1) 연소전	• 가스화를 통해 합성가스 중 CO를 CO_2로 전환·분리하는 기술 (IGCC) • $CO + H_2O \rightarrow CO_2 + H_2$ • 대표기술 : 전환(WGS), 분리막 (합금, 세라믹)	연료 → CO_2포집 →[H₂] 연소/발전 → 수증기 ↓ CO_2 수송 저장·이용
2) 연소중	• 공기 중 산소만 분리하여 연소시켜 고농도 CO_2만 분리 및 효율을 높이는 기술 • 대표기술 : 매체순환연소, 순산소연소	공기분리 ASU →[O₂] 연소/발전 → 수증기 ↑ CO_2 ↓ CO_2수증기 → CO_2수송 저장·이용
3) 연소후	• 연소 후 배기가스 CO_2를 선택적으로 포집·분리하는 기술 • 대표기술 : 흡수, 흡착, 분리막 ① 흡수 → CO_2를 흡수제 (alkanol amine제)와 화학반응 시킨 후 탈기과정을 거쳐 회수 ② 흡착 → CO_2를 고체흡착제 (M_2CO_3)와 반응시킨 후 안정된 화합물로 변환하고 CO_2를 배출	연소/발전 → CO_2포집 → CO_2없는 배기가스 ↓ CO_2수송 저장·이용

※ 흡수제
→ 촉매(기술)가 관건임.

【촉매】

3. CO_2 흡수제 종류

1) ~OH를 가진 알카놀아민이 주로 사용됨.

MEA (Monoethanolamine)	DEA (Diethanolamine)	MDEA (N-methyl diethanol amine)
$H_2N\sim\sim OH$	$HO\sim N(H)\sim OH$	$HO\sim N(CH_3)\sim OH$
• 장점 : 흡수속도 빠름 • 단점 : 흡수량↓, 재생능력↓		• 장점 : 흡수량↑ • 단점 : 흡수속도 느림

2) 흡수제 반응 원리

$H_2N\sim\sim OH + CO_2 \rightarrow HO\sim\sim N(H)-COO^- + H_3N^+\sim\sim OH$

| MEA | MEA Carbamate | Aminium Radical |

3) 향후 방향

① 폴리아민 흡수제 개발중

② CO_2 탈거시 동반되는 H_2O의 기화를 억제하여 재생열을 최소화 하기 위해 흡수제의 수분함량을 낮추는 방향으로 흡수제 (촉매) 개발이 이루어 지고 있음.

| 폴리아민 예시
(아민기 3개) | $H_2N\sim\sim N(H)\sim\sim NH_2$ |

4. CO_2의 활용

적용기술	주 요 내 용
1) 광물화기술	① CO_2 → $CaCO_3$ 전환후 친환경 건축자재의 원료로 활용
2) CO_2 폴리머	① CO_2 + PO → CO_2 플라스틱 ② 용도 : PVC 대체재, 도장재, 단열재 (친환경) * PO = propylene oxide
3) CO_2-EOR	① 원유증진 회수법 (Enhanced oil Recovery) → 노후유전에 CO_2를 주입하여 원유회수 효율성을 높임. ② 원유 채굴후 CO_2는 폐광층에 영원히 격리 → CO_2는 시간이 지나면서 용해되거나 광물화됨.

129가스(10)

5. CCUS 활성화 정책

1) CCUS 기술없이는 기후목표 달성은 불가하다는 시각이 우세
 ① 2050년 "넷제로" 목표.
 ② 2015년 파리기후협정에서 지구온도 상승폭을 1.5도로 제한하여 2050년 전세계 온실가스 순배출량 → Zero.
 ③ 2026년 CCUS 시장규모 → 253억불 (약 31조원)

2) CCUS 활성화정책

① 규제/의무화제도
→ RPS 제도과 같이 CCUS 활용의무화

② 수요측수단
→ CCUS를 포함한 저탄소/무탄소 공정으로 만들어진 물품만 공공조달

③ 시장 매커니즘
→ 인증서, 의무할당제

④ 리스크 저감
→ 탄소포집/이용/저장량에 따라 조세 부담 경감.
  차액 결제제도

⑤ 자본초기지원
→ CCUS 사업에 자금 지원

⑥ 탄소가격제
→ 탄소세. 배출권 거래제
  (CCUS 사업자 수익성 보장).

10번 문제) Li-이온배터리의 구성요소와 화재위험특성

1) 산화반응
   Li-이온 배터리에서 산화반응으로 가연성 이유가스 발생
   → 전화원에 의하여 쉽게 착화
   → 열폭주

2) 배터리과열
   배터리 손상이나 과충전시 Li-이온의 이동 방해
   → 배터리과열로 열폭주

3) 분리막 손상
   분리막 손상에 의한 전해액 유출로 양극·음극이
   접촉후 단락 → 열폭주

4) 관계상 문제
   ① 천공이나 찌그러짐으로 단락유발 → 화재
   ② 보관시 용기 유리 관리 부족으로 Rack과열
   ③ 외부 복사열 영향으로 과열 발생
   ④ 제조결함

4. 대책방안
   1) 소화설비
      ① 전용소화액으로 냉각
      ② 다량의 물로 충분한 냉각 (12.2ℓ/min ↑) ✓
      ③ 포소화설비·가스설비 선외

2) 환기설비
   ① 25Pa 이상유지하여 LFL 이하유지
   ② 거주역 개방시 방면풍속 0.3m/s↑
   ③ 독성 : 1TL 이하유지

3) 용량제한
   ① Rack ≤ 250kWh
   ② 최대 정격 용량 ≤ 600MWh

4) 보관소 구조
   ① 설비벽 0.9m↑
   ② 공정지역 15m↑ 이격
   ③ 1시간 내화
   ④ 지하개설금지 (지상식 설치)

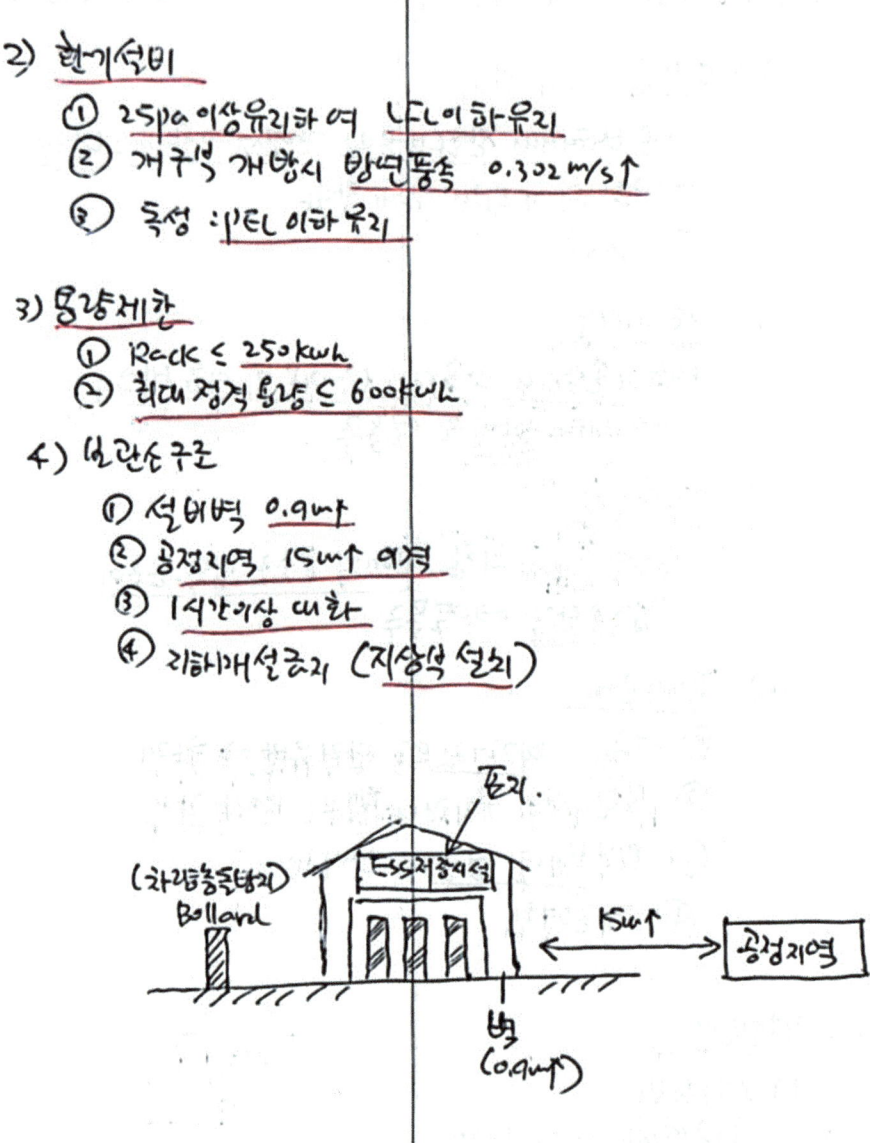

제 10 장 산업안전(법규)
- 산안법, 화관법(예방계획서)

1번 문제) 산업재해와 중대재해, 중대산업사고

1) 산업재해
   (노무를 제공하는 자가) 업무에 관계되는 건설물·설비·
   원재료·가스·증기·분진 등에 의하거나 작업 또는 그밖의 업무로
   인하여 사망 또는 부상하거나 질병에 걸리는 것.

2) 중대재해 (1-3-2-10)
   산업재해중 사망등 재해정도가 심하거나, 다수의 재해자가
   발생한 경우로서
   ① 사망자 1명 이상
   ② 3개월 이상 요양이 필요한 부상자 2명 이상 (동시에)
   ③ 부상자 또는 직업성질병자가 동시에 10명 이상.

3) 중대산업사고
   유해 위험설비로부터 위험물질 누출, 화재 및 폭발
   등으로 인하여 사업장 내 근로자에게 즉시 피해를 주거나,
   사업장 인근지역에 피해를 줄수 있는 사고.

   • 시행령 별표13의 유해위험물질.

★ 별60) → 뒷page.

4) 중대산업사고의 판단기준.
   ① 근로자가 사망하거나 부상을 입을수 있는 법에서 정한
      화학설비에서의 누출·화재·폭발사고
   ② 인근지역의 주민이 인적피해를 입을수 있는 법에서 ~

★ 안전보건진단대상 (제7조).
→ 추락·붕괴·화재·폭발·누출 등의
   산업재해 발생의 위험이 현저히 높은 사업장
   ① 종합진단 ② 안전기술진단 ③ 보건기술진단

2번 문제) 중대산업사고 판단기준

사고의 종류		판단기준	
중대산업사고	• 대상설비, 대상물질, 사고유형, 피해정도 등이 모두 판단기준에 해당된 사고로 공정안전 관리사업장에서 발생된 사고	대상설비	① 원유정제처리업 등 7개 사업장 → 해당업종 생산설비 그 설비운영과 관련된 설비사고 ② 규정량 적용 사업장 → 유해위험물질 제조·취급·저장 설비 그 설비운영과 관련된 설비사고
중대한 결함	• 근로자 또는 인근주민의 피해가 없으나, 2차의 사고발생 대상설비, 대상물질, 사고유형이 중대산업사고에 해당하는 사고	대상물질	① 원유정제처리업 등 7개 사업장 → 위험물 (170여종) [산안규칙 별표1] 독물 산안법 부가증 ② 규정량 적용 사업장 → 유해·위험물질 (51종) [시행령 별표13]
2쌍의 화학사고	• 중대산업사고 또는 중대한 결함이 아닌 모든 화학사고	사고유형	① 화학물질에 의한 화재·폭발·누출사고
		피해정도	① 근로자 → 1명이상 사망하거나 부상 ② 인근지역주민 → 피해가 사업장을 넘어서 인근지역까지 확산될 가능성이 높은 경우

✓ 문) 정부의 책무 (4조) → 정예리자 의기준단

① 산업안전·보건 정책의 수립·집행
② 산업재해 예방지원 지도
③ 직장내 의종한 예방조치 기준마련
④ 사업주의 자율적인 산업안전·보건 경영체제 확립 지원
⑤ 산업안전보건 의식을 북돋우기 위한 홍보·교육 등 안전문화 확산 촉진
⑥ 산업안전 보건...
  기술의 연구·개발 및 시설의 설치·운영
⑦ 산업재해 조사 및 통계의 유지·관리
⑧ 산업안전 보건 관련 단체 등에 대한 지원 및 지도·감독

3번 문제) 안전보건개선 계획 수립시행, 공표대상사업장

1. 안전보건 개선계획 수립 시행 명령대상
   ① 산업재해율이 같은 업종 규모별 평균 산업재해율 보다 높은 사업장
   ② 사업주가 필요한 안전조치 또는 보건조치를 이행하지 않아 중대재해 발생한 사업장
   ③ 직업병 질병자가 2명 이상
   ④ 유해인자의 노출기준을 초과한 사업장
      ↓
      산업위원회
      (근로자 대표의견)

✓ 2. 안전보건진단을 받아 안전보건개선계획 수립·시행 명령대상
   ① 산업재해율이 같은 업종 평균 산업재해율 2배이상인 사업장
   ② →
   ③ → (1천명이상 사업장 : 3명↑)
   ④ 작업환경불량, 화재·폭발 또는 누출사고등으로 사업장 주변까지 피해가 확산된 사업장 (고용부령으로 정하는 사업장)
   등으로 안전진단을 받고 그 내용에 따라 개선계획 서류 수립하는것으로... 보다 severe 하게 사고 나는 사업장에 대해서 (사회적 물의)

✓ 3. 공표대상사업장 (10조)
   ① 사망재해가 연간 2명 이상
   ② 사망만인율이 규모별 같은 업종의 평균 이상
   ③ 중대산업사고 발생
   ④ 산업재해 발생 사실을 은폐한 사업장
   ⑤ 산업재해 발생보고를 최근 3년이내 2회 이상 하지 않은 사업장

*공표내용 → 산업재해발생건수·재해율 or 순위 등.

[123회 (25)] ✓ *통합공표대상 사업장
→ 도급인 근로자 500명↑이고,
  도급인 사업장의 사망만인율 보다 관계수급인의 근로자 포함한 사망만인율이 높은 사업장
  ① 제조업 ② 철도운송업 ③ 도시철도운송업 ④ 전기업.

4번 문제) 안전보건관리 담당자 (19조)

※ 안전·보건에 관하여 사업주를 보좌하고,
관리 감독자에게 지도·조언하는 업무수행

1) 개요
 ① 상시근로자 20~50명.
 ② 다른업무 겸직 가능.
 ③ 안전관리 전문기관, 보건관리 전문기관에 위탁 가능.

✓ 2) 선임대상
 ① 제조업.
 ② 임업
 ③ 하수, 폐수 및 분뇨처리업
 ④ 폐기물 수집·운반·처리 및 원료재생업.
 ⑤ 환경정화 및 복원업.

3) 주요업무 (6)
 ① 안전보건교육 실시 … 보좌·지도·조언
 ② 위험성 평가 …
 ③ 작업환경 측정 및 개선 …
 ④ 건강진단 …
 ⑤ 산업재해 발생의 원인조사, 산업재해 통계의 기록·유지 …
 ⑥ 안전장치 및 보호구 구입시 적격품 선정 …

[안전관리자와 동일]
(2-2-3-3)

4) 담당자 증원·교체임명 명령
 ① 해당사업장 연간재해율이 같은업종 평균재해율 2배이상.
 ② 중대재해 연간 2건 이상
  → 전년도 사망만인율이 같은업종 평균 사망만인율 이하인 경우 제외.
 ③ 담당자가 질병이나 그밖의 사유로 3개월이상 직무수행 X
 ④ 화학적 인자로 인한 직업성질병자가 연간 3명이상 ..

5번 문제) 관리감독자 (법 16조)

> ● 생산과 관련되는 업무 직접수행하면서
> 소속직원도 직접지휘·감독하는자로서.
> → 생산팀장, Foreman.

① 사업장내 지휘·감독하는 작업과 관련된 기계·기구 또는 설비의
   안전·보건점검 및 이상유무 확인.

② 근로자의 작업복·보호구 및 방호장치의 점검과 그 착용·사용에
   관한 교육·지도

③ 해당작업에서 발생한 산업재해에 관한 보고 및 응급조치

④ 작업장 정리·정돈 및 통로확보에 대한 확인·감독

⑤ 안전관리자, 보건관리자, 안전보건관리 담당자, 산업보건의 등의
   지도·조언에 대한 협조

⑥ 위험성 평가에 관하여 유해·위험요인 파악에 대한 참여,
   개선조치 시행에 참여.

[안전보건규칙]

6번 문제) 안전보건관리책임자 (법 15조) → 사업장을 실질적으로 총괄하여 관리하는 사람.

1) 대상사업장
   ① 토사석 광업.
      금비가공로, 목재품 가공·반전 ⎤ → 근로자 50명 이상
   ② 농어업, 소프트웨어, 정보서비스 → 300명 이상
   ③ 건설업 → 공사대금 20억 이상

✓ 2) 주요업무   대상 ① 농어업 : 300명
                      ② 제조 : 100명
   ✓① 안전보건 관리규정의 작성 및 변경
   ✓② 근로자의 안전보건교육에 관한 사항
   ✓③ 〃 건강검진 등 건강관리에 관한 〃
   ✓④ 산업재해 예방계획 수립에 관한 〃
   ⑤ 〃 원인조사 및 재발방지 대책 수립에 〃
   ⑥ 〃 통계의 기록 및 유지에 관한 〃
   ✓⑦ 작업환경측정 등 작업환경의 점검 및 개선에 관한 〃
   ✓⑧ 안전장치 및 보호구 구입시 적격품 여부 확인.
   ⑨ 위험성평가 실시에 관한 사항.
      산안규칙에 정하는 근로자의 위험 or 건강장해 방지에 〃
   ⑩ 안전관리자, 보건관리자 지휘·감독

[관규총원
예건성 $2(5)$]

7번 문제) 안전보건총괄책임자 (법 62조)

1) 개요
   ① 도급업무를 수행하는 경우,
   도급인의 근로자와 관계수급인근로자의 산업재해를
   예방하기위한 업무 총괄
   ② 일반적으로 안전보건관리책임자가 수행
   → 관리책임자를 선임하지 않아도 되는 사업장에서는
   별도 지정해야 함.

2) 대상사업장
   ① 근로자 100명 이상 (관계수급인 근로자 포함)
   ② 선박 및 보트건조업, 1차금속제조업, 토사석광업 → 50명↑
   ③ 건설업 : 20억↑ (관계수급인 공사금액 포함)

✓ 3) 주요직무
   ① 위험성평가 실시에 관한 사항
   ② 산업재해 발생할 급박한 위험 → 작업의 중지
   ③ 산업재해 예방조치
   ✓ ④ 산업안전보건관리비의 관계수급인간의 사용에 관한
       협의·조정, 집행 감독
   ⑤ 안전인증대상 기계, 자율안전확인대상 기계등의
       사용여부 확인

위생산관인

8번 문제) 산업안전보건위원회 (법24조)

1) 대상사업장
   ① 토사석 광업, 해체기자 타목] → 근로자 50명↑) 본문 안전관리책임자와 동일
   ② 농업, 소 컨정 중업] → 근로자 300명↑
   ③ 건설업 : 120억↑ (토목 150억↑)   ④ 상기제외업종 : 100명↑ (20개)

2) 위원회구성
   → 사용자위원과 근로자위원 동수
   ① 사용자위원
      → 사업대표자, 안전관리자, 보건관리자, 산업보건의, 부서장 (9명이내)
   ② 근로자위원
      → 근로자대표, 명예산업안전감독관, 근로자 (9명이내)

3) 심의·의결사항

항 목	안전보건 관리책임자	산보위 심의의결
① 안전보건관리 규정의 작성 및 변경	O	O
② 근로자 안전보건 교육	O	O
③ 〃 건강진단등 건강관리	O	O
④ 산업재해 예방계획 수립	O	O
⑤ 〃 원인조사 및 재발방지 대책	O	X
⑤' 중대재해 〃	X	O
⑥ 산업재해 통계의 기록 및 유지	O	O
⑦ 작업환경 측정등 작업환경 점검 및 개선	O	O
⑧ 안전장치 및 보호구 구입시 적격품여부 확인	O	X
⑧' 유해위험 기계기구·설비도입시 안전·보건 관련사항	X	O
⑨ 위험성평가, 산안규칙에 정하는 근로자의 위험및 건강장해 방지	O	X
⑨' 그밖에 해당 근로자 안전 및 보건 증진	X	O
⑩ 안전관리자·보건관리자 위촉·갱신	O	X

포함하여·· 안전보건개선계획수립 제출시
산보위 심의.
(없어, 근로자 대표 의견 들어야···)

9번 문제) 안전관리자 (법 17조)

> 안전에 관한 기술적인 사항에 관하여 사업주 or 안전보건관리책임자를 보좌하고 관리감독자에게 지도·조언..

1. 안전관리자 두어야 하는 사업장 인원규모

   1) 토사석 광업·
      금속 가공제품 특기군 가하반전
      ① 50명 ~ 500명 → 1명↑
      ② 500명↑ → 2명↑

   2) 농·어업·임업·전기가스공급업· 운수·서비스업
      ① 50명 ~ 1000명 → 1명↑
      ② 1000명↑ → 2명↑

   3) 건설업·
      ① 50억 ~ 120억 (토목: 150억↓) ┐
         120억 ~ 800억 (" : 150억↑) ┘ → 1명
      ② 800 ~ 1500억 → 2명↑
      ③ 1500 ~ 2200억 → 3명↑
       ⋮
      ④ 1조↑ → 11명↑

2. 안전관리자 업무
   ① 산보위, 노사협의제 심의의결 업무·
      안전보건관리규정 및 취업규칙에서 정한 업무

   [본조리] ✓② 위험성평가에 관한 보좌 및 지도·조언

   ③ 안전인증대상기계, 자율안전확인대상기계 등 구입시
      적격품 선정에 관한 보좌·지도·조언

   ④ 안전교육계획의 수립 및 안전교육실시에 관한 보좌·지도·조언

   ✓⑤ 사업장 순회점검·지도 및 조치의 건의

[산업(국)안전사 - 재등법기.]

⑥ 산업재해 발생의 원인조사, 분석 및 재발방지를 위한
   기술적 보좌·지도·조언
⑦ 산업재해에 관한 통계의 유지·관리·분석을 위한 보좌·지도·조언
⑧ 법 또는 법에 따른 명령으로 정한 안전에 관한 사항의 이행에
   관한 보좌·지도·조언
⑨ 업무수행 내용의 기록·유지

3. 전담안전관리자
   ① 상시근로자 300명 ↑
   ② 건설업 : 120억 ↑ (토목 : 150억 ↑)

4. 공동안전관리자
   ① 같은 사업주가 경영하는 둘 이상의 사업장이
      ㉠ 같은 시·군·구 지역에 있는
      ㉡ 사업장 경계기준 15km 이내 소재
   → 1명 안전관리자를 공동으로 둘 수 있음.
   (상시근로자 300명 이내, 공사금액 120억↓ 토목 150억↓)

5. 안전관리자 위탁
   ① 300명 ↓
   ② 건설업 제외

6. 도급사업 안전관리자 선임

① 관계수급인의 근로자수가 50명↓, 공사금액 50억↓
→ 도급인의 근로자수·공사금액 합산하여 안전관리자 선임

② 관계수급인의 근로자수가 50명↑, 공사금액 50억↑
→ 별도의 안전관리자 선임하여야 함

7. 안전관리자 증원·교체 임명 명령

① 해당사업장 연간재해율이 같은 업종 평균재해율 2배이상
② 중대재해 연간 2건 이상
→ 전년도 사망만인율이 같은 업종 평균 사망만인율 이하인 경우 제외

(2-2-3-3)

③ 안전관리자가 질병이나 그밖의 사유로 3개월 이상 직무수행 X
④ 화학적 인자로 인한 직업성질병자가 연간 3명 이상

10번 문제) 특별안전교육

1. 개요
   1) 산안법상 특별작업으로 규정된 39종에 대하여 작업전 반드시 실시해야 하는 교육임.
   2) 근거 : 산안법 시행규칙 [별표5]

2. 교육대상 및 교육시간

대상	교육시간
1) 일용근로자	2h↑ (타워크레인 신호업무 : 8h↑)
2) 일반근로자	16h↑ ① 최초작업전 4h ② 3개월이내 12h 분할교육 가능
3) 단기간 작업 및 간헐적 작업대상자	2h↑

- 2개월이내 종료(반복X)
- 연간총작업일수 60일이내 (반복O)

주) 교육내용中 공통으로 반드시 "채용시 교육 및 작업내용 변경시 교육"을 포함하여 실시하여야 함.

3. 주요특별작업

No	작업명	비고
1)	4. 폭발성, 물반응성, 자기반응성 물질등의 제조 또는 취급작업	*128회 기출
2)	5. 인화성가스(LPG, H₂) 또는 폭발성물질증 가스의 발생장치 취급작업	
3)	7. 화학설비의 탱크내 작업	

4)	34. 밀폐공간작업	
5)	38. 가연물이 있는 장소에서 화재위험 작업	※129회기출
6)	MSDS 교육	

[참고] 채용시 교육 및 작업내용 변경시 교육내용

① 산업안전 및 사고예방에 관한사항
② 〃 보건 및 직업병 예방
③ 산안법 및 산재보상보험 제도
④ 직무스트레스 예방 및 관리
⑤ 직장내 괴롭힘 및 고객의 폭언에 의한 건강장애 예방 및 관리
⑥ 기계·기구 위험성과 작업순서·동선
⑦ 작업개시 및 점검
⑧ 정리정돈 및 청소
⑨ 사고발생시 긴급조치
⑩ MSDS

※ 작업환경측정 (예외)
① 임시작업 → 월 24H↓
② 단시간 〃 → 일 1H↓

11번 문제) 산안법 개정사항

1. 산안법 개정사항
   1) 직무교육대상 보수교육시기
      ① 2년이 되는 날로부터 전후 6개월 사이
         (기존 : 3개월)
         → 신규교육은 선임·채용 후 3개월 이내
           (보건관리자가 의사인 경우 : 1년 이내)
   2) 근로자 정기교육 : 분기 → 반기
   3) 고용. 1주 이하 기간제 근로자 추가
   4) 근로자, 관리감독자 교육시 위험성평가 포함.

2. 직무교육 대상 및 교육시간

교육대상	신규	보수
1) 안전보건관리책임자	6h↑	6h↑
2) 안전/보건관리자 안전/보건관리 전문기관 종사자	34h↑	24h↑
3) 건설재해예방전문지도 기관 종사자		
4) 석면조사기관 종사자		
5) 안전검사기관, 자율안전 검사기관 종사자		
6) 안전보건관리담당자	-	8h↑
7) 검사원 성능검사 교육	-	28h↑

3. 근로자 안전교육

교육과정	교육대상		교육시간
1) 정기교육	사무직		반기 6h↑
	사무직외의 일반근로자	판매업무종사	〃
		판매업무외의종사	반기 12h↑
	관리감독자		연간 16h↑
2) 채용시 교육	일반근로자		8h↑
	일용 〃		1h↑
3) 작업내용변경시 교육	일반근로자		2h↑
	일용 〃		1h↑
4) 특별교육	(별도정리)		
5) 건설업기초	건설일용근로자		4h↑

12번 문제) 산업안전지도사 직무

1) 법 + 시행령

공유① 위안산

① 공정상의 안전에 관한 평가·지도
② 유해·위험의 방지대책에 관한 평가·지도
③ ①, ②의 계획서 및 보고서 작성
④ 위험성 평가지도 (시행령 101조)
⑤ 안전보건개선계획서의 작성 (〃)
⑥ 그밖에 산업안전에 관한 사항의 자문에 대한 응답 및 조언 (〃)

2) 시행령 별표31·
 (기계안전, 전기안전, 화공안전)

① 유해위험방지계획서, 안전보건개선계획서, 공정안전보고서, 기계·기구·설비의 작성계획서 및 MSDS 작성지도

② 전기, 기계·기구·설비, 화학설비 및 공정에 따른 설계·시공·배치·보수·유지에 관한 안전성 평가 및 기술지도

③ 정전기·전자파로 인한 재해의 예방, 자동화설비, 자동제어 방폭전기설비 및 전력시스템 등에 따른 기술지도

④ 인화성가스, 인화성액체, 폭발성물질, 급성독성물질 및 방폭설비 등에 관한 안전성평가 및 기술지도

⑤ 크레인등 기계·기구, 전기작업의 안전성평가

⑥ 그밖에 기계·전기·화공 등에 관한 교육 또는 기술지도

유전정안교(2)·

13번 문제) 유해위험방지계획서

1. 정의
   1) 생산공정과 직접 관련된 건설물, 기계, 기구, 설비등의 일체를 설치·이전 및 주요 구조의 변경 전에 유해위험방지계획서를 작성·제출하고 현장확인을 통해 유해·위험요인을 제거하여 산재예방, 근로자 안전·보건 유지·증진에 기여하기 위한 제도.

   2) 관련법
      ① 산안법 제42조
      ② 제조업등 유해·위험 방지 계획서 제출·심사·확인에 관한 고시 (22.1/7 ~)

   3) 제외대상
      *① PSM 제출대상
       ② 5인미만 사업장 → 울산 누출사고 후 제외됨

2. 작성·제출대상
   1) 대상업종
      - 아래 제조업의 전기 계약용량이 300kW 이상인 사업장
      - 아래 사업장에서 주요 구조 변경(증설·교체·개조) 또는 이전하는 경우 전기계약용량이 100kW 이상인 사업장.

      굽버기 자격로, 부기금 가화반련

      ① 금속 가공 제품 제조업 (기계·기구 제외)   ⑧ 기타 제품 "
      ② 비금속광물제품 "   ⑨ 1차 금속 "
      ③ 기타 기계 및 장비 "   ⑩ 식료품
      ④ 자동차 및 트레일러 "   ✓⑪ 화학물질 및 화학제품 "
      ⑤ 가구 "   ⑫ 반도체
      ⑥ 고무제품 및 플라스틱 제품 "   ⑬ 전자부품
      ⑦ 목재 및 나무제품 "

2) 대상 기계·기구·설비
   　　용량제한, 허가분

① 용해로 : 용량 3톤 ↑
② 화학설비
   ㉠ 특수화학설비로 저장량 및 일 제조·취급량이 기준량 이상
      (산안규칙 별표9)
③ 건조설비
   ㉠ 연료 최대 소비량 : 50㎏/hr ↑
   ㉡ 정격 소비전력 : 50kW ↑
④ 가스집합 용접장치
   ㉠ 인화성가스 집합량 : 1000㎏ ↑
⑤ 근로자의 건강장해를 일으킬 우려 있는 물질의 <mark>밀폐·환기·배기설비</mark>
   ㉠ 관리대상유해물질, 허가대상유해물질, 분진

「안전검사절차에
관한고시」
17호의 물질(49종) ←   ㉡ 국소배기장치·전체환기장치의 경우
→국소배기장치   ⓐ 유해물질 발생량 : 60㎥/분 ↑
                       " 외 "   : 150㎥/분 ↑ → 유해물질(a) 이외
                                                  관리대상 or 허가대상물질

3) 건설공사 (대통령령으로 정함)
① 지상높이 31m 이상 건축물
   - 연면적 3만㎡ ↑ "
     연면적 5천㎡ ↑ 의 문화 및 집회시설, 판매시설, 운수시설
                      종교시설, 종합병원, 관광숙박시설,
                      지하도상가, 냉동냉장창고시설.
② 연면적 5천㎡ 이상의 냉동·냉장창고시설의 설비공사, 단열공사
③ 최대지간길이 50m 이상 교량공사
④ 터널공사

⑤ 다목적댐, 발전용댐, 저수용량 2천만톤 이상 용수전용댐 및 지방상수도 전용댐 건설
⑥ 길이 10㎞이상의 훈찰공사-

3. 제출서류
 1) 제출서류
  ① 건축물 각층평면도 ② 기계설비의 배치도면
  ③ 제조공정및 기계설비 규모 방호장치
  ④ 그밖의 위험방지에 필요한 도면 및 서류

 2) 설치 15일전에 계획서 2부를 공단에 제출

120회 (10점) 4. 주요구조부분 변경 ✓

 1) 용해로 : 열원의 종류를 변경하는 경우
 2) 화학설비
  ① 생산량의 증가   ② 원료 또는 제품의 변경
 3) 건조설비
  ① 열원의 종류 변경   ② 건조대상물 변경
 4) 가스집합용접장치
  ① 주관의 구조 변경
 ✓ 5) 근로자의 건강장해를 일으킬 우려 있는 물질의 밀폐·환기 배기설비
  ① 관리대상유해물질, 허가대상유해물질, 분진작업과 관련한 설비의 추가, 변경으로 후드제어풍속이 감소하거나 배풍기의 배풍량이 증가-

(120회)

14번 문제) 안전보건관리규정 작성대상 및 상세내용

1. 안전보건관리규정 작성대상
   ① 농업·어업·소프트웨어·금융/보험업 등 산안법에서 규정하는 사업의 상시근로자 300명 이상인 사업
   ② 그외의 사업은 상시근로자 100명 이상인 사업

(120회)
(108회)
2. 안전보건관리규정의 내용
   ① 총칙
   ② 안전보건관리조직 및 그 직무
      ㉠ 관리조직 구성방법
      ㉡ 관리책임자·안전관리자·보건관리자·관리감독자·총괄책임자
      ㉢ 산보위
   ③ 작업장 안전관리
      ✓㉠ 기계·기구·설비의 방호조치
      ㉡ 유해·위험기계등의 자율검사프로그램에 의한 검사 또는 안전검사
      ✓㉢ 그외의 안전수칙 준수
      ㉣ 위험물의 보관별 취급제한
   ④ 작업장 보건관리
      ㉠ 근로자 건강진단 작업환경측정
      ㉡ 유해물질의 취급 ✓
      ㉢ 보호구 착용
    * ㉣ 질병자의 근로금지 및 취업제한

ⓔ 사고조사 및 대책수립
  ㉠ 산업재해/중대산업사고 발생시 처리절차 및 긴급조치
  ㉡   〃   발생원인에 대한조사 및 보고·대책수립
  ㉢   〃   발생의 기록관리 ✓

ⓕ 안전·보건교육
  ㉠ 근로자·관리감독자 안전보건교육
  ㉡ 교육계획 수립 및 기록

ⓖ ● 위험성 평가
  ㉠ 위험성평가의 실시시기·방법·절차
  ㉡   〃   감소대책 수립 및 시행

ⓗ 그밖에 안전·보건에 관한사항

20(반) : 사업장 안전보건관리규정 에 대하여 설명.
02(토) : 안전보건관리규정 포함사항

15번 문제) 사업주의 유해 · 위험예방조치사항

38조, 39조:
- 20(문): 사업주가 사업을 할 때 위험으로 인한 산업재해를 예방하기 위하여 필요한 조치에 대하여 설명
- 여(문): 사업주가 행하여야 한 유해·위험예방 조치사항

1. 예방조치
  1) 안전조치
    ① 설비, 물질, 에너지에 의한 위험
      ㉠ 기계·기구·설비에 의한 위험
      ㉡ 폭발성·발화성·인화성물질등에 의한 위험
      ㉢ 전기·열·그밖의 에너지에 의한 위험

    ② 작업방법에 따른 위험
      ㉠ 굴착·채석·하역·운송·조작·운반·중량물취급
      ㉡ 작업을 할때 불량한 작업방법 등에 의한 방법

    ③ 작업장소에 있는 위험
      ㉠ 근로자가 추락할 위험이 있는 장소
      ㉡ 토사·구축물등이 붕괴할 우려가 "
      ㉢ 물체가 떨어지거나 날아올 위험이 "

  2) 보건조치
    ① 화학적 요인에 의한 건강장해
      ㉠ 원재료·가스·증기·분진·미스트·흄·산소결핍·병원체등
    ② 물리적 요인에 의한 건강장해
      ㉠ 방사선·유해광선·고온·저온·초음파·소음·진동·이상기압등

③ 사업장 배출 기체·액체·찌꺼기 등에 의한 건강장해
  ㉠ 유해물질을 함유하는 배기·배액 또는 찌꺼기 등

④ 정밀공작에 의한 건강장해
  ㉠ 계측감시·컴퓨터단말·정밀공작 등

⑤ 단순계적한 유발작업에 의한 "
  ㉠ 단순반복작업·중량물 취급작업

⑥ 불쾌적한 작업환경에 의한 건강장해
  ㉠ 환기·채광·조명·보온·방습·청결 등

3) 작업중지 (본3①)

① 시기 : 급박한 위험·중대재해 발생
② 조치 : 즉시 작업중지 → 근로자 대피조치 → 안전 및 보건조치

※ 근로자의 작업중지
  ① 급박한 위험
    → 안전이 확보되지 않아 즉각적으로 생명·신체에
    심각한 위해가 가해질 개연성이 높아 노무를 제공할 수
    없다고 사회통념상 인정되는 위험

※ 중대재해 발생시 고용노동장관의 작업중지조치 (부분·전체) [120회, 55조 (10)]
  ① 재발위험 (부분)
    ㉠ 중대재해가 발생한 해당작업
    ㉡   "   "   작업과 동일한 작업
  ② 추가확산 위험 (전체)
    ㉠ 토사·구축물의 붕괴
    ㉡ 화재·폭발
    ㉢ 유해위험물질의 누출

16번 문제) 도급의 제한 (사업주 의무사항, 정보제공)

20(춘): 도급사업에 있어서 도급인은 관계수급인 근로자가 도급인의
사업장에서 작업을 하는 경우 어떤 사항을 이행해야 하는지 설명
19(논): 도급금지 작업의 종류와 예외적으로 허용되는 경우에 대하여 설명

1. 정의
   도급이란 물건의 제조·건설·수리 아 서비스의 제공 등 그 밖의 업무를
   맡기는 계약을 말한다.

2. 도급금지 작업의 종류 (3가지)
   1) 도금작업
      ① 금속은 부식공정의 표면에 다른 금속의 얇은 박을 입히는 작업
      ② 취급물질: 염산, 황산, 질산, 크롬산 등 (염화물고)
   2) 수은, 납 또는 카드뮴의 제련·주입·가공 및 가열하는 작업
      ① 급성독성·발암성·생식세포 변이원성·생식독성과 같은
         치명적 건강장해 유발
   3) 허가대상물질을 제조하거나 사용하는 작업
      ① 허가대상 물질 12종이 지정되어 있음
      ② 발암성·생식세포 변이원성·생식독성 등 치명적
         건강장해 유발

3. 도급금지의 예외
   1) 일시적·간헐적으로 하는 작업을 도급하는 경우
      ① 일시적 작업
         ㉠ 작업시간 가까이 발생하여 상시 인력 고용이 어려워
            객관적으로 인정되는 경우
         ㉡ 30일 이내 종료되는 1회성 작업을 의미

② 간헐적 작업
  ㉠ 작업수요가 예측은 되나, 오랜기간 간격을 두고 발생하여
     상시인력 고용이 어려운 사정이 객관적으로 인정되는 경우
  ㉡ 연간 총 작업일수가 60일을 초과하지 않는 작업을 의미

✓ 2) 수급인 보유기술이 전문적이고, 도급인 사업 운영에 필수 불가결한 경우
     ① 전문적기술 : 특허, 실용신안, 인증 등
     ② 필수불가결 : 해당기술이 없으면 사업운영이 불가한 경우

✓ ④ 도급승인이 가능한 경우
  1) 수급인 보유 기술이 전문적이고 도급인 사업 운영에 필수 불가결한 경우
  2) 급성독성, 피부부식성 등이 있는 물질을 취급하는 경우
     ① 중량 1% 이상의 황산·불산·질산·염산을 취급하는 설비
        ㉠ 개조·분해·해체·철거하는 작업
        ㉡ 해당설비의 내부에서 이루어지는 작업
        ㉢ 다만, 도급인이 해당 화학물질을 모두 제거한 후
           증빙자료를 첨부하여 신청 제외
     ② 그 밖에 유해·위험작업으로 산업재해 보상보험 및
        예방심의위원회의 심의를 거쳐 고용노동부장관이 정하는 작업

  3) 승인 관련사항
     ① 승인신청
        ㉠ 도급대상 공정의 공정관련 서류 일체
        ㉡ 도급작업 안전보건관리계획서
        ㉢ 안전 및 보건에 관한 평가결과

④ 도급업체 안전관리계획 포함사항

① 적용대상

120회(25) ② 사업주의 의무
　㉠ 산재예방을 위한 안전조치 및 보건조치 (법 제63조)
문352 ＊㉡ 도급에 따른 산재 예방조치 (법 64조)

현승교작경휴
1. 안전·보건에 관한 협의체 구성 및 운영
　1) 구성 : 도급인 및 그의 수급인 전원으로 구성
　2) 운영 : 매월 1회이상 정기적으로 회의 개최, 결과를 기록·보존
　3) 협의사항 (시행규칙 79조)

(작업 종료시간 ×)
　① 작업의 시작시간
　② 작업 또는 작업장 간의 연락방법
　③ 재해발생 위험이 있는 경우 대피방법
　④ 작업장 위험성 평가의 실시에 관한 사항
　⑤ 사업간의 연락방법 및 작업공정의 조정

2. 작업장 순회점검

관리감독자 대행가능 ← ⓐ ① 도급인의 순회점검 횟수
　　㉠ 건설업·제조업·토사석 광업·인쇄물 출판업 등
　　　: 2일에 1회이상
　　㉡ 기타 사업 : 1주일에 1회이상

2) 관계수급인의 협조의무 : 시정요구조치

3. 안전보건교육을 위한 장소 및 자료의 제공등 지원

4. 관계수급인이 근로자에게 하는 "유해위험작업 특별교육"의 실시 확인.

5. 작업환경측정.

5. 아래 경우에 대비한 경보체계 운영과 대피방법 등 훈련
   1) 작업장소에서 발파작업을 하는 경우
   2) 〃 〃 화재·폭발·붕괴 우려 지진이 발생한 경우

6. 필요한 장소 제공 또는 시설 이용의 협조
   1) 휴게시설·세면·목욕시설·세탁시설·탈의시설·수면시설 등

7. 합동 안전보건점검 → 관리감독자 대행 X
   1) 점검반 구성 : 도급인·관계수급인 근로자 각 1명
      → ① 작업책임자 대행가능
      → ② 근로자 참여가능
   2) 실시횟수
      ① 건설업·선박 및 보트 제조업 : 2개월에 1회 이상
      ② 기타 사업 : 분기에 1회 이상

ⓓ 도급인의 안전 및 보건에 관한 정보 제공 (법 65조)

122회
(10점)
문352)
제사유기

1. 해당작업
   ① 폭발성·발화성·인화성·독성 등의 화학물질을 제조·사용·운반·저장 설비를 개조·분해·해체 또는 철거하는 작업 | 개발해철
   ② ①에 따르는 설비 내부에서 이루어지는 작업
   ③ 질식 또는 붕괴의 위험이 있는 작업
      ㉠ 산소결핍·유해가스 등으로 인한 질식의 위험이 있는 밀폐공간
      ㉡ 토사·구축물·인공구조물 등의 붕괴 우려 장소에서의 작업

2. 제공해야 하는 안전보건 정보
   ① 아래 내용의 문서를 해당 도급작업 시작 전에 제공
      ㉠ 위험물질 및 관리대상 유해물질의 명칭과 유해·위험성
      ㉡ 작업에 대한 안전·보건상의 주의사항
      ㉢ 물질의 유출 등 사고가 발생한 경우에 필요한 조치의 내용

17번 문제) 안전인증

> 13(론) : 안전인증과 안전검사

1. 정의
   1) 유해위험기계·기구·설비 및 방호장치·보호구 등의 **제품성능**과 **품질관리 시스템**을 동시에 심사하여 양질의 제품을 지속적으로 생산하기 위한 안전성 평가제도.
   2) 관련법 : 산안법 시행령 제28조

2. 안전인증 대상
   1) 기계·기구·설비 (10종) → 도전고 리용율 사고군기
   ① 프레스 ② 전단기 및 절곡기 ③ 크레인 (정격하중 0.5t↑)
   ④ 리프트 (〃 0.5t↑) ⑤ 압력용기 ⑥ 롤러기
   ⑦ 사출성형기 ⑧ 고소작업대 ⑨ 곤돌라 ⑩ ~~기계용~~ (이동식만 해당)

   ★ ② 방호장치 (8종)   [판양모용 설발 방축산]
   ① 프레스 및 전단기의 방호장치
   ② 양중기용 과부하방지 장치
   ③ 보일러 압력방출용 안전 V/V
   ④ 압력용기 압력방출용 안전 V/V / 파열판
   ⑤ 절연용 방호구 및 활선 작업용 기구
      → 전기가 살아있는 상태 (작업)
   ⑥ 방폭구조 전기기계·기구 및 부품
   ⑦ 추락·낙하 및 붕괴등의 위험방지 및 보호에 필요한 **가설기자재**
   ⑧ 산업용 로봇 방호장치 (개정추가)

3) 보호구 (12종)
① 안전모 ② 안전대 ③ 안전화 ④ 보안경 ⑤ 안전장갑
⑥ 보안면 ⑦ 방진마스크 ⑧ 방독마스크 ⑨ 송기마스크
⑩ 귀마개 (귀덮개) ⑪ 방열복 ⑫ 전동식 호흡보호구

3. 안전인증 심사종류

1) 예비심사
   ① 유해위험기구 등이 심사대상 여부 확인
   ② 시기 : 서면심사 신청건
   ③ 기간 : 7일 (연장 X)

생략가능
① 동일자가 안전인증을 받은 경우
② 계통사의 개별제품심사를 받은 경우
③ 형식별 제품심사를 하여 안전인증을 받은 경우. 고용노동부령에서 제외되는 경우 종류의 기계·기구.

2) 서면심사
   ① 제품기술과 관련된 문서가 안전인증기준에 적합한지 여부
   ② 시기 : 생산건
   ③ 기간 : 15일 (외국에서 제조한 경우 30일)

3) 기술능력 및 생산체계 심사
   ① 사업장 기술능력과 생산체계가 안전인증기준에 적합한지 여부
   ② 시기 : 생산건
   ③ 기간 : 30일 (외국에서 제조한 경우 45일)

4) 제품심사
   ① 서면심사 내용 일치 여부와 안전성 등이 안전인증기준 적합여부심사
   ② 형식별 제품심사
      ㉠ 표본 추출심사. ㉡ 기간 : 30일 (15일 연장가능)
   ③ 개별제품심사 ← 서면심사 결과 기준에 적합한 경우 실시.
      ㉠ 곤돌라·크레인·리프트·압력용기
      ㉡ 기간 : 15일 (15일 연장가능)

→ 인증을 받으려는 자가 서면심사와 개별제품심사를 동시에 요구하면 병행할수 있다.

5) 확인심사

① 제조사가 서면심사 내용 및 기술능력·생산체계를 지속적으로 유지하고 제품을 생산하고 있는지 여부 등을 심사

② 시기 : 2년에 1회 (매 2년) ← 1개월 이내 개정

 ※ 다음의 경우 3년에 1회 확인가능
  ㉠ 최근 3년동안 안전인증 취소되거나·안전인증표시의 사용금지 또는 개선명령을 받은 사실이 없는 경우
  ㉡ 최근 2번의 확인결과 기준이상인 경우

③ 일부항목에 한정하여 안전인증을 면제한 경우 외국의 해당 안전 인증기관에서 실시한 안전인증 확인의 결과를 제출받아 전부 또는 일부를 생략할수 있다.

4. 안전인증의 취소/사용금지   (과태료 : 3년이하-징역 또는 3천만원 벌금)

 1) 취소 : 거짓이나 그밖의 부정한 방법으로 안전인증을 받은 경우
 2) 6개월기한을 정하여 안전인증의 표시의 사용을 금지하거나 인증기준에 맞게 개선하도록 명령
  ① 안전인증을 받은 기계등이 안전에 관한 성능이 안전기준에 맞지 아니한 경우
  ② 정당한 사유없이 확인을 거부·기피 또는 방해하는 경우
 3) 고용부장관은 안전인증을 취소한경우 그사실을 공고해야 함 (30일 이내)
 4) 안전인증이 취소된자는 취소된날로부터 1년이내에 같은 형식의 유해위험기계기구·설비에 대하여 안전인증을 신청할수 없다

18번 문제) 안전검사 [산안법 93조 / 시행령 118조]

1. 정의
   안전검사 대상인 유해·위험기계 등의 안전성을 현장검사로 확인하는 것.

   뜨전크 리프트 사고곤 원원산 혼따

2. 안전검사 대상

   (123회) 대통령으로 정하는 것

   1) 안전검사 대상기계
   ① 프레스 ② 전단기 ③ 크레인 (화물용·정격하중 2톤 미만 제외)
   ④ 리프트 ⑤ 압력용기 ⑥ 곤돌라 ⑦ 국소배기장치 (이동식 제외)
   ⑧ 원심기 (산업용) ⑨ 롤러기 (밀폐형 구조 제외)
   ⑩ 사출성형기 (294KN 미만 제외)
   ⑪ 고소작업대 → 차량화·특수차량에 탑재한 고소작업대
   ⑫ 컨베이어 (生)
   ⑬ 산업용로봇 (生)
   ⑭ 혼합기
   ⑮ 파쇄기 or 분쇄기

3. 작업시작 전 주요 안전장치 점검

   1) 압력용기
   ① 압력방출장치 (안전밸브)
   ② 압력계 등

   2) 국소배기장치
   ① 흡인능력 (제어풍속)
   ② 댐퍼
   ③ 배풍기 작동상태 등

   3) 화학설비
   ① 안전밸브 ② 긴급차단밸브 ③ 자동경보장치 등

   4) 건조설비
   ① 가스누출감지 및 경보기 ② 폭발방산구 등

4. 검사주기

 1) 설치·이전하는 경우
   ① 크레인·리프트·곤돌라
   → 사업장에 설치가 끝난 날로부터 3년이내 최초 안전검사
     이후 2년마다… (건설현장 : 6개월마다).

 2) 이동식크레인, 이삿짐운반용리프트, 고소작업대
   → 신규등록이후 3년이내 안전검사
     이후 2년마다

 3) 프레스·전단기·압력용기·롤러기·원심기·롤러기
    사출성형기·컨베이어·산업용로봇
   → 사업장설치가 끝난날로부터 3년이내 최초 안전검사
     이후 2년마다
   (PSM 보고서 제출확인 받은 압력용기 = 4년마다)

 4) 주요구조부분 변경하는경우 안전인증을 받아야 함.

문352) 일부 있음.

19번 문제) 작업중지

1. 정의

[55조1항] 중대재해가 발생하였을때 다음 각호의 어느하나에 해당하는
작업으로 인하여 산업재해가 다시 발생할 급박한 위험이 있다고
판단하는경우, 그 작업의 중지를 명할수 있다.

[120회(10)]
1) 중대재해가 발생한 해당작업
2)   〃   〃   작업과 동일한 작업

[55조2항]
3) 토사 구축물의 붕괴, 화재폭발, 유해위험물질의 누출로 인하여
중대재해가 발생하여 그 재해가 발생한 주변으로 산업재해가
확산될수 있다고 판단하는 경우

2. 작업중지 명령 신청서 (시행규칙 69조)
사업주가 작업중지 명령 신청서를 제출하는 경우 중대재해가
발생한 해당작업 근로자의 의견을 들어야 한다.

3. 작업중지 해제심의 위원회 (시행규칙 70조)
1) 지방고용관서장, 공단소속전문가, 사업장과 이해관계가 없는
   구성: 전문가 포함하여 4명이상.

2) 지방고용관서 장은 심의위원회가 유해위험업무에 대한
   안전사건 조치가 충분히 개선되었다고 심의 의결시
   작업중지명령을 해제를 결정하야 한다.

20번 문제) 중대재해처벌법
(중대산업재해와 중대시민재해)

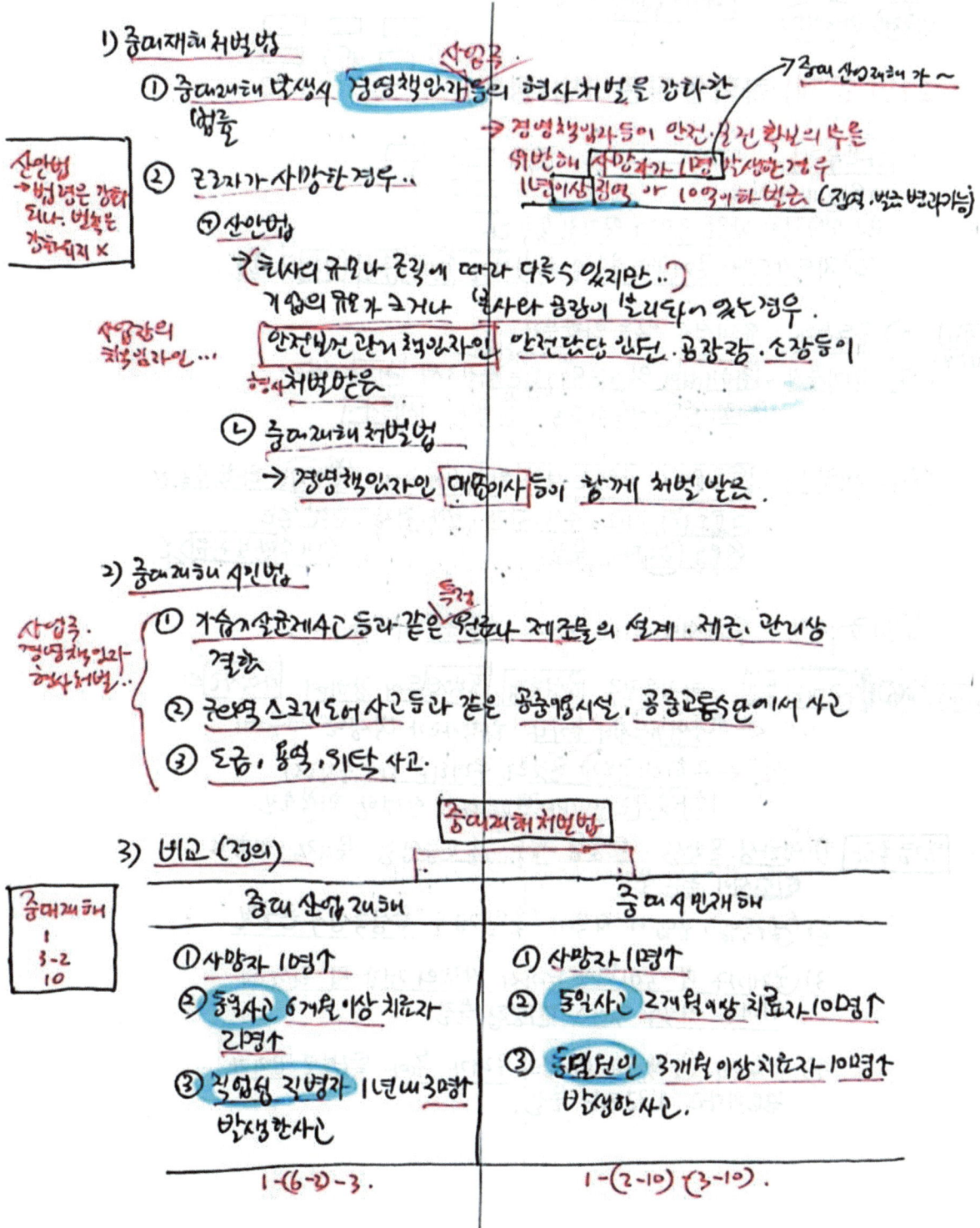

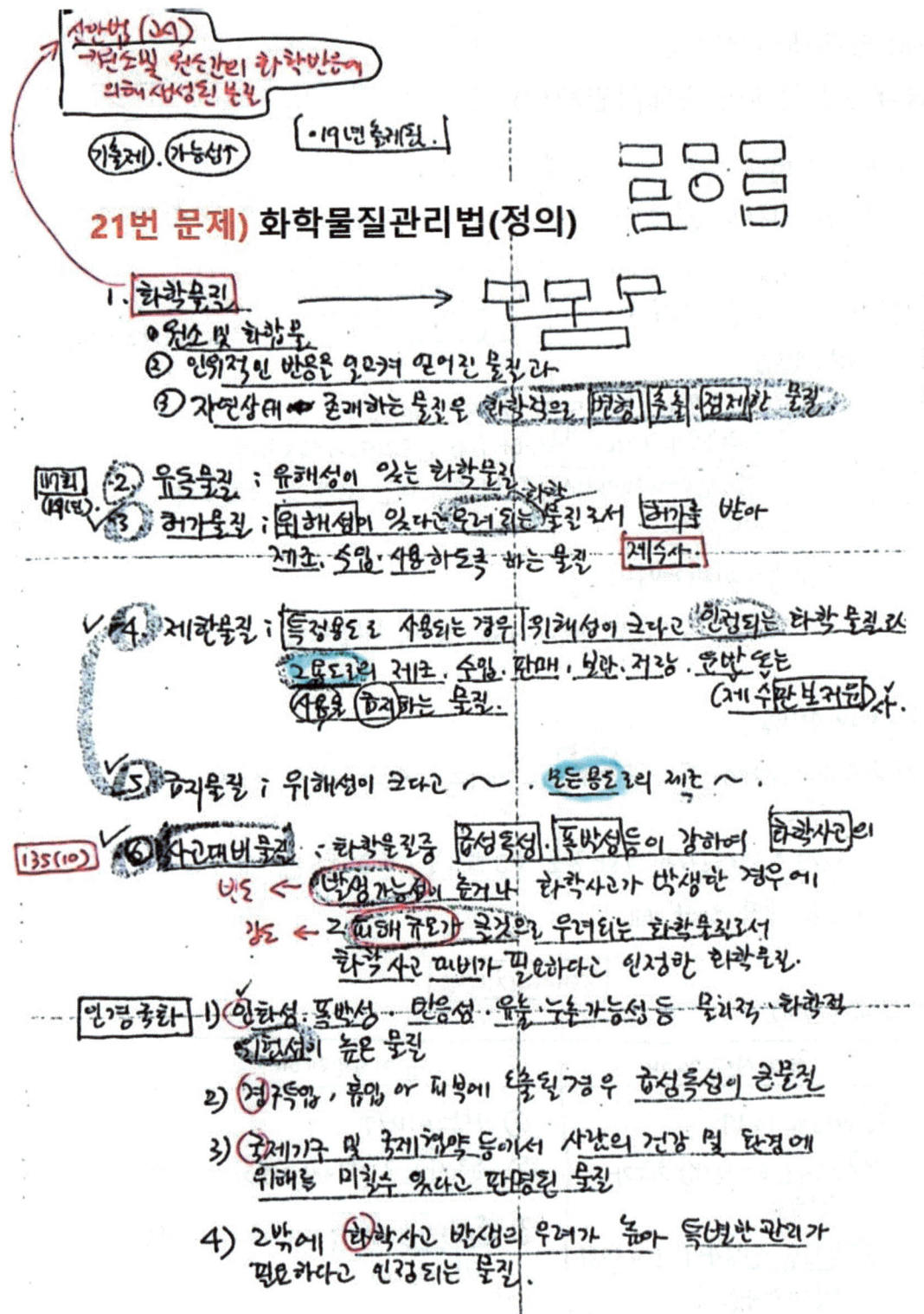

※ 25.8/1~ 인체급성유해성물질
         " 만성 "
         생태유해성물질
         사고대비물질...

126(10) ✓ 유해화학물질 : 유독물질, 허가물질, 제한물질 아 (금지물질)
125터   사고대비물질, 그밖에 유해성 아 위해성이
(10)   있거나 그러할 우려가 있는 화학물질

8. 유해성 : 화학물질의 독성등 사람의 건강이나 환경에 좋지 아니한
         영향을 미치는 화학물질의 고유성질.

9. 위해성 : 유해성이 있는 화학물질이 노출되는 경우
         사람의 건강이나 환경에 피해를 줄수 있는 정도

✓ 10. 중점관리물질
    다음각호의 어느하나에 해당하는 화학물질중에서
    위해성이 있다고 우려되는 물질.

암,돌연 1) 사람 or 동물에게 (암), (돌연변이), (생식능력 이상) 아 (태)발생계 장애를
변이,생식   일으키거나 일으킬 우려가 있는 물질
태,간,신장

    2) 사람 or 동물의 체내에 축적성이 높고, 환경중에 장기간
       잔류하는 물질.

    3) 사람에게 노출되는 경우 폐, 간, 신장등의 장기에 손상을
       일으킬수 있는 물질

    4) 사람 or 동식물에게 1)~3) 까지 물질과 동등한 수준 아
       그 이상의 심각한 위해를 줄수 있는 물질

※ 화학사고 (화관법 제2조)
작지노자운 → 시설의 교체등 작기시 작기자의 과실, 시설결함 노후화
         자연재해, 운송사고등으로 인하여 화학물질이 사람이나 환경에
         유출·누출되어 발생하는 모든상황.

    (산안법)
    → 화학물질이 시설의 교체등 작업시 작업자의 과실,
       시설결함·노후화, 자연재해, 운송사고등으로 인하여
       유출·누출되거나 화재·폭발등 사람과 환경에
       영향을 주는 일체의 상황.

※ 화학사고예방관리계획서 작성에 관한 규정(고시)

22번 문제) 화학사고 예방관리계획서 (예방계획서)

1. 개요
   1) 유해화학물질 취급시설의 안전성을 확보하고, 사고 피해를 최소화할수 있도록 비상대응체계를 구축·운영 하도록 하는 제도.

   2) 기존의 장외영향평가와 위해관리계획을 통합하여
      ① 대체가 가능한 내용을 통합·정비하고.
      ✓② 사고시 대외영향이 적은 일정규모 미만 취급사업장은 서류제출을 면제하여 사업장 부담완화.
      → 유해화학물질을 다량 취급하는 대규모 사업장 중심으로 집중관리.

2. 적용대상 및 구분
   1) 화학물질 관리법에 따라 「유독물질, 제한물질·금지물질 및 허가물질을 규정수량 이상 취급·운영하는 자」

   2) 1군 유해화학물질 취급사업장
      → 시행규칙 별표 10 및 환경부 고시 상위 규정수량 (4T) 이상 취급사업장

   3) 2군 유해화학물질 취급사업장
      → 상위규정수량 미만
      → 하위 규정수량 (↓) 이상 취급사업장

3. ~계획서 제출구분 → 사업장 단위

※ ④ 화학사고예방 관리계획서 구성요소
    (시행규칙 별표4) → 법23조의1 약간상이

기시장사 내외

1) 기본정보
   ① 사업장 일반정보 및 취급시설 개요 (배치도와 장비보유현황)
   ② 유해화학물질 및 유해성 정보
   ③ 취급시설 입지정보 → 반경 500m 이내
       ⓐ 공공관수 ⓑ 주거용·상업용·공공기능 시설물
       ⓒ 농경지·산림·하천·저수지
       ⓓ 병원·학교원·자연보호구역

2) 시설정보 (공안)
   ① 공정정보 ② 안전장치 현황
     안전

3) 장외평가 정보
   ① 사고시나리오 선정
   ② 사업장 주변지역 영향범위 평가
   ③ 위험도 분석

사업장단위별 제출
↕
운영단위별 제출

4) 사전관리 방침
   ① 안전관리 계획 ② 비상대응체계
                    (유관기관체제,
                     총괄관리 담당조직)

5) 내부 비상대응계획
   ① 사고대응 및 응급조치 계획
   ② 화학사고 사후관리

6) 외부 비상대응 계획
   ① 지역사회와 공조   ② 주민보호 및 대피계획
   ③ 지역사회 고지계획

1·2군
↑
↓
1군만

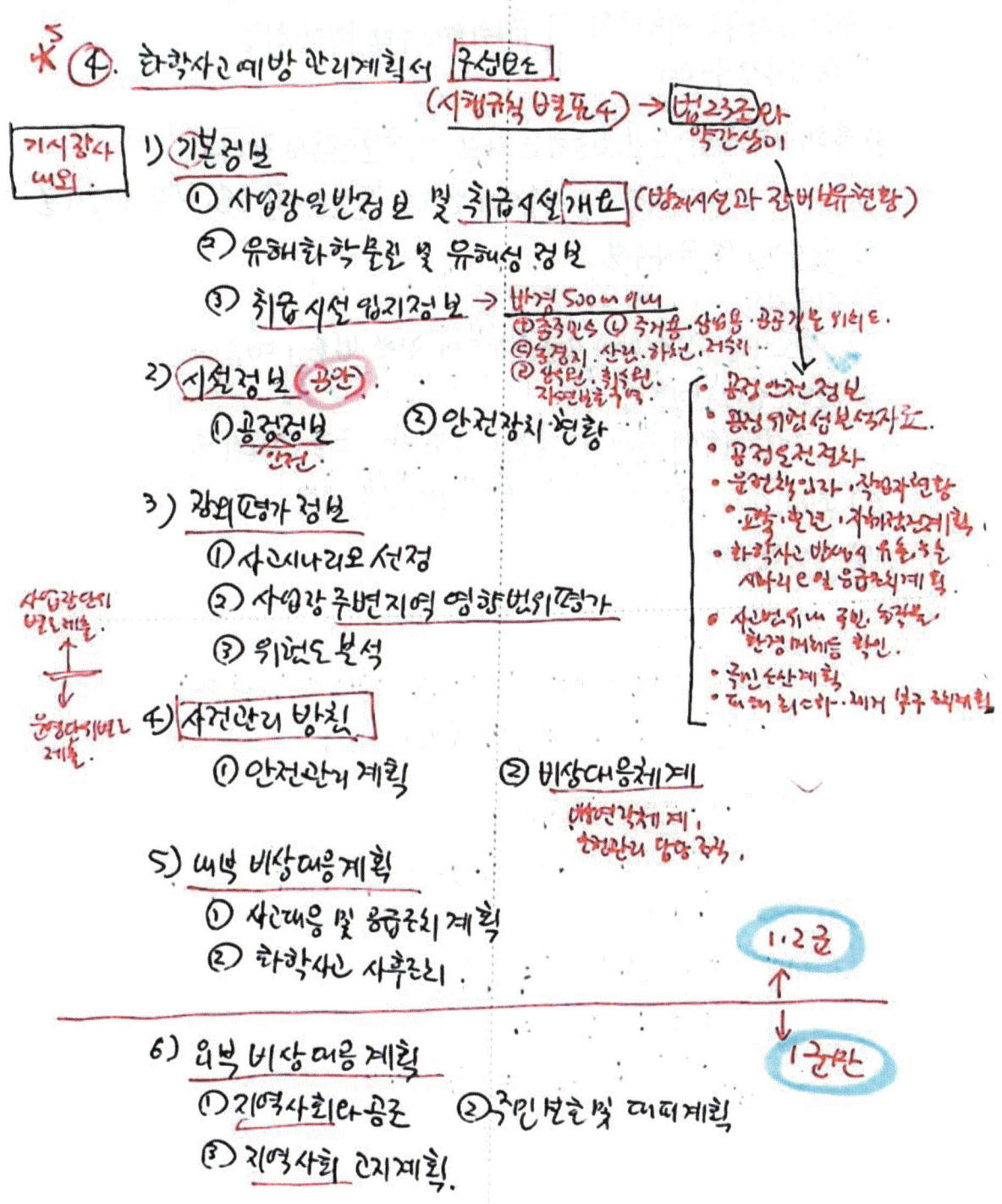

· 공정안전정보
· 공정위험성분석자료
· 공정운전절차
· 분태책임자·작업자현황
· 교육·훈련·자체점검계획
· 화학사고 발생시 유출·누출
  사고시 응급조치계획
· 사고원인 내 국민·동식물·
  환경 피해등 확인
· 국민손산계획
· 피해최소화·제거 복구계획

5. 작성제출대리대상

1) 연구실, 학교
2) 유해화학물질 시행규칙] 하위규정수량 미만취급
   환경부장관 (LT)
3) 유해화학물질 운반·운송하는 차량 → 수당·인로덤레니
4)   "   외부 유출·누출되지 않도록 포장하여 운송·보관·진열시설
5) 군사기기 및 군사시설
6) 의료시설
7) 항만시설 → 「선박의 입항출항등에 관한 법률」따름
8) 철도산업발전기본법
   → 철도시설에 유해화학물질이 닿긴 용기·포장·보관시설
9) 소비자에게 판매하기 위해 보관·진열하는 시설
10) 등록관리법

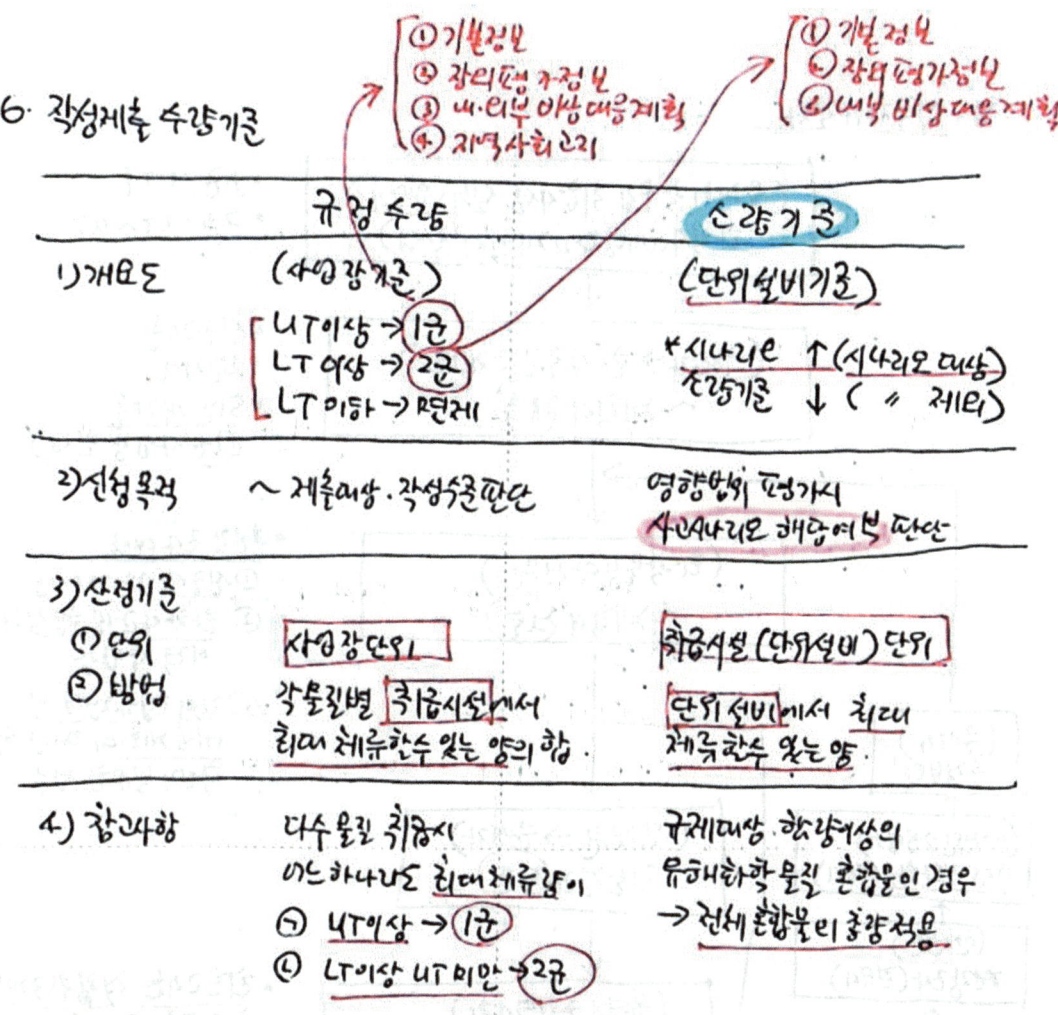

7. 변경제출

1) 총괄영향범위가 확대 되는 경우
   → 사업장내 유해화학물질 취급시설별로 화재·폭발 아 독성물질 누출사고 각각에 대하여 가장 큰 영향범위의 외곽을 연결한 구역

   ① 같은 사업장에서 유해화학물질 취급시설을 증설, 위치변경, 설치하는 경우
   ② 같은 사업장에서 유해화학물질을 변경·추가하거나 함량, 농도 아 성상을 변경하는 경우

2) 2군사업장 → 1군사업장으로 변경되는 경우

8. 업무처리절차

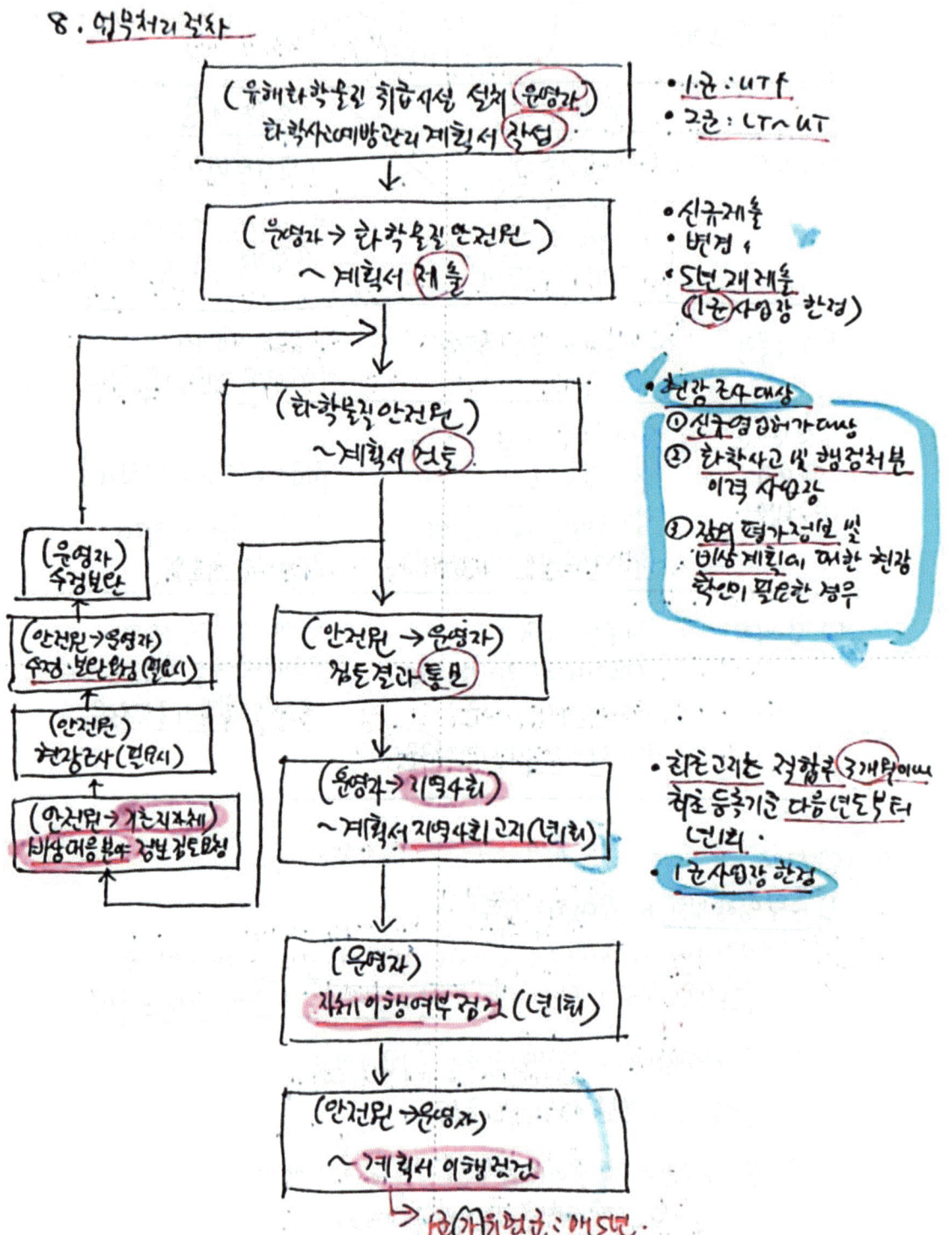

9. 이행 및 자체 이행점검

1) 이행 및 자체이행점검 → ① 대상: 1군(제출), 2군(보유만)
② 시기: 매년

① ~계획서를 제출하여 "적합" 통보를 받은 사업장은
   ~계획서를 성실히 이행하고 매년 자체이행 여부 확인해야 함

② 점검항목
   ㉠ 기본정보, 시설정보, 장외평가정보 등에 대한 변경관리사항
   ㉡ 사건관리방침, 비상대응계획 등의 이행에 대한 사항
   ㉢ 적합이후 사업장 내·외부 여건 변화에 따른 ~계획서의
       적정성에 관한 사항

2) 변경관리
   ① ~계획서 변경사항은 "변경내역 관리대장"에 기록하고
       5년간 보관

3) 이행점검
   ① 화학사고 대비·대응체계의 작동성이 중점을 두고
       사업장의 ~계획서 준수여부 확인

1) 대상	1군 유해화학물질 취급사업장
2) 방법	① 정기이행점검
	㉠ "가" 위험도: 매년 자체 점검결과 서면제출 + 5년마다 현장이행점검
	㉡ "나·다" 위험도: 매년 자체점검결과 서면제출
	② 특별이행점검
	㉠ 매년 계획수립, 오등 적합 사업장을 대상선정
	㉡ 자체점검 분석결과, 현장점검이 필요한 경우
	㉢ 화학사고 발생사업장
	㉣ 특정주제(업종, 공정, 물질등) 해당사업장

[위험도]
① 빈도: 사고시나리오 갯수
   + 과거사건 강도빈도
② 영향: 사고시나리오 거리
   + 영향범위 내 주민수

[중감사항]
① 증가: 환경수용체,
   가중치 해당대상
② 감소: 위험도 감소대책,
   안전성 확보...

3) 결과 ① 적합 (60/100 이상)
　　　　　② 부적합 → 계획서 다시제출 (3개월이내)
　　　　　　　　　행정처분 (개선명령 - 영업허가취소)

✓ 10. 지역사회 고지
　1) 대상 : 1군 유해화학물질 취급 사업장
　2) 방법
　　① 2가지 방법으로 매년 1회이상
　　　㉠ 필수 : 화학물질 종합정보시스템
　　　㉡ 추가 : 서면통지, 개별설명, 집합전달中 택일.

　3) 시기
　　① 최초 : (필수) 적합후 3개월이내
　　　　　　(추가) 적합연도 or 적합 받은 날로부터 6개월이내
　　② 정기 : 최초 등록가준 다음연도부터 매년

✓ 4) 내용
　→ 물질정보, 종합영향범위, 안전관리계획,
　　지역사회소통계획, 비상대응활동계획, 대피장소 방법등.

33조→ ┌ ① 유해화학물질 유해성 정보, 화학사고 위험성
　　　├ ② 사고발생시 대기·수질·지하수·토양·자연환경 등의 영향범위
　　　└ ③ 　〃　 　주거경보 전달방법, 주별대피 등 행동요령

※ 주민등 대피(소방)계획 변경 제출.
　→ 지방자치단체에서 주민보호, 대피계획 보완이 필요하다고 인정한 경우 ✓
　　환경부장관이 그 필요성 인정하여 통지.
　　① 대피장소, 주민경보전달 방법·보고, 유관기관과의 협의체계 변경.
　　② 60일이내

23번 문제) 유해화학물질 취급시설의 검사 및 안전진단

> 안전규칙
> → 유해화학물질취급시설의 설치·정기·수시검사 및 안전진단 방법 규정

> 19(1면) : 유해화학물질 취급시설의 경미한 검사항목에 부적합한 경우에는 조건부합격으로 처리 5가지
>
> 19(존) : 화학물질관리법에 따르는 안전진단 대상 및 시기. 안전진단의 항목 및 방법.
>
> 18(존) : 화학물질관리법 상의 검사 및 안전진단의 대상 및 시기(주기) 설명
---

1. 검사단위.
1) 제조·사용시설
2) 실내 저장·보관시설
3) 실외   〃
4) 지하 저장시설
5) 차량운송·운반시설
6) 사업장외 배관 이송시설.

② 검사

1) 설치검사 ― 2015년.1월~ 유독물

① 대상 : 유해화학물질 취급시설의 설치를 마친 경우 (신규)
② 시기 : 취급시설 가동 이전에 실시.
③ 방법 : 검사기관에서 검사 받고. 지방환경관서에 결과 신고

취급기준·관리물질
① 1년간 제조·사용 → 5000톤
② 저장 → 200톤

취급제한·금지물질
① 1년간 제조·사용 → 1000톤
② 저장 → 100톤

2) 정기검사
① 대상 : 유해화학물질 취급시설을 설치·운영하는 경우
② 시기
  ㉠ 영업허가대상 : 1년마다
  ㉡ 허가외의 취급시설 : 2년마다
  ㉢ 단, 안전진단 실시한 후 결과보고서를 제출한 경우 1년간 정기검사 면제
③ 방법 : 검사기관에서 검사 받고. 지방 환경관서에 결과신고.

3) 수시검사
   ① 대상 : 화학사고가 발생하였거나, 화학사고 발생이 우려되는 경우
   ② 시기
      ㉠ 화학사고 발생시 : 7일 이내
      ㉡ 지방환경관서의 장이 검사를 명하는 경우 : 정치기한이내
   ③ 방법 : 검사기관에서 검사 받고, 지방환경관서에 결과 신고.

★ 4) 경미한 사항이 부적합한 경우에 조건부 적합으로 처리하는 경우.
   [119회 (19-10조)]
   ① 경계표지를 하지 아니한 경우
   [경배도관 고자조.]
   ② 배관등에 유해화학물질의 종류와 흐름방향 미표시
   ③ 〃 의 이송도장 관리상태가 미흡한 경우.
   ④ 종류가 다른 물질을 강막이나 바닥의 구획선 등을 설치하여 물질별로 구분하여 보관하는 기준을 위반한 경우
   ⑤ 방류벽, 집수조 등에 고인물을 7체없이 배출하지 않은 경우
   ⑥ 맨홀등의 과물의 채움 또는 봉인조치가 기준이 미흡한 경우
   ⑦ 실외저장·보관시설의 조명설비가 기준에 미흡한 경우

[19-25] 3) 안전진단
   대상. 1) 정의
   시기.   위하여
   항목.   ① 유해화학물질로 인한 사고예방을 전문기관이 관련장비나
   방법.   기준을 이용하여 잠재된 위험요소를 찾아써 제거 방법을 제시하는 것.

2) 진단방법 및 시기 (대상)

① 특별안전진단
  ㉠ 대상 : 검사결과 취급시설의 구조물·설비가 침하·균열, 부식등으로 안전상 위해가 우려되는 경우 (정준무)
  ㉡ 시기 : 검사결과를 받은 날로부터 20일 이내
  ㉢ 진단항목 : 기본항목, 지정항목

② 정기안전진단
  ㉠ 대상 : 취급시설을 설치한후 시설별로 환경부령으로 정하는 기간을 경과한 경우
  ㉡ 시기
    → 화학사고예방관리계획서 검토결과에 따라 접수한 날로부터 4년
    ㉮ 장외영향평가·위험도 판정 등급에 따르는 주기
      - 고위험도 : 4년, 중위험도 : 8년, 저위험도 : 12년
    ㉯ 장외영향평가 등급과 결과가 없는 경우 : 4년
  ㉢ 진단항목 : 기본항목, 선택항목

    → ㉰ LT이규 취급사업장시
       (사고 검등 도관)
    → 적합통보일로부터
       1개 12년

③ 안전진단 항목
  ① 기본항목
  [물설방] ㉠ 취급물질의 위험성진단
          ㉡ 취급공정의   "
            - 공정안전 복어 : 안전밸브 파열판, 긴급차단밸브,
                           긴급이송설비등
            - 전기·계측   " : 누전차단기, 경보장치, 계장 및 계측제어
                             설비등
          ㉢ 취급설비의   "
            - 용기 및 저장시설등, 근접기기, 배관설비, 동력기계등
              회전기기등
          ㉣ 취급방법의   "
            - 운전방법, 비상대응, 유지보수등
          ㉤ 타관검사

제 11 장 산업안전(일반)

1. 하인리히 (도미노이론) $\boxed{1:29:300}$ → 인적재해만...
   1) 재해발생 5단계 → 사개불사재
   2) 사고예방관리 〃 → 조사-평선적
   3) 재해예방 4원칙 → 예 손 원 대

2. 버드 (신도미노이론) $\boxed{1:10:30:600}$ → 인적재해 + 물적재해
   1) 재해발생 5단계 → 관거불사재

3. 산업재해 원인.

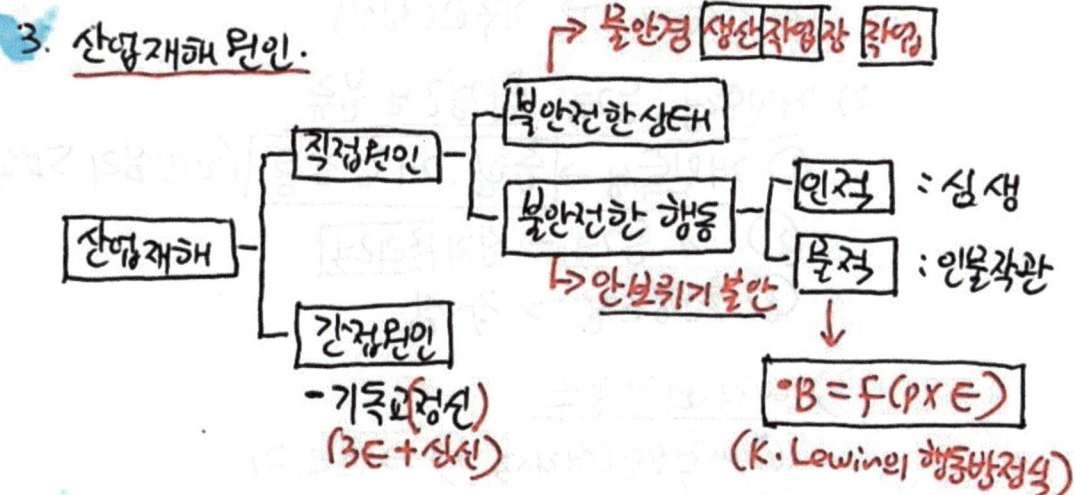

   → 불안경 (생안자립장 작업)

   산업재해 ─ 직접원인 ─ 불안전한 상태
                      └ 불안전한 행동 ─ 인적 : 심생
                         → 안보위기 불안   물적 : 인물작관
           └ 간접원인
              ─ 기독교정신
               (3E+실신)

   $B = f(p \times E)$
   (K. Lewin의 행동방정식)

4. 스위스치즈이론.
   1) Jame Reason
   2) 조직문제 → 감독문제 → 불안전행위유발조건 → 불안전행위
   3) 우연한 기회에 각단계의 구멍(defect)들이 한방향정렬 → 사고.
   4) 불안전한 행위종류
      ① 의도 X → 실수(slip), 망각(lapse)
      ② 의도 O → 착오(mistake), 위반(violation)

5. 등치성이론
　　1) 사건발생 요인 中 한가지만 제지 → 사고 X
　　2) 등치성이론 > 도미노이론

6. 휴먼에러 요인 (원인)
　　1) 직·간접 분류
　　　① 직접원인 → 불안전한 행동, 불안전한 상태
　　　② 간접 " → 기술교(정신)

　　2) 개인특성, 능력, 환경조건 분류
　　　① 개인특성 → 습관·개정갈등 (인간심리 5요소)
　　　② " 능력 → 인지 주의력
　　　③ 환경조건 → 작·심

　　3) 내적·외적 분류
　　　① 내적요인 (심리적 ") → 소의지
　　　② 외적 " (물리적 ") → 환방순

　　4) 4M에 의한 분류

7. 휴먼에러 분류
　　1) 심리학적 분류 (Swain) → 생수순시과
　　2) 행동과정 "
　　3) 대뇌 정보처리 "

8. 게슈탈트의 법칙 (군화의 ") → 산업재해의 원인
　　→ 근유연 폐대간

1번 문제) 산업재해 발생시 조치사항 (7단계)

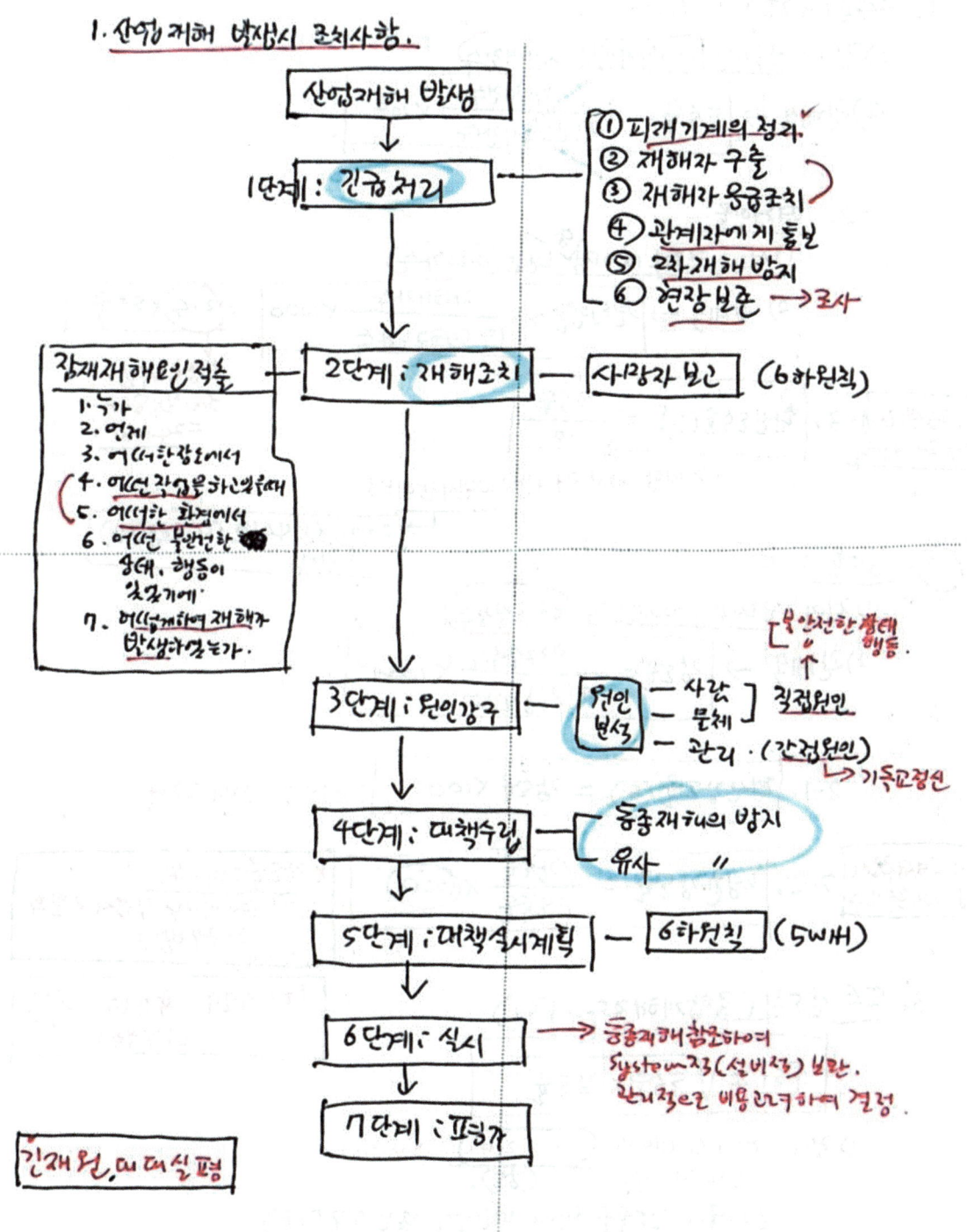

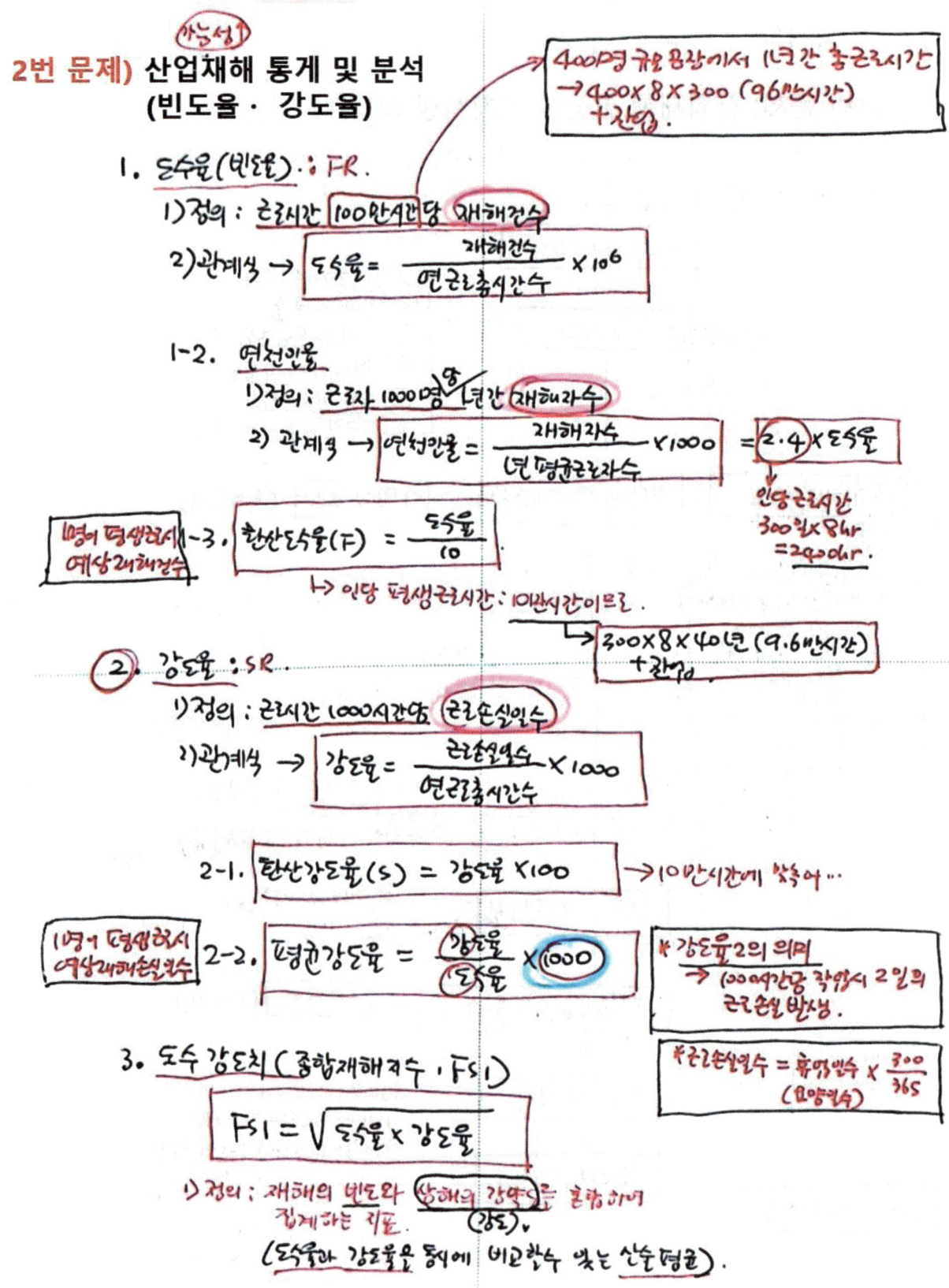

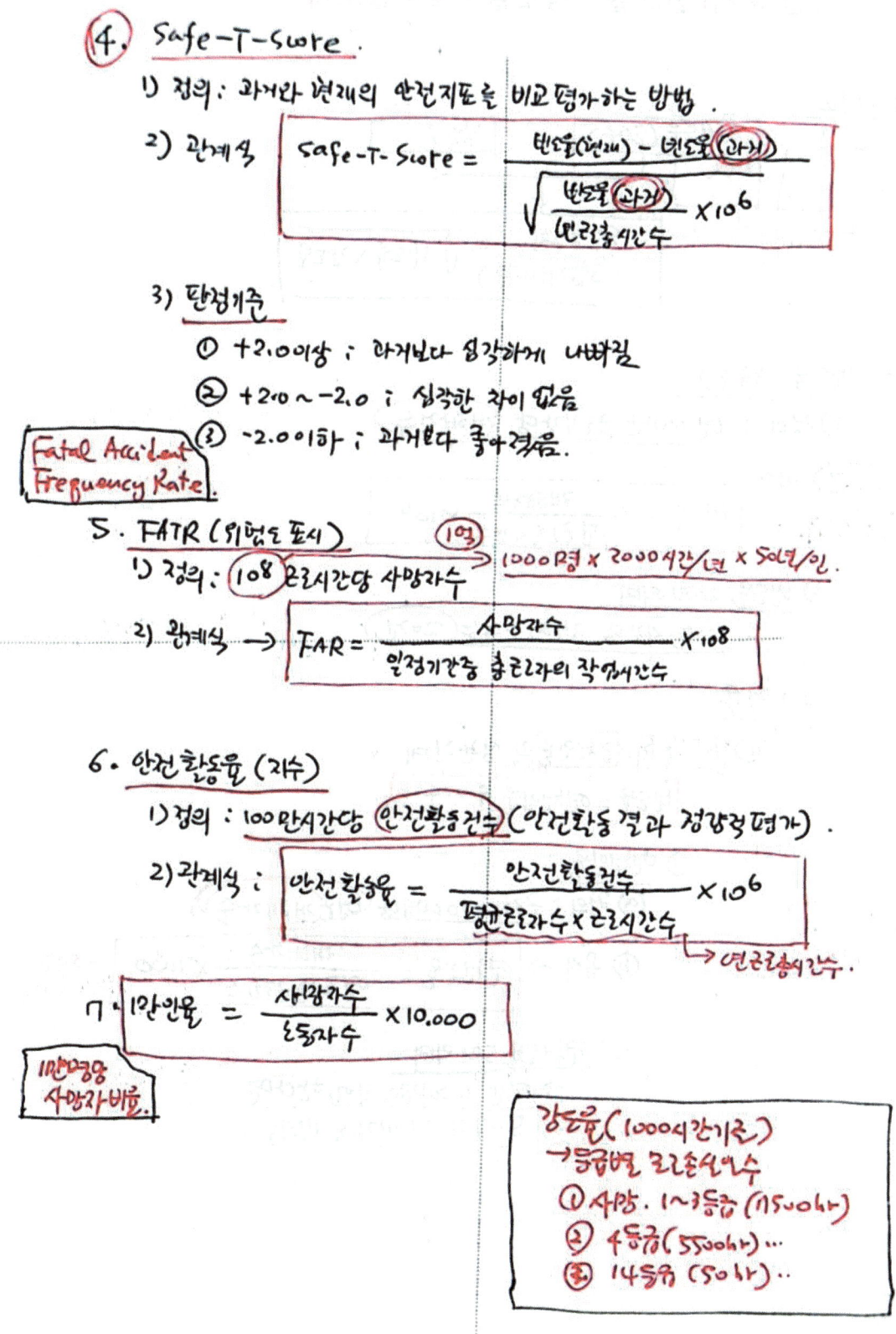

3번 문제) 빈도율 · 강도율 · 도수강도치

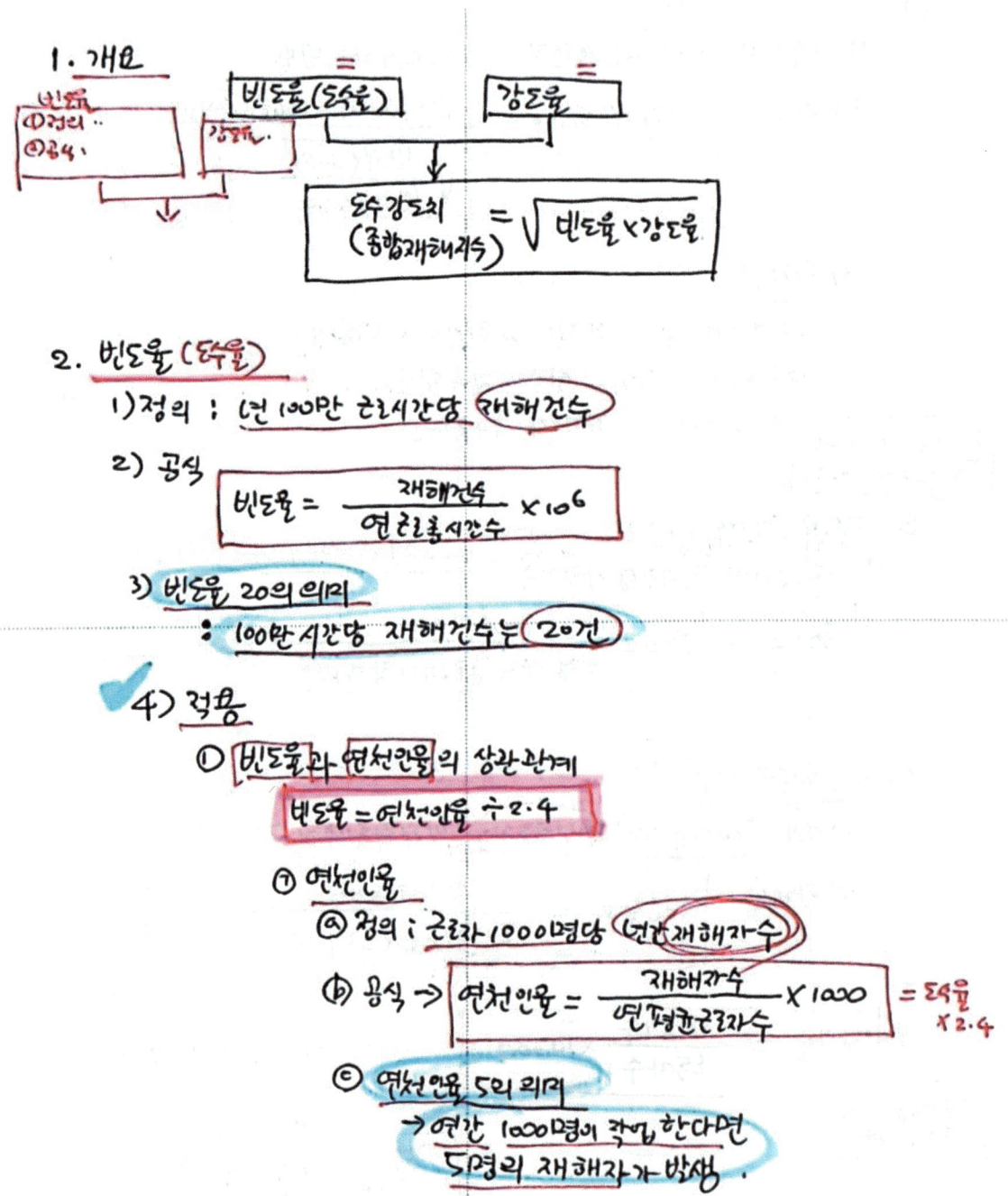

② 빈도율과 환산빈도율의 관계
 ㉠ 환산빈도율이란
    작업자가 사업장에서 평생동안 (40년 총10만시간)
    작업시 발생할수 있는 재해건수
 ㉡ 환산빈도율 = 빈도율 × $\frac{100,000}{1,000,000}$ = $\frac{빈도율}{10}$
 ㉢ 일평생 근로시간
    1일 8시간, 1월 25일, 년 300일 → 1년 2400시간
    40년 × 2400시간 + 4000(잔업시간) = 100,000시간
    (300×8)

3. 강도율
 1) 정의 : 산재로 인해 1000시간당 근로손실 일수
 2) 공식
    강도율 = $\frac{근로손실일수}{연근로총시간수}$ × 1000

 3) 강도율 2의 의미
    → 1000시간당 작업시 2일의 근로손실 발생

 4) 근로손실일수 = 휴업일수(요양일수) × $\frac{300}{365}$

 5) 적용
  ① 강도율과 환산강도율의 관계
   ㉠ 환산강도율이란
      작업자가 사업장에서 평생동안 (40년, 10만시간)
      작업시 발생할수 있는 근로손실일수
   ㉡ 환산강도율 = 강도율 × 100 ← $\frac{100,000}{1000}$

② 평균강도율 = $\frac{강도율}{도수율} \times 1000$

③ 도수강도치 (FSI) = 종합재해지수

4. 도수강도치 (FSI)
   1) 정의 : 도수율과 강도율을 동시에 비교할 수 있는 산출평균
      (종합재해지수).
   2) 공식
      $$FSI = \sqrt{빈도율 \times 강도율}$$
   3) 재해의 빈도와 상해의 강약도를 혼합하여 집계하는 지표.
      강도
      (크기, 영향).

5. 적용 (결론)
   1) 계산된 빈도율
              강도율   } → 회사의 허용기준보다 큰 경우
              도수강도치   ↓
                              낮추는 대책 필요함

   2) 빈도율↓ 대책 (A→B)
      → 안전장치 2중화. 인터록. 감시장치 (추가).
        IPL. SIS

   3) 강도율↓ 대책 (A→C)
      → 방호벽, 차단벽. 설비의 설계특성강화.
        비상안내… 대피이주…

   빈도
   ↑ A ALARP
   C↘↓ → 허용준
       B
   → 강도.

4번 문제) 계산문제 (빈도율, 강도율)

DS기업의 상시근로자 100명, 연간 300일 근무중 사망재해건수 2건, 휴업일수 21일, 잔업시간 10000시간, 조퇴로인한 손실시간 500시간 발생하였다. (단, 1일평균 근로시간 8시간 30분). 도수율, 강도율, 도수강도율, 평균강도율, 연천인율?

1. 빈도율 = $\dfrac{\text{재해건수}}{\text{연근로총시간수}} \times 10^6 = \dfrac{2}{(100명 \times 300일 \times 8.5) + 10000 - 500} \times 10^6$

   → 264,500

   = $\boxed{7.56}$

2. 강도율 = $\dfrac{\text{근로손실일수}}{\text{연근로총시간}} \times 1000 = \dfrac{(7500 \times 2) + (21 \times \frac{300}{365})}{264500} \times 1000$

   = $\boxed{56.79}$

3. 도수강도율

   $FSI = \sqrt{\text{도수율} \times \text{강도율}} = \sqrt{7.56 \times 56.79} = 20.72$

4. 평균강도율 = $\dfrac{\text{강도율}}{\text{도수율}} \times 1000 = \dfrac{56.79}{7.56} \times 1000 = \underline{7511.9}$

5. 연천인율 = 도수율 × 2.4

   ↓
   $\boxed{\dfrac{\text{재해자수}}{\text{년평균근로자수}} \times 1000}$

   → 300일, 8시간이 적용...
   → $300 \times 8.5 = \boxed{2.55} \times 10^3$

5번 문제) 블랙스완

1. 개요
   1) 1697년 네덜란드 탐험가 윌리엄 드 블라밍이 오스트레일리아에서 흑고니를 발견한것에 착안
      → 전혀 예상할수 없었던 일이 실제로 나타나는 경우.
   2) 2007년, 나심 니콜라스 탈레브가 "블랙스완"이란 책을 발간하면서 대중화.

2. 블랙스완
   탈레브가 제시한 블랙스완 이론의 특징으로는..
   1) 예외적으로 일어나는 사건이다
   2) 일단 발생하면 엄청난 변화를 초래한 반응 충격적이다
   3) 블랙스완이 발생한 이후에는 사람들이 사전에 예측할수 있었다고 받아들인다.

회색코뿔소 (Gray rhino).

[하인리히 법칙의 버드의 이론]

① 지속적인 경고로 충분히 예상할수 있지만, 쉽게 간과하는 위험요인.
② 우리가 무시하는 명백한 위험을 어떻게 인식하고 대응할것인가?
③ 대책
   ㉠ 지속적인 안전성 진단.
      → PSM, 예방계획서.
   ㉡ 휴먼에러
      → Failsafe, Foolproof
   ㉢ 교육 훈련.

6번 문제) 산업재해 발생형태 4가지를 사람과 에너지 관계로 분류

1. 공학적 개념의 산업재해 정의
   1) 외부 에너지가 신체에 충돌하여 근로자의 생명 또는 노동능력을 상실시키는 현상.

2. 산업재해 발생형태 4가지를 사람과 Energy 관계로 분류
   1) 제1형
      폭발, 파열, 낙하(비래) 등 에너지가 폭주하여 일어나는 재해
      └ 맞음.

      낙하: 물체가 떨어지는 것
      비래: 옆에서 물체가 날아오는 것.

   2) 제2형
      ① 에너지 활동구역에 사람이 침입하여 발생하며
      ② 감전현상이 속하여 있다

   3) 제3형
      ① 인체가 에너지처로서 다른 곳에 충돌하여 발생
      ② 사람의 추락, 격돌

   4) 제4형
      ① 작업환경속에 유해한 물질이 같고, 이것의 작용으로 발생
      ② 산소결핍증, 질식.

기출제 19년 → 5단계 요소. 뜨걸트
- 05년 (25)
  → 재해로스트계산방식
    하인리히/시몬즈방식.
- 10년 (25), 19년 (10)
  → 하인리히 5단계 조회사항.
    "   "   요소.
- 12년 (10)
  → 하인리히. 버드. 콘패스이론 설명.
- ✓ 19 (10)
  → 하인리히 5단계 요소.

7번 문제) 하인리히 재해발생 5단계 (도미노이론)

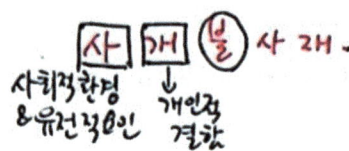

사회적환경
&유전적요인   개인적결함

1. 개요
   1) 재해 발생은 연계나 사고요인의 연쇄반응 결과로 발생된다는 연쇄성이론.

   2) 하인리히 재해예방

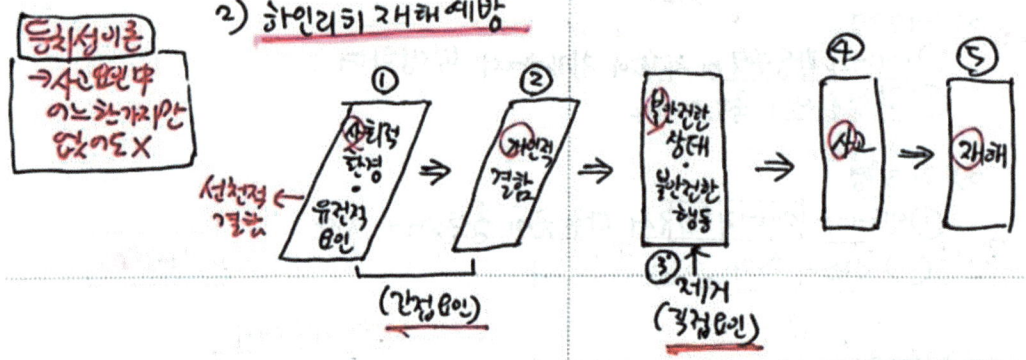

등치성이론
→ 사고요인 중 어느 한가지만 없어도 X

선천적결함

→ 하인리히 법칙의 핵심은 불안전한상태와 불안전한 행동을 제거하면 사고·재해 로 연결 X

2. 재해사고 발생과정.

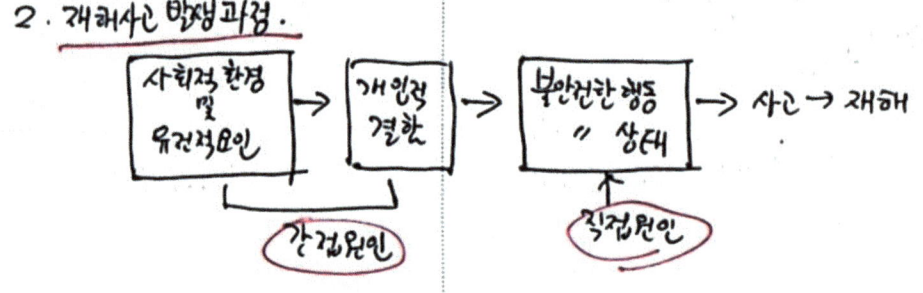

1) 사회적환경 및 유전적요인

　　사회적 환경　　　　　　　유전적요인
　　(공중도덕·준법정신결여)　(바람직하지 않은 성격) → 비정상적인
　　　　　　　　　　　　　　　성요, 단고, 답답　　　　태도와 습관

　　　　　　↓
　　　안전결함의 연계공

2) 개인적 결함

① 신체적 결함·정신적 결함, 지식기능·숙련도 부족
　→ 불안전한 행동유발
② 기계적, 물리적위험성 ◀ 존재에 따르는 인적결함

기계안전
결함 ③ 불안전한 상태 및 불안전한 행동

물적원인 ← 불안전한 상태 (10%)	(88%) 불안전한행동 → 인적원인
① 물체 자체의 결함	① 안전장치 기능제거
② 안전장치·방호장치 결함	② 보호구 잘못사용·미착용
③ 안전장비 결함	③ 위험장소 접근
④ 경계표시와 설비결함	④ 기계·기구 잘못사용
⑤ 생산공정 결함	⑤ 불안전한 자세·동작
환경방 ⑥ 작업환경적 결함	⑥ 불안전한 상태 방치
⑦ 작업절차 및 방법의 결함	정리정돈 미흡

물안경 생산 작업 잘 방법　　　　　안보위기 부안

4) 사고(Accidents)
　① 화재·폭발·감전등 사고
　② 직접 또는 간접적으로 재산손실 발생
　③ 불안전한 행동, 상태가 선행 → 작업능률 저하

5) 재해
　① 직접적인 사고로부터 생기는 재해
　② 사고의 결과로 생기는 인적·물적 손실

8번 문제) 하인리히 사고예방관리 5단계

1. 하인리히 사고예방관리 5단계

   1) 1단계 : 안전조직 [조사편선적]
      ① 경영자의 안전목표 설정
      ② 안전관리자 임명
      ③ 안전관리 라인 및 참모조직
      ④ 안전활동 방침 및 계획수립
      ⑤ 조직을 통한 안전활동 전개

   2) 2단계 : 사실의 발견 → 불안전요소발견
      ① 사고 및 활동기록의 검토
      ② 작업 분석   ✓작업일지
      ③ 점검 및 검사
      ④ 사고조사
      ⑤ 근로자의 제안 및 여론조사 · 관찰 · 회의
                              설문

   3) 3단계 : 평가분석
      ① 사고의 원인 및 경향성 분석
      ✓② 사고기록 및 관계자료 "   → 설비적 결함
      ✓③ 인적, 물적, 환경적 조건 "   불안전한상태 분석
      ④ 작업공정 분석   "   행동   "
      ✓⑤ 교육훈련 및 적정 배치 "
      ⑥ 안전수칙 및 보호장비의 적부

4) 4단계 : 시정책의 선정
   ① 기술적 개선
   ② 배치 조정
   ③ 교육훈련의 개선
   ✓④ 안전 행정의 개선
   ✓⑤ 규정 및 수칙 등 제도의 개선 — 작업환경의 개선
   ⑥ 안전운동의 전개

   4E선정 (Engineering, Education, Enforcement, Environment)

5) 5단계 : 시정책의 적용
   ① 기술적 대책
   ② 관리적 "
   ③ 교육적 "

   4E의 적용

【16년 출제】　　가능성↑

원인 → 사고 → 재해
　　　 peril　 loss
　　　(필연)　(우연)

9번 문제) 산업재해예방 4원칙 (하인리히)

1. 개요
   1) 산업재해란
      산업체에서 일어난 사고의 결과로서 입은 인명손실과 재산의 피해현상

   2) 재해예방 원칙

   [예손원대]

   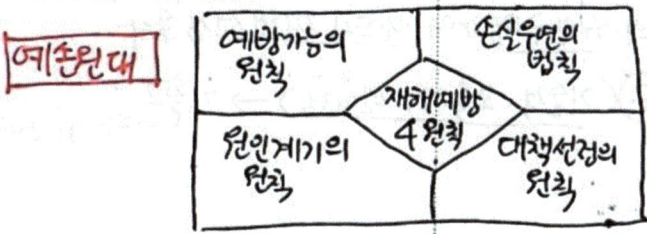
   예방가능의 원칙 / 손실우연의 법칙 / 원인계기의 원칙 / 대책선정의 원칙 → 재해예방 4원칙

2. 산업재해 예방 4원칙
   1) 예방 가능의 원칙
      ① 천재지변을 제외한 모든 인재는 예방가능
      ② 불안전한 행동(88%) + 불안전한 상태(10%) : 인재
         → 예방가능
      ③ 천재지변 (2%)
      ④ 근원적인 Hazard 찾고..
      ⑤ 1 : 29 : 300 → 아차사고 발생시 면밀히 검토 → 잘못된 곳 즉시 시정 → 대형사고 예방

   2) 손실우연의 법칙
      ① 사고의 결과 손실의 유무와 대소는 당시 조건에 따라 우연적 발생.
      ② 하인리히 법칙 → 1 : 29 : 300
         → 사고가 반드시 손실로 나타나지 않음.
      ③ 예) TK tower가 아무도 없는 곳에서 폭발하더라도 인명피해 X　(하는 경우)

3) 원인계기의 원칙
　① 사고에는 반드시 원인이 있고, 원인은 대부분 복합적 연계원인이다.
　　→ 사고에는 반드시 표면적 원인 있다.
　✓② Root Cause Analysis　　　③ 위험성 평가
　　　　　　　　　　　　　　　　→ RBI, RCM

4) 대책선정의 원칙
　① 사고의 원인 규명하여 반드시 대책선정 실시
　② 3E (기술적, 교육적, 관리적) → 강조
　　　　　　　　　　　　　　　　　→ 독려적 (관리적)

10번 문제) 버드의 신사고 연쇄성이론
(신도미노이론)

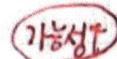 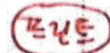

· 02(25)
→ 버드이론 도식화, 각 단계별 써먹기도. 사고예방 위해 무엇을 통제?
· 03(25)
→ 버드이론 도식화, 이론의 각 축조건의미.
· 12(10) → 하인리히·버드·콤패 이론.

1. 개요
   1) 버드와 하인리히 차이점

버드	하인리히 → 사개불사재
인적재해 이전에 물적재해가 먼저 발생	인적재해만 다룸
불안전한 행동·상태의 원인 → 사업주의 통제·관리 부족기인	불안전한 행동·상태의 원인 → 개인적인 결함
641건	330건

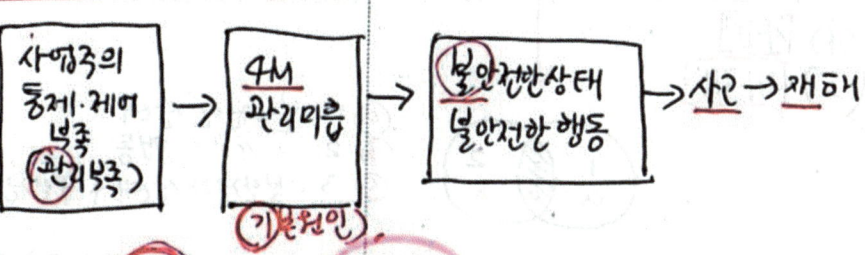

관기불사재

→ 재해예방
관리를 철저히 하고, 기본원인을 제거

2. 버드의 재해발생 연쇄성이론

[사업주의 통제·제어 부족 (관리부족)] → [4M 관리미흡] (기본원인) → [불안전한 상태 / 불안전한 행동] → 사고 → 재해

① 사업주의 통제·제어 부족 (관리부족)
   ⓐ 전문적 관리기능의 부족
   ⓑ 충분한 교육 제공 X
   ⓒ 적절한 기술적 조치 X

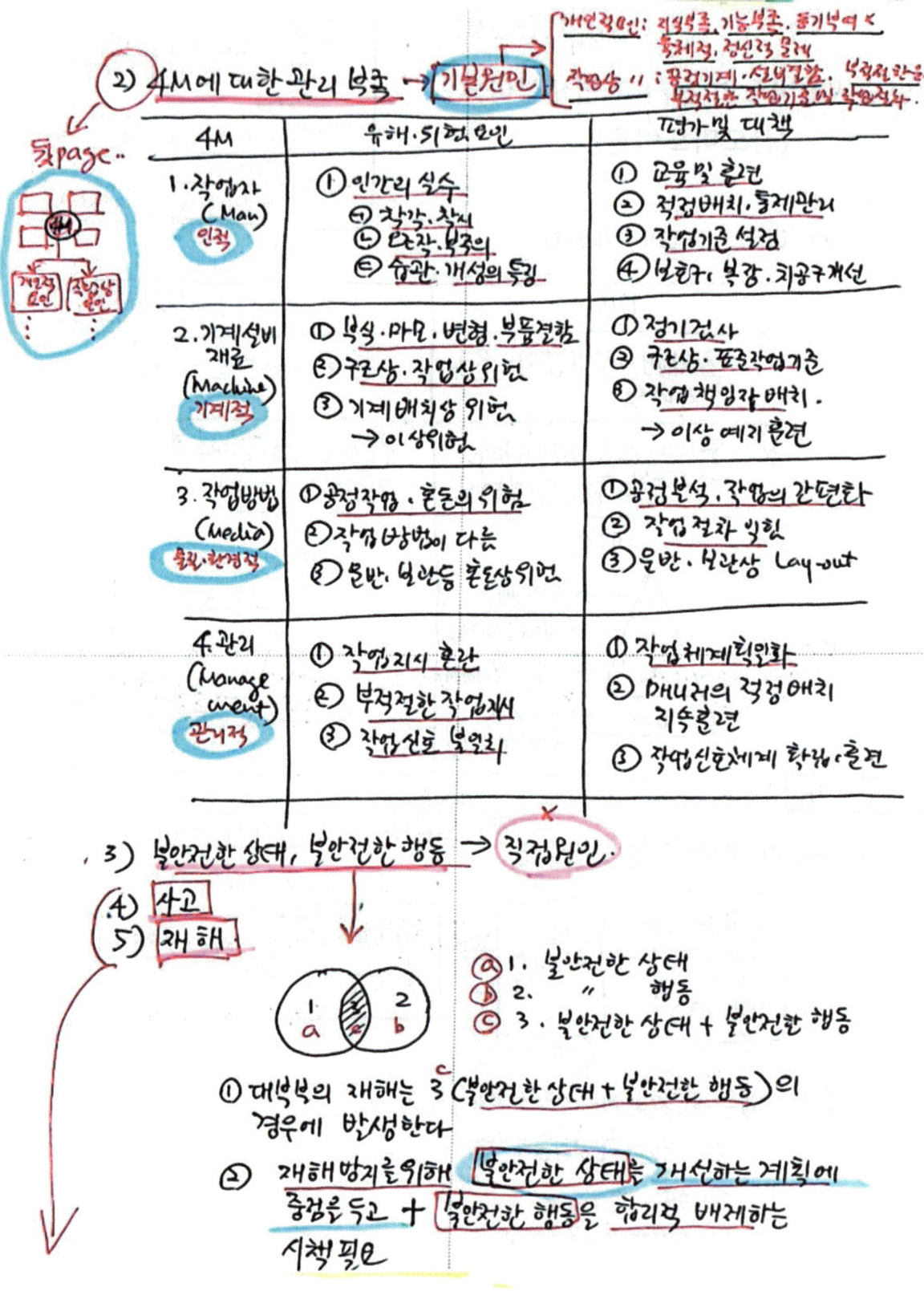

토픽
4M

4M 대책 ← 불안전한 행동

	유해 위험 요인	평가 및 대책
Man (인적)	① 근로자 특성 (장애인, 여성, 고령자, 외국인, 비정규직, 미숙련자 등)에 의한 불안전한 행동 ② 작업에 대한 안전보건 정보 부적절 (자동법) ③ 작업자세·작업동작의 결함 ④ 작업방법의 부적절 ⑤ 휴먼에러 (X-14-2014) ⑥ 개인 보호구 미착용	① 교육 및 훈련 ② 적정 배치·동기관리 ③ 작업기준 설정 ④ 보호구 복장·작업구 개선
Machine (기계적)	① 기계·설비 구조상의 결함 ② 위험방호장치의 불량 ③ 위험기계의 본질안전 설계 부족 ④ 비상시 또는 비정상 작업시 안전 연동장치 및 경고장치의 결함 ⑤ 사용 유틸리티 (전기·물·압축공기) 결함 ⑥ 설비를 이용한 운반수단의 결함	① 정기검사 — 성능검사·작업기준설정 ② 구조상 표준작업기준 ③ 작업책임자 배치 — 기술수준향상 ④ 이상예지 훈련 ✓
Media (물질·환경적)	① 작업공간 (작업장 상태 및 구조) 불량 ② 가스·증기·분진·흄 및 미스트 발생 ③ 산소결핍, 병원체, 방사선, 유해광선, 고온·저온·초음파·소음·진동·이상기압 등 ④ 취급 화학물질에 대한 중독 등	① 공정 분석·작업의 간편 — 작업방법 표준화 ✓ 공정분석 ② 작업절차 숙지 ③ 운반·보관상 (lay-out)
Management (관리적)	① 관리조직의 결함 ② 규정 (매뉴얼)의 미작성 ③ 안전관리계획의 미흡 ✓ (조재안고 부안건고) ④ 교육·훈련 부족 ⑤ 부하에 대한 감독·지도의 결여 ⑥ 안전수칙 및 각종 표지판 미정비 ✓ ⑦ 건강검진 및 사후관리 미흡 ⑧ 근로자 예방 등 건강관리 프로그램 운영 미흡	① 작업체계의 획일화 ? ② 매뉴얼의 적정 배치 및 지속적 훈련 ③ 작업신호체계 확립 및 훈련

11번 문제) 하인리히법칙과 버드이론

※ 160
→ 1 : 20 : 200
  (중) (경) (아).

하인리히 1:29:300 법칙	버드 1:10:30:600 이론
1. 개요도 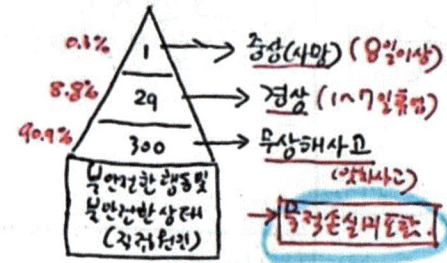 0.3% 1 → 중상(사망)(8일이상) 8.8% 29 → 경상(1~7일휴업) 90.9% 300 → 무상해사고 (앗차사고) 불안전한 행동및 불안전한 상태 (직접원인) → 물적손실 더 많	1. 개요도 0.3% 1 → 중상(사망) 1.6% 10 → 경상(인적·물적손실) 4.7% 30 → 물적해사고 (물적손실 有) 93.5% 600 → 무상해사고 (물적손실 無) 4M (기본원인) → 앗차사고
2. 1:29:300 법칙 ③③⓪ 1) 산업재해 발생하여 중상자가 1명 나오면, 같은재해로 경상자 29명, 잠재적 무상자가 300명 있다는 사실 2) 큰사고는 우연적·갑작스럽게 발생하는 것이 아니라, 반드시 경미한 사건들의 반복되는 과정에서 발생한다는 것을 입증.	2. 버드의 1:10:30:600 이론 1) 641회의 사고가운데 중상(사망)1건, 경상(물적·인적피해)10건, 무상해사고 (물적손실) 30건, 무상해무사고 고장 600건 버드가 산발생 2) 재해의 배후에는 상해를 수반하지 않는 사고(630건) 즉 앗차사고가 사업장 안전대책의 중요한 실마리 제공
3. 하인리히 법칙의 적용 1) 사소한 문제 발생시 → 면밀히 검토 → 잘못된점 시정 → 대형사고 예방 2) 작업 현장의 재해사고 확장가능 → 각종사고, 재난, 사회적·개인적 위기나 실패에 적용 3) F-TA (결함수…)에서 사소한 문제 (기본사상) 분관리 함으로서 → 화학공장에서 화재, 폭발, 누출 방지.	3. 버드이론 적용 → 하인리히 적용과 동일.

산길E

4) 대형사고 관리

개요부분에..

④ 인적상해비율
$\frac{30}{330}$ (9.1%)
→ 버드에 비하여 높다

⑤ 잠재위험비율
$\frac{300}{330}$ (90.9%)

4. 인적상해비율
$\frac{11}{641}$ (1.7%)

5. 잠재위험비율
$\frac{630}{641}$ (98.3%)
→ 하인리히에 비해 높다.

① 인적상해비율
$\frac{30}{330}$ (9.1%) > $\frac{11}{641}$ (1.7%)
→ 하인리히 높다

② 잠재위험 비율
$\frac{300}{330}$ (90.9%) < $\frac{630}{641}$ (98.3%) → 버드간에
→ 버드 높다.

[콘패스이론]

1. 개요
 1) 재해사리 크기와 빈도에 관한 이론
 2) 콘패스이론과 하인리히 이론의 차이점
  ① 콘패스의 상해사리 비율은 하인리히와 동일
  ② 상해 사고 없어도 손역원의 경제적 손실 방생 예고.

2. 도식도.

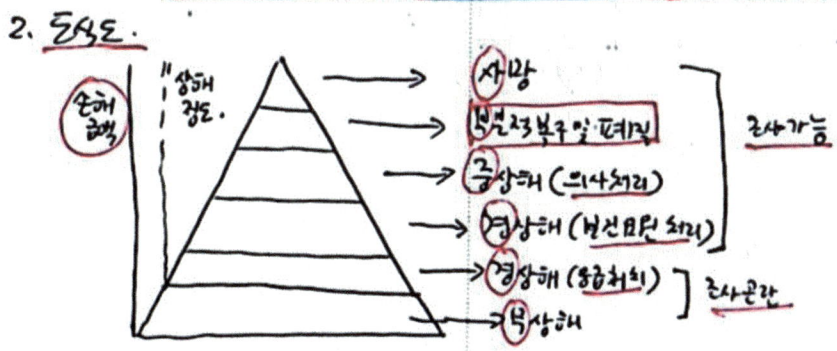

12번 문제) J.H.Harvey의 3E 대책

→ 기독교 (3E).

1. 3E 대책

   1) 기술 (Engineering)적 대책
      ① 안전설계
      ② 작업행정의 개선 → 작업환경개선
      ③ 안전기준 설정
      ④ 환경설비의 개선 → 설비환경개선
      ⑤ 점검보존의 확립

      Fail safe
      Fool proof.

      · 정비·점검표준화.
      · 구조설계 표준화.
      · 설계능력향상.

   2) 교육 (Education)적 대책
      ① 정기적인 안전교육   비상시훈련.
      ② 〃 훈련

   3) 독려 (Enforcement)적 대책
      → 관리감독자 대책으로 다음 조건의 충족이 필요.
      ① 적합기준 설정
      ② 작업규정 및 수칙의 준수
      ③ 전 종업원의 기준이해
      ④ 경영자·관리자의 솔선수범
      ⑤ 불안한 동기부여와 사기향상

      · 작업지시 명확화.
      · 규정·매뉴얼의 표준화.

13번 문제) 불안전한 상태와 불안전한 행동

※ 20년 (122회) : 25년
→ 불안전한 행동 원인 : 지식의 부족, 기능의 미숙, 태도의 불량, 인간에러로 구분하여 설명.

1. 개요
   1) 정의
      ① 불안전한 상태 : 장치·기계·기구 설비의 물리적인 결함
      ② 〃 행동 : 작업자와 관리자의 사고발생의 원인이 되는 행동
      (인적 + 환경)

   2) 분류

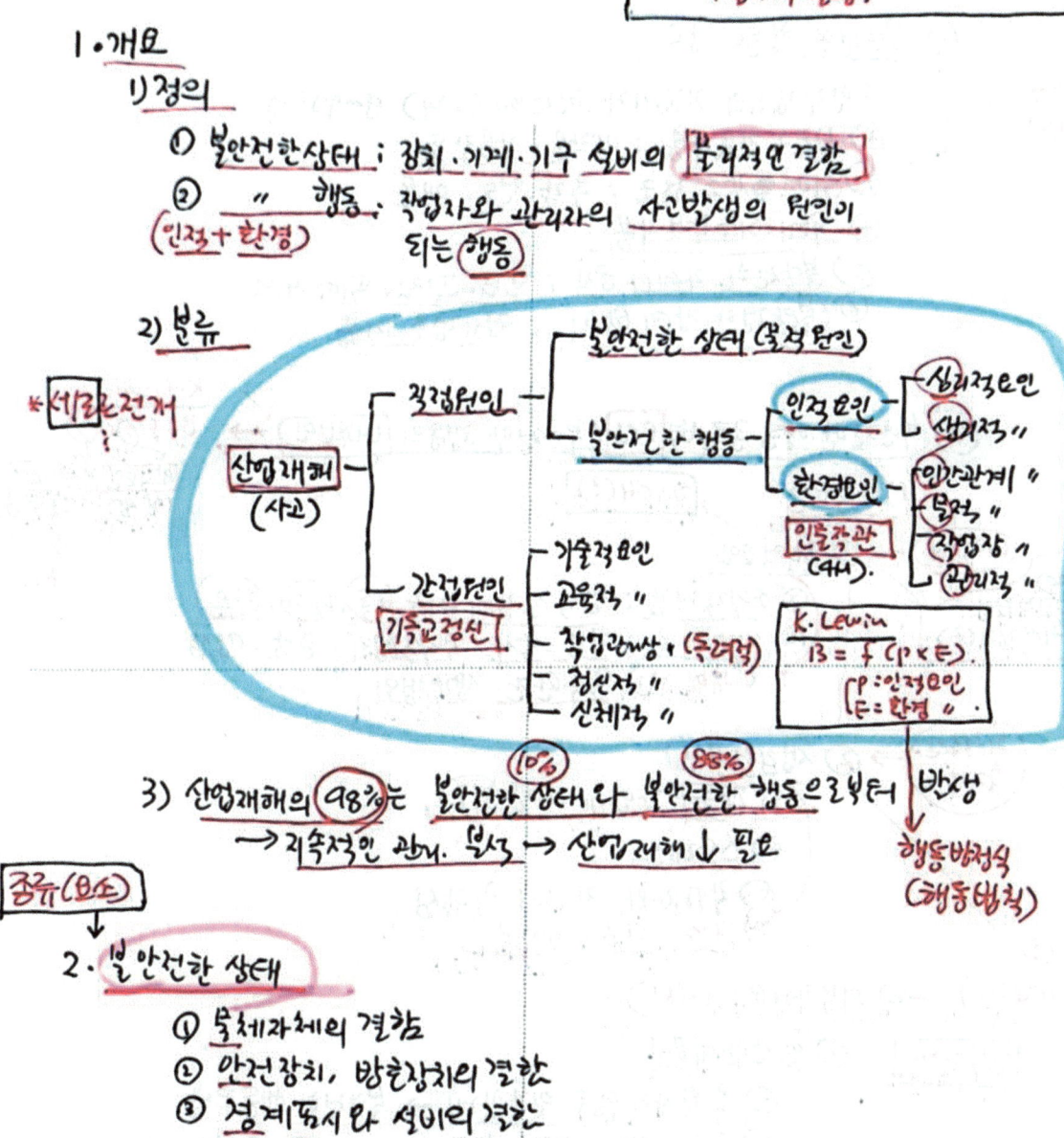

※ 시료근거
산업재해 (사고)
- 직접원인
  - 불안전한 상태 (물적원인)
  - 불안전한 행동
    - 인적요인 ─ 생리적요인
              ─ 심리적 〃
              ─ 인간관계 〃
              ─ 복장 〃
              ─ 작업장 〃
              ─ 관리적 〃
    - 환경요인
    - 인물객관 (4M)
- 간접원인 (기술교정신)
  - 기술적요인
  - 교육적 〃
  - 작업관리 + (독려적)
  - 정신적 〃
  - 신체적 〃

K. Lewin
B = f (P × E)
P : 인적요인
E : 환경 〃

3) 산업재해의 98%는 (10%) 불안전한 상태 와 (88%) 불안전한 행동 으로부터 발생
   → 지속적인 관리·보고 → 산업재해 ↓ 필요

→ 행동방정식 (행동법칙)

종류 (8소)
↓
2. 불안전한 상태
   ① 물체자체의 결함
   ② 안전장치, 방호장치의 결함
   ③ 경계표시와 설비의 결함
   ④ 안전장비의 결함 (복장·보호구 결함)
   ⑤ 생산공정의 결함
   관련방 ⑥ 작업 환경적 〃
          ⑦ 작업 절차 및 방법의 〃

불안경 생산 작업 장 작업

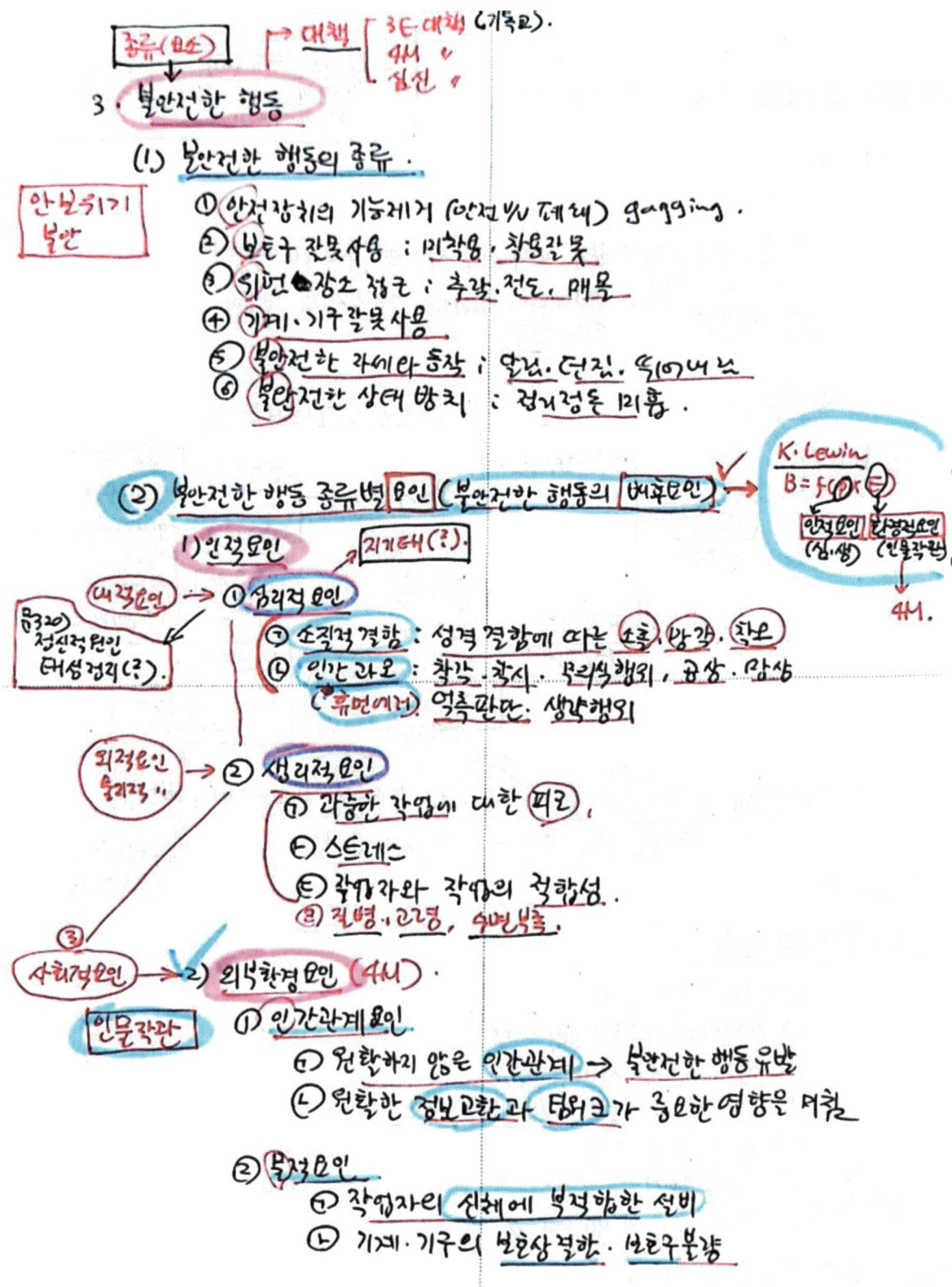

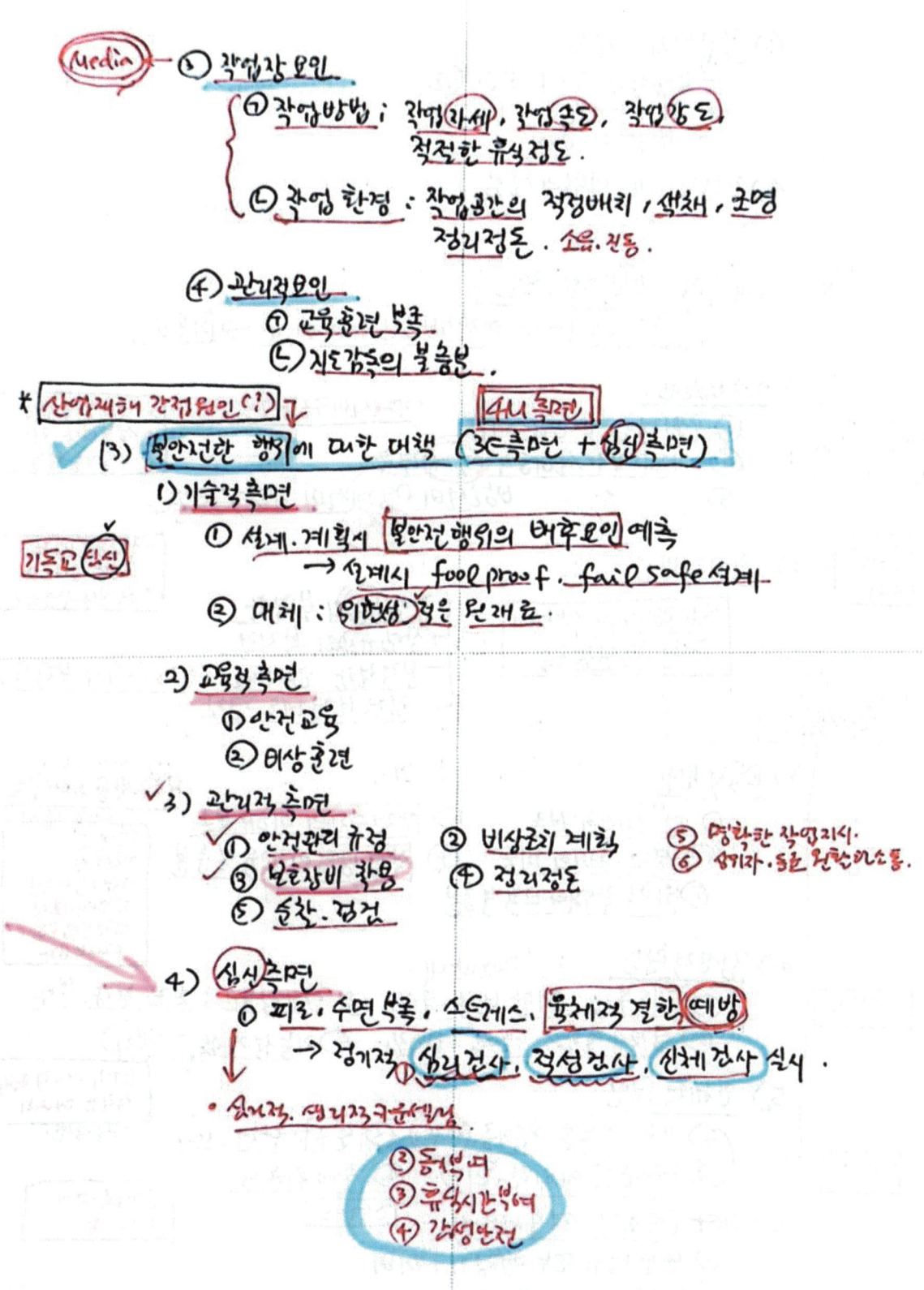

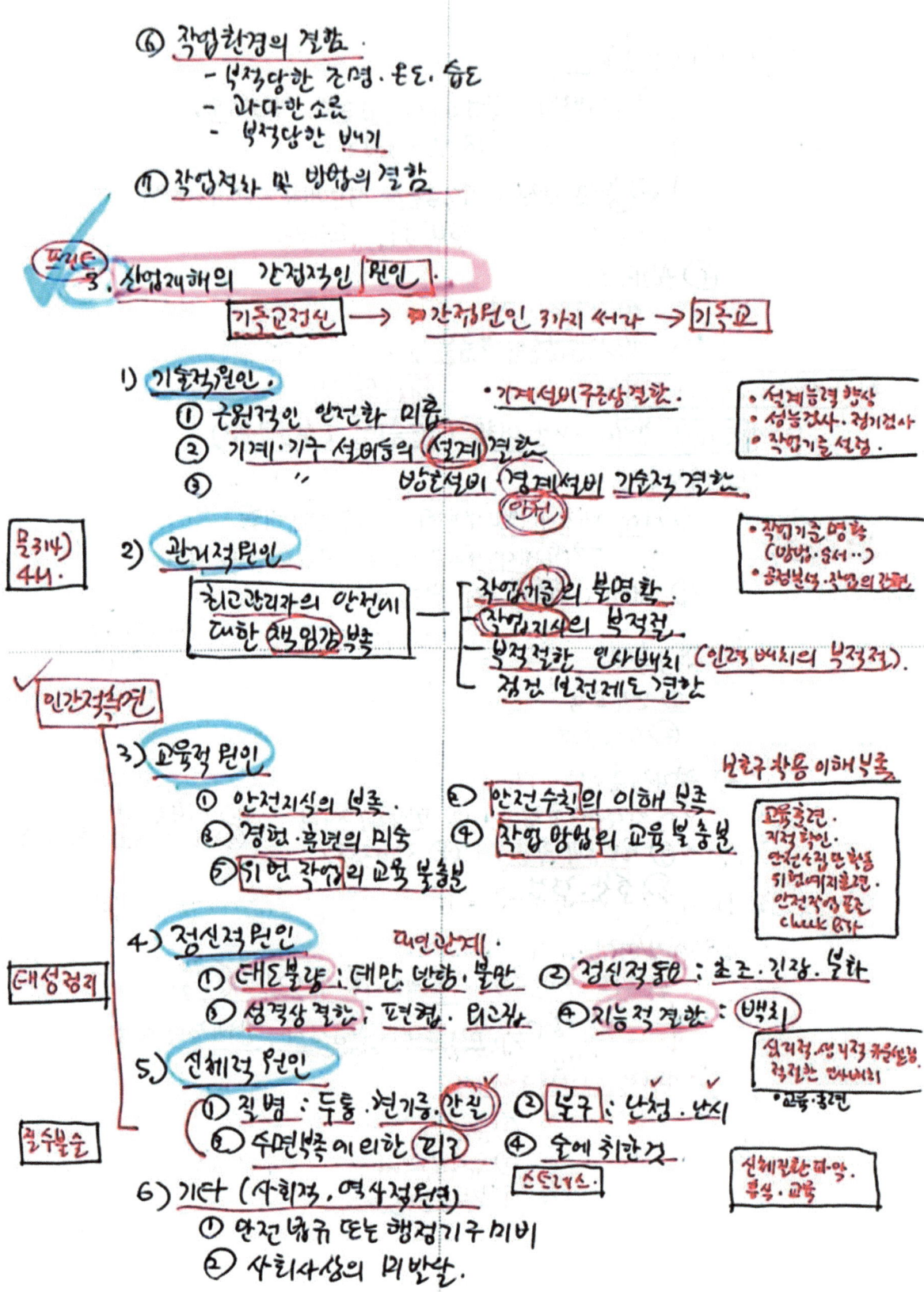

14번 문제) 휴먼에러

1. 개요
   1) 화학공장 사고발생 원인 분석에서 연간나오는 25% 차지하고 있다
   2) 휴먼에러를 최소화 할수 있는 Fool proof 설계와 안전관리가 중요하다.

2009, 2015.
2. 화학공장 사고발생 분석시 인적측면에서 본 공통적 배경
   → 산업재해 직간접원인

   가장먼저 문3(b) Table 참고

   1) 직접적인 원인
      ① 불안전한 행동 ┐
      ② "   상태 ┘ → 앞page 내용

   2) 간접적인 원인 → 뒤 page ...(대책 이후~)

   [기출교]
      ① 기술적요인
         기계·기구·설비·시스템이 기술적으로 미진한상태
         → 기술적으로 안전 확보할수 없음
         ① 본질적 안전설계 미흡
         ② 기기 구조설계결함
         ③ 위험 방호장치 불량

      ② 교육적요인
         작업자, 안전관리자 교육 미숙시
         → 지식, 경험, 기능 부족에 기인

      ③ 작업관리상 요인
         작업절차, 안전관리 및 작업절차,
         안전수칙 미정립, 부적절할때 발생.

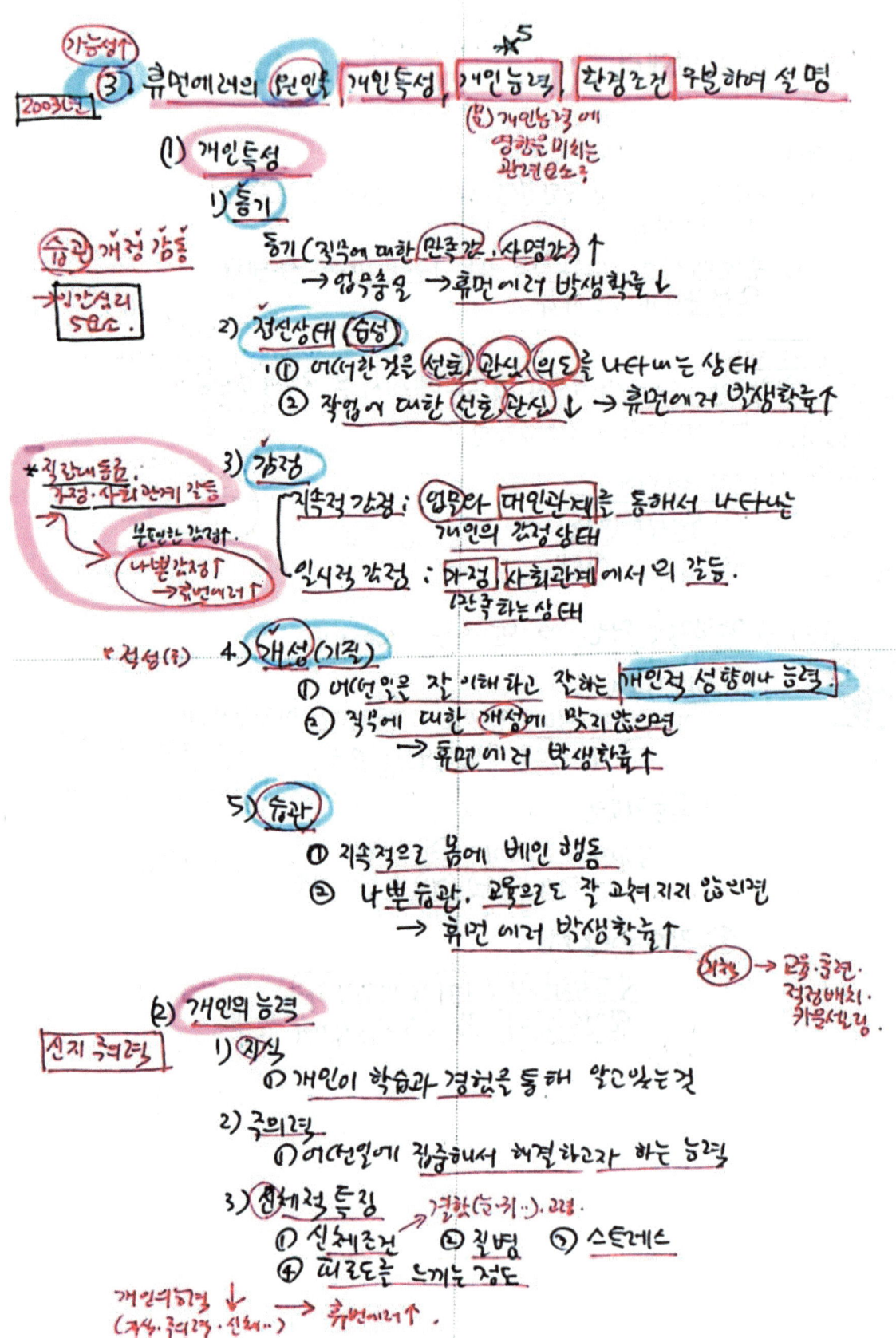

명확한 작업지시·
유해위험성에 안전성→
◦기준·절차 명확할수록↑ → 휴먼에러↓

(3) 환경조건

[작업]
1) 작업 환경
   ① 유해·위험시설의 안전성 고려 정도
   ② 표준작업 기준 및 절차의 수립
   ③ 긴급시 안전대책 수립

2) 심리적 환경
   ① 작업자의 동기부여
   ② 피로 및 스트레스 해소
   ③ 주의력 긴급훈련의 정도

(이윤근)
① 지식부족
② 의욕이나 사기결여
③ 서두르거나 절박한 상황
④ 체험적 습관
⑤ 선입관
⑥ 주의소홀
⑦ 과다자극·과소자극
⑧ 피로

✓ 2004년
  2015년

④ 인간과오의 심리적(내적) 요인과 물리적(외적) 요인과 대책

(김영도)✓ (1) 인간과오의 심리적 요인과 대책 (내적요인)

1) 소질적 조건
   [소인자] ① 개인의 특성에 맞지 않는 경우 → 휴먼에러 발생가능성↑
   ② 대책 → 근로자의 적성 고려해서 직무배치

2) 의식의 우회
   ① 인식하고 있으나 전혀 다른 반응을 보이는 경우
      → 휴먼에러 발생가능성↑
   ② 의식의 우회 현상은 잡념이 많고 집중부족시 발생
   ③ 대책 → 전문적인 상담을 통해 개선

※ 개인의 습득·경험으로 알고있는 것

3) 지식·경험적 조건
   ① 경험부족 → 작업·운전 미숙으로 휴먼에러 발생↑
   ② 대책 → 지속적인 교육과 간접교육 (OJT·멘토링-)통해 개선
   ③ 적성↓·의욕중↓·서두르거나 절박한 상황
      선입관으로 편한하다고 느낄때

(2-3회 출제) (트랜드)

•13(25)
→ 인간의식수준 5단계로 구분 할때
  각단계의 의식상태와 생리적상태
•15(25)
→ 주의력 부족의 설명.
  중독의 예방대책.

15번 문제) 인간의 의식수준 5단계

1. 개요.

   1) 의식수준 단계란?

   인간이 장시간동안 주의를 기울이지 못하는것은 뇌의 한동과
   관계 있으며, 이러한 인간의 의식은 항상 일정한 수준에
   머물러 있는것이 아니라 상황또는 시간에 따라 변함

   2) 주의력 특성

   선방변
일주

   ① 선택성 ② 방향성 ③ 변동성 ④ 일점 집중성
   ⑤ 주의의 범위

2. 의식수준 5단계

   의식상태 →
   (행동작용) (생리적 상태)

단계	의식모드	의식작용	행동상태	신뢰성	뇌파
0	무의식·실신	없음	수면, 되반작	0	δ파
1	의식 둔화	부주의 (inactive)	피로, 졸음, 단조로움	0.9 이하	θ
2	정상 (느긋한 기분)	수동적 (passive)	정상작업 (습관적) 휴식, 안정적행동	0.99~ 0.99999	α
3	정상 (분명한 의식)	능동적 (active)	적극적 행동, 판단동반행동	0.999999 이상	α∼β β
4	긴장·흥분상태	주의에 차원 판단정지	흥분, 당황 충동반응 (패닉)	0.9 이하	β γ

   1) 0단계
      의식이 없고 작업 불가능

2) 1단계
   ① 야간근무, 교대근무시 나타나는 의식수준   → 휴식교대, 근무조건개선
   ② 무의식상태로 → 휴먼에러 발생용이   → 심리적·생리적 카운셀링
   ③ 감각에 의한 정보신호 무시, 오인
      → 위험에 대한 감지, 판단능력 저하

3) 2단계   → 교육·훈련
   ① 정상적인 업무상태에서 수동적 행동가능   적정확인, 안전수칙 준수
   ② 수동적인 상태로 급격한 상황변화시 → 대처능력부족 위험예지훈련, 안전작업도구, 체크리스트
      → 휴먼에러 발생가능성 ↑

4) 3단계   적절한 휴식
   ① 주의에 대한 범위가 넓다   지속적인 교육·훈련
      → 휴먼에러 발생가능성 ↓
   ② 의식 집중이 지속시 → 시간의 흐름을 인지 못함
                      → 상황변화시 성공하게 판단

5) 4단계   ┌ 인간공학 설계
   ① 과도한 긴장과 감정흥분 상태   │ Fool proof
   ② 주의가 한곳으로 치우친 상태로   └ Fail safe
      → 다른 정보를 무시 또는 받아들이지 못해   · 한박자 쉼 (휴식)
      → 정확한 판단 불가로 휴먼에러 발생 ↑   · 안전교육 (긴급시 대처법)

16번 문제) 부주의 원인의 내적, 외적요인

1. 개요
   1) 인간의 의식수준 5단계 분류 (0~Ⅳ)
   2) 주의와 부주의
      ① 주의 : 특정대상을 한정 선택하고 의식을 집중하는 것.
      ② 부주의 : 목적산만, 바람직하지 못한 심리상태
        → 불안전한 행동 (휴먼에러) 발생↑

      [선방변일주] ③ 주의력 특성
         ㉠ 선택성 ㉡ 방향성 ㉢ 변동성 ㉣ 일점 집중성
         ㉤ 주의의 범위

2. 인간의 의식수준 5단계 → 질문사항 아니면
   (앞page)   문제목 ✗

3. 부주의 내외적요인 및 예방대책

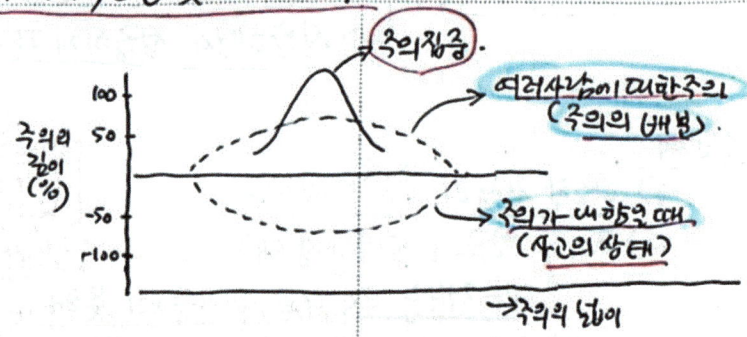

   1) 내적요인 및 예방. (내 라 우리 중)
                        (의식 모드)

   [의식둔화] →

구분	의식단계	요인	예방대책
① 의식의 중단	0단계	졸음, 간질	신체질환파악, 정신질환 파악
② 〃 우회	Ⅰ	백일몽, 근심, 걱정	심리적·생리적 카운슬링
③ 〃 라인	Ⅳ	착목, 서두름	한방차심·안전교육 (긴급시대처능)

   긴장, 휴식, 주의환기.

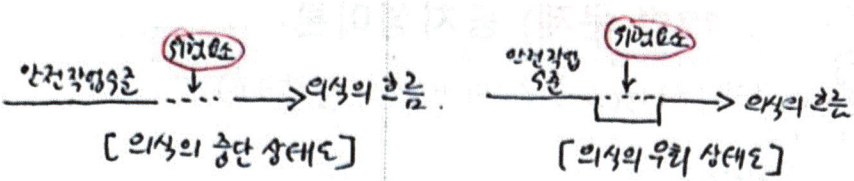

[의식의 중단 상태]   [의식의 우회 상태]

2) 인적요인 ⅡⅣ 예방 (외론자)

구분	의식단계	요인	예방대책
① 의식 수준저하	Ⅰ	환경촉진효과	휴식·교육·근무조건 개선
② 의식의 혼란	Ⅰ	양립성파괴	인간공학, Fail safe, Fool proof

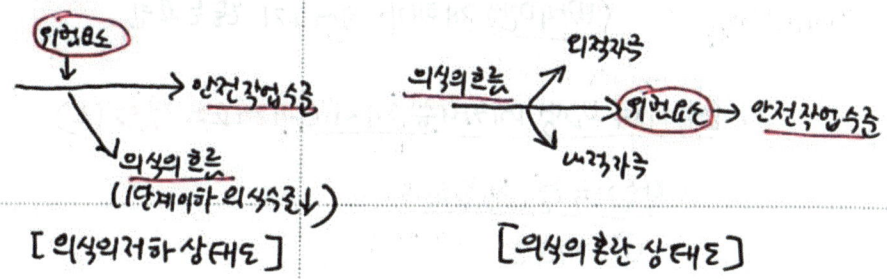

[의식저하 상태]   [의식의 혼란 상태]

[문] 주의력 각 의식수준단계에서 불안전한 행동제거 방법.

단계	상태	불안전 행동 제거방법
0	수면(δ)	① 수면상태이므로 논외
Ⅰ	경악(θ)	① 심리적, 생리적 카운셀링 ② 안전교육 (작업도중)

17번 문제) 등치성이론

(가정)
The theory of equivalence. 3가지 구조요소) (재해요소의 결합구조)

1. 등치성이론
   (트리거 유발) ← 1) 등치성의 정리
   사고원인의 여러가지 요인들 중에서 어느 한가지 요인이라도 없으면, 재해는 발생되지 않으며, 여러가지 원인이 연결되어 발생한다는 이론이다.

   (참고) 2) 등치의 요인
   ① 등치 아닌 요인은 재해 요인이 아님
   ② 다른 요인은 그대로 놓아 있더라도, 한가지 요인이라도 (빠지면) 재해가 일어나지 않는 요인.

2. 산업재해 발생 메커니즘 3가지 (재해요소 결합구조)

   1) 단순자극형 (집중형)
      ① 개요도

   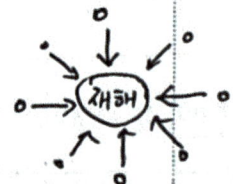

      ② 특징
      ㉠ 상호자극에 의하여 순간적으로 재해가 발생되는 유형
      ㉡ 각 요소가 독립적으로 집중되어 재해 발생된 경우
         (발생장소 일시집중).

2) 연쇄형
    ① 개요

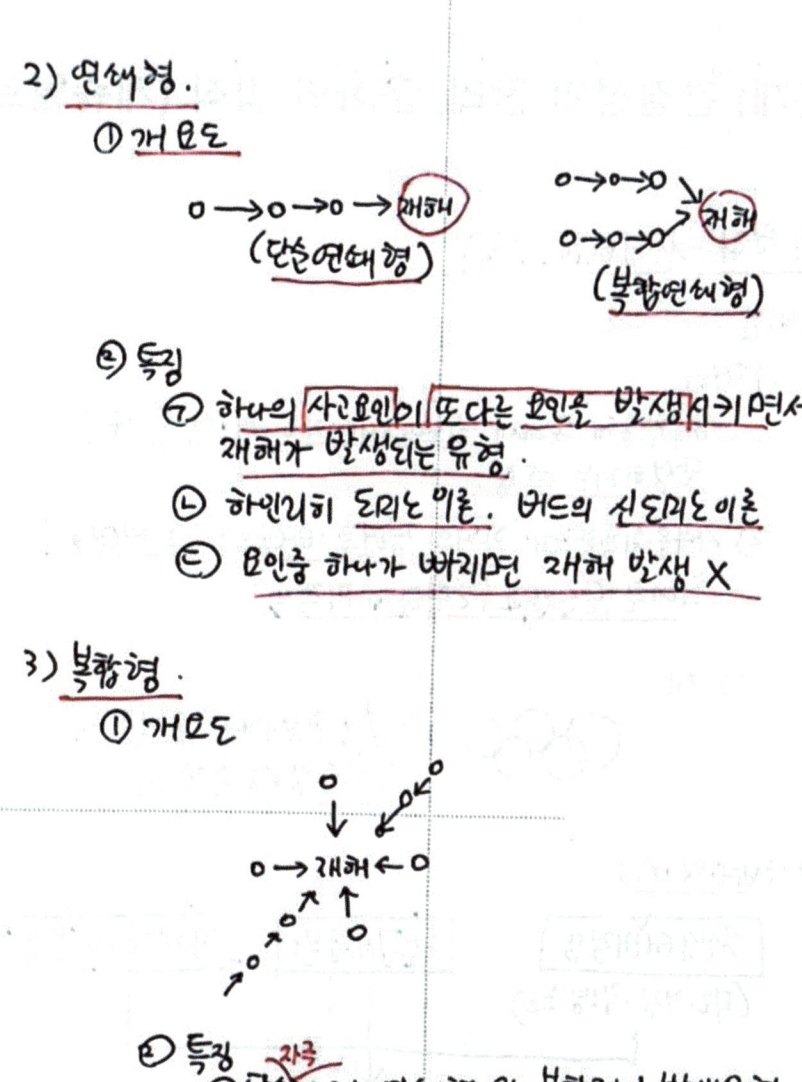

   ② 특징
      ㉠ 하나의 사고요인이 또다른 요인을 발생시키면서 재해가 발생되는 유형.
      ㉡ 하인리히 도미노이론, 버드의 신도미노이론
      ㉢ 요인중 하나가 빠지면 재해 발생 X

3) 복합형
    ① 개요

   ② 특징
      ㉠ 단순형과 연쇄형의 복합적인 발생유형 (자극)
      ㉡ 산업재해 대부분은 복합형 재해임

18번 문제) 간결성의 원리, 군화의 법칙 (게슈탈트)

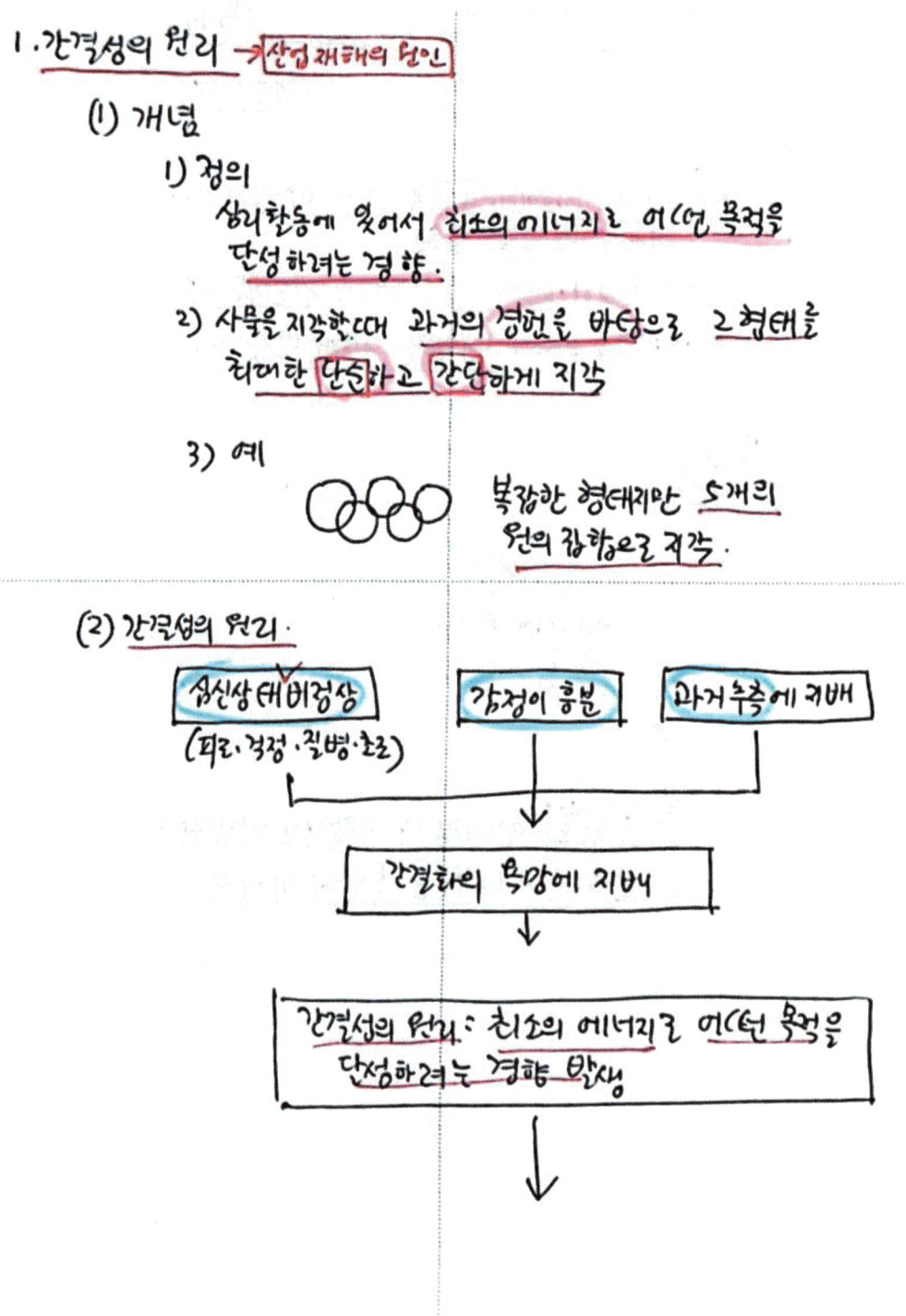

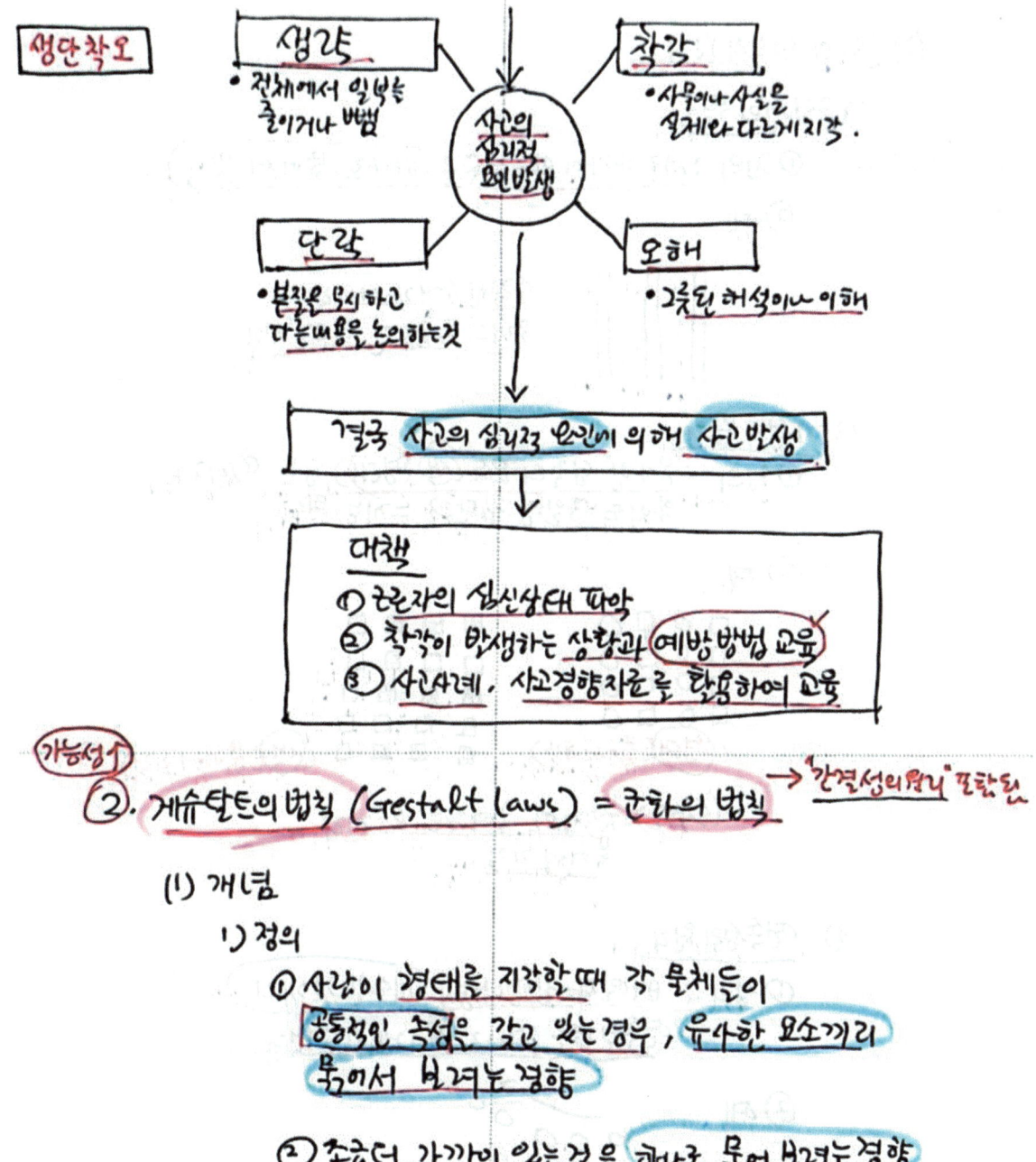

가능성↑

2. 게슈탈트의 법칙 (Gestalt laws) = 군화의 법칙 → 간결성의원리 포함됨

(1) 개념

 1) 정의

  ① 사람이 형태를 지각할때 각 물체들이 공통적인 속성을 갖고 있는 경우, 유사한 요소끼리 묶어서 보려는 경향

  ② 조금더 가까이 있는것은 하나로 묶어 보려는 경향

(2) 군화의 법칙의 원리

1) 근접성의 원리
   (주:윤곽데계간 ← 주우형)
   ① 정의 : 서로 가까이 있는것들은 하나로 묶어서 인식
   ② 예

   ||| ||| ||| 수직선 6개가 아니라
                 3개의 독립된 선으로 인식

2) 유사성의 원리
   ① 정의 : 유사한 성질의 요소(색, 형태) 등은 떨어져
            있어도 동일한 집단으로 느끼는 원리
   ② 예

   (형태로 묶어서 지각)   (색으로 묶어서 지각)

   (수직으로) 규칙성이 축적있는 요소끼리
              묶어서 지각

3) 연속성의 원리
   ① 정의 : 배열과 진행방향이 비슷한 것끼리
            연속된경우 하나로 보이게 되는 원리
   ② 예

4) 폐쇄성의 원리
 ① 정의 : 불완전한 형태를 완전한 형태로 인지하려는 심리.
 ② 예
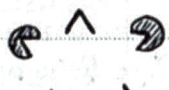
닫혀 있지 않은 도형이 닫혀 보이거나 집단인 원으로 보는 원리

5) 대칭성의 원리 (= 대칭의 원리)
 ① 정의 : ㉠ 대칭적인 것은 균형과 안정감을 주며 좋은 모양으로 보는 원리
  ㉡ 기존 지식을 토대로 완성되지 않은 형태를 완성시켜 인지
 ② 예

보이지 않는 선을 이어 삼각형으로 인식

6) 간결성의 법칙
 ① 정의 : 특정대상은 주어진 조건하에서 최대한 가장 단순하고 간결할 수 있는 방향으로 인식
 ② 예

복잡한 형태인데 단순히 5개의 원이 모여 있는 것으로 지각

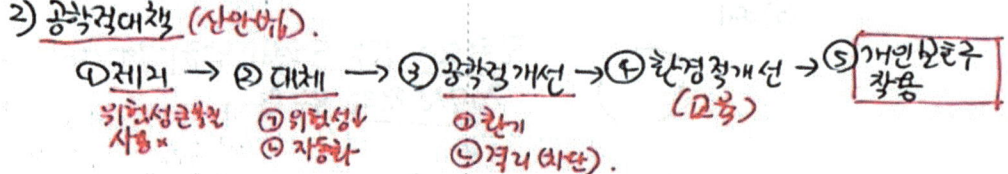

19번 문제) 호흡용 보호구

1) 목적 : 재해나 건강장해를 방지하기 위함.

2) 공학적대책 (산안법).

① 제거 → ② 대체 → ③ 공학적개선 → ④ 환경적개선 → ⑤ 개인보호구 착용
  위험성물질   ㉠ 위험성↓   ㉠ 환기   (교육)
  사용 ×   ㉡ 자동화   ㉡ 격리(차단)

3) 종류.

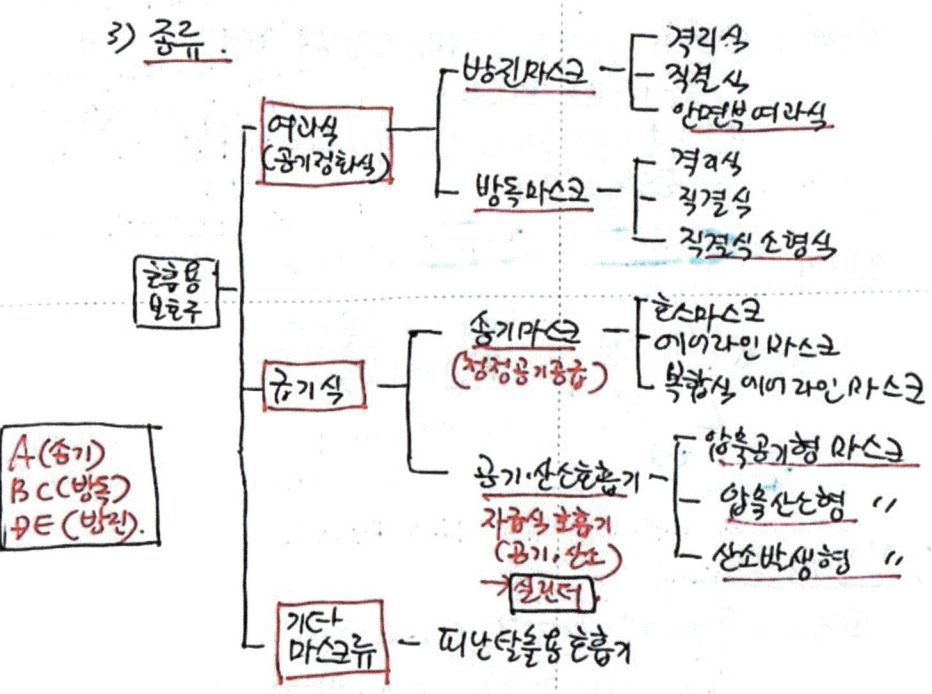

※ 호흡용 보호구량
  → 적절한 보호구량
  (예티)
    ① 분진 발생원은 밀폐하는 것이나 국소배기장치
    ② 분진작업장소는 습기찬 상태로 유지 설비.

문 20) 화학물질용 보호복의 종류

분류	공기정화식 (여과식)		공기공급식	
1) 종류	수동식	전동식	송기식	공기용식
2) 안면체등의 형태	전면형 반면형	→	전면형, 반면형 페이스실드, 후드	전면형
3) 보호구명	방진마스크 방독 "	전동팬부착 방진마스크 방독 "	송기마스크 산소호흡기	공기호흡기

✓ ① 어떤 곳에 사용

① 공기정화식 (여과식) → 가격저렴, 사용간편
 ㉠ 산소농도 18% 이상인 장소
 ㉡ 유해비 (공기중 오염물질 농도/노출기준) 낮은 곳
 ㉢ 단기간(30분) 노출시 사망 or 회복불가능상태 초래할 수 있는 곳
   → 사용 X

✓ ② 공기공급식
 ㉠ 산소농도 18% 미만, 유해비가 높은 경우에 사용 권장
 ㉡ 외부로부터 신선한 공기공급, 가격↑
   (공기, 산소)
   → 밀폐공간작업
   (송기마스크, 공기호흡기)

※ 방진마스크 → 유해한 분진·흄 등의 입자상 물질
  방독 " → 가스상 물질

문) 독성물질이 있는 가스저장소 보호구 비치기준.
① 방독마스크 →
② 방호복 (얼굴, 손발).

5) 방독마스크 등급 및 정화통종류

① 방독마스크 등급
  ㉠ 격리식
    → 가스아 증기농도가 2%↓ (NH3 3%) 대기중 사용
  ㉡ 직결식 " 1%↓ (NH3 1.5%) "
  ㉢ 직결식소형 " 0.1%↓ "

② 정화통 종류

문) 방독마스크 종류와 특징.
① 독성물질별 정화통색깔.

종류	정화통의색	대상유해물질
✓유해가스용	갈색, 흑색	유기용제, 유기화합물등의 가스아 증기
✓할로겐용	회색및 흑색	할로겐 가스아 증기
일산화탄소	적색	일산화탄소 가스
✓암모니아	녹색	암모니아 가스
SO2. 아황산가스	황적색	아황산 가스
H2S. 아황산황	백색및 황적색	아황산가스 및 황의 증기 아 분진

6) 산업용 마스크 (방진마스크)

구분	분리포집효율 (미세먼지차단 비율)	누설율	차단물질
특급	평균 0.4∼0.6μm 크기 미세입자 99%이상차단	5%이하	•독성물질 →석면, 베릴륨등 나노입자
1급	" 94%이상차단	11%↓	•금속흄
2급	" 80%이상차단	25%↓	•기타분진

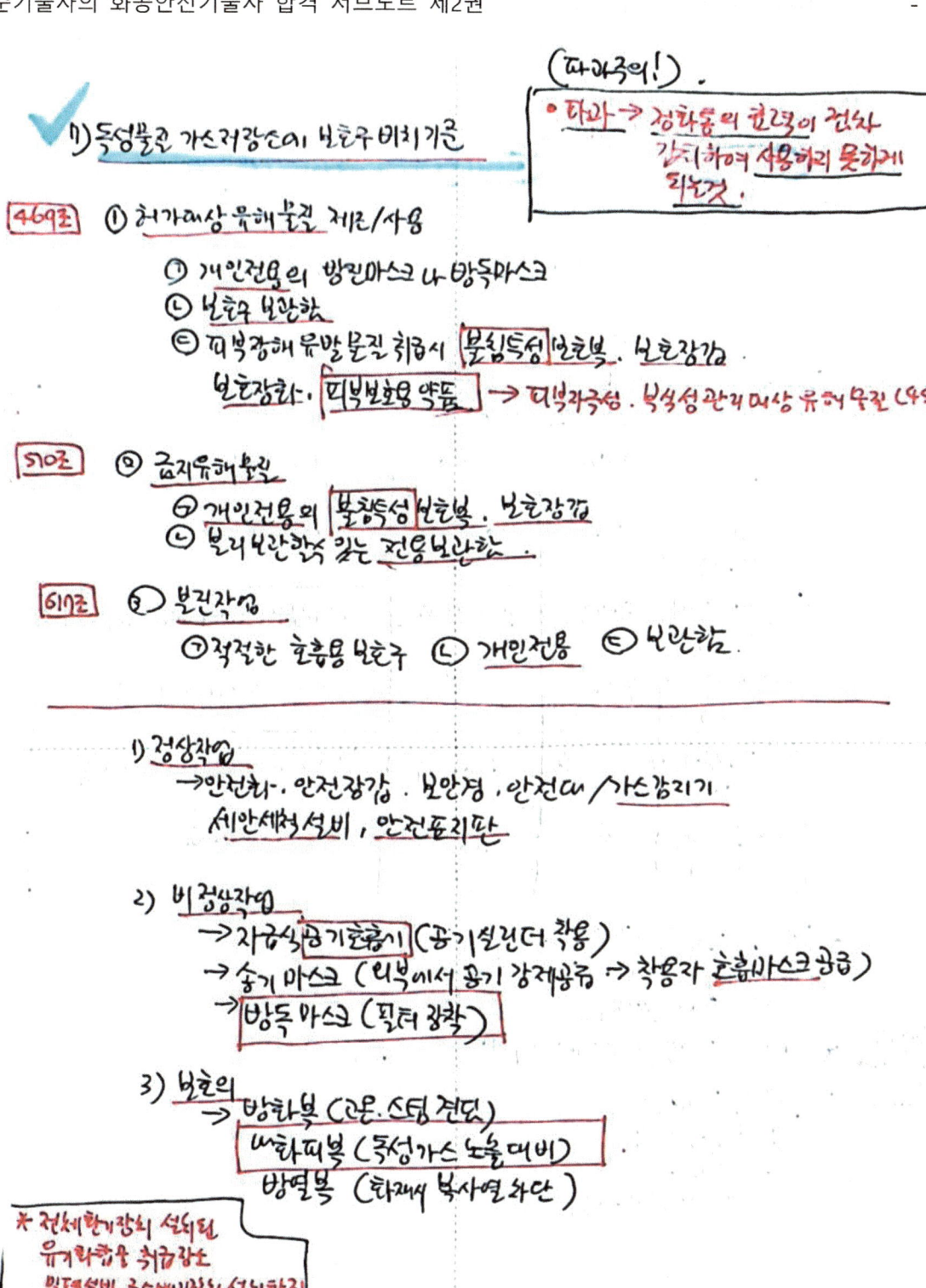

제 12 장   독성학, 누출&안전대책

1. 독성가스 허용농도의 종류

   1) 급성독성 → 단기간독성 (1~2주)

      [독성반응순서
      → ED 반복
      → TD ″
      → LD ″]

      ① LD50, LD10, LD100   ② LC50, LC10, LC100
      ③ TD50, TC50   ④ ED50
      ⑤ TLV-STEL, TLV-C

   2) 만성독성 → 장기간 (1~31권) 반복투여 ("노출")
      ① TLV-TWA

      * 한국 → TLV 채택
        (미) ACGIH (산업위생전문가협회)

   3) 기관별 종류
      ① IDLH (NIOSH)   ② ERPG (AIHA)
      ③ AEGL (EPA)   ④ TEEL, PAC (DOE)   [날래대비 평상사]
      ⑤ OSHA (미, PEL) ⑥ 영국 (HSE) : WEL
      ⑦ 독일 : MAK

2. 독성물질 노출기준 (허용기준) 선정방법 (순서)

   1) 선정방법
      ① 화학물질구조의 유사성
      ② 동물실험 → [NOAEL (무작용관찰량) → TLV 선정기준
                    LOAEL (최소작용량)]   ↓
      ③ 인체 ″   ACGIH
      ④ 역학조사   (TLV-TWA, STEL, C)

   2) 내화 선정 반응순서
      • ED 반복 → TD ″ → LD ″

3. 독성가스, 유해화학물질 누출대책 (관리 & 확산방지대책)
   → 푸리에화대책

   1) 공론감방비관
   2) ① 사전대책 (예방 ")
         ㉠ 설계적 대책 → 효대완영단
         ㉡ 관리적 " → 검사성고 (주) 보개
      ② 사후대책 (방호 ")
         ㉠ 공학적 설계 → 비밀방
         ㉡ 감지 & 경보
         ㉢ 독성물리처리 → 이희학중제
         ㉣ 비상대응책
                          연통흡
                          (미오앱말)

   3) 본승능적
      ① 본질적 → 효대단영단
      ② 수동적 → 밀격방배
      ③ 능동적 → 감륨압란세
      ④ 관리적 → 검사성고 (주) 보개

   상권
   NH3 대책

   4) 산안규칙 299조 (독성물리의 누출방지)
      → 회연폐 의자경감

1번 문제) 독성가스 허용농도의 종류, 용어

> 19(단) : 비상대응계획수립 지침(ERPG)에서 사용되는 농도를 공기중의 농도에 따라 3가지로 구분하여 설명.
>
> 18(손) : 단시간 비상폭로한계(TEEL)와 즉시건강위험농도(IDLH)를 설명하고, ERPG 2. AEGL 2값이 없을 경우 끓는점도 적용기준
>
> 17(토) : 시간가중 평균노출기준(TWA). 단시간노출기준(STEL), 최고노출기준(C)의 정의. 적용범위. 사용상 유의사항
>
> 09(단) : RFC (Reference Concentration)과 RFDC (" Dose)에 대하여 설명.
>
> 09(손) : 유해물질 노출시의 허용농도인 TLV 3가지
>
> 08(단) : 독성물질의 피해예측 및 누출확산시의 ERPG 농도.

답370).

1. 급성독성 추정값 (ATE, Acute Toxicity Estimate)

1) 정의 : 추정된 과반수 치사량

2) LD50 (Lethal Dose) : 치사 복용량.

① 정의
  ㉠ 1회 투여 후 7~10일 이내 50% 사망하는 양을 체중 1kg당 mg으로 표시

② 관리기준
  ㉠ LD50 (경구 쥐) : 300mg/kg (체중) 이하
  ㉡ LD50 (경피 쥐 또는 토끼) : 1000mg/kg (체중) 이하

3) LC₅₀ (Lethal Concentration) = 치사농도

①정의
  ㉠ 호흡기 흡입에 의하여 장애를 일으켜 실험동물의 50%가 사망하는 농도. (10~14일)

②관리기준
  ㉠ LC₅₀ (쥐, 4시간 흡입)
    • 가스 : 2500 ppm 이하
    * 고압의 독성가스 기준 : LC₅₀ (쥐, 1시간 흡입) : 5000 ppm 이하
      → 아황산가스, 암모니아, 일산화탄소, 불소, 염소등 30여종
    • 증기 : 10 mg/ℓ 이하
    • 분진 또는 미스트 : 1 mg/ℓ 이하

  * 5000 ppm 초과하면 독성가스그룹 → 보관, 영하에서 압력↑

✓ 4) LC_LO (Lowest published Lethal concentration) = 최저치사농도
  ①정의 : 사람 또는 동물이 사망할수 있다고 보고되어진 최소농도 (ppm)

~~2.~~ RFD, RFC. [예년출제]

1) RFD
  ① Reference Dose : 섭취 참고
  ② 미국환경보호청 (EPA)에 의해 공표된 독성 품검
  ③ 평생동안 섭취해도 인간에게 유해한 영향이 일어나지 않을 것으로 추정되는 섭취량
    → 적용 : 독성관리 값 활용, 평가대상물질도.
      대기확산모델링 독성관리에 이용

2) RFC
  ① Reference concentration : 흡입독성참고
  ② 미국환경보호청(EPA)에 의해 공포된 독성 종점
  ③ 평생동안 흡입해도 인간에게 유해한 영향이 일어나지 않은것으로 추정되는 농도.

③ TDLo. TCLo
  1) TCLo (Lowest published Toxic concentration)
    ① 독성의 영향을 줄수 있는 최소농도
  2) TDLo (Lowest published Toxic Dose)
    ① 독성의 영향을 줄수 있는 최소량

참고2). (ㅂ) ACGIH (산업위생 전문가 협회)
→ The American Conference of Governmental Industrial hygienists.

4. TLV (Threshold Limit Values) : 허용한계농도
(노출기준, 허용농도)

1) 정의
① 투여량에 대한 반응곡선
→ 몸안에서 해독시켜 제거할수있는 양으로 몸에 아무런 영향을 주지 않는 투여량

② 미국 정부산업위생전문가 협회 (ACGIH)에서 설정해 놓은 기준
③ 형태 : TLV-TWA, TLV-STEL, TLV-C

2) TLV-TWA (시간가중 평균 허용농도)
① Time Weighted Average Concentration.
② 근로자가 일주일 40시간, 하루 8시간씩 정상근무 할 경우 노출되어도 아무런 영향을 주지 않는 최저간가중 평균 농도

3) TLV-STEL (단시간 노출 허용농도)
① Short Term Exposure Limit.
② 근로자가 15분동안 지속 노출되어도 아래의 증상이 나타나지 않는 최고농도
   참을수없는비완 ㉠ 참을수 없는 자극
   만성 또는 비가역적 조직변화
   ㉡ 만성적 (비가역적) 조직변화
   ㉢ 혼수상태 등의 상태로 60일 이상 간격으로 하루 최대 4회까지만 폭로되는 경우로 한정되며 일별 TLV-TWA 초과금지. — 자기경고손상
                                                          작업능률감소.

HCN
C 4.7ppm   ④ TLV-C (최고허용농도)
HF   ① Ceiling limit
C 3 ppm.   ② 단 한순간이라도 초과하지 않아야 하는 농도.

5. IDLH (Immediate Dangerous Life & Health)
   → 즉시 건강위험농도.
   1) 미국 NIOSH (산업안전보건연구원)가 제안하고 있는 값.
   2) 30분 이내에 구출되지 않으면 건강상태로 회복할수 없는 직접위험농도.

   → 1시간이내 대피할수 있으면 건강에 심한 영향을 미치지 않는 최고농도

(출제) 6. ERPG (Emergency Response planning Guideline)
   → 비상 대응계획 수립지침.

   1) 정의 ① 미국 산업위생협회 (AIHA)
      ① 비상대응 절차수립시 사용되는 공기중의 농도
      ② 공기중의 농도에 따라 ERPG-1,2,3 으로 구분됨.

   2) 종류
      ① ERPG-1
         ㉮ 냄새 감각 가능. ~~약간의 통증을 수반하는 농도~~
         ㉯ 보호구 없이 1시간 동안 견딜수 있는 최대농도.
         → 1시간동안 노출되어도 오염물질로 인지하지 못하거나 건강상 영향이 나타나지 않는 공기중 최대농도.

② ERPG-2
→ 한시간동안 노출되어도 회복불가능, 심각한 건강상 영향이 나타나지 않는 공기중 최대농도
→ 비상대응계획시 적용

③ ERPG-3
→ 한시간동안 노출되어도 생명의 위협 느끼지 않는 공기중 최대농도.

3) ERPG 값 예

물질	ERPG-1	ERPG-2	ERPG-3
염화수소	3ppm	20ppm	100ppm
H2S (TWA=10ppm)	0.1 ppm	30	100

7. AEGL (Acute Exposure Guideline Level)
→ 급성폭로 기준레벨.

1) 정의
① 미국 환경보호청 (EPA)에서 발표하는 기준
② 사고로 인한 화학물질 누출시 이를 다루는 비상대응요원에 의해 사용되는 기준
③ 일생중 한번 또는 드물게 공기중으로 폭로되는 화학물질에 대한 인체의 영향을 나타내는 기준
④ 폭로시간 구별 : 10분, 30분, 1시간, 4시간, 8시간
⑤ 공기중의 농도에 따라 AEGL-1.2.3 으로 구분됨

2) 종류
   ① AEGL-1
      • 대부분의 사람들이 인식 가능한 불쾌, 재치기 등을 경험할수 있는 농도.
   [분재 대비장 생사.]
   ② AEGL-2
      • 대부분의 사람들이 대피능력 상실 또는 비가역적 장기적인 건강영향을 받은 농도.
   ③ AEGL-3
      • 대부분의 사람들이 생명의 위협영향 또는 사망을 경험할수 있는 농도.

8. TEEL (Temporary Emergency Exposure Limits)
   → 단시간 비상폭로한계.

   1) 정의
      ① 미국 에너지국 (DOE)에서 발표하는 기준
      ② 대부분의 사람들이 주어진 시간동안 공기중의 화학물질에 폭로될때 건강영향을 경험하기 시작하는 농도.
      ③ 60분 동안서 AEGL, ERPG와 유사한 개념으로 사용되는 기준
      ④ 공기중의 농도에 따라 TEEL-1, 2, 3 으로 구분됨.

2) 종류

① TEEL-1
- 1시간 이상 폭로될때 대부분의 사람들이 인식 가능한 불쾌감, 재치기등을 경험할 것으로 예측되는 공기중의 농도

② TEEL-2
- 1시간 이상 폭로될때 대부분의 사람들이 대피능력상실 또는 비가역적, 장기적인 건강영향을 입을 것으로 예측되는 공기중의 농도

③ TEEL-3
- 1시간 이상 폭로될때 대부분의 사람들이 생명의 위협 영향 또는 사망을 경험할 것으로 예측되는 공기중의 농도

9. PAC (protective action criteria)

1) 정의
 ① 미국에너지부(DOE)에서 반포하는 기준
 ② 공기중의 농도에따라 PAC-1,2,3으로 구분됨
 ③ 적용 : AEGL, ERPG (AEGL 없을시), TEEL (ERPG 없을시) 순으로 적용함.

10) 독성가스값 적용
 ① 다음순서로 선정 (단, TLV-C값이 존재한 경우 : 비교하여 낮은값 적용)
 ② ERPG-2 → AEGL-2 (1시간) → PAC-2 → IDLH의 10%
 ③ IDLH 값이 없는 경우
  : LC50 (×0.1 : 30분, ×0.2 : 4시간) → LC$_{L0}$
  → LD50×0.01 → LD$_{L0}$ 순으로 적용.
  (×0.1)

118. 독성가스 허용농도 종류.
① 급성독성 추정값 (ATE)
  → LD50, LC50, LC Lo
② ⌈ RFD (섭취독성 관리치) ⌉ → 적용: 독성참고량 허용.
  ⌊ RFC (흡입   "   ) ⌋   평가대상물 검토.
                                대기확산 모델링 독성관리 이용.
③ TDLo, TCLo
ACGIH ← ④ TLV (허용한계농도)
(산업위생전문가협회) → TWA, STEL, TLV-C
⌈American
 Conference of ⑤
 Governmental
 Industrial
 Hygienists ⌋

IDLH	ERPG	AEGL	TEEL
즉시건강위험농도	비상대응계획 수립지침	급성폭로기초레벨	일시간 비상폭로한계
(Immediate Dangerous Life & Health)	(Emer. Response Planning Guideline)	(Acute Exposure Guideline Level)	(Temp. Emer. Exposure Limits)
NIOSH	AIHA	EPA	DOE
(산업안전보건연구원)	(산업위생협회)	(환경보호청)	(에너지부)
• 30분 이내 구출 X 건강상태 회복 어려운 직접위험 농도	• 비상대응절차 수립시 공기중농도 ㉠ 1시간동안 노출에도 인지 X, 건강영향 X ㉡ 회복가능, 심각한 건강영향 X ㉢ 생명위협 X	• 사고누출시 → 비상대응요원 적용 • 인생중 한번, 드물게 ㉠ 불쾌 ㉡ 대피감 ㉢ 사상	• 주어진시간동안 공기중 화학물질 노출시 건강영향 경험하는 농도 • 60분노출시 AEGL, ERPG 유사

㉠ 불쾌, 재채기
㉡ 때 능력상실, 비가역적 장기적인 건강영향
㉢ 생명의 위협, 사망경험.

2번 문제) NOAEL/LOAEL 개요

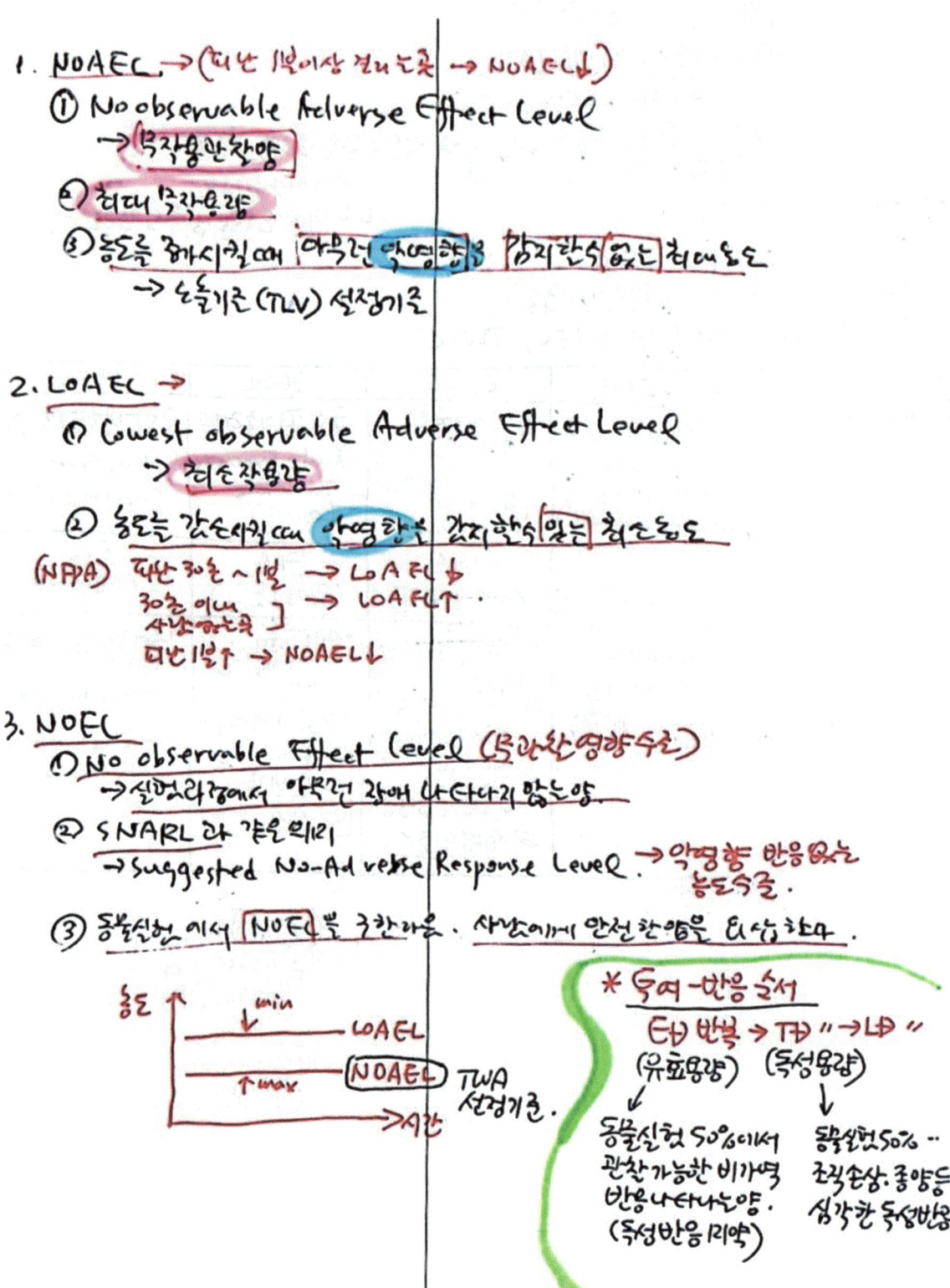

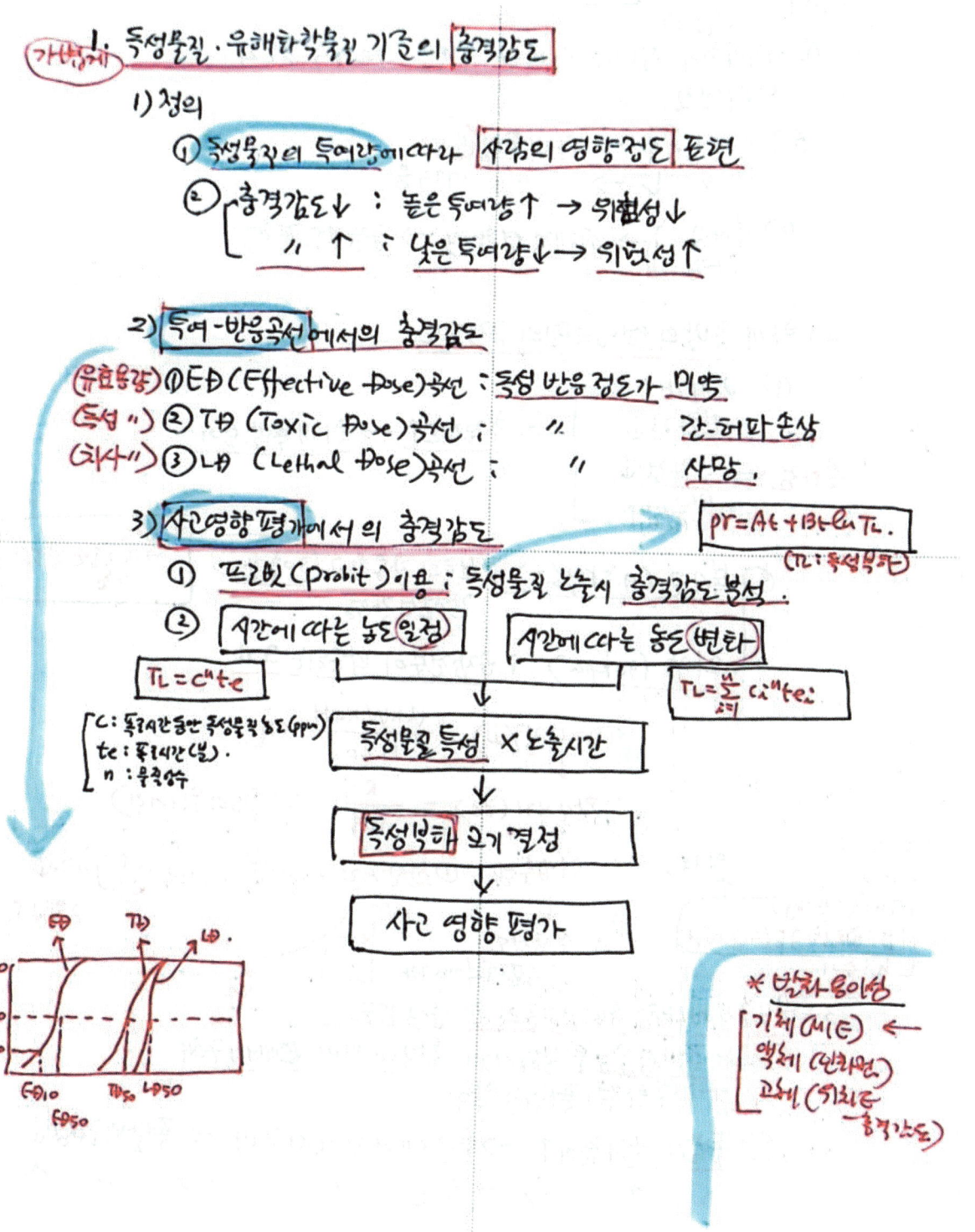

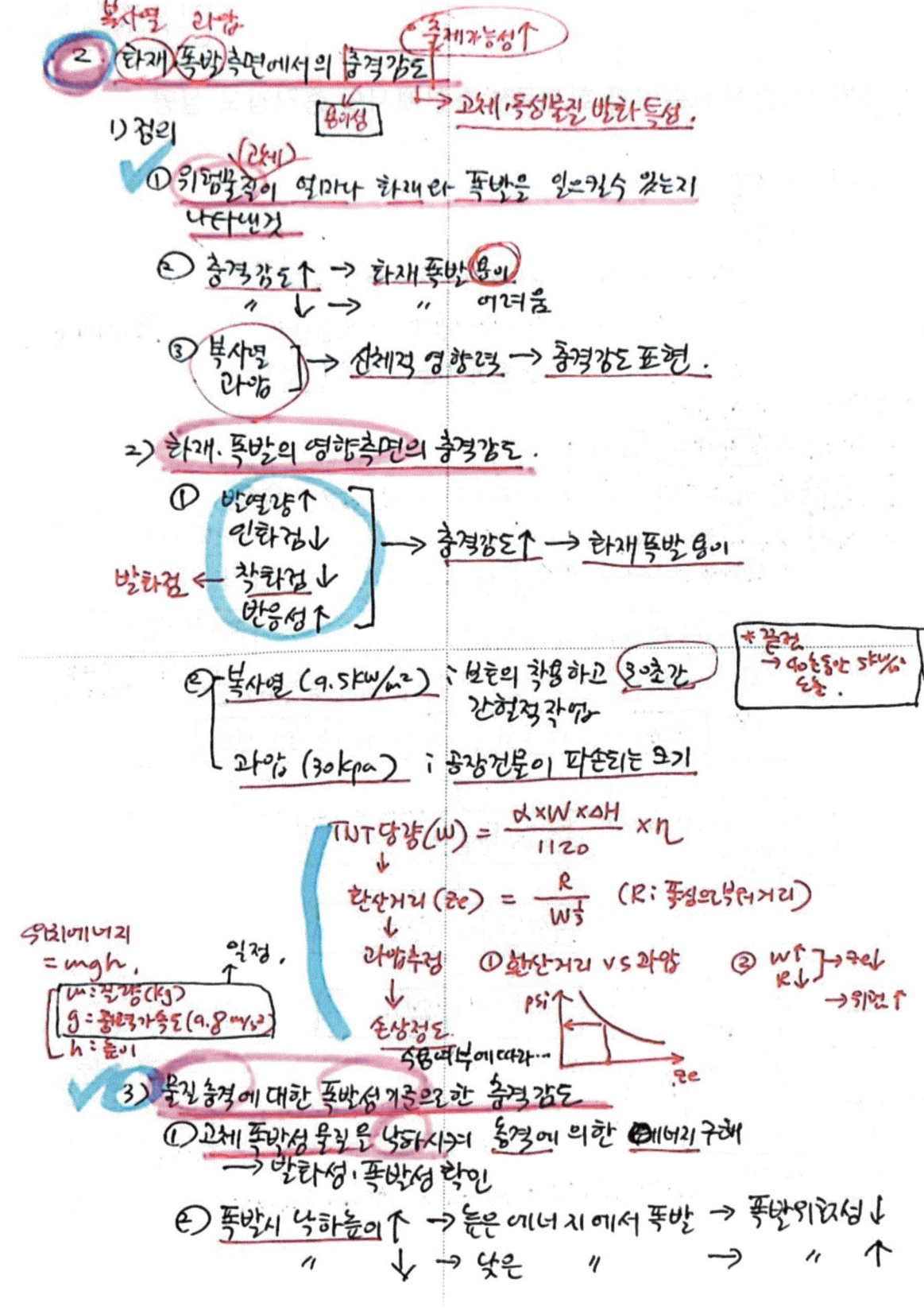

4번 문제) 증기위험도지수(VHI)와 허용농도지수(ACI)

	VHI	ACI
1) 정의	① Vapor Hazard Index ② 유기용제가 공기중에 포화되었을때 허용농도의 몇배가 되는가를 나타낸 값.	① Allowable Concentration Index ② 유해물질이 전체에서 나쁜 영향을 나타내지 않는 수치이하로 정한 농도 (TLV)
2) 공식	$VHI = \dfrac{P_{max}}{760} \times \dfrac{10^6}{AC}$ [P_{max} : 포화증기압 (mmHg) AC : 허용농도 (ppm)] * 여름철 더울때 (35℃) P_{max} : 온도의 함수. : 온도↑ → P_{max}↑ → VHI↑	$ACI = \dfrac{100}{AC}$ * AC : 허용농도 (ppm) * 물의 양에 비해 그 표면적이 매우 넓어 기체가 되기 쉬운 순간의 위험성 평가 * 휘발성 액체의 위험지표.
3) 적용 (중요)	① 중독위험성 있는 물질의 증기용이성과 증기위험성을 정량화 확인 ② 유기용제 (시너, 솔벤트)의 유독위험성을 판정하는 방법으로 사용. → 용제(액체)의 잠재적인 위험성을 나타냄.	① 도장·분무실 → ACI로 위험도 판단. ② 도장(페인트칠)의 경우 물체의 양에 비해 그 표면적이 너무 넓어 기체가 되기 쉬워 거의 효과 없는 경우 ③ 분무칠과 같이 Mist 상태로 휴입되기에 기체로 되기 쉬워 문제가 되지 않는 경우 적용.
4) 결론	① CS_2 와 C_6H_6 (벤젠) 비교시. ㉠ ACI : 거의 차이 없어 위험성 비교곤란 ㉡ VHI : CS_2가 C_6H_6에 비해 4~5배 높아 두 물질간의 위험성 비교시에는 VHI 적용이 바람직	

유기용제의 잠재적인 위험성 평가하는 방법.

※126 (25)
→ 건법의 독성가스, 산안법의 급성독성물질
→ MSDS에서 LC50(취.1hr) 에서 얻어진 기본시험자료를
 통 LC50(취.4hr) 으로 적용하는 방법.

5번 문제) 산안법상 급성독성물질 구분4의 기준

→ 본 409).
 K-Guide W-16-2020 (유해성.위험성 분류).
 (별표17 : 급성독성물질의 세부분류 기준 및 절차)

1. 단일물질의 분류방법 및 기준.
   1) 분류기준
   ① 급성독성은 경구, 경피 또는 흡입경로에서의 동물시험 결과에
      근거하여 구분1 ~ 구분 4로 분류된다
   ② 급성독성은 LD_{50}(경구.경피) or LC_{50}(흡입)과 같은 값
      또는 급성독성 추정값 (ATE. Acute Toxity Estimate)
      으로 나타낸다
   ③ 경구 및 흡입 노출에 의한 급성독성 평가에 우선적으로 적용되는
      동물종은 흰쥐이며, 급성 경피 독성에서는 흰쥐나 토끼가
      우선 사용된다.
   ④ 여러 동물종에서의 급성 독성값을 이용할 수 있는 경우에는
      과학적인 판단을 토대로 타당성이 검증된 시험종에서 가장
      적절한 LD_{50}값을 선택하여야 한다

노출경로	구분1	구분2	구분3	구분4
경구(mg/kg체중)	5	50	300	2000
경피 (")	50	200	1000	2000
가스 (ppmv)	100	500	2500	20000
증기 (mg/ℓ)	0.5	2.0	10	20
분진및미스트(mg/ℓ)	0.05	0.5	1.0	5

삼키면 치명적   ~유독한   ~유해한.

✓ ② 흡입독성의 분류시 고려사항

① 흡입독성은 시험동물을 이용한 4시간 노출시험 결과에 따른다.
1시간 노출시험에서 구한 값은 가스 및 증기는 2, 분진 및 미스트는 4로 나누어 4시간 노출에 상응하는 값으로 변환하여 사용한다.

② 흡입독성 단위는 흡입되는 물질의 형태에 따라 달라진다.
즉, 분진 및 미스트는 mg/ℓ, 가스는 $ppmV$로 나타낸다
→ 액상 및 기상으로 혼합된 경우에는 mg/ℓ 단위로 나타내지만,
가스상에 가까운 경우에는 $ppmV$를 사용한다.

③ 직경 중앙값 역학직경이 1에서 4 마이크론 사이의 분진 및 미스트는 흡입되면 쥐의 호흡기관 부위에 침착되기 때문에 시험에 사용되는 입자 크기는 최대 $2mg/\ell$까지 허용된다.

6번 문제) 위험물 누출요인이 되는 주요기기

1. 개요
   1) 화학공장의 재해는 누출로 인한 화재 및 폭발이 발생하여 피해를 발생하고, 또한 독성물질인경우 인명 및 환경피해 발생
   2) 누출(방출) 유형 → 순간누출 (puff)
                    → 연속 ″ (plum)

2. 화학공장의 주요 누출요인

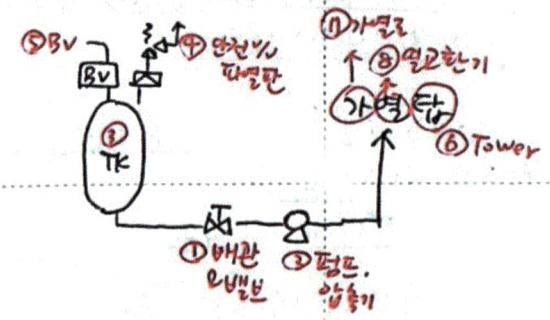

   1) 배관·밸브
      ④ Value stem packing 열화
      ① 플랜지 가스켓의 재질불량, 체결불량
      ② 밸브 오조작
      ③ 배관재료의 열화, 부식, 침식
      ✓플랜지이음 → 용접이음
      → 황산 바카스 침식(공). V₂O₅ (고온부식)

   2) 펌프, 컴프레샤 등 회전기기
      ① 진동에 의한 간격이완, 피로, 파괴에 의한 누출
         → 그랜드패킹, 메카니칼씰.
      ② 축 등의 Bolt 부 파손
      Seal손상, 마모에 의한 누출
      진동→간격이완, 피로, 축 등의 볼트 파손

3) 탱크류
   ① 과충전에 의한 이상반응으로 파괴
   ② 〃 overflow
   ③ 접속부 파괴균열, 부식

4) 안전 V/V, 파열판 작동시 가스누출 → 이상압력 상승에 의한 정상작동으로 누출
   ① 이상압력 상승시 장치 및 배관파손 방지위해 내용물 대기방출

5) Breather V/V의 작동에 의한 누출 → 밀폐시 외기온도변화…
   ① 평상시 : close
   ② TK압상(+) → 압력 대스크 open, TK부압(-) → 진공 대스크 open
      TK부압(-) → 진공 〃 open

6) 탑조류 (Tower)
   ① 가스켓, 씰(Seal) 재질 부적합 [열화, 마모] 장기사용열화
   ② 기기의 구조불량, 제작불량
   ③ 진동에 의한 뜯림, 외력에 의한 파손

   가스켓
   {재질, 재직불량
    접촉, 외력

7) 가열로 → 고온부식 (탄산 바가수침질)
   ① 위셧로와 튜브재질의 반응에 의한 탄화현상으로 유속부손상 → W압↓ → 튜브파괴
   ② 용접부, 온도계 누출 부식부 파손에 의한 누출
   ③ 고온부식
      → 온도계등 계기류 파손에 의한 누출

   튜브 보과안쪽
   {튜브에 부착된 파손
    고온부식

8) 열교환기
   ① 전기적 부식에 의한 핀홀 발생
   ② 튜브고정부의 부식 및 피로에 의한 파괴
   ③ 튜브안에 scale 축적으로 고온 반응 → 강도↓

   부식, Scale

   전기적부식, 피로

   Ca^{++}
   (Mg^{++}) + CO_3^- → $CaCO_3$
   (Fe^{++})   → 침적(Scale) → 뜯김

9) 기타 ┌ 계측장치 파손에 의한 누출
       └ 화재·폭발에 의한 위험물 누출

[탄화부식
 산화 〃
 바나듐어택
 카본낫다
 5조침식
 침탄
 질화]

7번 문제) 누출 주요기기의 누출안전대책

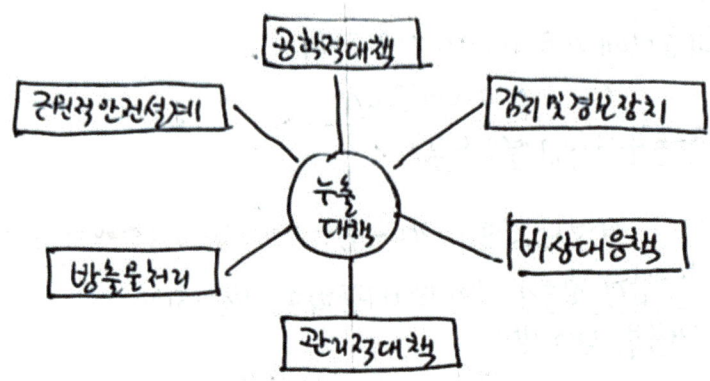

1) 근원적안전설계

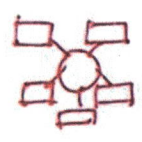

구분	근원적안전설계	예
① 효율화	공정내 위험물질 보유량 최소화	반응기(대형회분식 → 소형연속식)
② 대체	위험성 작은 물질로 대체	용매 (휘발성大 → 수용성)
③ 완화	취급조건·형태를 바꿈 (위험 大 → 小)	온도·압력↓ 운전조건↓
④ 영향의 제한	누출로 인한 유해위험 최소화	안전거리·방폐·격리
⑤ 단순화	운전상 실수·오류 최소화	배관도기·Fail safe

Fool proof.

2) 공학적 대책
① 비상 Relief System 구축
→ 비상 상황에 대비한 공정설계
② 가드(Guard), 인터록, 안전장치 설치

③ 밀폐성↑ 재질선정주의

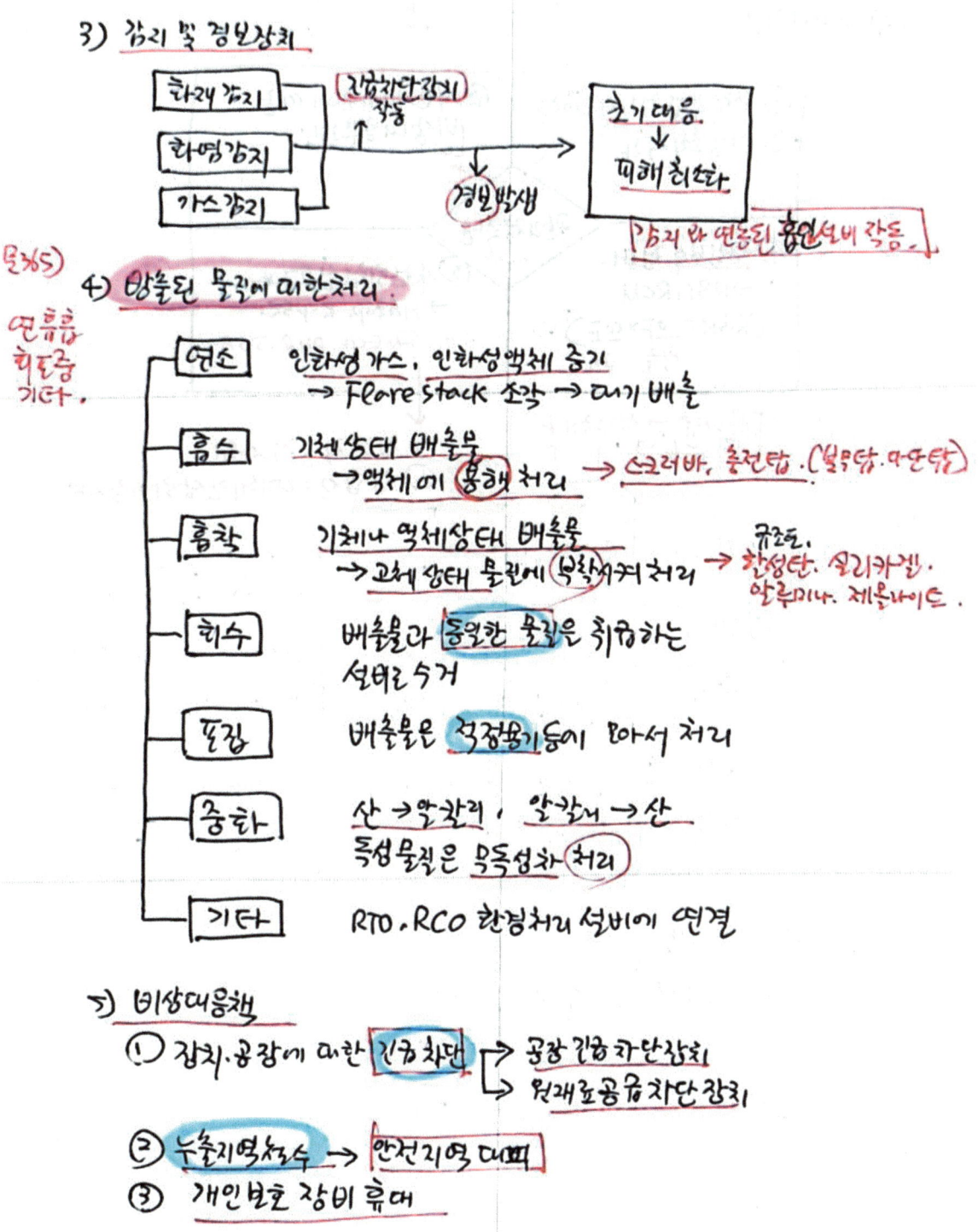

6) 관리적측면

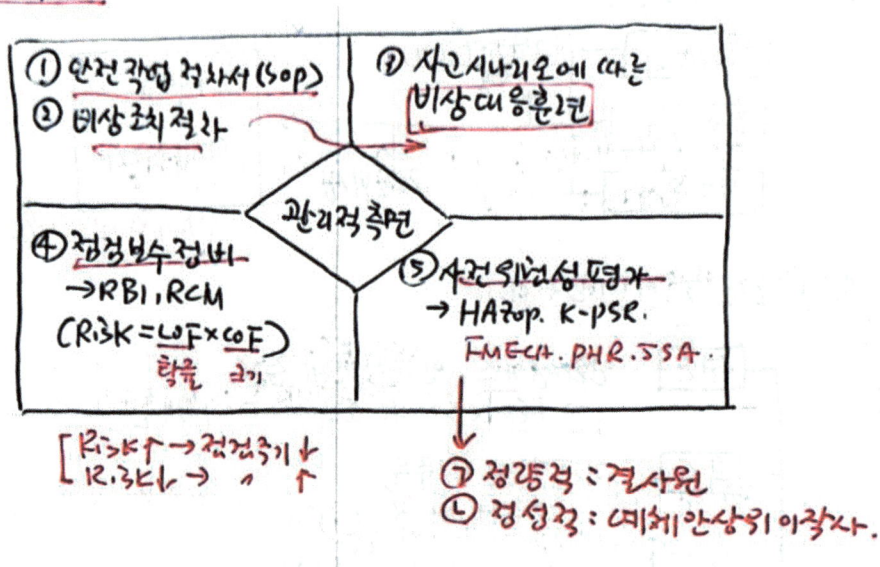

8번 문제) 독성물질 관리대책 (예방대책, 사후대책)

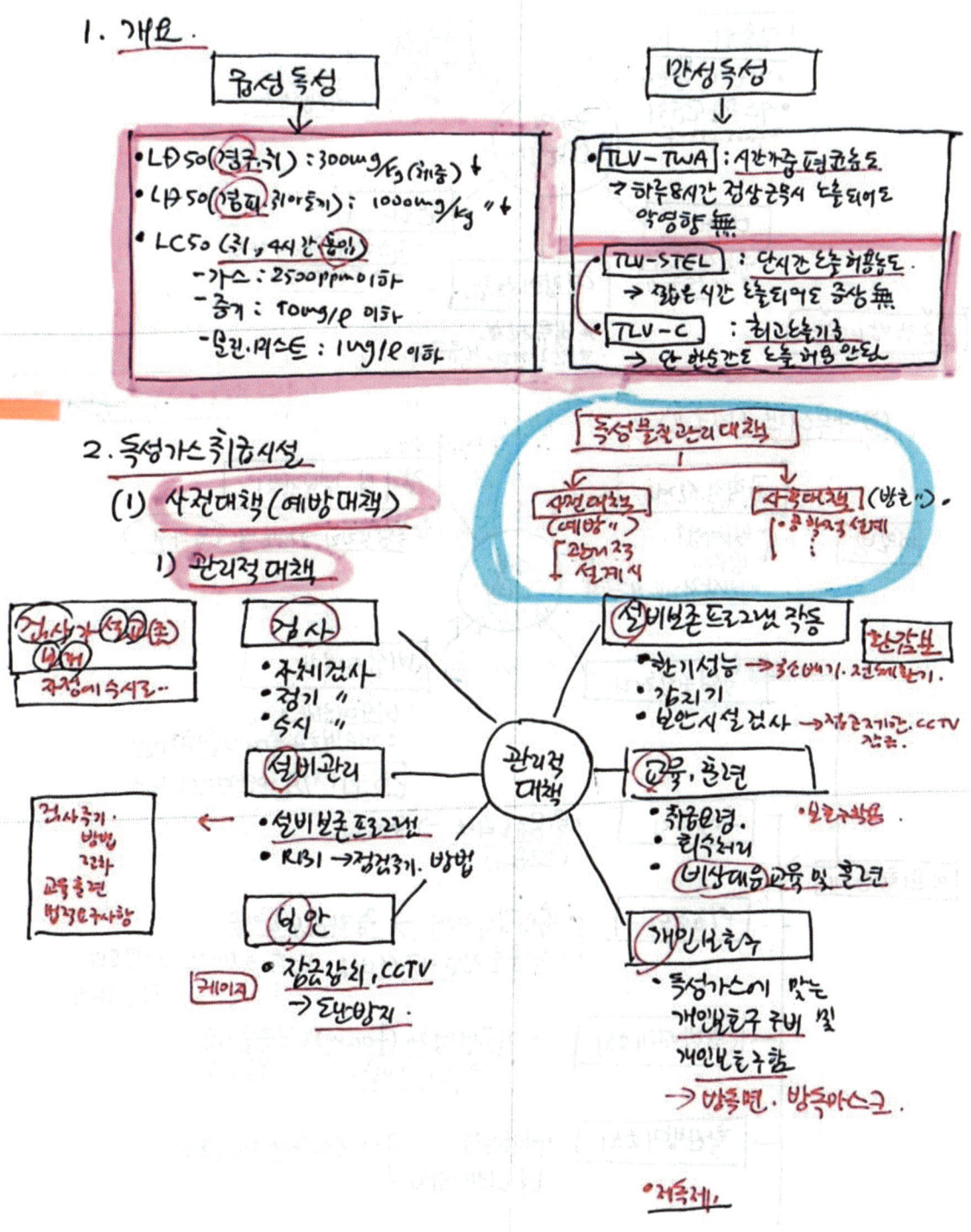

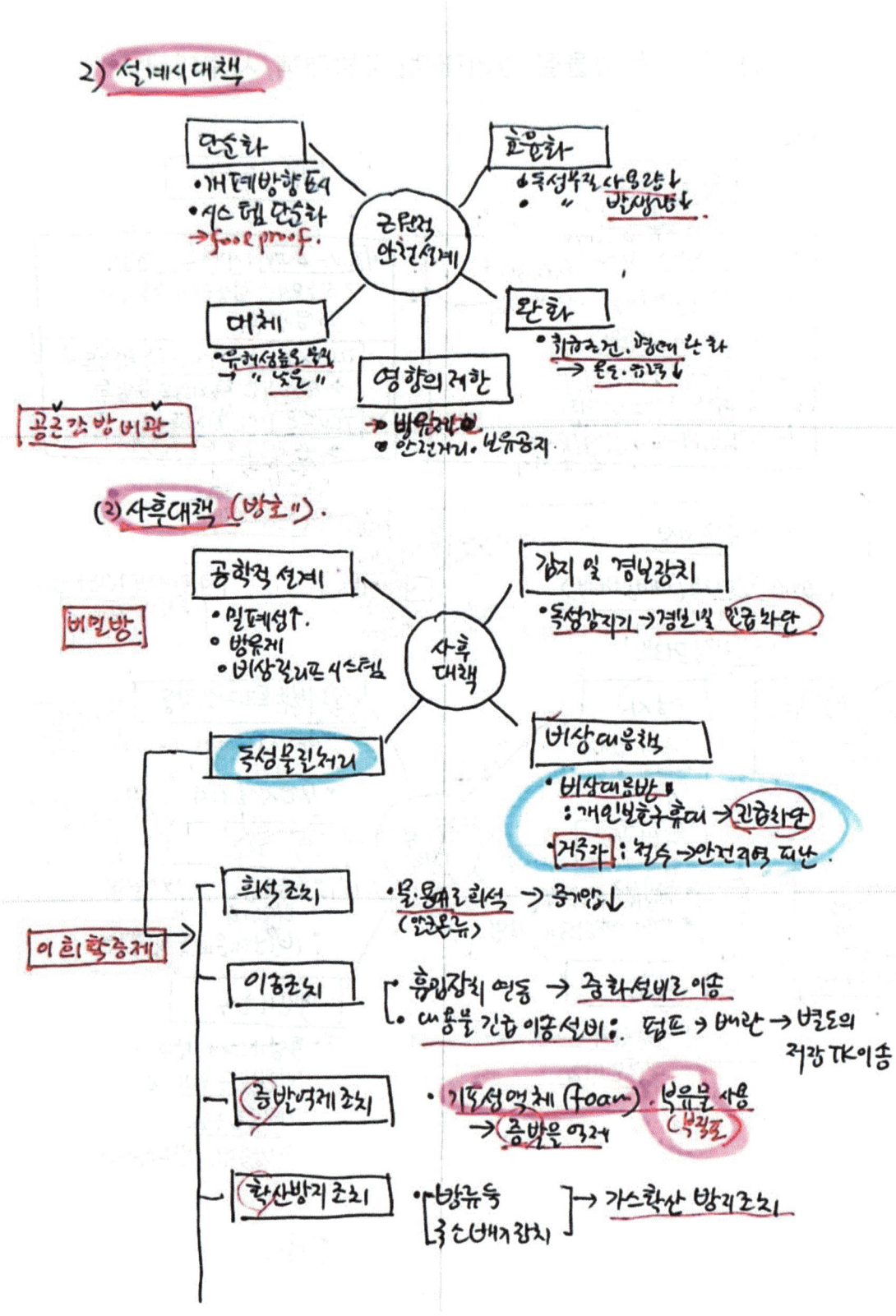

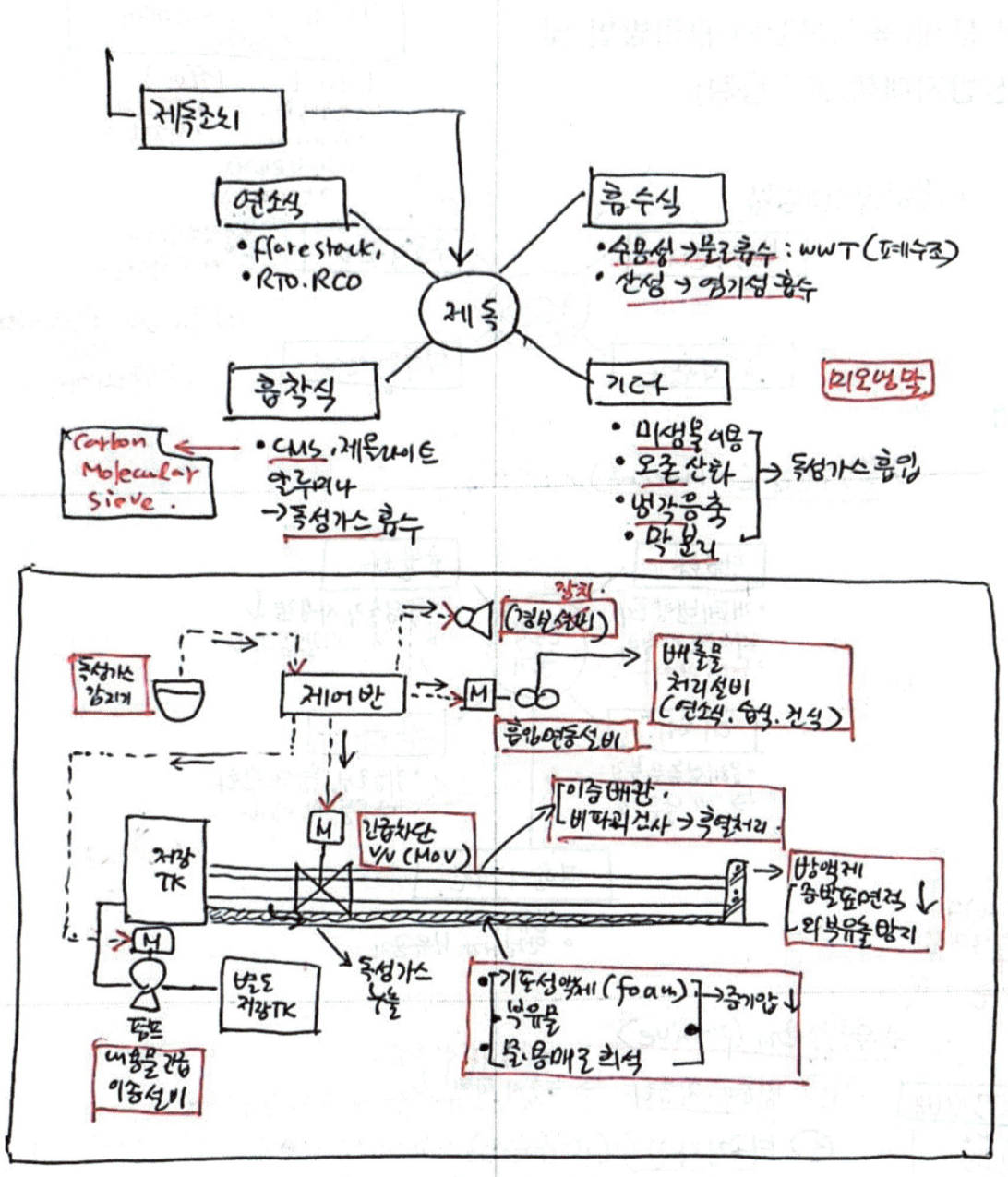

9번 문제) 독성물질의 관리방법 및 확산방지대책 (본 수능절)

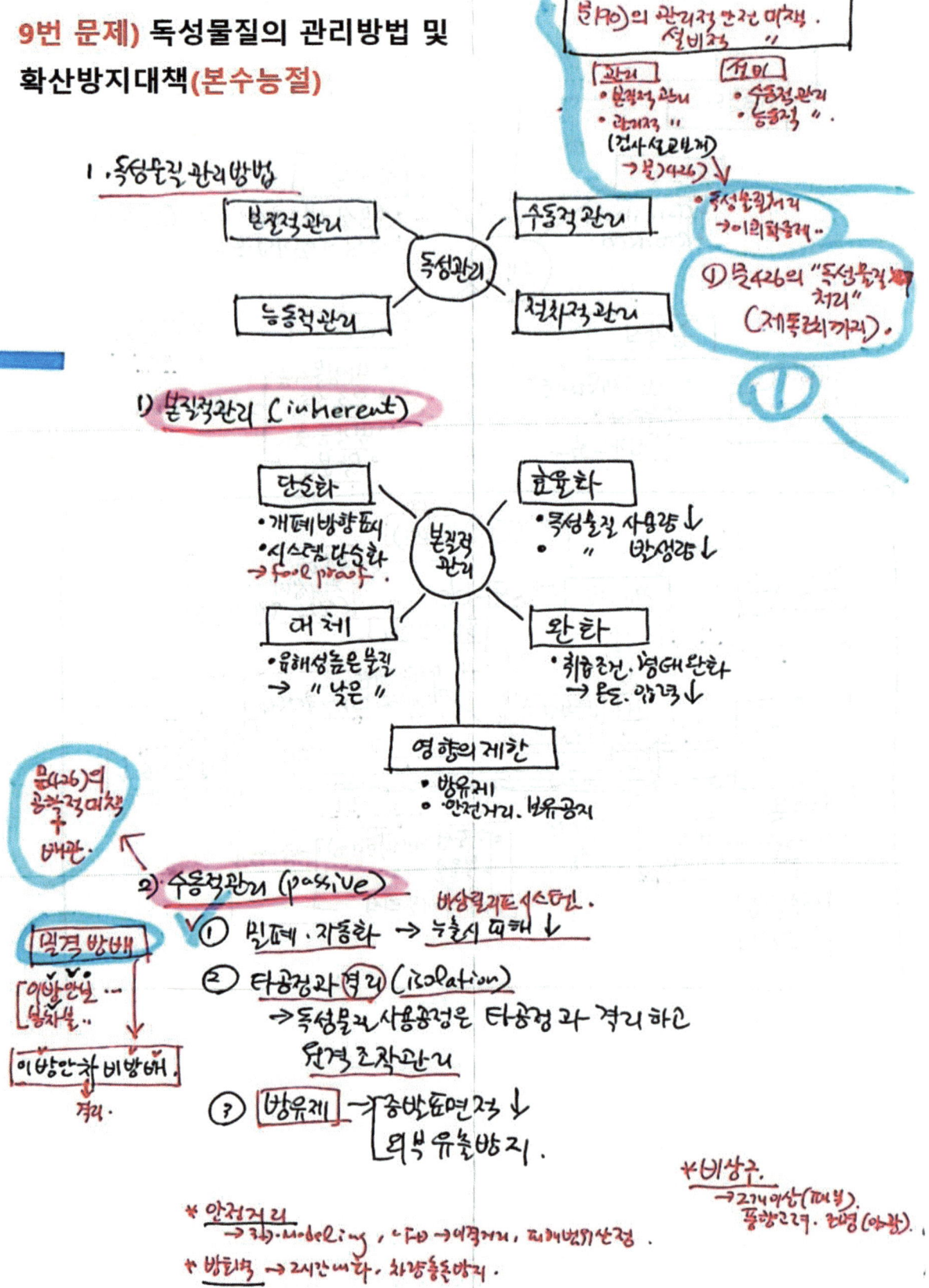

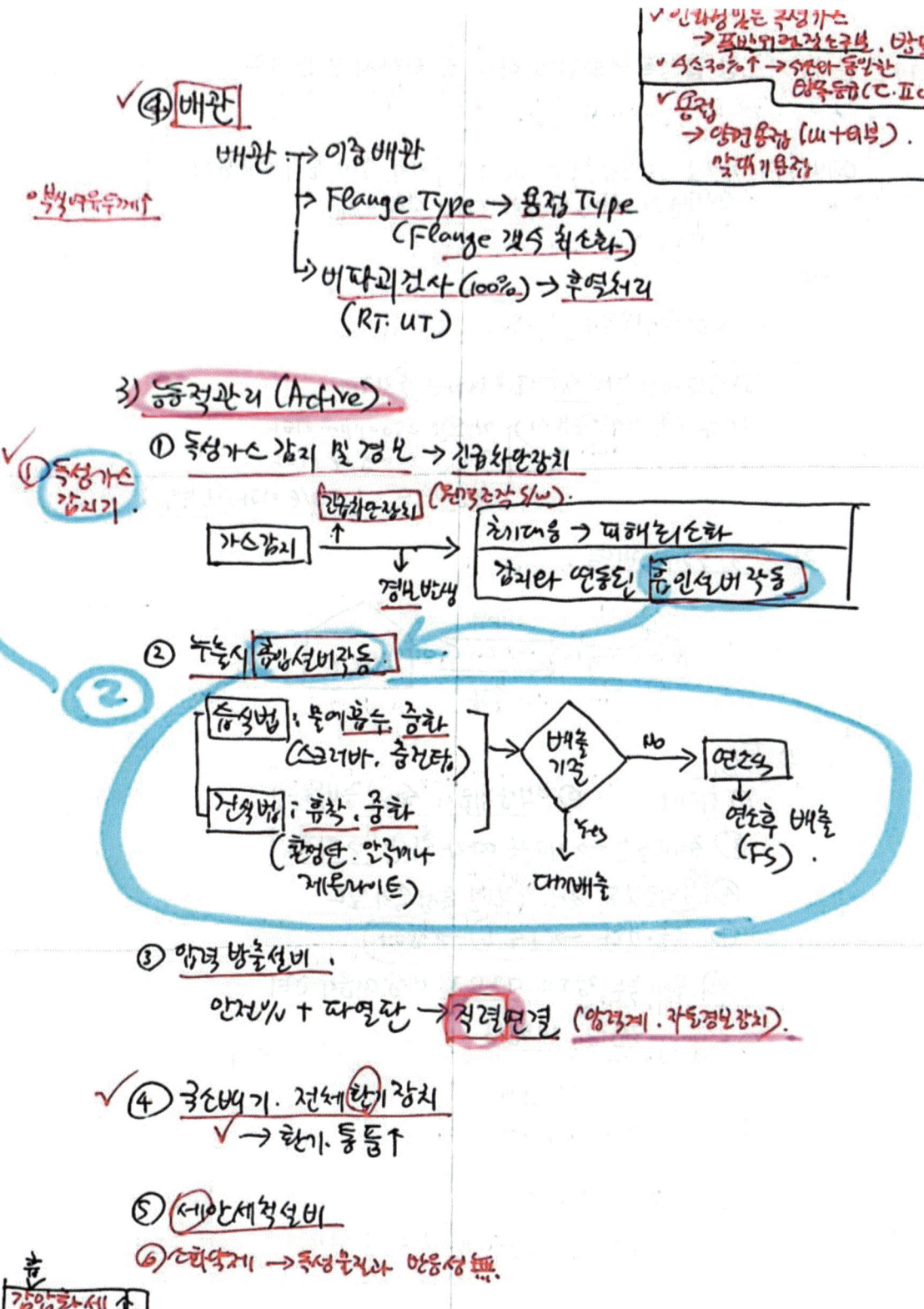

10번 문제) 가스상 급성독성물질의 하역 및 출하시 안전기준 (코샤 D-57-2016)

예상문제) 가스상 급성독성물질의 하역 및 출하시 실내·실외 작업장의 안전기준과 하역 및 출하작업의 안전조치.

1. 개요

   1) 가스상의 급성독성물질이란

   상온상압에서 가스상태로 존재하는 물질로서
   LC50 (쥐, 4시간 흡입시) : 가스 : 2500ppm 이하
                              증기 : 10mg/ℓ 이하
                              분진·미스트 : 1 mg/ℓ 이하 (인 물질)

   2) 하역·출하의 개념

   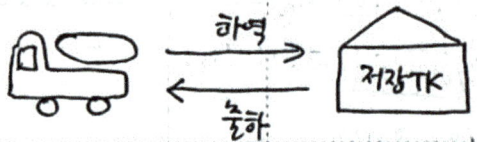
   (하역 / 출하 / 저장TK)

   3) 특징
   ① 피해 ↑   ② 액상 취급시 쉽게 증발확산
   ③ 증기비중↑ → 지면을 따라 확산 → 위험↑
   ④ 무색인 것도 있어 물질별 특성 숙지 필요
   ✓⑤ 누출·기화 → 온도↓ → 상해
   ⑥ 물에 녹는 정도가 다르므로 비상대응시 고려
      수용성 · 비수용성

(Keyword): 9개

2. 하역 및 출하장소의 안전기준

	실내작업장 안전기준	실외작업장 안전기준
1) 건물의 구조	① 창문등 개방부는 폐쇄 — 창출바조 ② 출입문 : 자동으로 닫기는 구조 ③ 바닥 : 불침투성재질, 집수조방향으로 1.5% 경사 ④ 조도 : 150Lux 이상 ⑤ 출입문에 작업중 표지 부착 또는 경고등 부착	① 지붕설치 — 지수로바 → 작업지점, 탱크로리 전체를 덮을수 있는 지붕 ② 수막장치 → 지붕을 따라 개방된 부분 ③ 조도 : 150Lux 이상 ④ 바닥 : 실내와 동일
2) 가스감지기	적합장소 감지기 설치	→

3) 집수조
누출물질 종류,
희석용 소화수
	① 바닥보다 낮은지점 설치
	② 용량 : 탱크로리 용량이상
	③ 덮개면적 : 최소화 → 증발면적 ↓
	④ 펌프 설치
	  ㉠ 집수조 → WWT
	  ㉡ 비상전원
	  ㉢ 레벨스위치 작동
	⑤ 집수조 입구 : 격자구조 덮개 설치
		바용 맘평함
		
		→

4) 비상용 회수TK	① 목적 : 출하중 누출발생시 탱크로리내 물질 긴급이송 ② 용량 : 탱크차량 용량이상 ③ 위치 : 가능한 실내 설치하고, 하역전 탱크트럭과 배관(호스) 연결상태 유지	불용위 →

5) 배기처리 설비
목주후용가
	① 목적 : 누출가스를 흡수,흡착,소각 등 방법으로 처리
	② Fan
	  ㉠ 비상전원
	  ㉡ 가스감지기와 연동하여 작동 또는 원격조작
	③ 후드 : 취급물질의 공기비중, 작업상황에 맞는 적정위치에 적절한 구조
		① 목적 : →
		이동식배기
		② →
		
		③ 이동식 배기후드설치

	④ 용량 : 가스·배관다운시 배출되는 양을 처리할수 있는 능력. ⑤ 가스감지기 작동시 → 배기 Fan 이외의 모든 환기용 Fan은 자동정지.	④ → 중·산·수산화물등으로 희석할수 있는 경우 잔량 처리할 수 있는 용량.
6) 감시설비	① CCTV : 관찰상황을 조정실에서 감시 ② 조정실 모니터로 작업상황감시	→
7) 작동 (육안점검) 살수설비	① 대상 : 인화성 있거나 물로 희석되는 물질 ② 노즐 : 작업장 전체를 기준으로 설치	→
8) 폭발위험장소 구분 및 방폭전기계 기구설치	① 인화성가스·증기인 경우 폭발위험 장소 구분도작성 → 0~2종. ② 폭발위험장소 적합한 방폭전기 기계·기구 설치	→
9) 인화성물질 취급시 추가적 안전관리		① 접지콘센트 설치하고 작업시 연결 ② 주입속도 주입배관이 액체에 잠길때까지 주입속도 1 m/s 이하유지 ③ 탱크차량 상부에도 살수설비 노즐 설치 ④ 탱크차량 정차위치 근접한 곳 : 소화기·소화전
	접주GBTG	

※ 전기설비 · 배관 자동원.

③  하역·출하 작업시의 안전조치

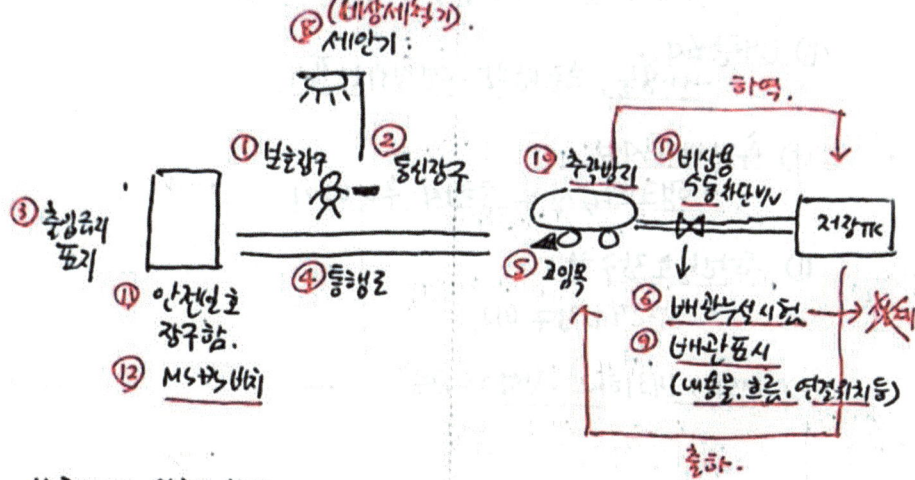

1) 적합한 보호구 착용
   - 화학물질의 독성·작업환경 및 취급조건 고려

2) 통신장구
   - 작업자와 조정실간 통신

3) 출입금지 표지
   - 다른 차량 및 배관계자 출입금지 표지

4) 통행로 확보
   - 탱크차량등의 안전한 통행을 위해 통행로 확보

5) 차량 고정용 고임목 비치 → 하역/출하중 차량이동금지. (사고사례↑)

6) 연결배관·호스의 누설시험
   ① 이송작업전 질소·공기사용 → 누설시험 (설계압력 1.5배). ← 내압시험압력의 1.5배
   ② 인화성 물질은 질소사용

✓7) 비상용 수동차단 V/V
   - 계단으로 접근할 수 있는 돈겔돔 또는 지면에서
   S/W는↗ 조작가능하도록 설치 (원격가능하도록...)

8) 세안·세척설비
   - 작업지역과 인접지역에 설치

9) 배관표시
   - 내용물, 흐름방향, 연결위치 표시

10) 추락방지 시설
    - 탱크드럼 상부 통행시 추락방지

11) 안전보호장구함
    - 안전보호장구 비치

12) MSDS 비치하고 작업자 교육

11번 문제) 액상화학물질의 하역 및 출하장의 누출방지설비

예상문제) 하역 또는 출하장의 누출원인, 누출량산출방식, 누출방지설비의 종류.

1. 개요

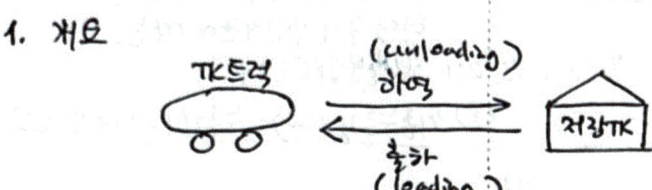

2. 하역 및 출하장의 누출원.
   1) 탱크로리에 연결된 호스이탈
   2)   "   "   호스파열
   3)   "   "   배관의 플랜지 및 밸브.
   4) 탱크로리 과다충전
   5) Human Error에 의한 오조작, 작업절차무시.

3. 누출량 산정방법

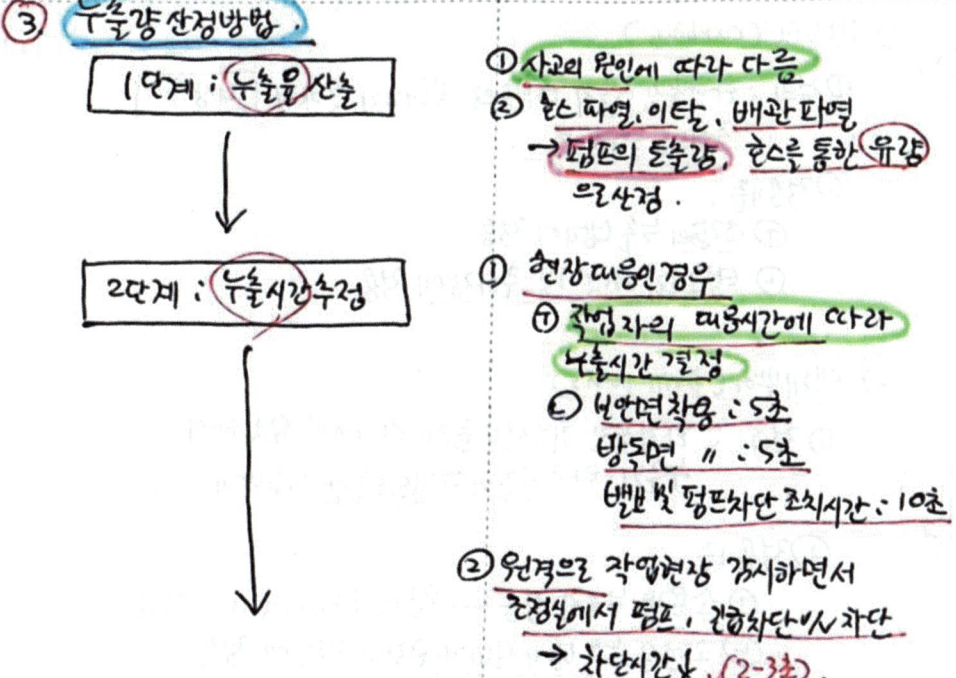

1단계: 누출유량 산출
① 사고의 원인에 따라 다름
② 호스 파열, 이탈, 배관파열
→ 펌프의 토출량, 호스를 통한 유량으로 산정.

2단계: 누출시간 추정
① 현장대응인 경우
 ㉮ 작업자의 대응시간에 따라 누출시간 결정
 ㉯ 방연면 착용: 5초
    방독면   " : 5초
    밸브 및 펌프차단 조치시간: 10초
② 원격으로 작업현장 감시하면서 조정실에서 펌프, 긴급차단V/V 차단
→ 차단시간 ↓ (2~3초).

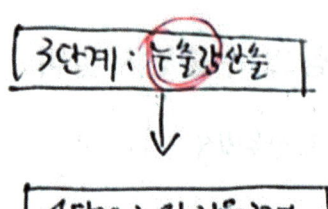

① 누출량 = 누출률 × 누출시간
② 누출량(㎥) = 펌프 토출량(㎥/min)
   × 대응에 소요된 시간(s)

① 안전율 산정
  → 비가 내리는 경우 강수량과
    하역 추하 작업시간에 따른
    빗물유입량 고려
② 최종누출량(㎥) = 누출량(㎥) × 안전율

(기번출제)
(11편) 4. 누출방지설비의 종류 및 적용기준 (인화성액체)

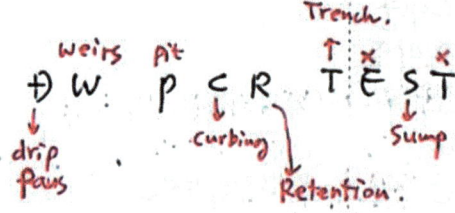

1) 방유턱 (curbing)
   ① 정의 : 화학물질 누출시 다른곳으로 흘러가지 못하게 대상물
          중심으로 둘러친 턱
   ② 적용기준
     ㉠ 소량의 누출 냉기에 적용
     ㉡ 탱크리 하역 및 축하장에 적용

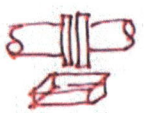

2) 액체받이 (Drip pans)
   ① 정의 : 화학물질 취급설비등의 아래에 설치하여
          누출된 화학물질이 포집되도록 한 기름받이
   ② 적용기준
     ㉠ 소용량 누출시 적용 → 한방울씩 떨어지는 경우.
     ㉡ 고정식 누출방지설비가 곤란한 경우에 적용

3) 트렌치 (Trench) : 지하배수로 또는 드레인시스템
   ① 정의 : 화학물질 누출시 확산방지를 위한 좁고 길게 판 도랑 형태의 구조
   ② 적용기준
      ㉠ 소량누출시 적용
      ㉡ 탱크로리 하역 및 출하장에 적용 · ㉢ pit나 sump으로 연결.

4) 둑 (Weirs) :
   ① 정의 : 누출시 일정 방향으로만 (흐르도록) 둑을 설치하거나 바닥면에 구배를 두는 모든 종류

5) 저류조 (Retention ponds)
   ① 정의
      ㉠ 다량의 화학물질 누출시 담을수 있도록 설치한 구조
      ㉡ 탱크로리의 피트, 집수조와 연결된 펌수집수조등이 해당
   ② 적용기준 : 다량의 화학물질 누출 우려장소

6) 피트 (pit) 또는 집수조 (Sump)
   ① 정의 : 탱크로리 하역 및 출하장에 (curbing pit sump) 방뉴턱, 피트 및 집수조에 함께 설치된 화학물질이 누출될 경우 담을수 있도록 설치한 구조 → 되어

7) 기타
   기타 화학물질의 누출방지에 적합한 설비

   ※ 화학물질 누출시 확산방지를 위해 위의 설비 또는 동등이상 성능을 갖는 설비중 하나 이상 선택

12번 문제) 독성가스 취급설비의 안전관리 [물(4교시) 논술형]
(독성가스판별기준)

예상문제 : 독성가스 취급시설의 관리적 안전대책과 설비적 안전대책.
단일성분과 혼합물의 독성가스 판별기준.

1. 개요
   1) 독성가스란
      ① 공기중 일정농도이상 존재시 인체에 유해한 독성을 가진 가스
      ② 고압가스 안전관리법
         ㉠ LC50 (쥐·1hr 흡입) : 5000ppm 이하.
         ㉡ LC50이란 흰쥐 1시간동안 계속 노출시 14일에서 50%이상이 죽게되는 가스농도.

   2) 급성독성물질
      ① 산업안전보건규칙 LC50(쥐·4hr흡입) 가스 : 2500ppm 이하 (의 화학물질)
         분진미스트 : 1 mg/ℓ 이하
         증기 : 10 mg/ℓ 이하

2. 단일물, 혼합물의 독성가스 판별기준.
   1) 단일물질의 독성가스 판별.
      고법 ← ① LC50 (쥐·1hr흡입) : 5000ppm 이하   (19000) (5130)
      산안법← ② LC50 (쥐·4hr ") : 2500ppm 이하   SiH4   CH3Cl
      ③ LC50 (쥐·1hr흡입)시 5000ppm 초과하는 실란, 염화메탄
      (17300) 암모니아는 고압가스안전관리법 시행규칙에서
      독성가스로 규정.

↓ ↓ ↓
LC50(쥐·1hr) ○   ○

중요 ② 혼합물의 독성가스 판별기준

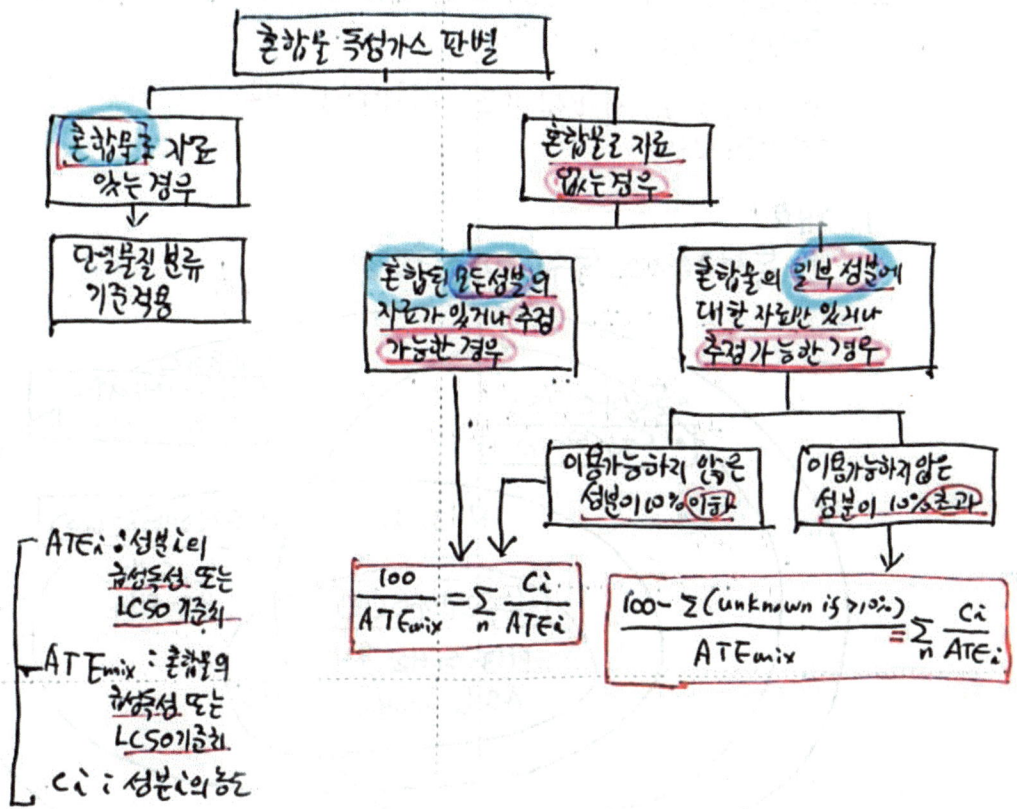

- ATEi : 성분 i의 급성독성 또는 LC50 기준치
- ATEmix : 혼합물의 급성독성 또는 LC50기준치
- Ci : 성분 i의 농도

③ 독성가스 취급시설의 안전을 위한 관리적 대책과 설비적 대책

풀426) ← (1) 일반적인 관리대책

         1) 자체검사

추가로… ① 공정안전 시스템 관리

검사 보고(중) 4개

4-2. 특정고압가스 종류(20종), 사용전 신고해야 하는 저장능력기준
→ 고법 20조, 시행령 16조, 시행규칙 46조
→ 별도전달.

1. 개요
 1) 특정고압가스, 특수고압가스 현황.

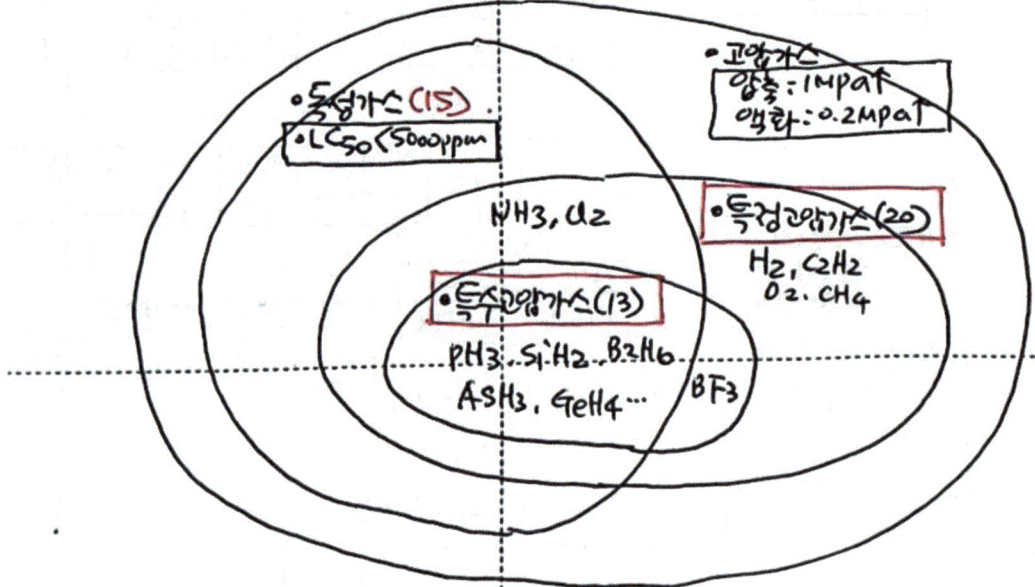

• 독성가스(15)
• $LC_{50} < 5000ppm$

• 고압가스
 압축: 1MPa↑
 액화: 0.2MPa↑

• 특정고압가스(20)
 H_2, C_2H_2
 O_2, CH_4

• 특수고압가스(13)
 PH_3, SiH_2, B_2H_6
 $AsH_3, GeH_4 \cdots$
 BF_3

NH_3, Cl_2

2. 특정고압가스 종류(20)
 1) 가연성, 또는 독성이 높은 Gas 20종을 특정고압가스로 규정하고, 일정규모 이상의 Gas를 사용하고자 할때 시청, 군청, 구청에 사전 신고하여야 함.
 2) 보관시 반드시 전용캐비넷에 보관하여야 하여 (산소:제외)
 3) 내부는 반드시 음압유지하고, 감지기 설치하여야 함.
 4) 독성가스는 별도처리 설비 구축하여야 함.

13번 문제) 특정고압가스 종류(20), 사용전 신고 저장능력기준

구분	종류	비고
1) 가연성가스	① 수소 (H₂) ② 아세틸렌 (C₂H₂) ③ 천연가스 (CH₄) ✓④ 삼불화질소 (NF₃)	• 특수고압가스
2) 조연성가스	⑤ 산소 (O₂)	
3) 가연성 & 독성가스	⑥ 액화암모니아 (NH₃)	
4) 독성가스	⑦ 액화염소 (Cl₂) ⑧ 압축모노실란 (SiH₄) ⑨ 디보레인 (B₂H₆) ⑩ 액화알진 (AsH₃) ⑪ 포스핀 (PH₃) ⑫ 셀렌화수소 (NaHSe) ⑬ 게르만 (GeH₄) ⑭ 디실란 (Si₂H₆) ⑮ 오불화비소 (AsF₅) ⑯ 오불화인 (PF₅) ⑰ 삼불화인 (PF₃) ✓⑱ 삼불화붕소 (BF₃) ⑲ 사불화유황 (SF₄) ⑳ 사불화규소 (SiF₄)	• 특수고압가스

제 13 장 화학장치설계

1. 화학설비오 안전장치
   1) 화학설비의 종류 → 저 벌 이 반응 분 별 열 화
   2) 부속설비의 " → 안 전 하 가 비 자 폐 널
   3) 화학설비 안전대책 → 구 복 정 계 안 방 개조 + 안 통 하 배

2. 특수화학설비 (산안규칙 별표9)
   1) 특수화학설비의 종류 → 반 응 온도 가 증 가 반 응
   2) " 안전대책 → 계 자 긴 예
   3) 특수반응설비 : 암 산 에 싸 나 이 중 풀 ㅣ 게

3. 화학공장 설계시 안전상 고려사항
   → 입 지 배치 분 설 긴 조

4. 화학공정 설계시 안전상 고려사항
   → 물 제 규 이 운 재 기 소 안

5. 설계압력 (Dp), 최고허용압력 (MAWP)
   1) Dp : 용기의 최소허용두께, 물리적특성을 결정하기 위해 설계시 사용하는 압력
   2) MAWP : 압력을 받는 부분에 대해 부식여유를 제외한 제작시 허용된 최고압력

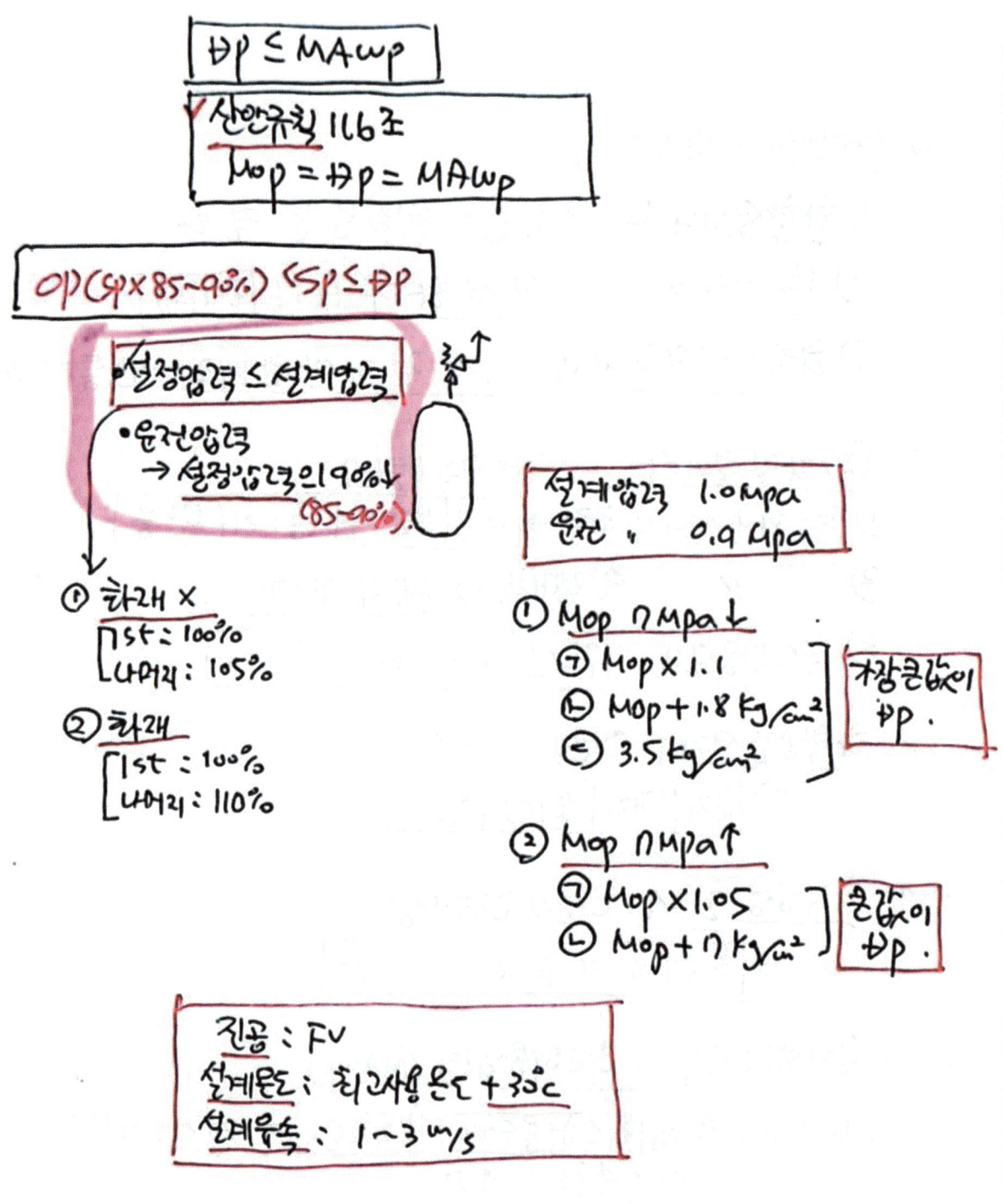

1. 압력용기

1) 정의

> 고압가스정의 (20°C)
> 액화가스(10kg) = 압축가스(1㎥)

산안법	에너지관리화원	고법
① 갑종 ・ 한p 0.2Mpa↑ (공기・질소 : 1Mpa↑) ② 을종 → 그밖의 용기	① 제1종 MOP (Mpa) × 내용적 (㎥) ≥ 0.004 ② 제2종 MOP ≥ 2kg/㎠ 내용적 ≥ 0.04㎥ 동체안지름 ≥ 200mm 길이 ≥ 1000mm	① 압축가스 한p ≥ 10kg/㎠ ② 액화가스 한p ≥ 2kg/㎠

✓ 2) 시험검사 방법 (강재・비철금속)

구별	적용압력
고법 (AC-III)	① 수압시험 = 설계압력 × μ　　$Pt = MOP \cdot (\frac{안}{액})$ 　㉠ 한p : 20.6Mpa↓ → μ = 1.3 　㉡ 〃 20.6~98Mpa → μ = 1.25 　㉢ 〃 98Mpa↑ → μ = 1.1~1.25 ② 기압시험 = 한p × 1.1
산안법 (40-54-2014)	① 수압시험 　㉠ 압력용기 : 한p × 1.3 　㉡ 배관 : 한p × 1.5 ② 기압시험 = 한p × 1.1
위험물안전 관리법	① 수압시험 = 최대사용압력 × 1.5 　　　　　　　(10분이상 유지)

★ 주철제
　㉠ 한p ≥ 200kpa → 한p의 2배
　㉡ 〃 < 〃 : → 〃 2.5배

★ 법랑/유리라이닝 : 한p

3) 기밀시험 (Leak test)
　① 수압·기압시험 종료 후 → 물 제거 → 부속설비 설치 후
　② 상용압력 이상으로 하되,　　　　　← MOP↓
　　　0.7 MPa↑ → 0.7 MPa 이상으로 실시.　• 해당설비 사용할수있는 최고압력.
　③ 기밀유지시간

1m³↓	48분
1~10m³	480분
10m³↑	48×V (2880분 초과시 2880분으로)

2. 반응기
　1) 조작방법 → 회분식(Batch), 연속식(CSTR), 반회분식(Semi-B..)
　2) 설계시 영향인자 → 냉수 반응 운전 조작 역사경
　3) 안전설계 (1)
　　　① 공원에서 불땡반　② 때가방비 접지 ½
　　　③ 효과탄영안
　4) 안전설계 (2) → 본수능점
　　　① 능동적 → 경보안　② 수동적 → TpT가M연

3. 증류탑
　1) 운전이상현상
　　　① Weeping → Dumping → Flooding (액량 ≫ 증기량)
　　　② Entrainment → Blowing → Drying (액량 ≪ 증기량)
　　✓③ Flooding & Drying (Blowing)
　2) 적정운전범위 (덕카)
　✓3) 일상점검 / 개방시 점검항목.

4. 펌프
   1) 이상현상
      ① Cavitation : $NPSHav < NPSHre$
         ㉠ $NPSHav = Ha \pm Hs - Hf - Hv$ ($Hf = \lambda \frac{L}{D} \frac{V^2}{2g}$)
         ㉡ $NPSHre = \left(\frac{N\sqrt{Q}}{Ns}\right)^{\frac{4}{3}}$

      ② Vapor lock
      ③ Water Hammering (수격)
         ∵ 유속하번 → 유속↓ (운동E↓) → 압력E↑
      ④ Surging (맥동현상) → 압축기/Blower.

   ✓ 2) 펌프의 설계조건 (용량. 양정. 유효양정)

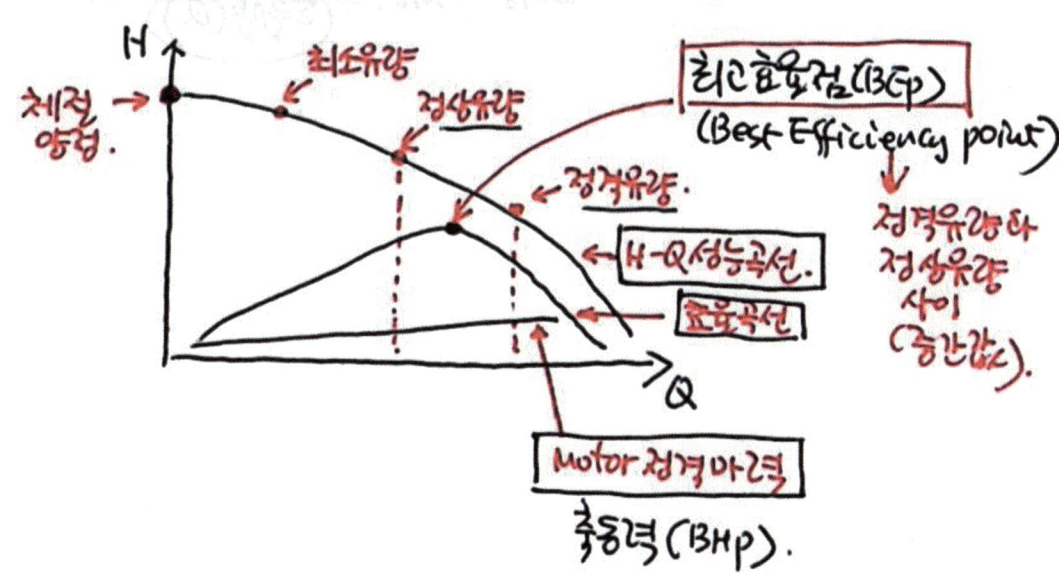

3) 상사법칙 (펌프·송풍기)
   ① 유량(풍량) = 회전수에 비례
   ② 압력(풍압) : 〃 제곱에 〃
   ③ 축동력 : 〃 세제곱에 〃

5. 소방펌프

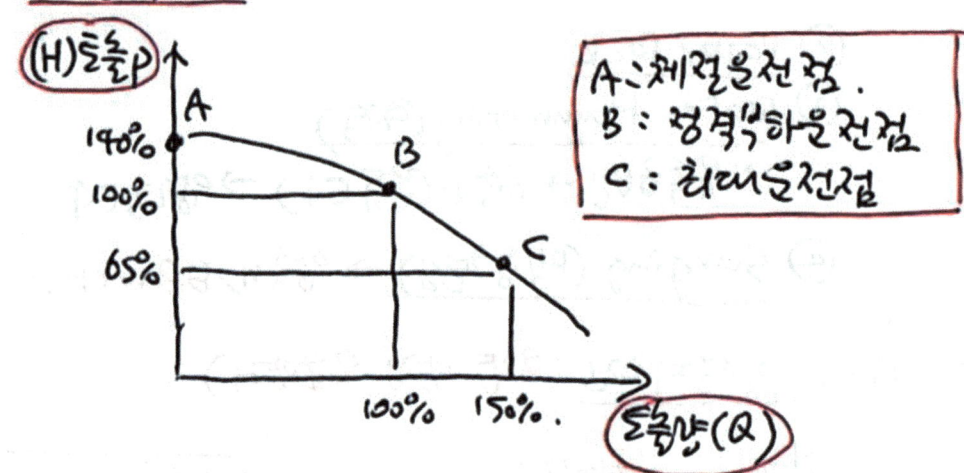

A : 체절운전점
B : 정격부하운전점
C : 최대운전점

1. Man-Machine System.
   1) System : 감 정 행 정.

   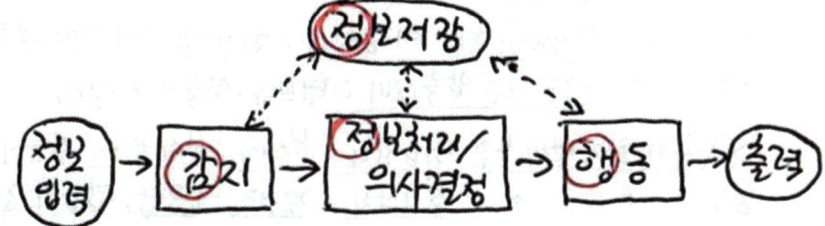

   2) Fail safe : 기계(설비)의 오조작방지설계
      ① Fail passive
      ② 〃 active
      ③ 〃 operation.

   3) Fool proof : 인간의 실수를 포용하는 설계.

2. 킬드강
   1) 탄소강에 Al. Si 첨가 → 산소제거
   2) 황소분압.
      ① S분압 : 7.5 kg/cm² ② 몰분율 0.3%↑ H_2S
      ③ 10 ppm↑ H_2S 물댐관 ④ 무게분율 5%↑ 염화수소
      ⑤ HF. BF_3 (농도에 관계 X)

(수차게 출제)   · 13년(10) → 화학설비·부속설비 종류
· 08(10) → 안전 v/v 설치해야하는
                화학설비·부속설비.

1번 문제) 화학설비의 종류 및 안전대책

1. **화학설비의 종류** (안전보건규칙 별표 7 제1호)

   1) 화학물질 반응 또는 혼합장치 : 반응기·혼합조
   2)   "   분리장치 : 증류탑·흡수탑·추출탑·감압탑
   3)   "   저장설비 또는 계량설비 : 저장 TK·계량 TK·호퍼·사일로
   4)   "   이송 또는 압축설비 : 펌프류·압축기·이젝터
   5) 분체 화학물질 취급장치 : 분쇄기·분체분리기·용융기
   6)   "   분리장치 : 결정조·유동탑·탈수기·건조기   결유동조

   냉가온탑 (사용목적) (7) 응축기·냉각기·가열기·증발기등 열교환기류
   8) 오르등 전화기를 직접 사용하는 열교환기류
   9) 캘린더·혼합기·발포기·인쇄기·압출기등 화학제품가공설비

   → 저 분이 반응 분분 열화

2. **화학설비의 부속설비** (안전보건규칙 별표 7 제2호)

   관련설비
   1) 안전관련설비 : 정전기제거장치·긴급샤터설비
   2) 전기   "   : 변압기·전동기·개폐기   (변전 개조 접계)
   3) 화학물질이송 " : 배관·밸브·관 부속류
   4) 가스누출감지 및 경보 "
   5) 비상조치 "   : 안전 v/v·안전판·긴급차단 또는 방출 v/v
   6) 자동제어 "   : 온도·압력·유량 등의 지시·기록

   처리설비
   7) 폐가스 처리 설비 : 세정기·응축기·벤트스택·플레어스택
   8) 분진   "   : 사이클론·백필터·전기집진기

   → 안전화가 버자 폐 분

* 특수반응설비와 주변
(이산에...)

3. 특수화학설비 범위 (안전보건규칙 제 273조)   ·04년(25) ·08년(10)

1. 특수화학설비 정의 및 범위   (별표9)
→ 위험물질별 지정수량

1) 정의

화학공장내 위험물질을 산업안전기준에 정한 기준량 이상으로 제조 또는 취급하는 위험성이 높은 설비.

적용예(위험물질)	기준량	기준량 이상	기준량 미만
폭발성물질 (산류, 염기류)	300kg	특수화학설비	일반설비

[本교재] 2) 특수화학설비의 범위
① 발열폭주우려설비 ② 온도 350℃ 이상 또는 9.80kPa 이상 운전설비
③ 가열기·가열로 ④ 분리장치 (증류·정류·증발·추출)
⑤ 가열운전 설비 (물질의 온도 > 분해온도, 발화점)
⑥ 반응장치 (발열반응 有)

[반응온도가 증가 반응]

2. 위험물질의 기준량 계산방법 및 기준량

[규칙별표9] ← 1) 위험물질의 기준량 계산방법
① 순도 100% 기준 ② 하루중 최대 제조·취급수량
③ 2종 이상 각각 산출값(R)이 "1 이상"인 경우 기준량 초과

$$R = \frac{C_1}{T_1} + \frac{C_2}{T_2} + \cdots + \frac{C_n}{T_n}$$ [C : 제조·취급량
                                                                   T : 기준량]

④ 2종 이상 서로다른 기준량은 적은 기준
⑤ 운전온도, 운전압력 기준

2) 기준량 : 산업안전기준에 관한 규칙 별표 3의 3 규정 량

3. 특수화학설비의 안전상조치
✓ 1) 4복 반응감시장치 (계측·경보) → 계과긴예
2) 이상상태 발생 방지조치   3) 관리상

④ 화학설비의 안전대책

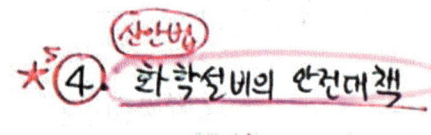

구 부정개 안 방 (개조) + 통18년 4. (DW PCR TEST)

1) 화학설비 및 그 부속설비를 내부에 설치하는 건축물의 구조 (규칙 255조)
   ① 바닥·벽·기둥·계단·지붕 : 불연재료

2) 부식방지 (규칙 256조)
   ① 화학설비 또는 배관중 위험물 또는 인화점이 60°C 이상인 물질
   접촉부분 → 부식에 의한 누출·화재·폭발 방지를 위해
   물질의 종류·온도·농도 고려 [부식방지 재료사용
                              도장조치.

3) 덮개등의 접합부 (257조)
   ① 덮개·플랜지·밸브·콕의 접합부
   → 누출·화재·폭발 방지위해 [① 개스킷 사용
                              ② 접합면 상호밀착

4) 밸브등의 개폐방향 표시등 (258조)
   ① 밸브·콕 또는 이들을 조작하기 위한 스위치·누름버튼
   → 오조작에 의한 누출·화재·폭발 방지를 위해   밸브 용기
   개폐방향등을 색채등으로 표시

   밸브 [어두운 빨강 : 증기   연한노랑 : 가스
          어두운 주황 : 기름   파랑 : 물
          연한 // : 전기   회보라 : 산·알칼리
                                  공기 : 흰색

   용기 [액화탄산가스 (청색), 산소 (녹색), 수소 (주황색)
          아세틸렌 (황색), 액화암모니아 (백색), 액화염소 (갈색)
          LPG (밝은 회색) He·Ar·N₂ (회색)
          LNG (엷은 회색)

※ 의료용은 다른
  : 산소 (백색)
  질소 (흑색)
  He (갈색)
  CO₂ (회색)

↓
감지기 위치보고 판단

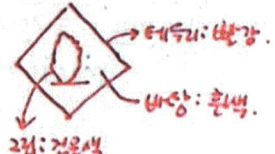

5) 안전거리 (2제2조)

위험물 저장·취급 화학설비 및 부속설비 → 폭발·화재
피해 최소화를 위해 안전거리 유리

① 위험물취급시설
  ↔ 방류대상물끼리
    수평거리
② 가압·분사형
  파편도달·동영
  폭격등거리..

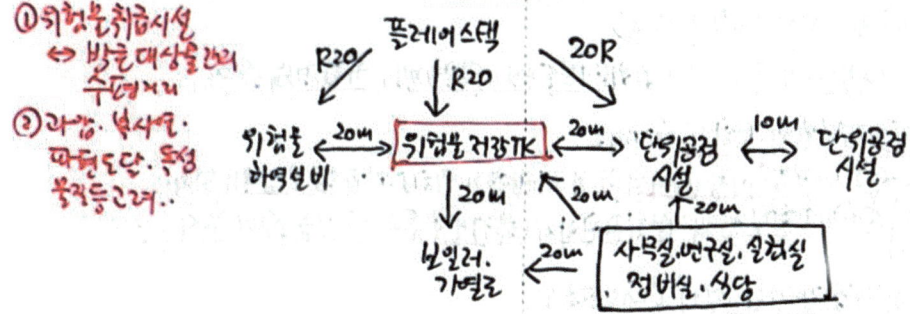

6) 방유제 설치 (제2조)
   위험물은 액체저장TK에 설치시 위험물질이
   누출되어 확산방지

(16년)
25점
출제.

(ㄱ) 개조·수리·청소로 인해 분해하거나 내부작업 시 준수사항 (제278조)
  ① 작업방법, 순서를 정하여 미리 관계근로자 교육
  ② 작업 책임자 지정하여 당해작업지휘
  ③ 위험물의 누출, 고온 증기 누출 방지조치 → 누출대책: 은공감방 비관
  ④ 작업장 및 주변 인화성 증기·가스 농도 수시측정

작작누출
- 누출방지
- 농도측정

누출방지설비

산소측정: 18%↑
가연성: 10ppm↓

작업시작전 반드시 측정
(중식시간, 휴식시간…)

```
         drip
         pans    pit   Retention
          ↑      ↑      ↑
*  D  W  pCR  TEST
   ↓  ↓   ↓      ↘ Sump
  weirs curbing ↓
              Trench
```

물15조

8) 특수화학설비의 안전장치 및 안전상조치 → 5종(NFPA 9.8E)

계 자 긴 예 + 안전%:
이방안 보통지 라정 괴낭불 낮써.

① 계측장치 설치 (규칙 273조)
   내부상태 조기 파악 위해 온도계, 압력계, 유량계등 설치

*작업장내
경보기설치 (19조)
→연면적 400m²가
 50명↑

② 자동경보장치 설치 (274조)
   ㉠ 내부의 이상상태를 조기 파악하기 위해 자동경보장치 설치
   ㉡ 자동경보장치 설치곤란시 : 감시인 두고 운전중 설비 감시.

③ 긴급차단 장치 설치 (275조)
   ㉠ 내부이상 상태 발생시 누출·화재·폭발 방지를 위해
      원재료공급 긴급차단, 제품방출, 불활성가스 주입
      냉각용수 공급을 위한 장치설치.   *반응억제제
                                        (과열한 폭착제)

④ 예비동력원 설치 (276조)
   ㉠ 동력원이상에 의한 누출·화재·폭발 방지를 위해 설치
   ㉡ 예비동력원 종류

자베졸EU
      ┌ a. 비상발전기 : 경유엔진, 가스터빈발전기는
      │   4시간이상 사용연료 보관
      │ b. 비상용 수전설비 : 상용전원과 별도의 비상전원을
   FSS│   수전받기 위한 설비
      │ c. 축전지 설비 : 비상발전기가 가동되어 정격전압
      │   확보시까지 예비전원
      └ d. 계장용 압축공기 : 계측제어용 압축공기를 5분이상충급

   *질소라인 Tie-in
    (질식주의 → 예방대책 마련)

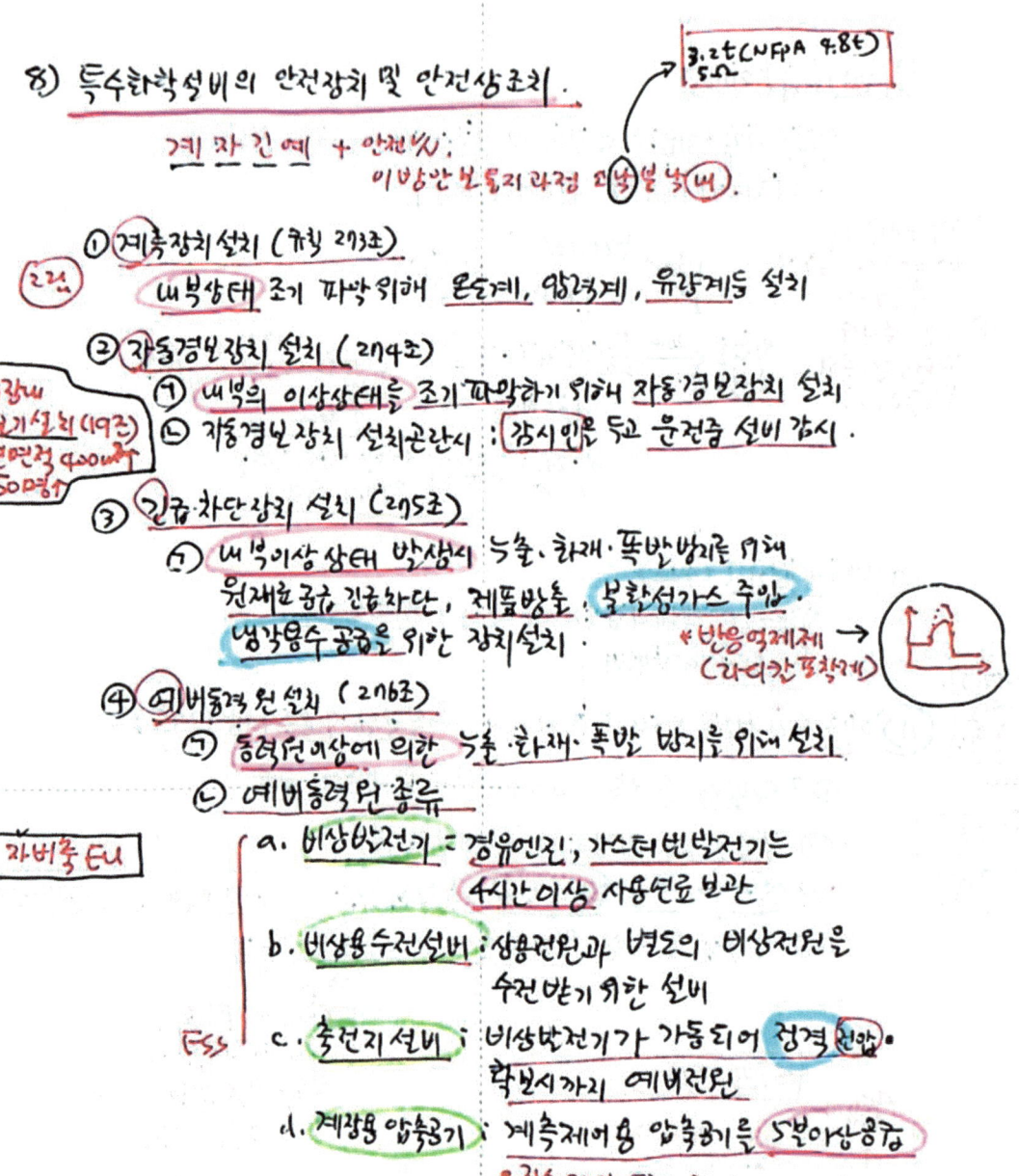

[안동파버]

9) 안전 V/V, 파열판

10) 통기설비
   ① 정상운전시 → 통기관 (Vent)
                → 통기 V/V (Breather V/V)
   ② 비상 ″   → Emergency Vent
                게이지 해치

11) 화염방지기

12) 배출물긴처리
   ① 안전V/V등으로부터 배출되는 위험물은 연소·흡수·세정·포집 또는 회수 - 국타
   ② ┌ Vent stack : 세정 → 희석배출
      └ Flare stack : 연소배출

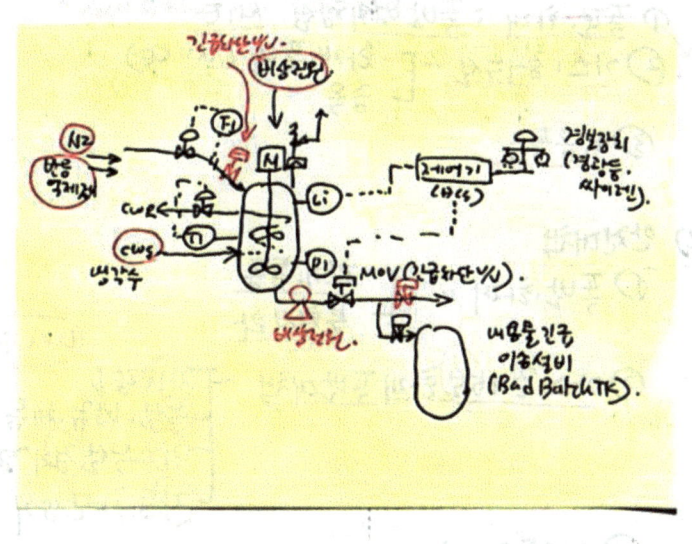

2번 문제) 화학설비별 위험요인 및 안전대책

> 10년(25)
> → 저장설비, 안운장치,
> 압력용기, 증류장치, 건조설비
> 안전대책

1. 설비별 위험요소 및 안전대책

   (1) 위험물 저장 및 입출하 설비

   1) 위험요소
   ① 과압에 의한 파열   ② 진공에 의한 압괴
   ③ 외부화염에 의한 화염전파   ④ BLEVE, UVCE

   2) 안전대책
   ① 과압대책 : 안전V/V, 파열판, 이상내압상승 방지장치
                 폭압방산공 → Emer Vent
   ② 진공 〃 : Vent, BV, 진공펌프, 진공 Breaker
   ③ 외부화염 : 화염방지기, 물분무 설비
   ④ BLEVE : 고압씨씨방 폭발, 감압
   ⑤ UVCE : 재누검사 (누가재비관주)

   (2) 혼합·분리설비

   1) 위험요소
   ① 폭발·화재 : 폭발범위형성, MIE
   ② 가스·증기누설 ─┬ 화재·폭발 (UVCE)
                    └ 중독
   ③ 반응폭주

   2) 안전대책
   ① 폭발·화재 〃 ─┬ 환기·통풍
                  └ 불활성화
   ② 가스·증기누설 화재 폭발대책 ─┬ 재고량 ↓   (UVCE 대책)
                                ├ 누설·방류·체류 방지
                                ├ 가스누설 감지 경보
                                └ 자동 차단장치

   ③ 반응폭주대책
      (공원씨씨 분방반)

(3) 건조설비

1) 위험요소
   ① 환기 불충분시 화재폭발
   ② 온도조절장치 고장 → 과열로 화재
   ③ 전기배선불량, 정전기로 인한 화재·폭발
   ✓ 제품속성 → 용연 →

2) 안전대책
   ① 충분한 환기 → 강제/자연 전체/국소
   ② 정전기대책 (접지유지·가대전)
   ③ 폭압방산구 설치 → $(\frac{dp}{dt})_{max} \times V^{\frac{1}{3}} = k_{st}$
   ④ 균일 건조 준수

   ⑤ 폭발억제장치
   ⑥ 구조 → 불연재료
   ⑦ 간접가열 장치

(4) 열교환기

1) 위험요소
   ① 중합생성물에 의한 반응폭주
   ② 열응력에 의한 셸파손 및 누출
   ③ 고온부식, 마모 의한 튜브손상 및 침식

   [연결측 → 팽창
     내려가 → 수축]

2) 안전대책
   ① 반응폭주대책 (공원씨씨 불냉반) + 감지기, 인터록 내용물 감시 설비
   ② 가스켓, 튜브 누설확인
   ✓③ 부식방지대책 (고온부식). (H4)
       → 부식유발 구라전 (줄) → 음219
       ① 부식환경 제거 → 제습, pH·용존산소&용해성분 제거
       ② 부식억제제 → 규산, 인산계 방식제
       ③ 유속제어 → 1.5m/s ↓
       ④ 배관재 선정
          ⓐ 내식성·내열성·내열성 ↑
          ⓑ 동일계 배관
          ⓒ 지하 매설 (PVC)
       ⑤ 구조상 적절한 설계
          이봉급 ⓐ 이종금속 조합방지 → 갈바닉
                 ⓑ 돌새·요철 X
                 ⓒ 승격 발생 구조 X → 유격균일화, 피로균열

   ⑥ 라이닝재 사용
      ⓐ 방식금속 라이닝
      ⓑ 유기질 코팅 (PE, 에폭시)
   ⑦ 전기방식법
      [음극 - 희생양극, 외부전원
       양극]

(5) 반응설비
  1) 위험요소
    ① 반응폭주
    ② 누설 → 화재·폭발·중독
  2) 안전대책
    ① 반응폭주 → 공원내에 불냉반
    ② 누설대책 → 공근 감방 비관

(6) 이송·압축장치
  1) 위험요소
    ① 펌프 : 공동현상·수격현상·서징 → 누설
    ② 압축기 : 압축시 압력↑ → 온도↑ → 단열압축에 의한 폭발

  2) 안전대책
    ① 펌프
      ㉠ 공동현상 대책

$NPSHav = Ha ± Hs - Hf - Hv$

        a. NPSHav↑ ┬ 펌프설치높이↓ (TK 높이↑)
                   ├ 흡입배관 손실수두↓
                   │ (배관길이↓, 관경↑, V↓)
                   └ 수온↓

$Hf = \lambda \times \dfrac{L}{D} \times \dfrac{V^2}{2g}$

$Ns = NQ^{\frac{1}{2}}/H^{\frac{3}{4}}$

→ $NPSHre = \left(\dfrac{NQ^{\frac{1}{2}}}{Ns}\right)^{\frac{4}{3}}$

        b. NPSHre↓ ┬ 회전수↓
                   ├ 유량↓
                   └ 흡입비속도(Ns)↑

      ㉡ 수격현상 대책
        a. 발생방지 (관내유속↓, surge TK설치)
        b. 압력 상승방지 (릴리프 V/V)
      ㉢ 서징현상 대책
        a. 배관내 공기 억제
        b. 펌프고 최측압력상승 해소
           (2차기화) ← (By-pass배관, 2차측관경↑, 1차측관경↓)

    ② 압축기 : 다단압축하고 중간 냉각기를 이용
              온도 상승 방지, 급격한 V/V 조작금지, 폭압방산구

3번 문제) 화학공장 설계시 안전상 고려사항

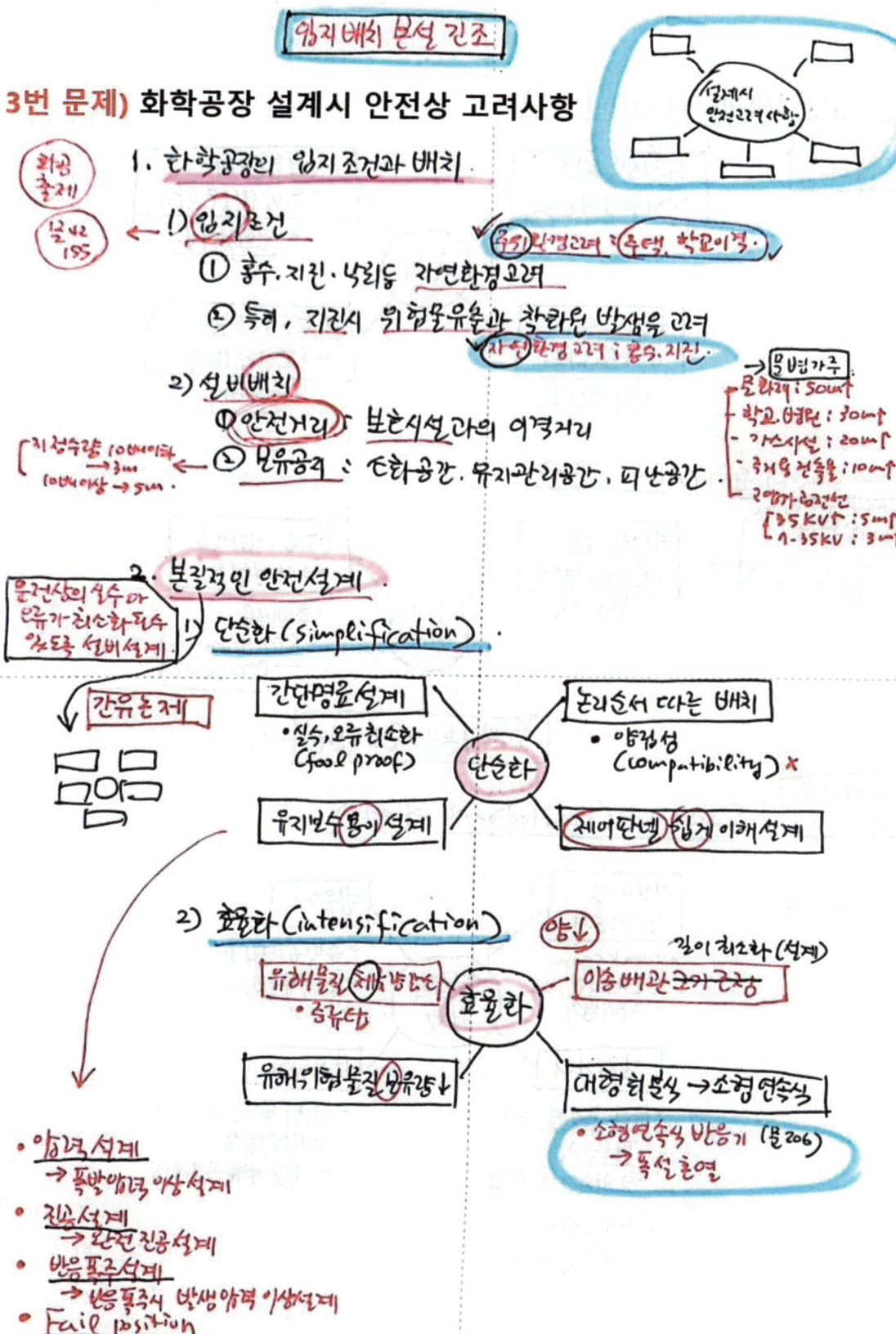

1. 화학공장의 입지 조건과 배치
   1) 입지조건
      ① 홍수, 지진, 낙뢰등 자연환경고려
      ② 특히, 지진시 위험물유출과 화재인 발생을 고려
   2) 설비배치
      ① 안전거리 : 보호시설과의 이격거리
      ② 보유공간 : 작업공간, 유지관리공간, 피난공간

2. 본질적인 안전설계
   1) 단순화 (Simplification)
   2) 효율화 (intensification)

- 압력설계
  → 폭발압력 이상설계
- 진공설계
  → 안전 진공설계
- 반응폭주설계
  → 반응폭주시 발생압력 이상설계
- Fail position
  → fast 방어 시스템

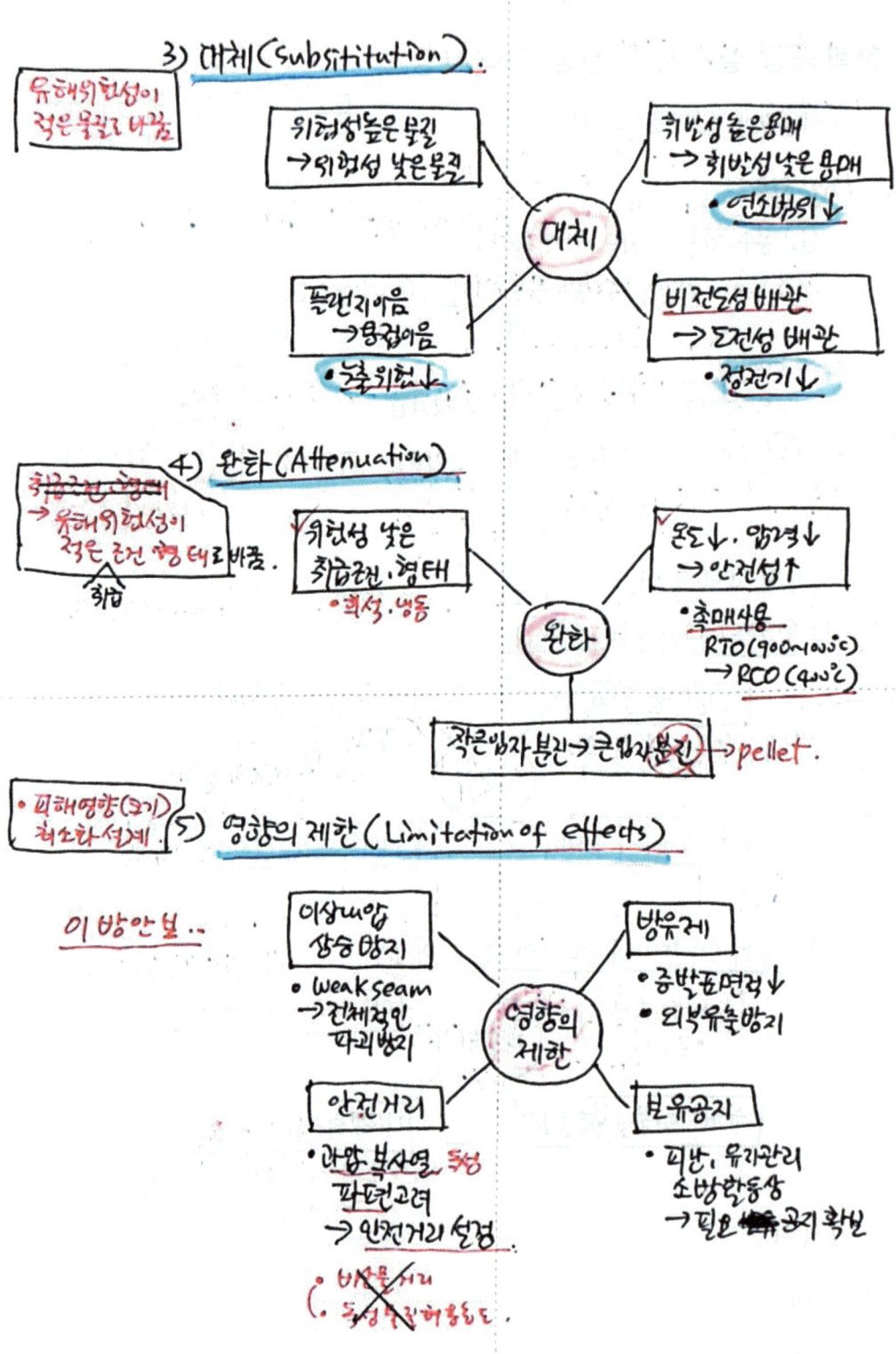

3. 설계기준 및 법규고려
   1) 설계기준
      ① 압력용기·반응기등의 설계기준 활용
      ② 파열판·안전V/V·화염방지기 → KOSHA Guide 참조
   2) 관련법규 및 국제규격 고려
      ① 산안법, 소방법, 고법등
      ② 주요국제규격 : NFPA, API, NFSC, EPA, JIS 등
                                                ISO

④ 긴급사고를 포용하는 설계

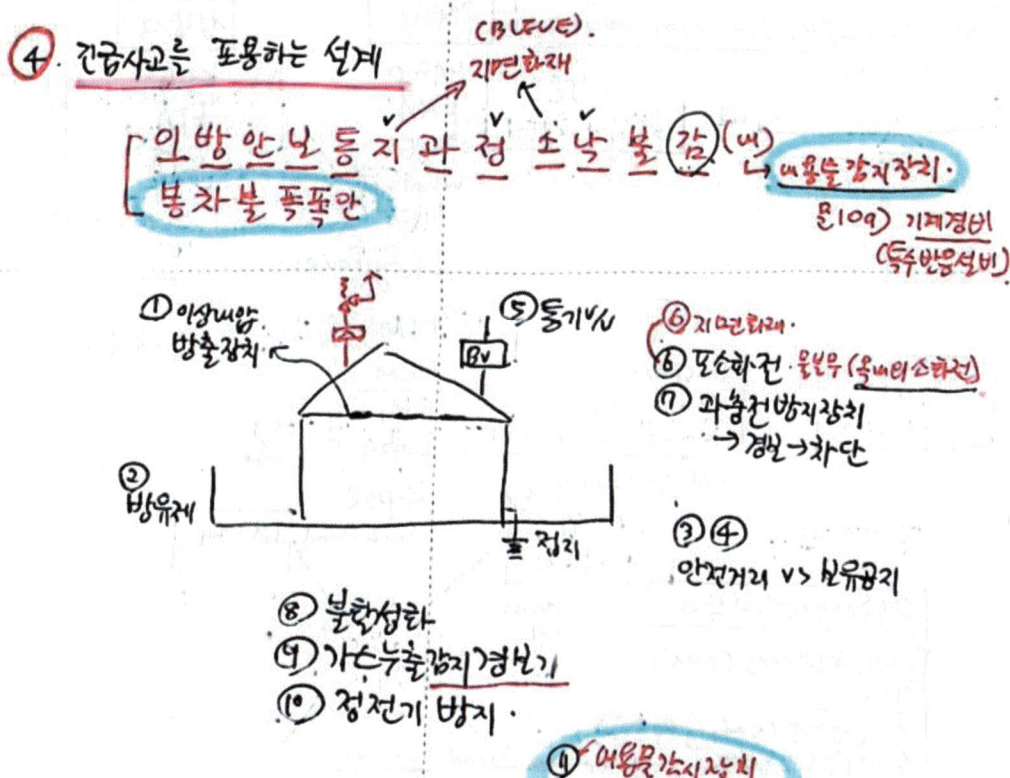

⑧ 불활성화
⑨ 가스누출감지경보기
⑩ 정전기 방지

5. 조업절차 및 교육 (관리적대책)

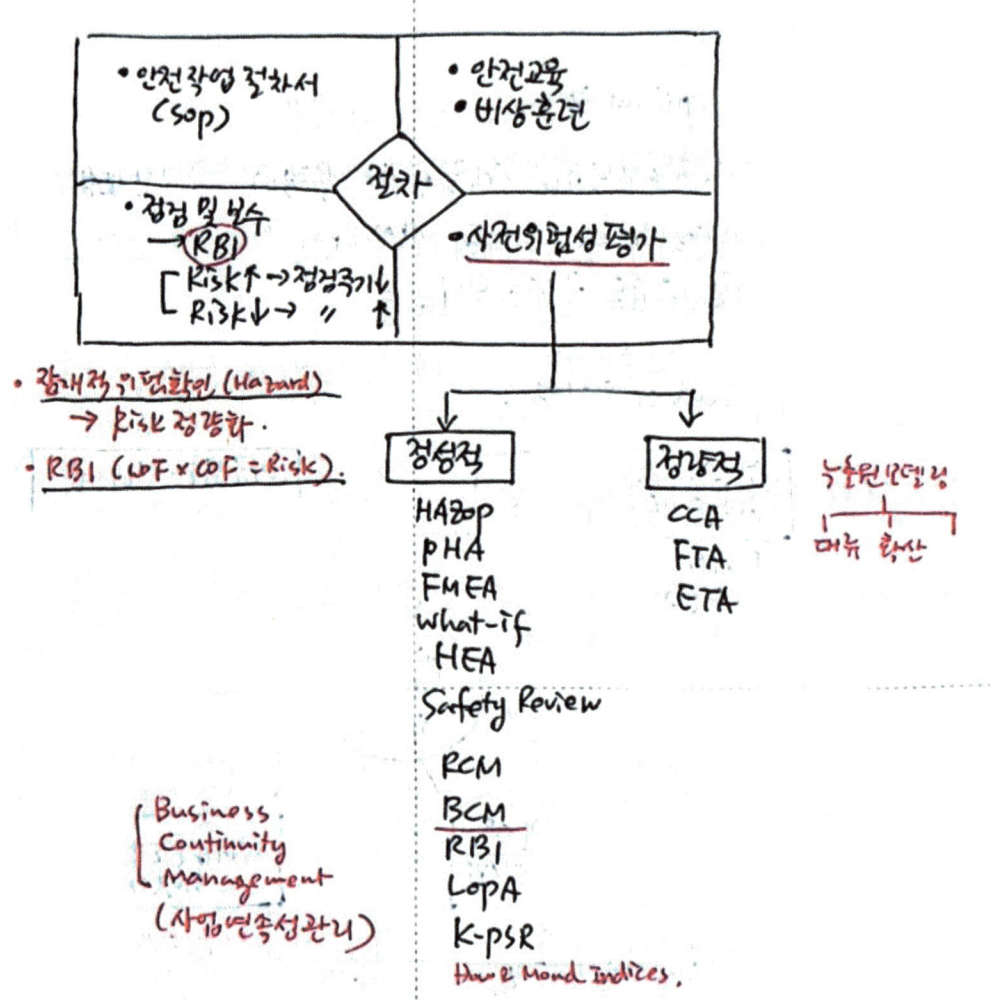

- 잠재적 위험환원 (Hazard)
  → Risk 정량화.
- RBI (LOF × COF = Risk).

Business Continuity Management
(사업연속성관리)

정성적
HAZOP
PHA
FMEA
What-if
HEA
Safety Review
RCM
BCM
RBI
LOPA
K-PSR
How & Mond Indices.

정량적
CCA
FTA
ETA

누출원모델링
↓
매뉴 확산

예체안삼위이잣사

- 예비위험분석법 (PHA)
- 체크리스트
- 안전성검토 (Safety Review)
- 상대위험소위분석법 → How and Mond Indices.
- 위험과 운전성 분석법 (HAZOP) · (Index 부여).
- 이상위험도 분석법 (FMECA)   Relative Ranking
- 작업자 실수분석법 (HEA)
- 사고예상질문법 (What-if)

4번 문제) 화학공정의 위험관리 전략 (4단계)

1. 개요
   1) Risk (끼엇) = LoF (발등.빈도) × CoF (사건의 영향, 크기)
   2) 위험관리
      사건의 확률(빈도)나 사건의 영향(크기)를 줄이기 위한 관리이다.
   3) 접근방법 : 본질적, 수동적, 능동적, 절차상 방법

2. 화학공정의 위험관리 전략

· 본수능절.

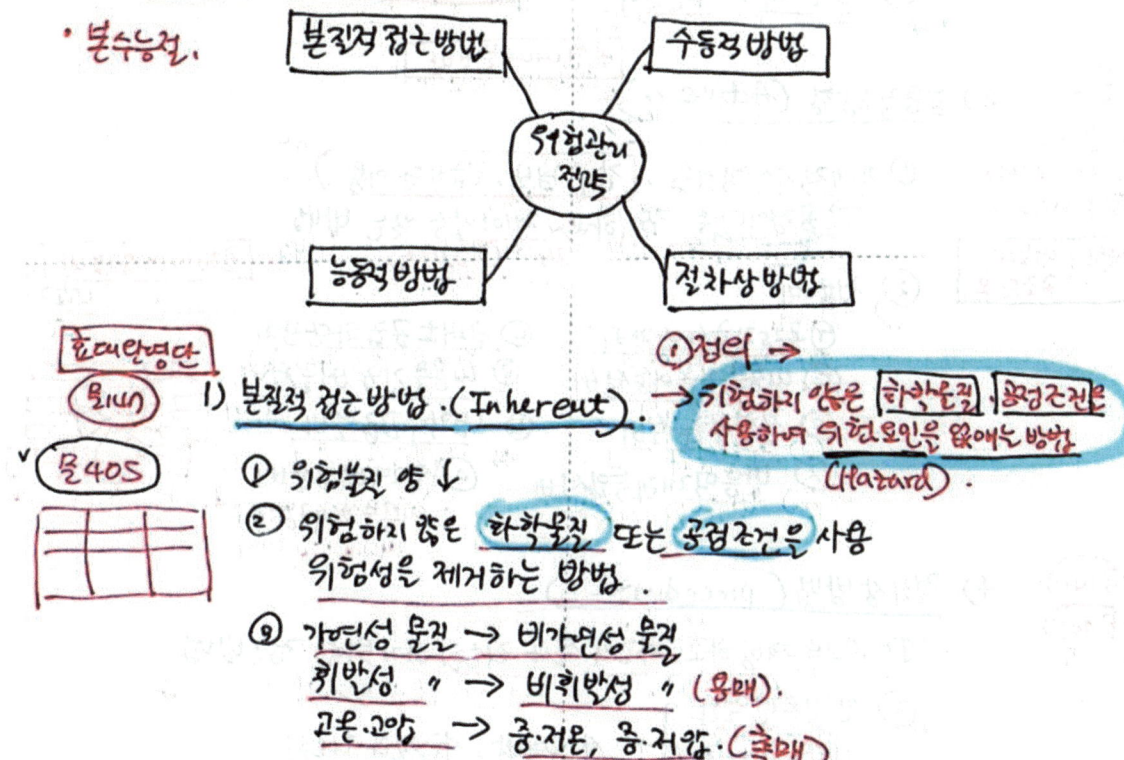

효대안명단
문147
문405

1) 본질적 접근방법 (Inherent)
   ① 정의 → 위험하지 않은 화학물질, 공정조건을 사용하여 위험요인을 없애는 방법 (Hazard)
   ① 위험물질 양 ↓
   ② 위험하지 않은 화학물질 또는 공정조건을 사용 위험성을 제거하는 방법
   ③ 가연성 물질 → 비가연성 물질
      휘발성 " → 비휘발성 " (용매)
      고온.고압 → 중.저온, 중.저압 (촉매)

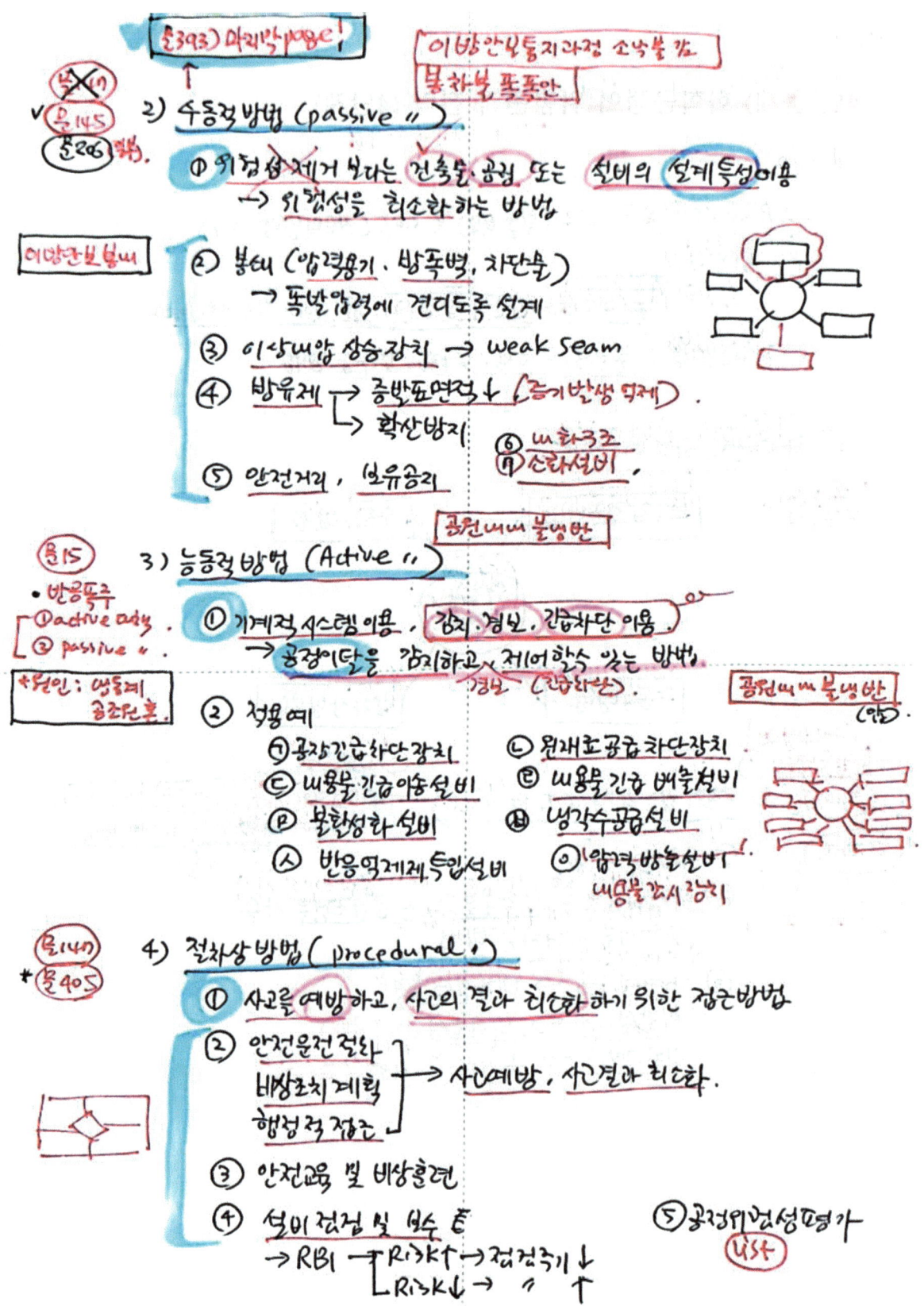

문 5) 화학공정설계 시 고려해야 할 안전사항

1. 개요
   1) 공정설계의 정의
      ① 원료투입단계 → 최종제품생산 까지 일련의 시스템을 체계적으로 알수 있는 도면과 서류를 나타내는 단계
      ② 공정설계는 원료 또는 자재선정, 설비선정, 운전방법을 결정하는 핵심적인 기술이다.
      → 사업상의 근원적 안전을 좌우하는 매우 중요한 단계임.

2. 화학공장 공정설계 단계시 안전관련된 고려사항.
   → 물제규 이동래 기조안.

   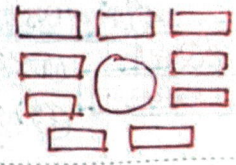

   물성검사.

   1) 원료. 중간제품. 완제품의 물성조사 → 유가 발 부곤 폭함

      ① 인화점. 반화온도. 폭발범위. 흡수성여부. 촉촉반력.
         부식성. 증기압. 증기밀도. 허용농도

   2) 생산공정 및 각 장치의 규모결정
      ① 원료저장 → 제품생산 완료까지 생산시스템 결정
      ② 단위조작별 장치의 필요성검토 와 규모결정
         ③ 대량생산 : 연속식
            소량 " : 회분식

   3) 운전 및 설계조건 결정.
      ① 운전조건 결정기준
         ㉠ 가연성물질 : 폭발범위내에서 운전금지.
         ㉡ 폭발범위내에서 불가피하게 운전시 농도계. 내용목간지장치
            불활성가스 주입시설, 압력자동방출설비.   (기계경비)
         ㉢ 촉매 : 폭발범위 밖으로 유도.

   ✓반화온도 80%
   이내운전

ⓒ 운전조건의 표시
  → 최저, 통상·최대의 운전온도·압력·유량으로 구분표시

운전범위 ← ⓓ 점프류등
  → 실제운전시 압력과 유량을 감안한 운전범위 선정.

③ 설계조건결정 (온도·압력·유속)
  ㉠ 설계온도 : 운전시 최대사용온도 + 20℃ (+30℃)
  40.1MPa ← ㉡ 〃 압력 : 사용압력 × 1.1배
                    사용압력 + 1.8kg/cm² } → 둘중 큰것.
                    설계〃 → 3.5kg/cm²
  ㉢ 〃 유속 : 가연성물질 배관내 유속 1~3m/s 이하

4) 제어방법결정
  ・TPQ원   ① 온도조절방법   ② 유량 〃
  ・그럼 하나로… ③ 압력   〃   ④ 원료계량 및 투입방법

5) 안전장치 설치여부결정
           범위.
  ┌ 이방안 보통지라정 소낙 불감 (대)
  └ 봄차불 폭폭안.

6) 재질선정
  ① 반응기, 열교환기, 증류탑, 가스켓 → 온도
                                    압력   } 고려 → 재질선정
                                    취급물질
  ② 독성, 온도에 따라 고온해성, 저온해성 고려
                    → 황산 바카스침질(剛).

7) 이상사태 발생시 대책
 - 반응폭주 대책 (공랭system 불냉system)

8) 기계적 강도결정
 ① 설계온도, 압력, 재질, 취급물질 부식성 등을 고려
 → 두께 등 기계적 강도 고려
 ※ 부식

$$관공수명 = \frac{실제측정두께 - 요구두께}{부식율(mm/년)}$$

(일반탱크 산정: 10년)

② 부식 여유두께: 3mm
③ 부식율 = $\frac{최초측정두께 - 최종측정두께}{검사기간}$ (mm/yr)

9) 소화설비 등 종합 방재 대책
 ① 탱크내 화재, 탱크온도 상승 방지, 지면화재, 주변화재 대비
 ② 적정 소화설비 선정

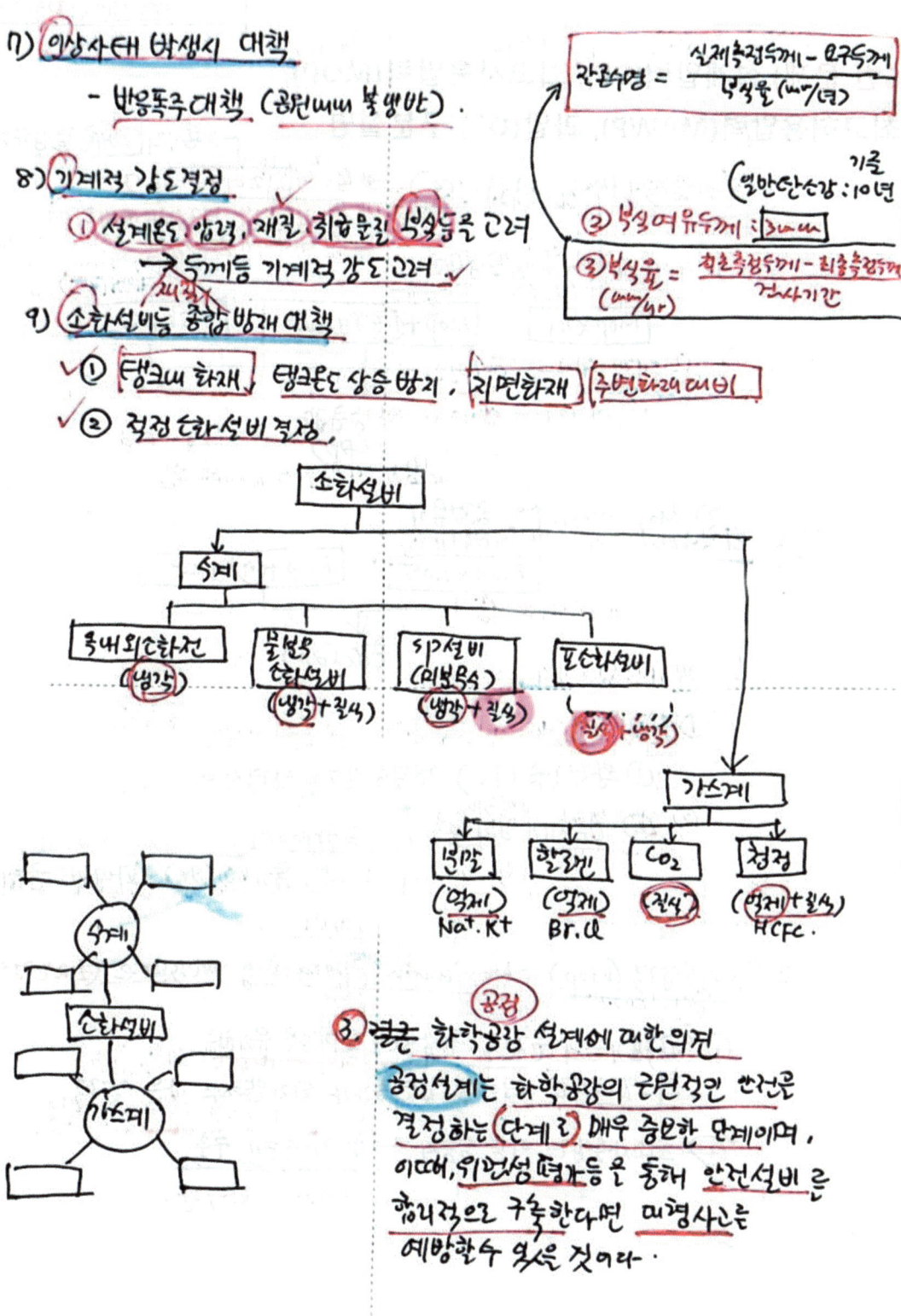

③ 결론 화학공장 설계에 대한 의견
 공정설계는 화학공장의 근원적인 안전을 결정하는 단계로 매우 중요한 단계이며, 이때, 위험성평가 등을 통해 안전설비를 합리적으로 구축한다면 대형사고를 예방할 수 있을 것이다.

6번 문제) 설계압력(DP), 최고사용압력(MOP), 최고허용압력(MAWP), 과압(OP) 구분설명

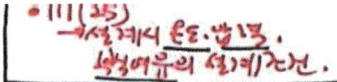

1. 설계압력 (Design pressure) → 용기의 최소허용두께를 결정하는 중요요소
   → 용기의 최소허용두께, 또는 물리적 특성을 결정하기 위하여 설계시 사용되는 압력.

   1) MOP 7Mpa ↓ 인 공정용기

      | MOP × 1.1 | MOP + 1.8 kg/cm² | 3.5 kg/cm² |

      ↓ 가장 큰 값 (DP)

   2) MOP 7Mpa ↑ 인 공정용기

      | MOP × 1.05 | MOP + 7 kg/cm² |

      ↓ 큰 값 (DP)

   3) 진공하 운전
      ① 완전진공 (FV) 견딜수 있도록 압력설계
      ② 진공제거 장치 설치 ; 진공 Breaker, Vent, 통기밸브(BV), 파열판·균압배관

2. 최고사용압력 (MOP) : Maximum Operating pressure (최고운전압력)

   ① 압력용기 등의 운전을 정상상태로 기능을 유지하는 최고압력으로 더이상 압력증가가 되지 않아야 하는 압력
   ✓② 최고사용압력 이상 상승시 → 안전시스템 구축.
         안전 V/V, 파열판..

3) 최고허용압력 (Maximum allowable working pressure)
① 압력용기에서 압력을 받는 모든 부분에 대해 부식여유를 제외한 제작시 허용된 최고압력.
(참고) ② 용기의 제작에 사용된 재질의 두께를 기준으로 하여 산출된 용기상부에서 허용가능한 최고압력

4) 과압 (over pressure)
① 설정압력 이상으로 용기내 압력이 증가하는 것.

2. 설계온도.
1) 설계온도 = 정상운전온도 + 30°C
2) 고온·고압으로 운전되는 반응기 : 예상되는 최대운전온도 고려
3) 고온·고압용기 외부 단열재 설치한 경우 : 동체 외부 설계온도는 150°C 이하.

3. 부식여유 두께.
1) 일반 탄소강 재질 : 사용기간 10년으로 하여 3mm 부식여유
2) 부식성 강한 유체 취급시 : 크래드강. 몬젤이나 레이강.
3)   ″   액체등 낮은온도 취급시 : 공정용기 내부 내산시멘트 등으로 코팅 고려

4) 잔존수명(년) = (실제측정두께 - 요구두께) / 부식율 (㎜/년)

① 잔존수명을 정량화하여 점검주기를 결정
② 검사의 최대주기 : 잔존수명의 ½이나 10년을 초과 X
③ 잔존수명이 4년이하 : 검사주기는 잔존수명의 ½로 정할수 있으나, 최대 2년을 초과 X

[120회 출제] → 「지문사 출제가능성↑」

문 7) 증류탑설계압력

압력용기의 설계압력을 결정하는 기준을 제시하고,
다음의 도면을 참조하여 A.B 증류탑의 설계압력을 결정.
(단, 각 위치에 표시한 수치는 최대운전압력이며, 단위는 도면에서
제시한 단위를 사용하고, 계산값은 소수점 셋째자리에서 반올림)

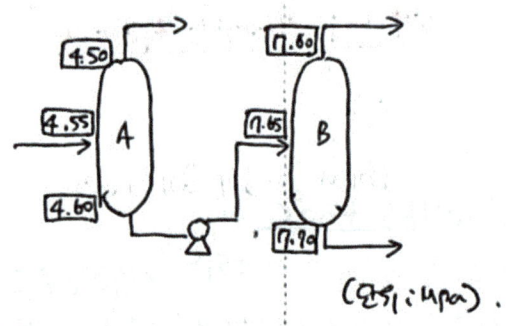

(단위 : MPa)

1. 설계압력을 결정하는 기준
   1) 최대운전압력이 7 MPa (70kg/cm²) 이하인 경우
      아래 수치중 가장 큰 것
      MOP ① 최대운전압력 × 1.1
           ②   〃   + 0.18 MPa (1.8 kg/cm²)
           ③ 0.35 MPa (3.5 kg/cm²) (설계를 고려한 최소값)

   2) 최대운전압력이 7 MPa (70kg/cm²)를 초과하는 경우
      아래의 수치중 큰 것
           ① 최대운전압력 × 1.05
           ②   〃   + 0.7 MPa (7.0 kg/cm²)

2. 설계압력 결정

설계압력 결정시 증류탑에서 운전압력의 기준점은 ✓ 탑정부분임

1) A증류탑 : 운전압력이 7MPa 이하인 경우이므로
   ① 4.50 + 0.18 = 4.68
   ② 4.50 × 1.1 = 4.95
   ③ 0.35 Mpa
   3개의 값 중 큰 값인 4.95 Mpa로 결정

2) B증류탑 : 운전압력이 7Mpa 초과하는 경우이므로
   ① 7.60 + 0.7 = 8.30
   ② 7.60 × 1.05 = 7.98
   2개의 값 중 큰 값인 8.30 Mpa로 결정

8번 문제) 화학설비의 내화기준

1. 내화구조의 정의
   1) 건축물의 기둥 및 보, 위험물 저장 취급용기의 지지대 및 배관·전선관 등의 지지대가 화재시 일정시간 동안 강도 및 성능을 유지할 수 있는 구조. (24h)

2. 내화구조 목적
   1) 인명안전 및 소화활동 보장
   2) 재산보호
   3) 도괴방지

3. 내화구조의 기능
   1) 화염의 차단 (차염성·차열성)
   2) 장기성 계하중 지지
   3) 열충격과 소방주수에 견딤 (강도유지)
   4) 부재상호 접합부 성능유지
   5) 화재후 재사용 가능
   6) 불연성에 의한 화재확대 방지

4. 산안법에서의 내화구조 (내화지역) 범위 → 위험물 취급장소
   1) 가스폭발 위험장소
      인화성액체 또는 가연성가스 등을 제조·취급·사용장소로 증기, 가스폭발 위험장소
   2) 분진폭발 위험장소
      가연성 분진을 제조·사용하는 장소
   3) 방폭지역의 2종이상 위험지역으로 인접거리내에 설치된 주요구조물 까지
   4) 위험물 취급량에 따라 6~15m 까지 적용.

   (예외) → 자동소화설비 (물분무설비·드랜치 등)
          + 2시간 안전성 유지 (화재시)   → 뒷page!!

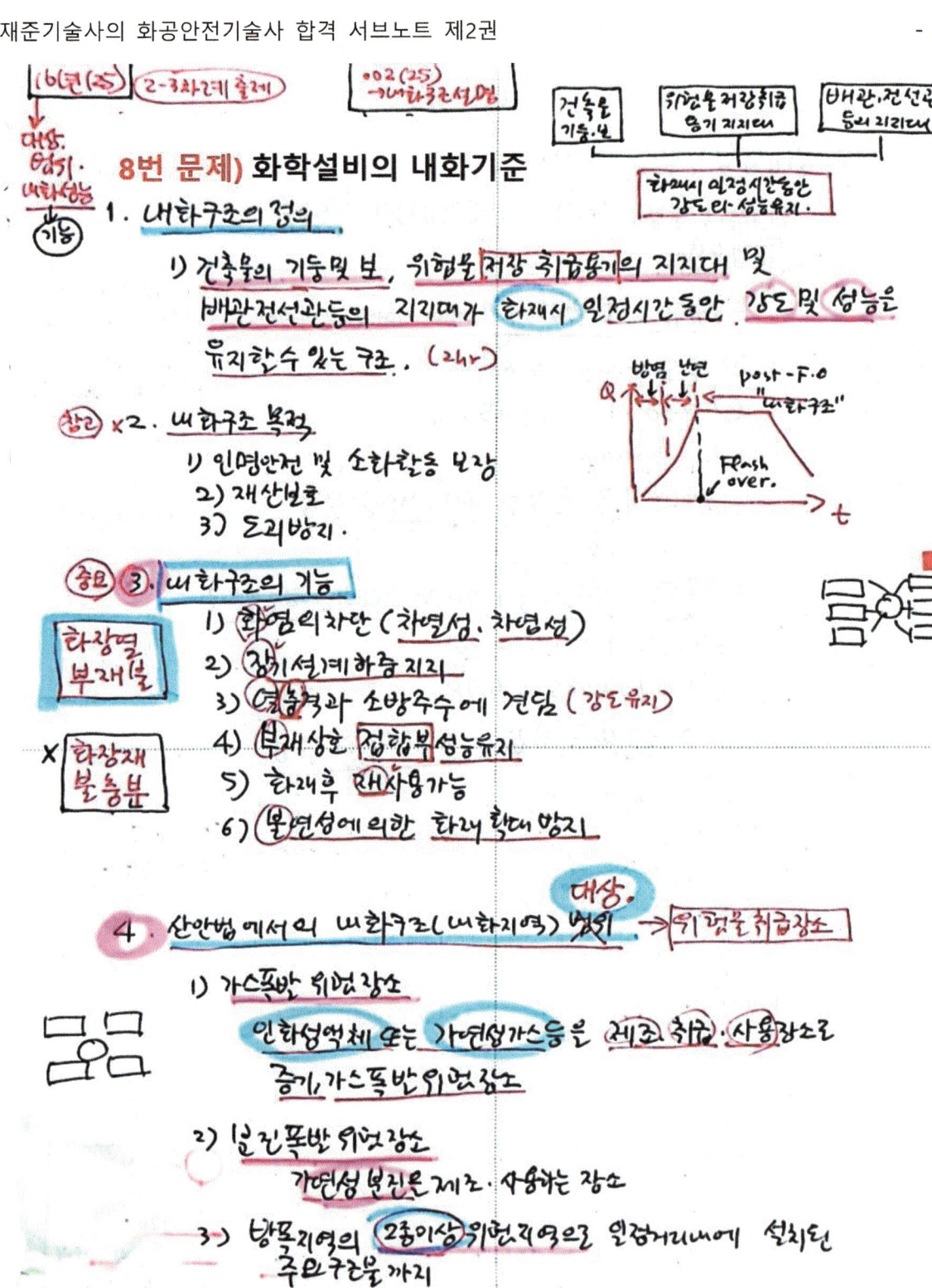

5. 산안법상 내화구조 대상부의 범위

1) 건축물의 기둥 및 보 : 지상1층 (6m초과시 6m까지)
2) 위험물 저장·취급용기 지지대
   ① 지상~지지대끝 (높이 30cm 미만 제외)
3) 배관, 전선관의 지지대 : 지상~1단
   (단높이가 6m초과시 6m까지)

② 파이프랙 하부 위험물 대송배관 설치
   → 6m 영역내 최상단까지.

[예외] ④ 자동소화설비 (물분무설비, 폼헤드설비) 설치하여 화재시 2시간이상 안전성 보장되는 경우
   → 내화구조 생략 가능

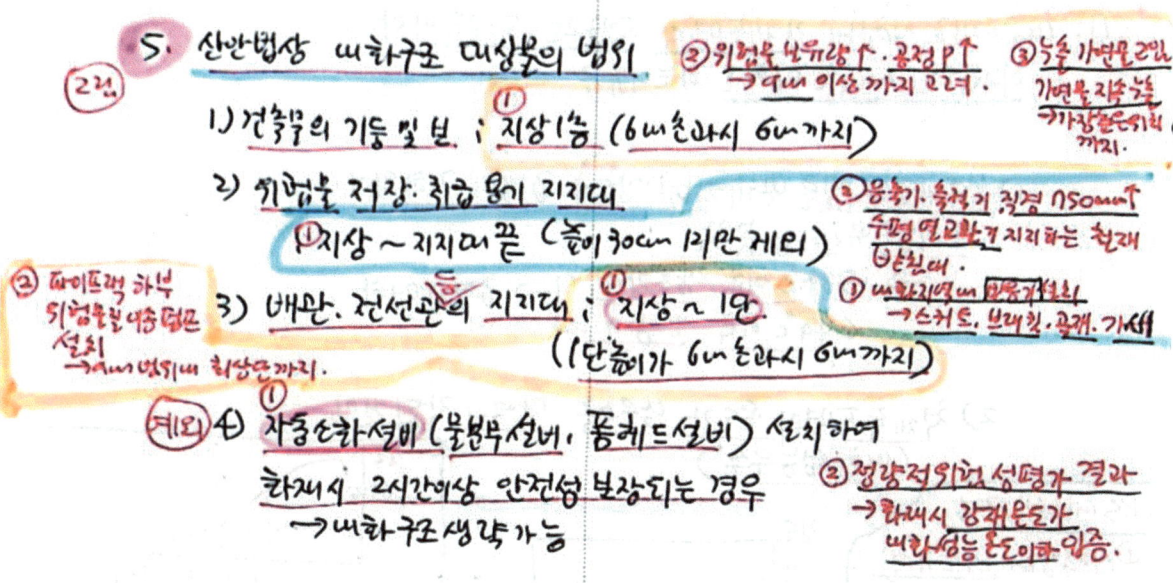
③ 위험물 보유량↑·공정P↑ → 9m 이상까지 고려.
③ 능동가연물오염 가연물 지속노출 → 가장 불리한 위치까지.
③ 응축기, 증류기 직경 1150mm↑ 수평연료관이 지지하는 철재 하부면.
① 내화지역내 기둥, 가설치 → 스커트, 브래킷, 골재, 가새
② 정량적위험성평가 결과 → 화재시 강재온도가 내화성능 온도이하 입증.

6. 내화구조시공

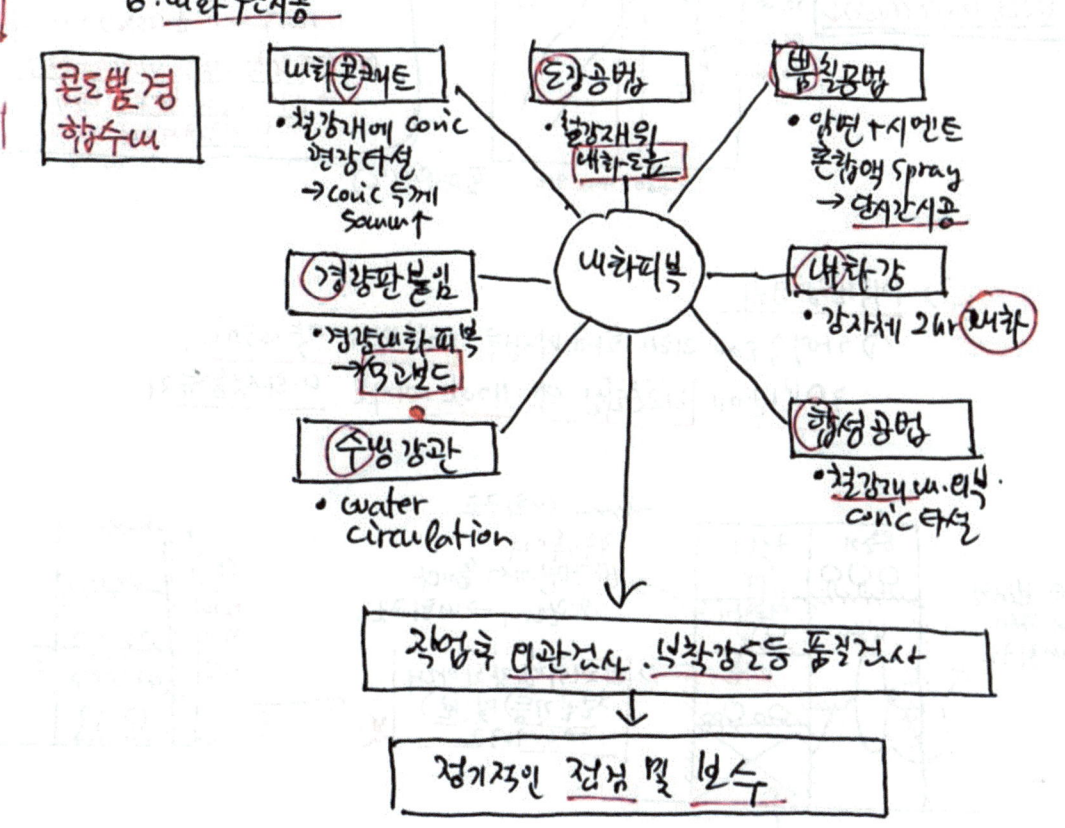

콘트롤경
항수내

내화콘크리트
• 철강재에 conc 편칭타설
  → conc 두께 50mm↑

도장공법
• 발포재의 내화도료

뿜칠공법
• 암면+시멘트 혼합액 spray
  → 단시간시공

경량판붙임
• 경량내화피복
  → 보드

내화강
• 강자체 2hr 내화

수냉강관
• water circulation

합성공법
• 철강재내 타설 conc 타설

→ 내화피복

↓
작업후 외관검사·부착강도등 품질검사
↓
정기적인 점검 및 보수

출제됨 ·예연(25). KSF-2257-1.67

⑰ 내화재료 시험체·강재표면의 평균온도 538°C 이하.
최고온도를 649°C 이하로 하는 이유?

1) 금속재료가 열을 받게되면 강도가 급격히 저하되어
그 기능을 유리하지 못함
→ 538°C 이후 압축강도
649°C 이후 인장 " ┘→ 급격히 저하.

2) 철재류표면의 온도가 낮을수록 단열이 잘된것임
(내화성능우수)

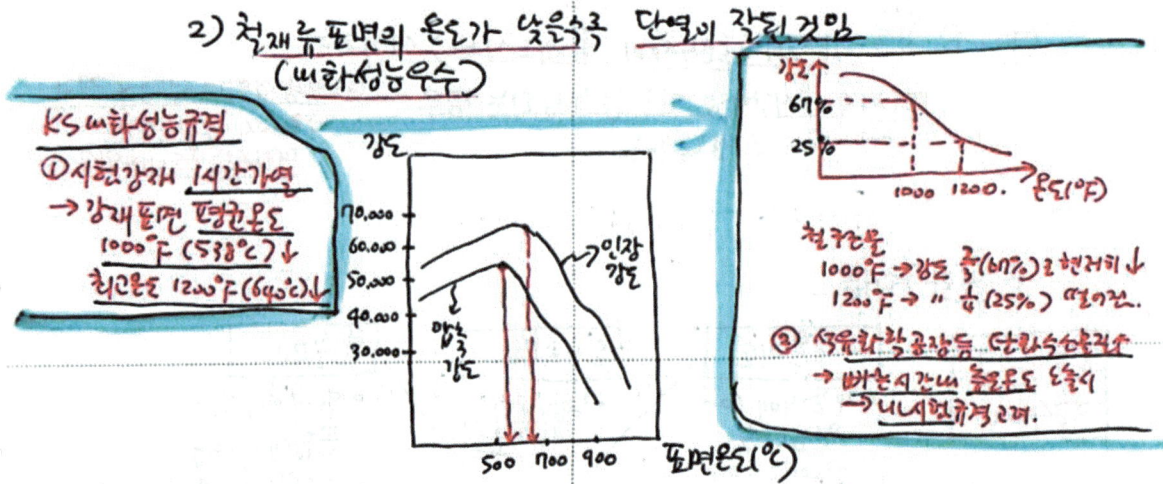

KS 내화성능규격
① 시험강재 1시간가열
→ 강재표면 평균온도
1000°F (538°C)↓
최고온도 1200°F (649°C)↓

철구조물
1000°F → 강도 중(67%)로 현저히 ↓
1200°F → " 소(25%) 약화됨.
② 석유화학공장등 단락능수우수
→ 버틴시간내 온도도 돌숙
→ 내 시험규격 고려

3) 내화본협경위
① 가열속도에 의해 화재발생후 10분만에 약 1050°C,
30분만에 최고점인 약 1120°C 에서도 내화성능유지

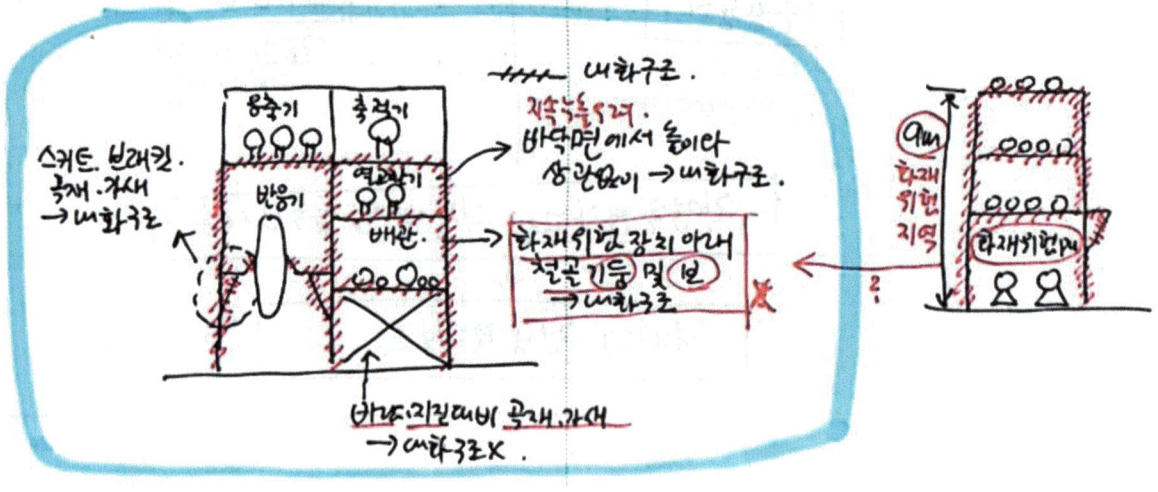

9번 문제) 스폴링(Spalling) : 콘크리트 폭렬현상

1. 폭렬의 정의
   콘크리트가 열 접촉시 온도 상승하여, 일정온도 이상시 급격히 강도저하로 콘크리트 일부가 박리·쪼개지는 현상.

2. 메카니즘

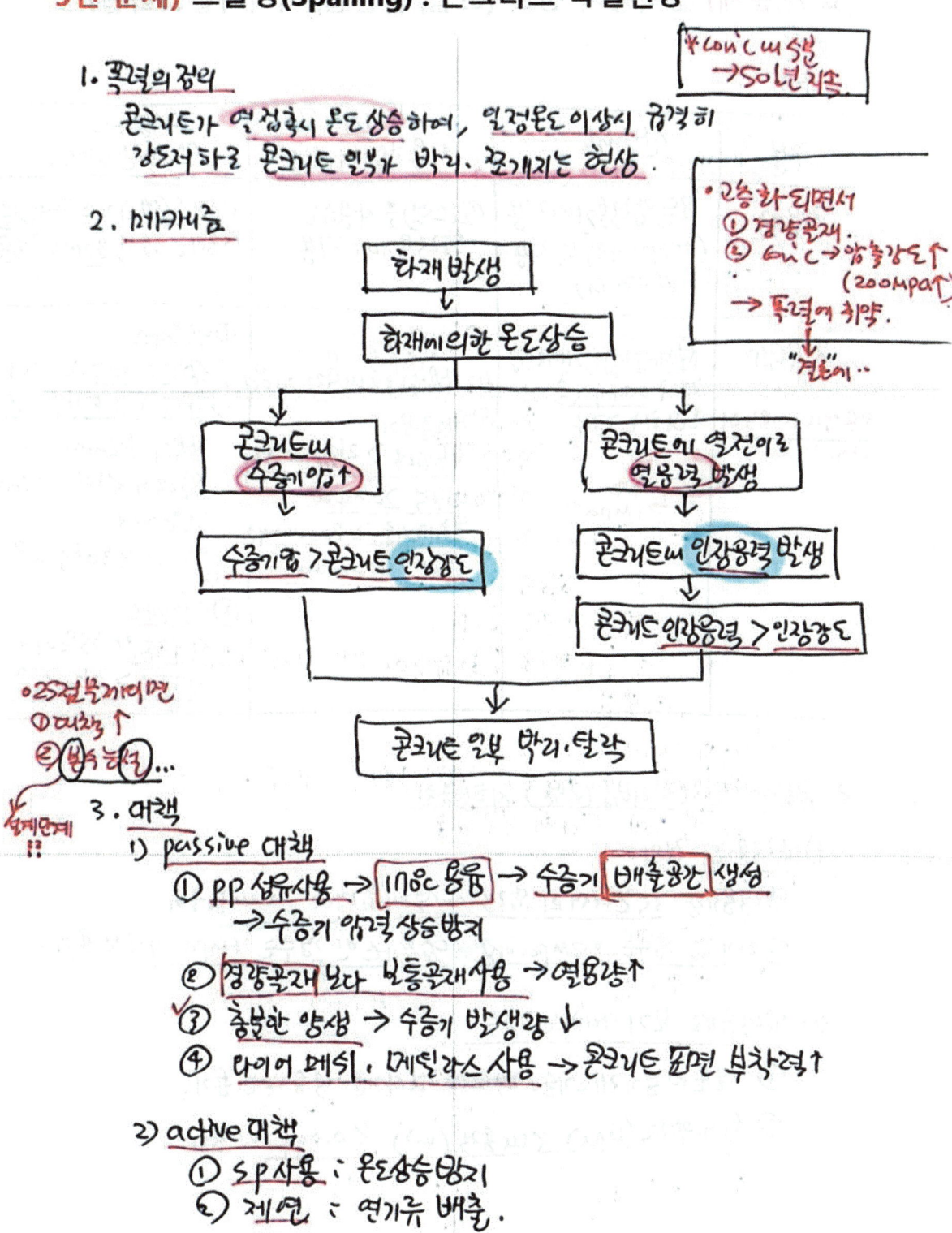

* Conc 내 수분
  → 50년 지속

* 고층화 되면서
  ① 경량골재
  ② GnC → 압축강도↑ (200MPa↑)
  → 폭렬에 취약
  → "결로"

○ 25분 목격되면
  ① 대피↑
  ② 방수 능력...
  → 설계 단계

3. 대책
   1) passive 대책
      ① pp 섬유 사용 → 170℃ 용융 → 수증기 배출공간 생성
         → 수증기 압력 상승 방지
      ② 경량골재 보다 보통골재 사용 → 열용량↑
      ③ 충분한 양생 → 수증기 발생량↓
      ④ 와이어 메쉬, 메탈라스 사용 → 콘크리트 표면 부착력↑

   2) active 대책
      ① SP 사용 : 온도 상승 방지
      ② 제연 : 연기류 배출

10번 문제) 압력용기 정의 (고법, 산안법, 에너지합리화법)

1. 구분

구분	산안법	에너지 이용합리화법	고압가스 안전관리법
적용기준	모든 압력용기에 적용 (에너지, 고압 법 적용 용기제외)	열(스팀)을 사용하는 압력용기에 적용	고압가스(액화가스 포함)를 사용하는 압력용기에 적용
적용범위	설계압력이 게이지압력으로 0.2Mpa을 초과하는 경우. 사용압력 × 내용적 (kg/㎠) (㎥) → 공기, 질소 → 1Mpa↑	① 제1종용기 (Mpa) (㎥) 사용압력 × 내용적 ≥ 0.004 ② 제2종용기 사용압력 ≥ 2kg/㎠이고 내용적 ≥ 0.04㎥ 동체 안지름 ≥ 200mm이고 길이 ≥ 1000mm	① 압축가스 설계 상용온도 아 35℃에서 압력이 ≥ 10kg/㎠ 상용의 온도에서 압력이 < 10kg/㎠이라도 35℃에서 압력이 ≥ 10kg/㎠ ② 액화가스 상용온도 아 35℃에서 압력이 ≥ 2kg/㎠

2. 고압가스안전관리법 (고법) 시행규칙

 1) 압력용기의 정의.

  압력용기란 35℃에서의 압력 아 설계압력이 그 때 용출이 액화가스인 경우는 0.2Mpa 이상, 압축가스인 경우는 1Mpa 이상인 용기.

 2) 압력용기로 보지 아니하는 경우

  ① 별표10 용기 제조기술 ~~승인~~ 검사기준 적용 받는 용기.

  ② 설계압력(Mpa) × 내용적 (㎥) < 0.004 인 용기

문 11) 압력용기 내압시험, 기밀시험 및 안전성 확보방안

4-4. 압력용기 산업용등 화학설비에 대해 수행하는 내압시험(합격시험)과 기밀시험에 관하여 각각 구분하여 그 목적과 기준을 제시하고 안전성 확보 방안?

→ 별도 전달자료
→ D-54-2022 (화학설비의 합격시험), M-150-2022 (기밀시험)
→ 고압가스 특정제조의 시설·기술·검사·감리·정밀안전검사 기준. (4.2.1.5.3)
→ 위험물 안전관리에 관한 세부기준 (31조).
→ 산안규칙 (300조).

1. 내압시험 (압력 시험).

1) 목적
① 압력용기, 가스실린더, 배관, 보일러등이 사용중인 압력에 충분히 견딜수 있는지 여부를 알기 위함

② [수압시험 (Hydrostatic test) → 액체사용 (물)
   기압 〃 (pneumatic 〃) → 기체 〃 (Air, N2)]

2) 기준 (경계·비설기준).

$P_{내} = \mu \times P \times (\dfrac{허}{열})$

구분	적용압력	비고

고압가스안전 관리법	① 수압시험 = 설계압력 × μ
	  ㉠ 설계압력 : 20.6 MPa↓ → μ=1.3
	  ㉡ 〃 20.6~98MPa → μ=1.25
	  ㉢ 〃 98MPa↑ → μ=1.1~1.25
	② 기압시험 = 설계압력 × 1.1
		AC-111

산안법 (코샤가이드)	① 수압시험
	  ㉠ 압력용기 : 설계압력 × 1.3
	  ㉡ 배관 : 〃 × 1.5
	② 기압시험 = 설계압력 × 1.1
		D-54 -2022

위험물안전 관리법	① 수압시험 = 최대사용압력 × 1.5 (10분이상 유지)	

① 내압시험은 기본적으로 수압으로 실시하고,
물을 채우는것이 부적당한 경우에는 공기 혹은 위험성이 없는 기체(N_2) 압력에 의하여 실시

② 기압시험을 실시하는 경우 (OK)

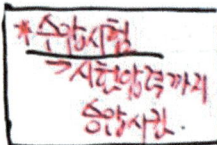
*수압시험
→ 시험압력까지 승압시킴

㉠ 시험압력의 50%까지 서서히 승압하고,
이후 10%씩 단계적으로 승압

㉡ 시험압력 도달 및 안정될 때 최소 10분이상 유지

㉢ 압력유지기간중 모든 연결 및 접속부위 누출검사
(거품용액 이용)

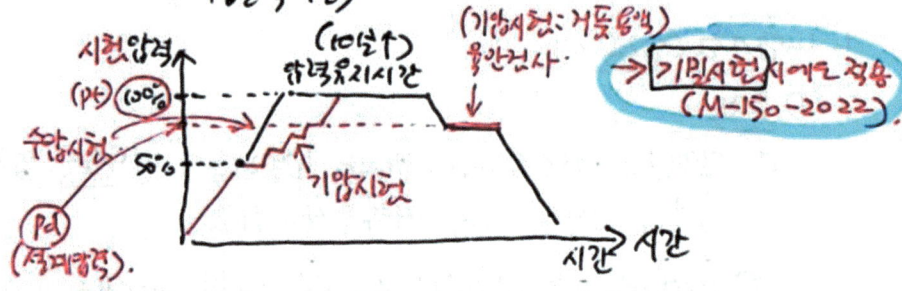

(기압시험: 거품용액)
누출검사
→ 기밀시험 시에도 적용
(M-150-2022)

3) 안전성 확보방안

① 기압시험 시 관리자 승인 필요
→ 기압시험은 수압시험보다 높은 잠재 E 때문에 더 위험함.

㉠ 라이닝의 손상, 내부 부품의 손상, 내부 만액이 되어 있는 경우
㉡ 물에 의한 오염, 부식등이 발생할수 있는 경우 (둘매)
㉢ 수분에 의하여 운전중 결빙, 폐색 또는 이상 반응이
발생할 우려 있는 경우
㉣ 높은곳에 설치된 배관으로서 물의 무게에 의하여 지지대등의
파손이 우려될때.

② 내압시험시 압력방출장치 설치
→ 가스 주입구에 안전V/V 등을 추가설치하여 Test압 보다
높은 과압에 폭발방지.

① 10m 이격지점에서 펜스, 접근금지 표시.

③ 머피경고 및 표지 (기압시험중)
　㉠ 기압시험에 필요한 최소인원으로 시험을 실시하고,
　　 관측등을 하는 경우에는 적절한 방호시설 하에서 실시
　㉡ 기압시험을 실시하는 장소 및 그 주위는 잘 정돈하여
　　 긴급한 경우 대피하기 좋도록 하고, 인체에 피해가
　　 확산하지 않도록 조치한다.

2. 기밀시험 (Leak test)
　1) 목적
　　 ① 누출의 존재, 누출부분 또는 누출량을 검출하기 위함.
　　 ② 압력용기, 배관등의 시험체가 요구되는 밀폐기준(기밀성)의
　　 　 만족 여부 검사.　　　　 봉기제거 → 부속설비 부착후
　　 → 기밀시험은 시험체가 설치 완료된후, 접합부등의
　　 　 이상유무를 확인하여 가스누출여부를 검사 한다.

　2) 기준.　　　　 MOP 미만　　→ ○해당설비에서 사용할수있는
　*기술기밀시험 　①기밀시험 압력은 상용압력 이상으로 하되,　최고압력.
　 → MOP의 25%↓　　0.1MPa를 초과하는 경우 0.1MPa이상으로 한다.
　　 ② 용량에 따라 기밀유지시간 이상을 유지하고, →1분(?).
　　 　 처음과 마지막 시험의 측정압력차가 압력측정기 구조의 허용오차 안에
　　 　 있는것을 확인한다.　　　　　　　　　　　　(압력계 눈금판
　　　　　　　　　　　　　　　　　　　　　　　 → 최대압력의 2배정도)
　　 ③ 처음과 마지막시험의 온도차가 있는 경우에는
　　 　 온도차를 보정한다.

• 누출의 존재라든가 누출부분 아 누출량을 검출하는
　시험방법. (NDE → 누설(누출) 탐상시험)
　→ 압력시험을 의미하지 않는다.　↳ 초음파누설검출기.
　　　　　　　　　　　　　　 (ultrasonic leak detector)

• 예비기밀시험 → 수압(가압)시험 → 기밀시험 (기동~)

④ 시험용량에 따른 기밀유지시간.

압력측정기구	용적	기밀유지시간
압력계 or 자기압력기록계	1㎥미만	48분
	1㎥~10㎥	480분
	10㎥ 이상	48×V (다만, 2880분 초과시 2880분으로 한다) → 48h

(주) V : 미시험부분의 용적 (㎥).

※ 용암은 때압(기밀시험) 과 동일하게 실시

3) 안전성 확보방안.
① 질소, 탄산가스 등 불활성가스의 압력을 이용하여 기밀시험을 하는 경우.
지나친 압력주입, 또는 불량한 작업방법으로 발생할수 있는 파열에
의한 위험을 방지하기 위하여 국가교정기관으로 부터 교정받은
압력계를 설치하고, 내부압력을 수시로 확인.   ⑨ 가압기밀시험 전에
전체에 RT시험실시.

② 압력계는 작업자가 보기쉬운 장소에 설치하며 내부압력을
항상 확인할수 있도록 한다

③ 기밀시험 종료후 설비 내부 점검시에는 반드시 환기하고.
불활성가스가 남아있지 않은 상태에서 점검 실시.

④ 기밀시험 장비가 주입압력에 충분히 견딜수 있도록 견고하게 설치
이상압력에 의한 연결파이프 등의 파열방지를 위한
안전조치 실시

⑤ 기밀시험은 원칙적으로 공기 or 위험성이 없는 기체의 압력으로 실시
⑥ 〃   그 설비가 취성파괴를 일으킬 우려가 없는 온도에서 실시

⑦ 〃 에 종사하는 인원은 작업에 필요한 최소인원으로 하고
관측등은 적절한 방호장치를 설치하고, 그 뒤에서 한다

⑧ 기밀시험을 하는 장소 및 그 주위는 잘 정돈하여
긴급한 경우 대피하기 좋도록 하고, 2차적으로 인체에 피해가
발생하지 않도록 조치.

12번 문제) 반응기
(종류, 설계시 영향인자, 안전설계시 고려사항)

1. 개요
   1) 반응기의 정의
      ① 반응하는 물질(원료)들이 화학적으로 전환되도록 제작된 용기
      ② 반응조건을 유지할 수 있는 장치 + 계측장치

   2) 반응기의 구비조건
      ① 고온고압에 견디고, 조건 변동에 즉시 대처
      ② 원료물질의 균일한 혼합   ③ 품질의 완성에 영향 無
      ④ 적당한 체류시간   ⑤ 냉각장치와 가열장치

      (반응기 2권)

2. 반응장치의 종류 (조작방법에 의한 분류)

	회분식 반응기	연속식 반응기	반회분식 반응기
1) 개념	Batch식 (원료투입-반응-배출)	연속운전 (원료일정속도공급 - 동일속도 배출)	회분식과 연속식의 혼합형태 (하나의 반응물 도입후 반응 - 다른물 첨가하여 조작)
2) 적용	중·소규모공장	대규모석유·정유공장	복합반응계
3) 조성	조성이 시간적으로 변화하는 비정상조작	조성이 시간적으로 일정한 정상조작	조성과 용적이 시간적으로 변화하는 비정상조작
4) 특징	① 간단하고 보조장치 필요 無 ② 회분식의 많은양 처리 無 ③ 품질관리 곤란 (품질변동 大) ④ 독립변수: 시간 ⑤ 노동비 ↑ ⑥ 계장제어 어려움	① 복잡하고 보조장치필요 ② 연속적으로 많은양처리 ③ 품질관리용이 (품질변동 小) ④ 독립변수: 길이크기 시간 ⑤ 노동비 ↓ ⑥ 계장제어 용이	① 반응열과 반응속도 ↑ ② 반응온도 온도조절곤란 ③ 융통성이 있지만 해석이 어렵다

• 이형의 반응기
→ 위험물 누출량 ↑
→ 위험성

체류시간
• 반응속도 (↑,↓)
• 전환율 (↑,↓)

⑦ 위험성물질체류량↑
→ 위험↑

(봉입)   (일정)   (일정)   (변화)

25점 (1~2회)

3. 반응기 설계시 영향인자 (고려사항) — 주요인자

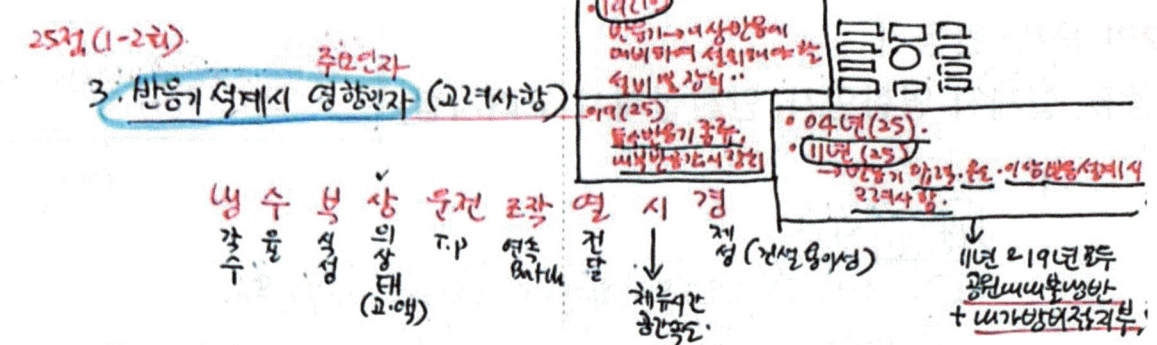

- 어린이 반응기 내 이상압력에 대비하여 설치되어야 할 설비 방지장치
- 19년(25)
  - 촉수반응기 종류, 써 반응기 설계시 고려
- 04년(25)
- 11년(25)
  - 회분응기 압력·온도·연속반응설계시 고려사항
- 11년 & 19년 빈출
  공원 써 목영반
  + 써가방여석개부

냉 수 부 상 운전 조작 열 시 경
갖 물 식 의 T.P 연속 전달 ↓ 정 (건설 용이성)
주 을 상 회분 체류시간
   태 (고액)   공간속도

1) **상의 상태**
   ① 기상반응은 혼합, 접촉이 용이 → 반응속도↑
   ② 기상누출시 → 예혼합 폭발우려↑ → 설계시 폭발 방지 대책고려

2) **운전압력**
   ① 운전압력↑ → 반응속도↑ → 수율↑ (장점) 외리관
      → 이상압력도달시 → 압력 방출장치 등
         설계시 고려

3) **운전온도**
   ① 운전온도 10℃↑ → 반응속도 2배 상승 → 반응시간↓ 수율↑
      → 발화온도 인화점보다 높은경우 → 화재·폭발 위험성↑
      → 고온부식 우려↑ 강도↓ → 위험성↑
      함산바카스 침식

   • $V = ce^{-\frac{E}{RT}}$
   • 운전온도: 반화온도의 80%↓

4) **조작방법**
   ① ┌ 연속식: 대규모 정유·석유화학 공장
      └ 회분식: 중소규모 공장·실험실
   ② 연속식과 회분식의 장단점을 고려하여 조작방법 결정

5) **부식성**
   ① 취급화학물질을 고려 → 내식성 재질 선정
   ② 희생양극법·외부전원법 적용 → 부식성↓

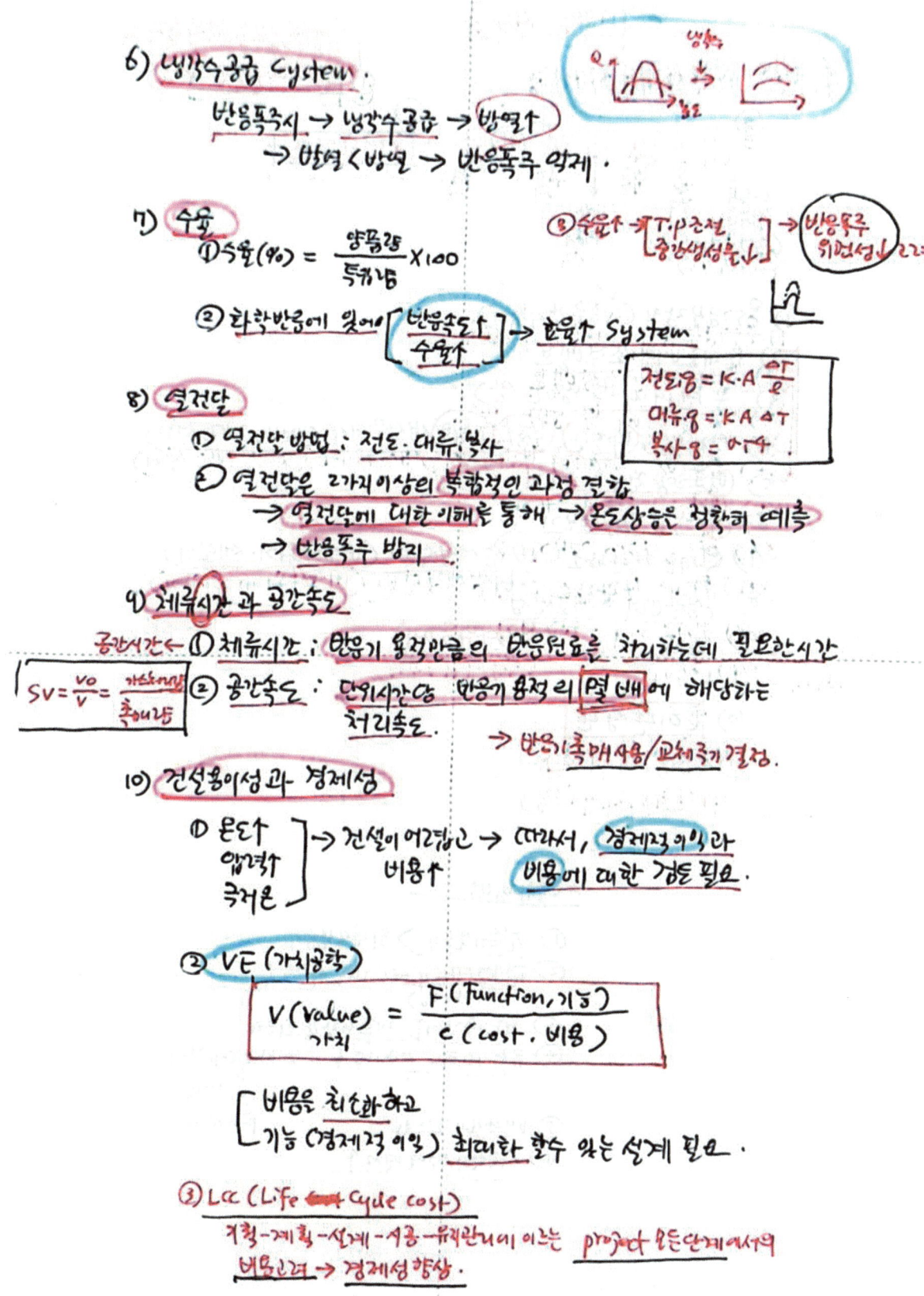

논(94) 작성.

- 이번관보 동지과정 소낙불갔(ㅁ)
- 봉사불폭딱안.
- ① 운전내내 불냉안. (암)

4. 반응기 안전설계시 고려사항

② 내 가 방 비 접 (지) 부 + ③ 효대완영단

- 내 → 내용물 감시장치 (온도경보장치)
- 가 → 가스 누설
- 방 → 방폭
- 비 → 비상 샤워기
- 접 → 접지
- 부 → 부식.

1) 온도경보장치 (내용물 감시장치).
2) 원재료 배관 조절밸브
3) 운 전 내 내 불 냉 안 (암).
4) 안전 V/V, 파열판 (부식, 고형물 생성우려시 안전 V/V 전단 설치)
5) 방폭형 전기 및 계기
6) 가스누설 감지 경보기
7) 원재료 보관장소 : 비상 세척설비 (비상샤워기, 세안기).
8) 부식을 고려 : 재료선정 (부식여유두께)
9) 접지 ← 정전기
\+
10) 효대완영단.
11) 인터록, 제어 (조작)

***효율화 방법**

① 연속기 반응기 > 회분식 반응기
② 관형 반응기 (Tube형) → 내부 위험물↓
③ 원료·중간제품, 제품의 저장량 최소화
④ 증류시스템 고체체류량 ↓ Bubble cap tray → Sieve tray → packed bed
⑤ 배관길이 최소화
⑥ 열교환기 전열 면적↑

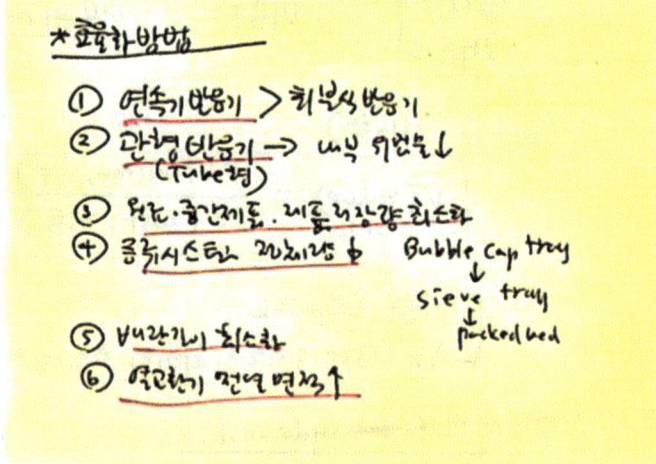

반응폭주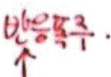

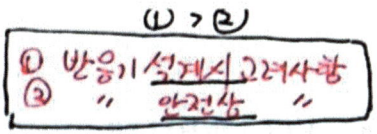

13번 문제) 회분식반응기의 안전설계모델 (본수능절)

1. 개요
   1) 반응기의 정의
      ① 반응하는 물질(원료)들이 화학반응 진행하도록 제작된 용기
      ② 반응조건을 유지할수 있는 장치 + 계측장치

   2) 개념도

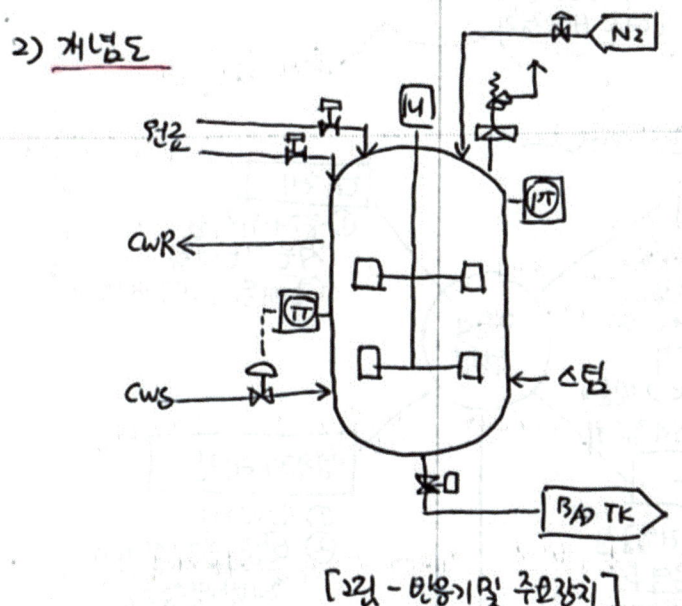

[그림 - 반응기 및 주요장치]

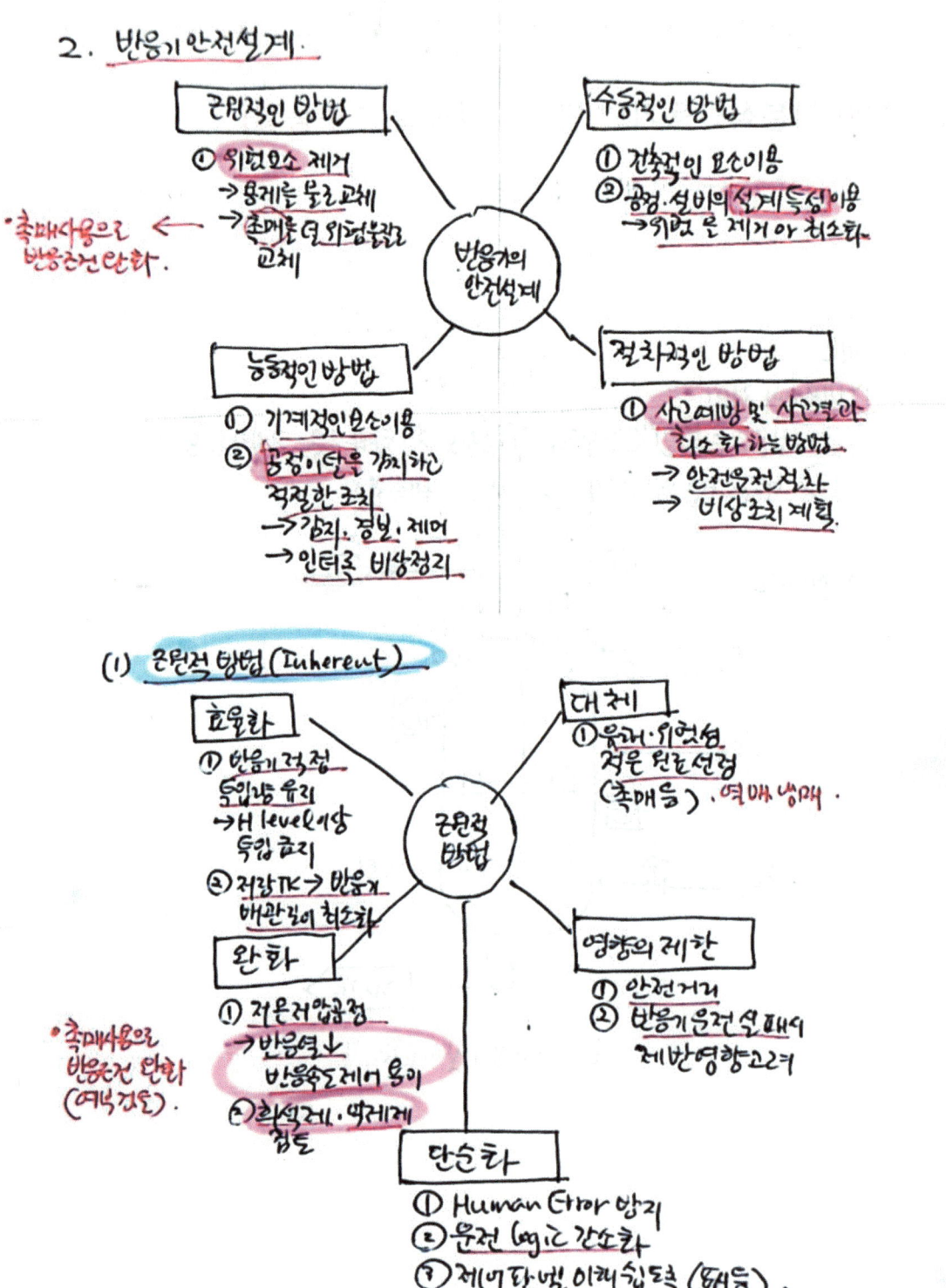

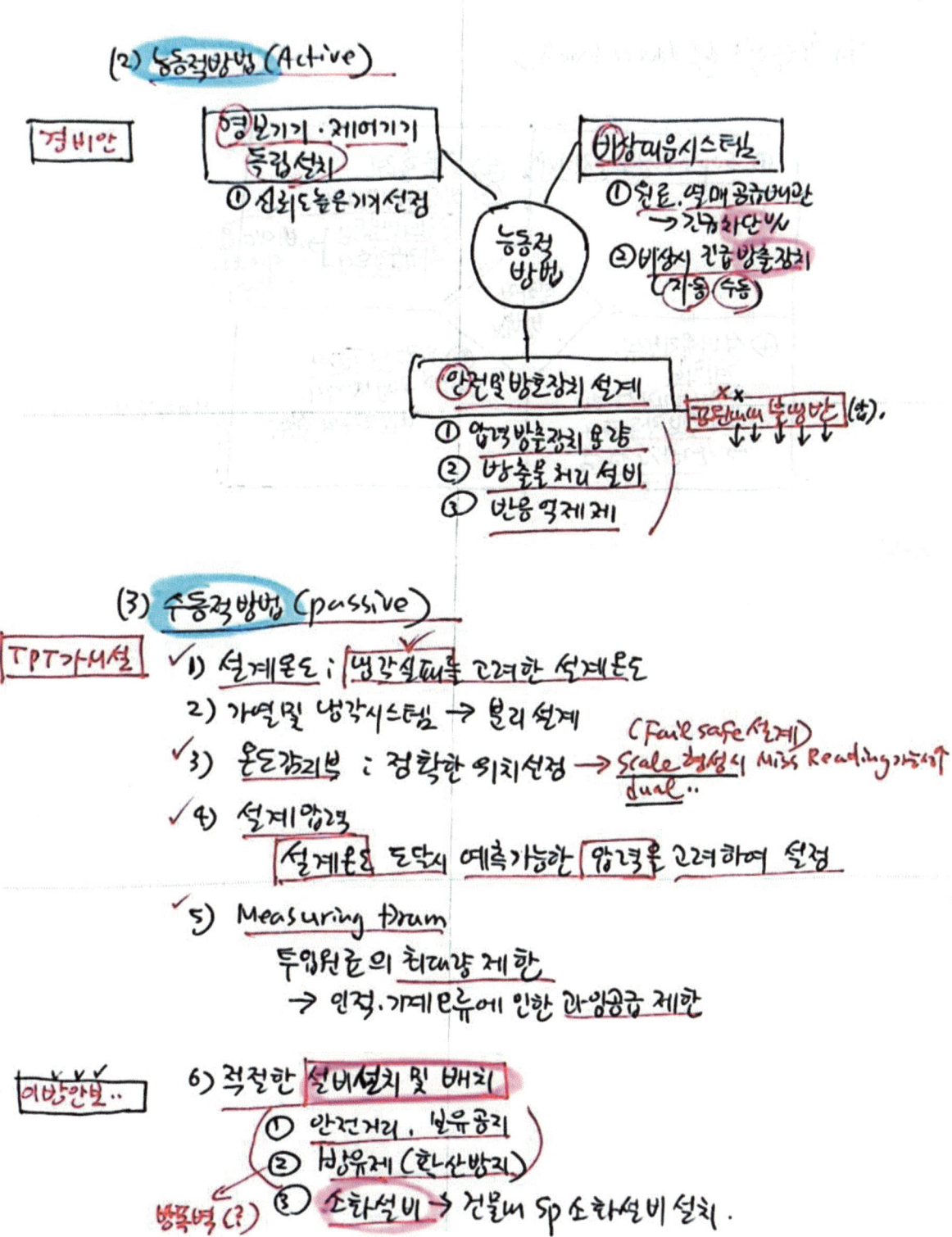

(4) 절차적 방법 (procedural)

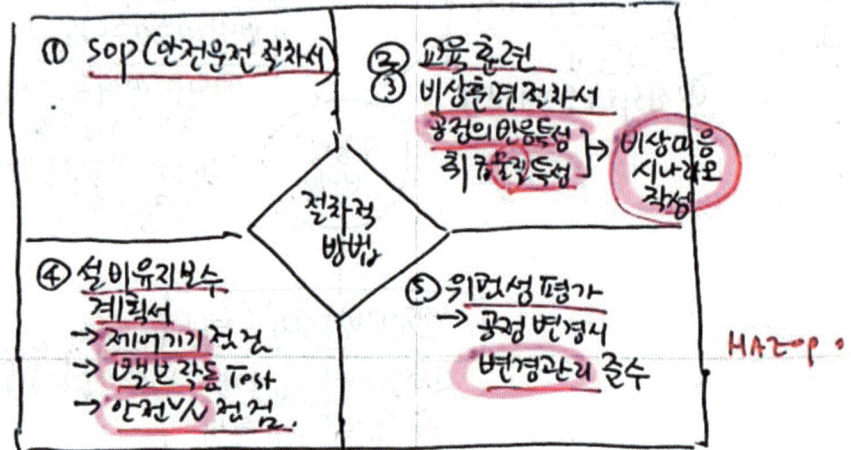

3. 반응기 상세 개요도

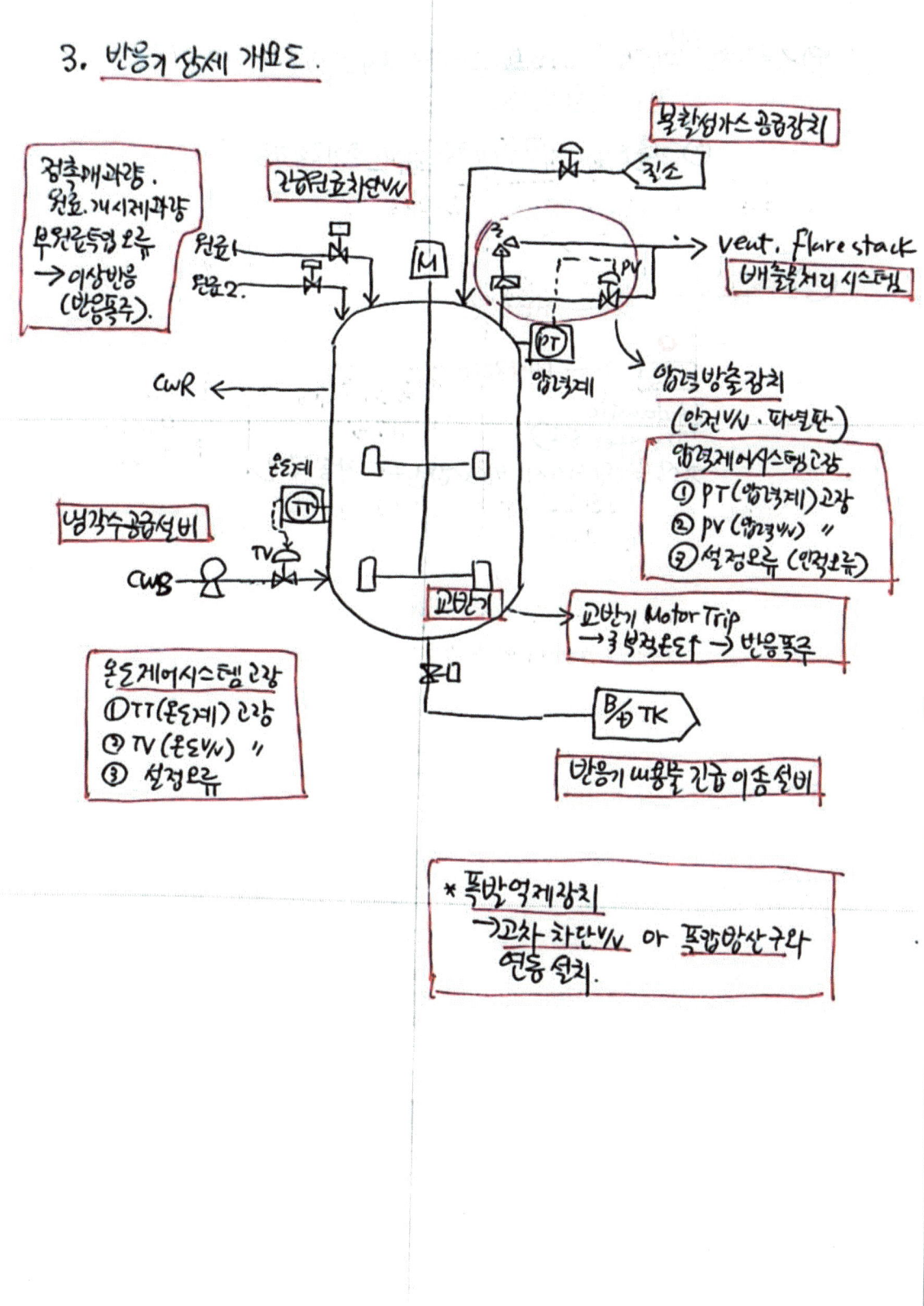

4) 기록장치 : ① 계측결과를 자동으로 기록하는 장치든 ② 시간경과에 따른 Trend 확인 가능

② 기록관격 : 이상상태 확인하여 초기대처가능.

③ 비상전원 :

```
        o— 상용전원
[ATS]   o— 비상전원
(Automatic
 Transfer S/W)
```
→ 상용전원 차단시 비상전원으로 자동 연결.

14번 문제) 고압가스 특정제조시설의 안전장치 목록

(기계정비 문제) → 1. 내부반응 감지장치   → 반응폭주 대책

2. 반응폭주 대책 장치

(공)원ωωω
불행반(전)
   1) 원재료 공급차단 장치
      반응기의 반응폭주 우려 → 온도계·압력계 감지
      → 온도계·압력계 연동 → 긴급차단 V/V 작동 → 공급중단

   2) 내용물 긴급이송설비
      ① 펌프·배관·저장시설등 이용 긴급이송
      ② 긴급이송시 부압(-)에 의한 우려질에 대한 공학적
         검토필요 $PV = 일정$ → Level ↓ → V↑ → P↓

   3) 내용물 긴급방출설비
      ① 벤트스택 : 독성 → 희석 배출
      ② 플레어스택 : 가연성 → 연소 "

   4) 냉각수·냉매 공급장치
      열반응으로 온도↑ → 냉각온도↓

   ✓5) 불활성가스공급장치
      산소농도가 용기내 산소농도측정 → MOC근접
      → 불활성 가스주입(인터록) → MOC↓ 유지 → 반응폭주방지

   6) 반응억제제 공급장치
      라디칼 반응시 라디칼포착제 (할로겐, 분말) 투입
      → 자유라디칼 제거 → 탄화도 E↑ → 반응 억제
         (H*, OH* 활성기)

3. 인터록구가
   정상적인 제어를 할수없는 경우 자동으로 원재료 공급 차단.

4. 가스누출검지 경보장치

5. 긴급 차단장치.
   → 문제)

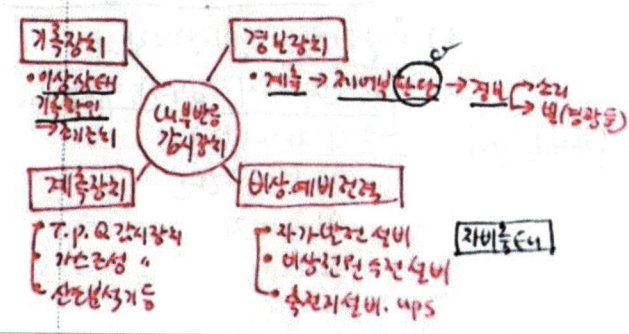

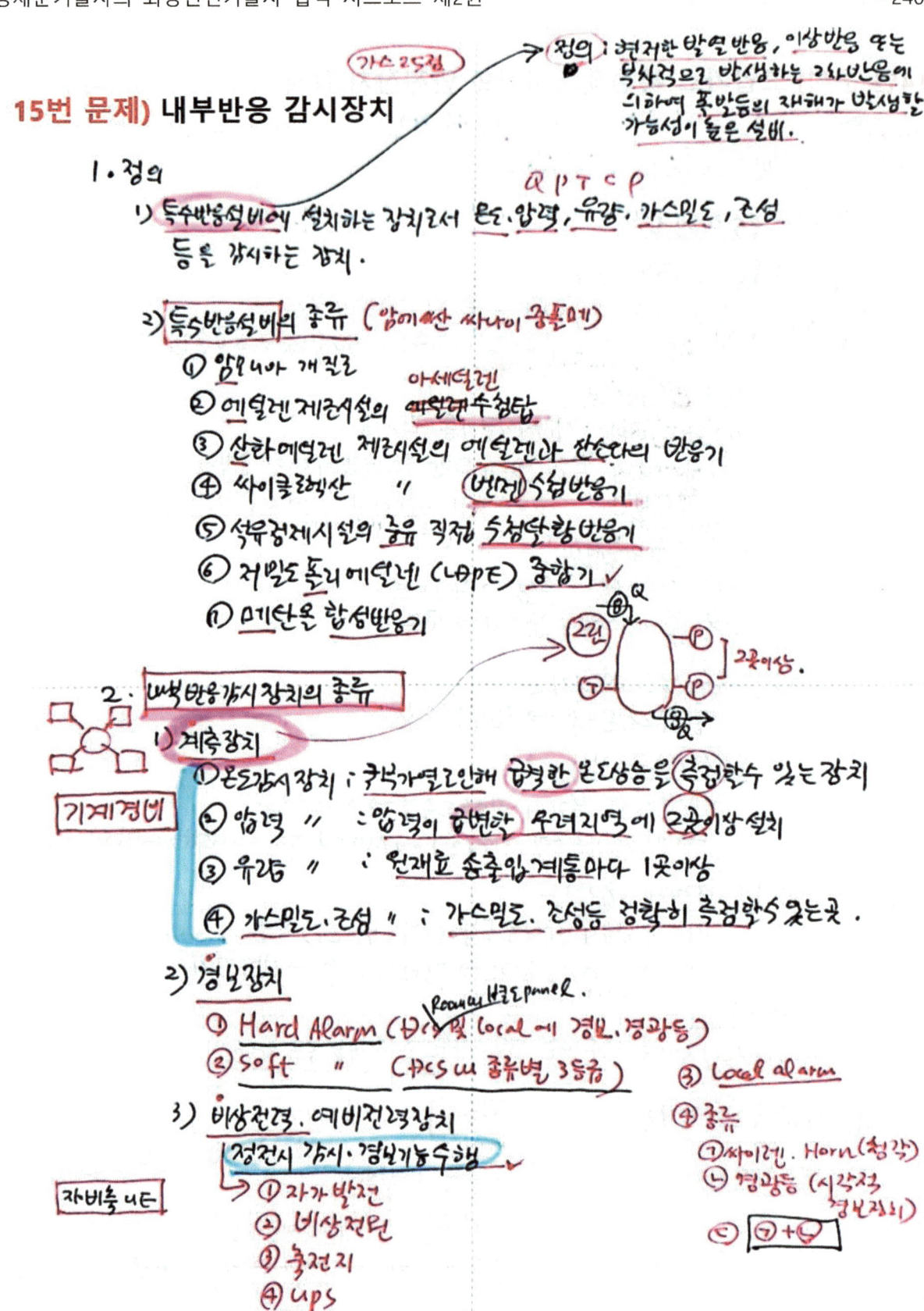

16번 문제) 증류탑

1. 증류탑의 원리
   1) 원리
      ① 성분들 간의 끓는점 차이 (상대휘발도차)를 이용해서 혼합물 중에서 원하는 성분의 순도를 높이는 분리조작.

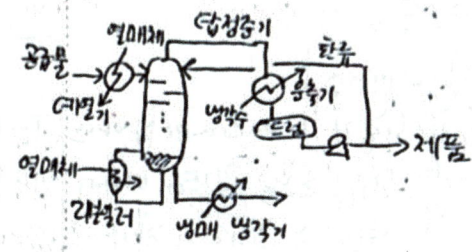

   ② Tray에서 기체와 액체를 접촉시켜 물질전달과 열전달 원리 적용하여 성분을 효율적 분리.

2. 증류 방식
   1) 운전압력에 따른 분류.

상압증류	감압증류 (비점 낮추기 위함)	고압증류
대기압 하에서의 증류	대기압보다 낮은 압력에서 비점 떨어지는 현상이용.	대기압보다 높은 압력에서 비점 올라가는 현상이용
원유상압증류 → 가솔린·등유·경유·중유 생산.	상압에서 비점까지 가열시 분해할 우려 있는 물질.	상압보다 낮은 압력 하에서 비점이 낮은 용액을 증류할때

   ✓ 끓는점이 낮은 용액 증류한다..

   2) 조작 방식.
      ① 회분증류 : 원료액을 반복적으로 증류기에 넣고 불연속적 조작
      ② 연속 ″ : 원료를 연속적으로 증류기에 공급하여
         → [탑정상 : 비점이 낮은 성분] → 연속적으로 추출하는 증류
            [탑저액 : ″ 높은 ″]

   ✓ 3. 증류설비 안전장치
   1) 내용물감시장치 (1) 온도계. 온도제어기. 온도기록계. 온도경보장치
                    2) 압력계. 압력경보장치
               ✓ 3) 환기설비. 가스누출감지기. 경보설비. 소화설비. 통신설비
                    4) 예비동력원 설치.

17번 문제) 증류탑 운전특성 (이상현상)

→ 연속 접촉식 증류탑에서 가-액 접촉 or 액-액 접촉시 단상에서 접촉한 중액을 바로밑의 단상으로 overflow 시키기 위한 유로관 다운스파우트, 하강관.
→ 대형탑의 경우 관 대신에 탑의 일부를 평판으로 막아, 탑벽과 사이를 overflow.

1. 운전특성 (이상현상)

1) **Weeping**
   ① 증기가 Downcomer가 아닌 Tray Hole로 흘러내리는 현상.
   [액체가 트레이로 들어가 고여있다 트레이로 흐르는중 튀어 있는도관]
   ② 단위 흐르는 액량에 비하여 기포반응 면적(Active area)을 통과하는 증기량이 작아 소량의 액량이 Tray 구멍을 통과하여 떨어지는 현상
   [액량>>증기량]
   → 가속되면 덤핑(Dumping) 현상 발생 (물질전달 X).

2) **Dumping**
   ① 다공단의 경우 액량이 많고 증기량이 적을때 단위의 액이 탑의 슬롯을 통해 아래저에서 만날으로 떨어지는 현상이며 액구배가 심한곳에서 생기기 쉽다.
   ② Weeping 보다 심하게 떨어지는 현상
      → 상당한 효율 저하.

✓ 3) **Entrainment** (비말동반) 액량 << 증기량
   ① 기포반응 면적을 통과하여 상승하는 증기에 액적을 동반하는 경우.
   [액량<<증기량]
   → 과도하게 진행되면 Blowing 현상 ✓
   → Jet Flooding의 원인이 됨.

[Bring] ← 4) **Blowing**
   ① Flooding과 반대현상으로 냉각에 비해 Vapor rate가 매우 클때 일어남.
   ② Tray Hole에서 빠져나오는 증기에 의해 냉가 미세방울 형태로 튀어나오는것 → Tray가 마르게 된다.

5) Flooding.
① 운전용량이 설계용량을 초과하므로써 다운커머 기능을 하지 못하게 되어 내부 회되다 액체유량을 처리할 수 없는 상태
→ Jet Flooding, 다운컴 Flooding (Downcomer ")

✓ 2. Flooding (범람) 과 Weeping (점로)   기액평형 ×

1) Flooding
① 충돌단(기-액 향류접촉)에서 기체의 유량·유속증가
→ 차압단 감소 ↓

② 액체의 하강유속 ↓
→ 액체가 하강하지 못한상태로 아랫단압력 > 윗단압력

③ 무거운 성분이 아래로 떨어지지 못하는 현상

④ 현상
㉠ Tray 온도 하락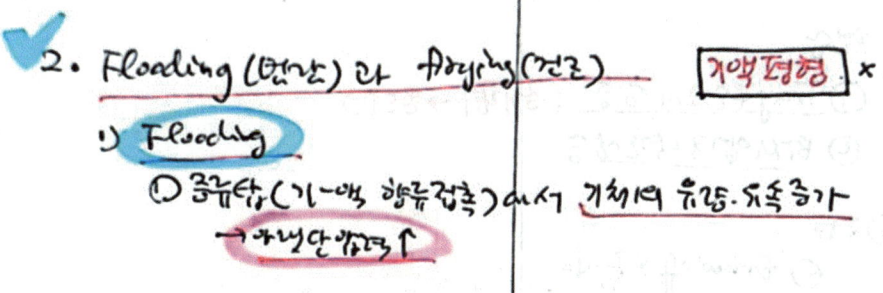
㉡ Btm 냄새로 크게 상승

⑤ 조치
㉠ draw off 흐름 상향
㉡ 단압력 하향
→ 2단의 압력 낮추고, Reflux양 ↓

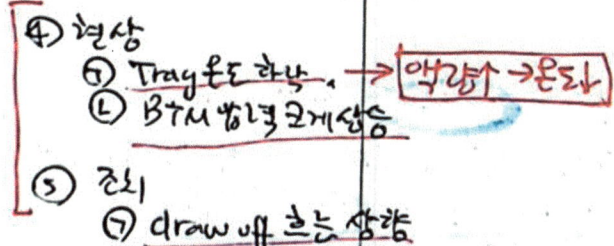

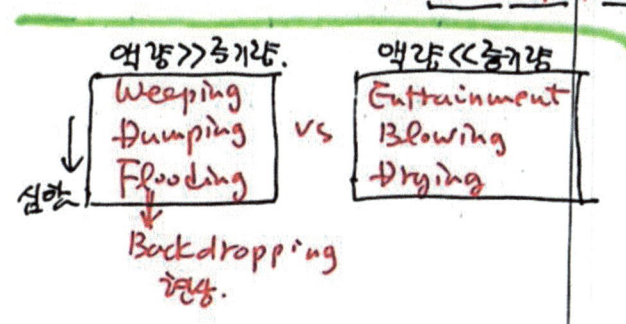

• Blowing

→ Brying

① Tower 특정단에서 아래로 떨어지는 액체의 양↓ → 기체량↑
   → 온도↑ → 액체의 높이↓   (온도↑)

② 아래단에서 올라오는 증기의 역전도·분리전단 X
   → 뜨거운 증기가 Tray 통과하는 현상
   (각 단 온도 급격히 상승)

③ 전승
   ㉠ Tray 온도 크게 상승 (증기량↑→온도↑)
   ㉡ BTM 압력 약간 상승

④ 조치
   ㉠ Draw 양 부족↓
   ㉡ 단압력↑ → 비점↑ (액화)
   ㉢ Tray 온도↓

→ 아랫단에서 윗단으로 증기흐름을 감소시키기 위해
   Reflux↑

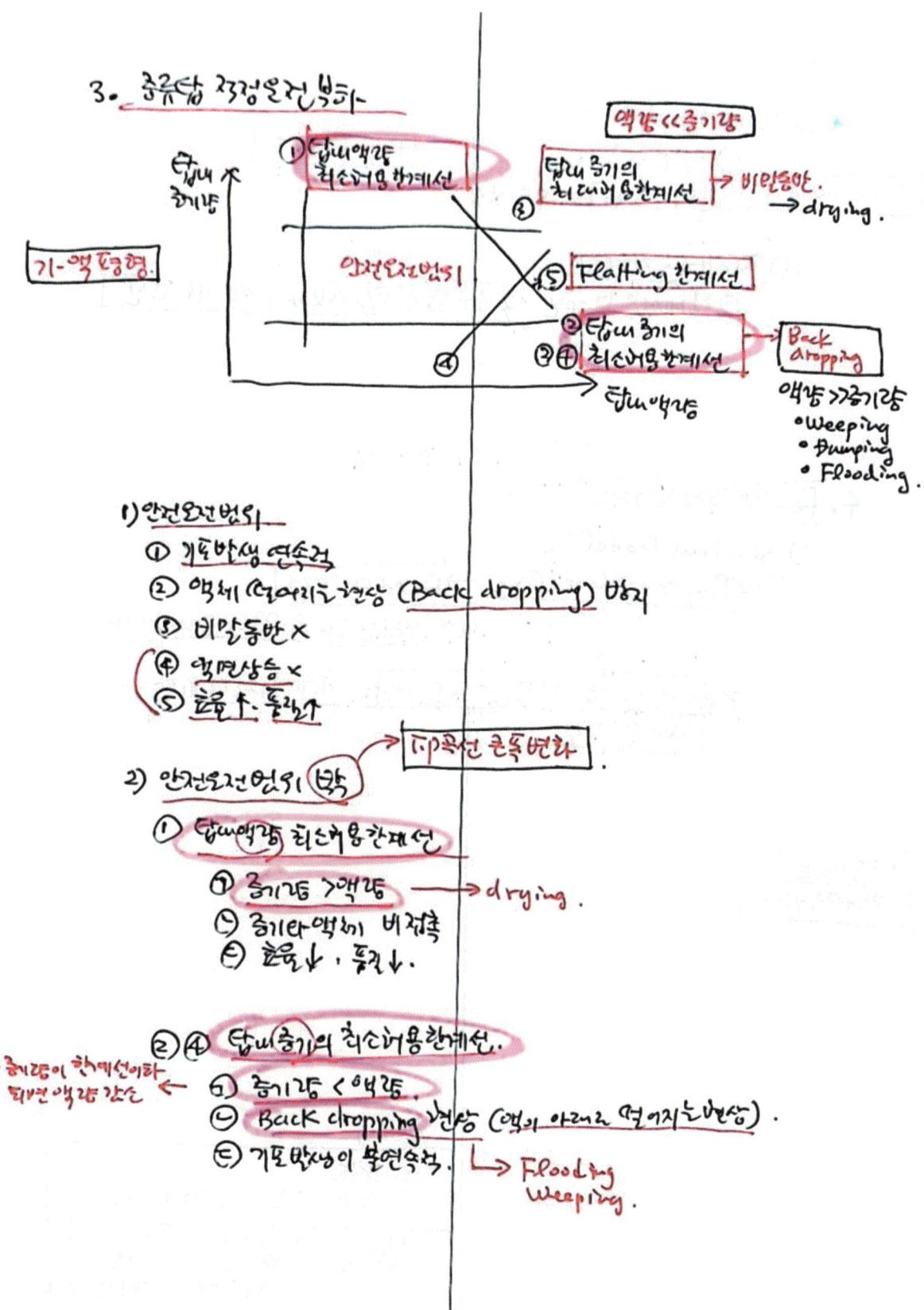

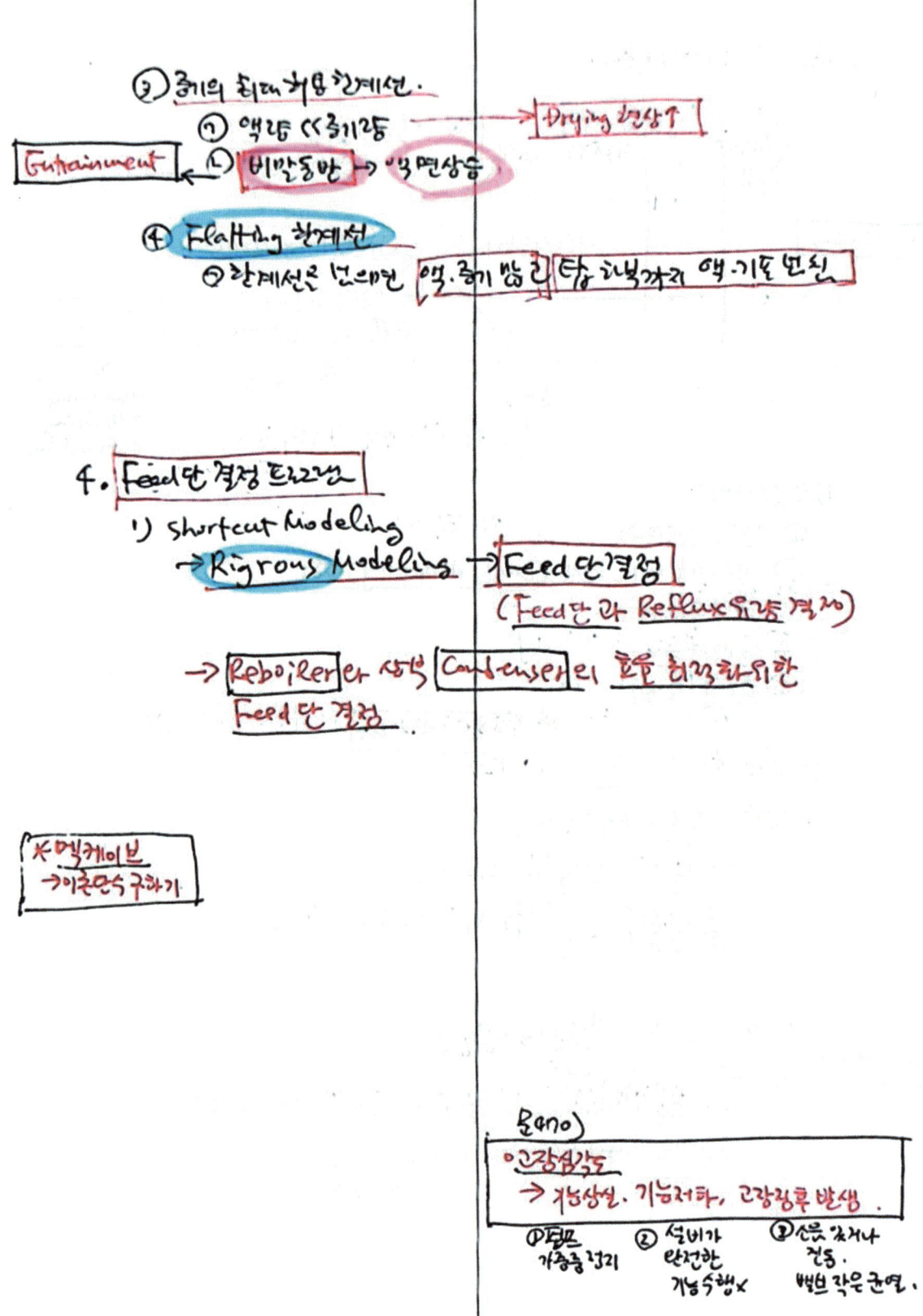

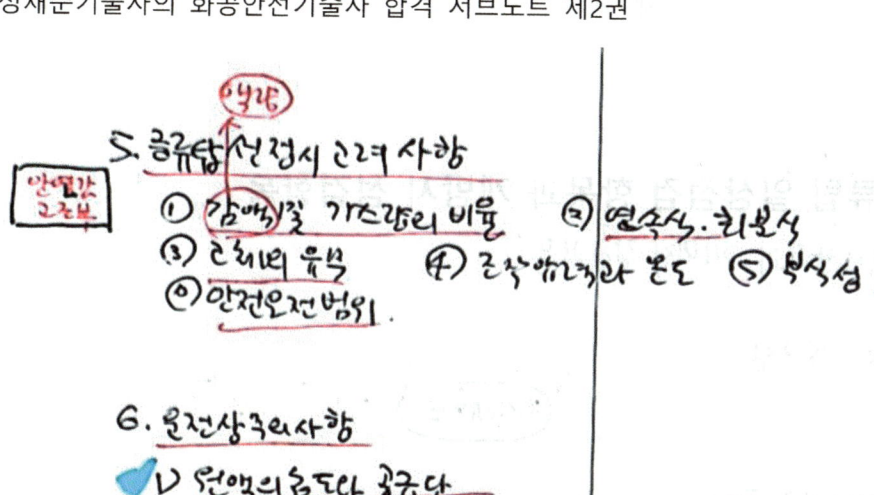

5. 증류탑 선정시 고려사항 (안정값 2.로부)
① 갑쌔기질 가스강의 비율   ② 연속식·회분식
③ 리베버 유무   ④ 조작압력과 온도   ⑤ 부식성
⑥ 안전운전 범위

6. 운전상 주의사항

1) 원액의 온도와 공급단
① 농축부 (원료공급단 상부)
→ 중질분은 안건의 농축부에서 탑상부로 나가지 않도록..
② 회수부 (〃 하부)
→ 경질분은 회수부에서 탑 하부로 나가지 않도록

2) 환류량의 조건
① 환류 부족하면 환류량↑
② Reflux Ratio
㉠ 간단한 분리조작 (0.5~2.0)   ㉡ 어려운 〃 (6~10)
㉢ 초정밀 증류 (100이상)

3) 온도관리
① 온도 : 탑하부 > 탑상부
② 온도곡선 (상단과 온도다의 관계) 유지운전

4) 압력구배
① 압력 : 탑하부 > 탑상부
② 이상가압력 : Fouling·유량증가

18번 문제) 증류탑 일상점검 항목과 개방시 점검항목

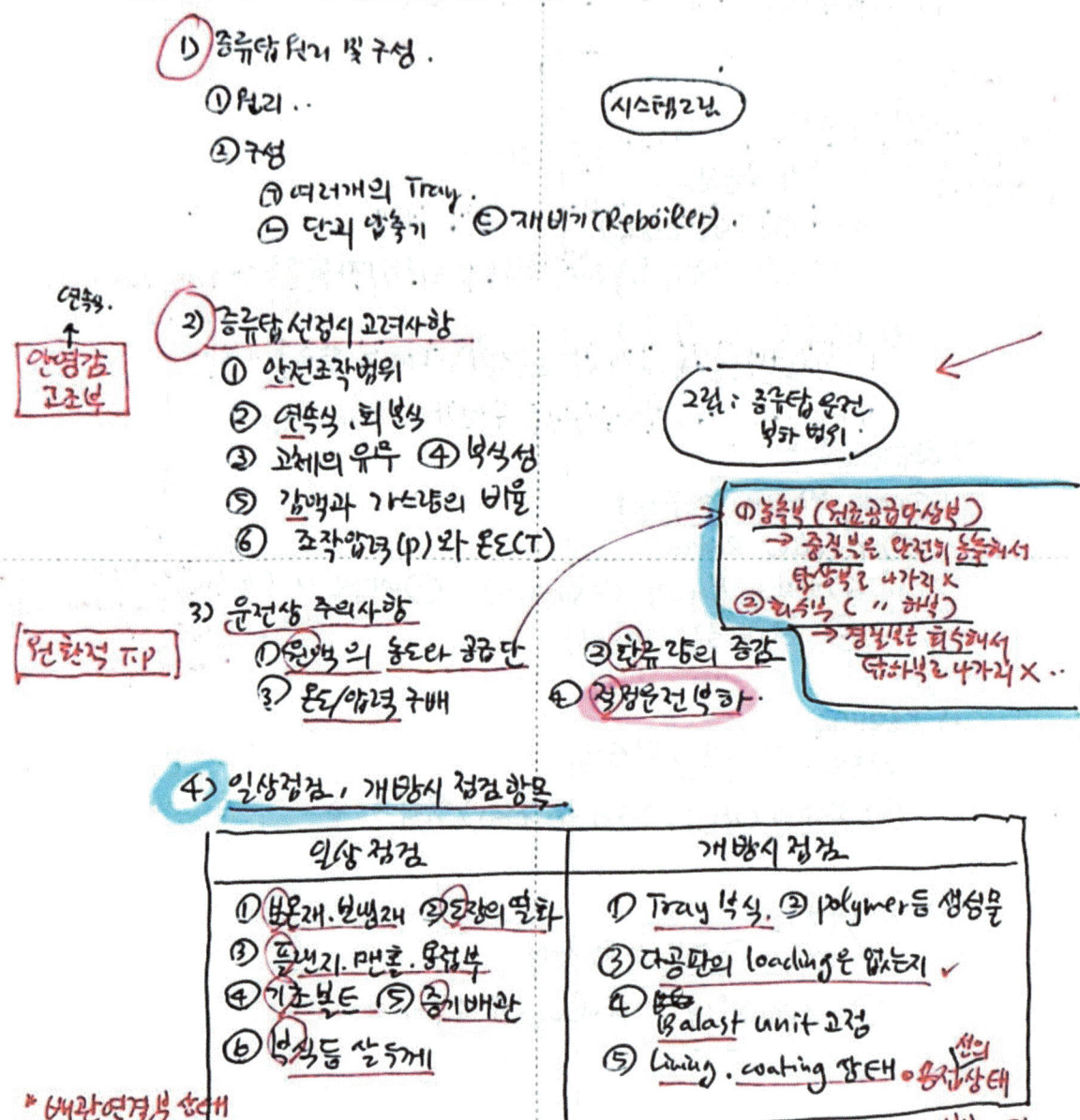

문 19) 열교환기

1. 정의
   1) 고온유체와 저온유체 사이에서 열을 이동시켜 주는 장치
   2) 원리 : 두 유체간 열에너지의 전도와 대류
   3) 적용 : 공정용, 난방·공조, 폐열회수

   (2권)

2. 분류
   1) 기능에 따른 분류

   [쌍예기재용]
   ① 열교환기 : 온도차가 있는 두 유체간에 단순히 열을 교환하는 장치
   ② 냉각기 : 냉각수 이용 고온측 유체를 냉각시키는 장치
   ③ 예열기 : 공정유입전 유체를 예열시키는 장치
   ④ 기화기 : 유체에 열을 가해 기화시키는 〃
   ⑤ 재비기 : 탑저부 재증발을 위한 〃
   ⑥ 응축기 : 고온측 유체의 열을 빼앗아 액화시키는 〃

   ×2) 사용목적 〃 → 열 병가용 발.

   ×3) 구조에 따른 분류
   [딴다원이]
   ① 판형 ② 다관원통 ③ 코일식 ④ 이중관식
   ⑤ Air cooler 열교환기
   → 공기를 냉각 매체로 이용 강제 통풍시켜 내부유체를 cooling(냉각)시키는 장치.

   (2권)

   25점 명확히 출제.

   3) 열교환기 점검 항목

일상점검 항목	개방점검 항목
1) 도장부 결함 및 벗겨짐	1) 내부 부식의 형태와 정도
2) 기초부 및 기초고정부 상태	2) 내부관의 부식 및 누설유무 (내튜브)
3) 보온재 및 보냉재 상태	3) 부착물에 의한 오염현황
4) 배관등과의 접속 상태	4) 라이닝, 코팅, 가스켓 손상유무
	5) 용접부 상태

[아직 출제 안됨]

20번 문제) 건조설비

1. 정의
   원재료의 물, 유기용제(제품)등의 습기를 제거하기 위한 설비 (증발).

X 2. 종류
   1) 상자형건조기 2) 터널형 3) 드럼형 4) 회전
   5) 진동 6) 유동층.

3. 건조설비의 구성
   1) 구조부분 : 바닥콘크리트, 천공, 보온판등 기초부분, 몸체, 내부구조물
   2) 가열장치 : 열원공급장치, 열순환용 송풍기
   3) 부속설비 : 전기설비, 환기장치, 온도조절장치, 소화장치, 안전장치.

[가능성] ④ 위험물 건조설비 건축물의 구조 (안전보건규칙 280조)
   1) 독립된 단층건축물, 또는 건축물의 최상층에 설치하거나 [내화구조]
   2) 위험물 가열건조시 : 내용적 1㎥ 이상
   3) " 아닌물질을 가열건조하는 경우
      ① 고체·액체연료 : 최대사용량이 10㎏/h 이상인 건조설비
      ② 기체연료 : " 1㎥/h "
      ③ 전기사용 정격용량이 10KW 이상인 "

가연성발생기준
→ 위험성

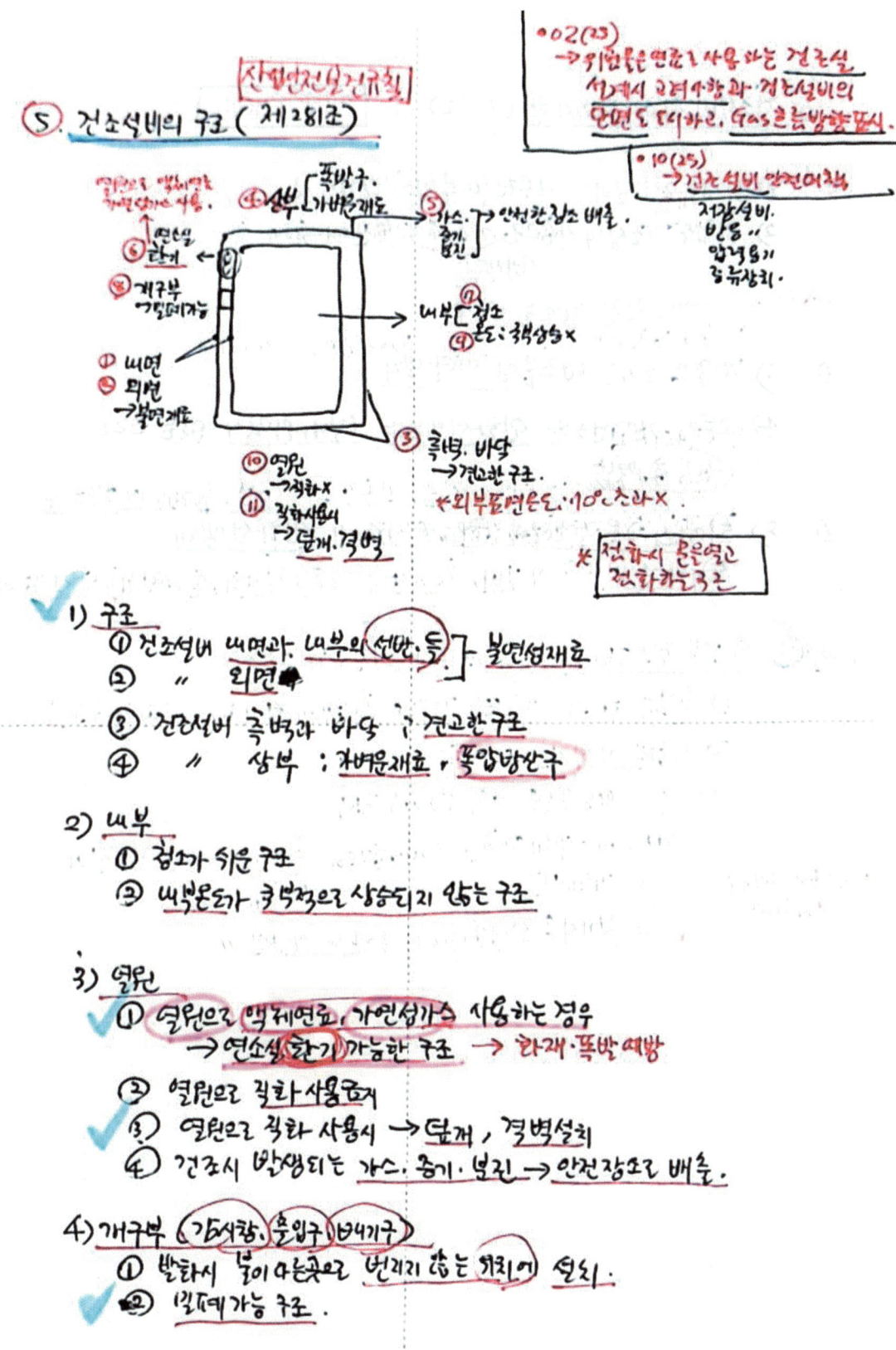

⑤ 건조설비의 구조 (제281조) 〔산업안전보건규칙〕

• 02(23) → 위험물은 연료 사용하는 건조설비 설계시 고려사항과 건조설비의 면적 500㎡ 이상, Gas 흐름방향 표시

• 10(25) → 건조설비 안전어휘 : 저장설비, 반응 ~, 압력용기, 증류장치

※ 건조시 문 열고 건조하는 구조

✔ 1) 구조
   ① 건조설비 내면과, 내부의 선반, 틀 ⎫ 불연성재료
   ② 〃 외면 ⎭
   ③ 건조설비 측벽과 바닥 : 견고한 구조
   ④ 〃 상부 : 가벼운재료, 폭압방산구

2) 내부
   ① 청소가 쉬운 구조
   ② 내부온도가 국부적으로 상승되지 않는 구조

3) 열원
   ✔① 열원으로 액체연료, 가연성가스 사용하는 경우
      → 연소실 환기 가능한 구조 → 화재·폭발 예방
   ② 열원으로 직화 사용금지
   ✔③ 열원으로 직화 사용시 → 덮개, 격벽설치
   ④ 건조시 발생되는 가스·증기·분진 → 안전장소로 배출

4) 개구부 (검사창, 출입구, 배기구)
   ① 발화시 불이 다른곳으로 번지지 않는 위치에 설치
   ✔② 밀폐 가능 구조

6. 건조설비 취급시 주의사항 (283조)   [점안이 병인]

① 1) 위험물 건조설비 : 사용전 내부청소, 환기할 것
   2) 위험물 건조설비 사용으로 가스·증기·분진 에 의해
      발생된
      → 안전한 장소로 배출

② 3) 가열건조하는 건조물의 이탈방지 ✓
   4) 고온으로 가열건조한 인화성액체는 발화위험이 없는 온도로
      냉각후 격납

③ 5) 외면의 고온 건조설비 근접한 장소에 인화성액체
      두지 말것

21번 문제) 펌프 (케비테이션, 베이퍼록, 수격현상, 맥동현상)

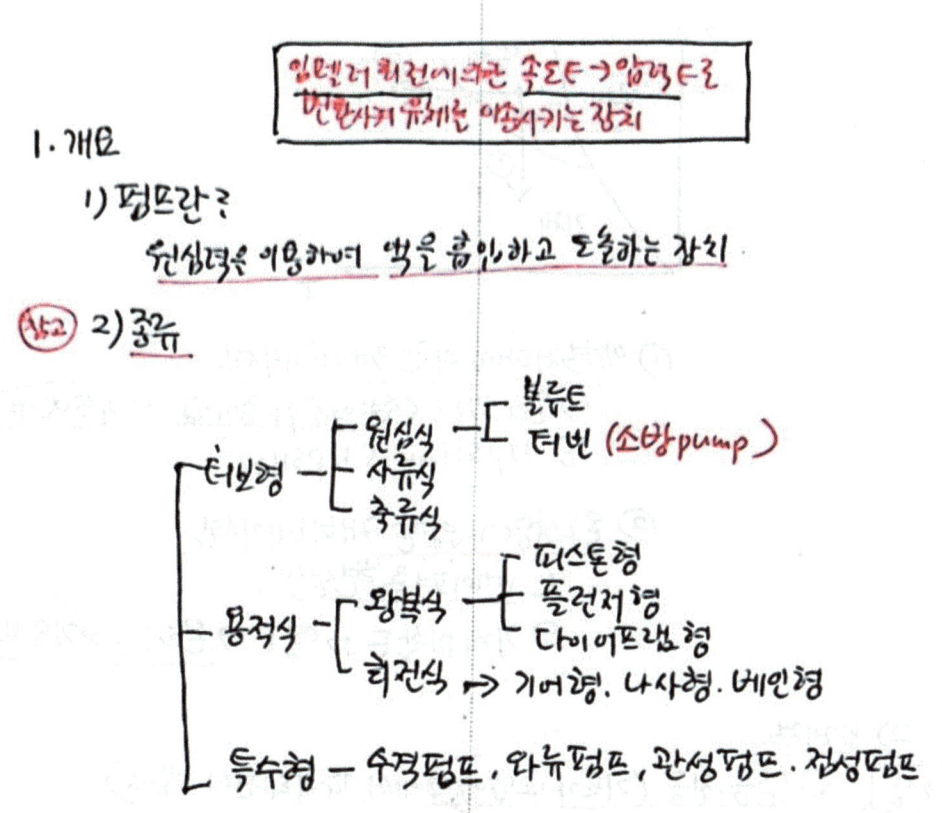

1. 개요
   1) 펌프란?
      원심력을 이용하여 액을 흡입하고 토출하는 장치

   ※ 2) 종류

   - 터보형 ─ 원심식 ─ 볼류트
              사류식   터빈 (소방pump)
              축류식
   - 용적식 ─ 왕복식 ─ 피스톤형
                      플런저형
                      다이아프램형
              회전식 → 기어형, 나사형, 베인형
   - 특수형 ─ 수격펌프, 와류펌프, 관성펌프, 점성펌프

2. 펌프에서 발생되는 이상현상

   펌프운전중 가장 큰 문제점인 소음·진동의 주요원인은

   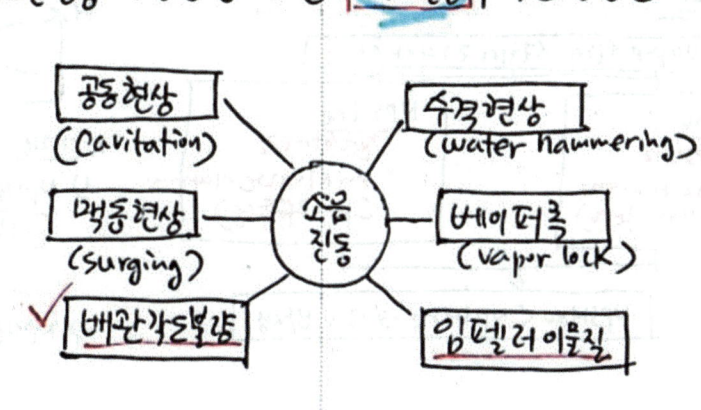

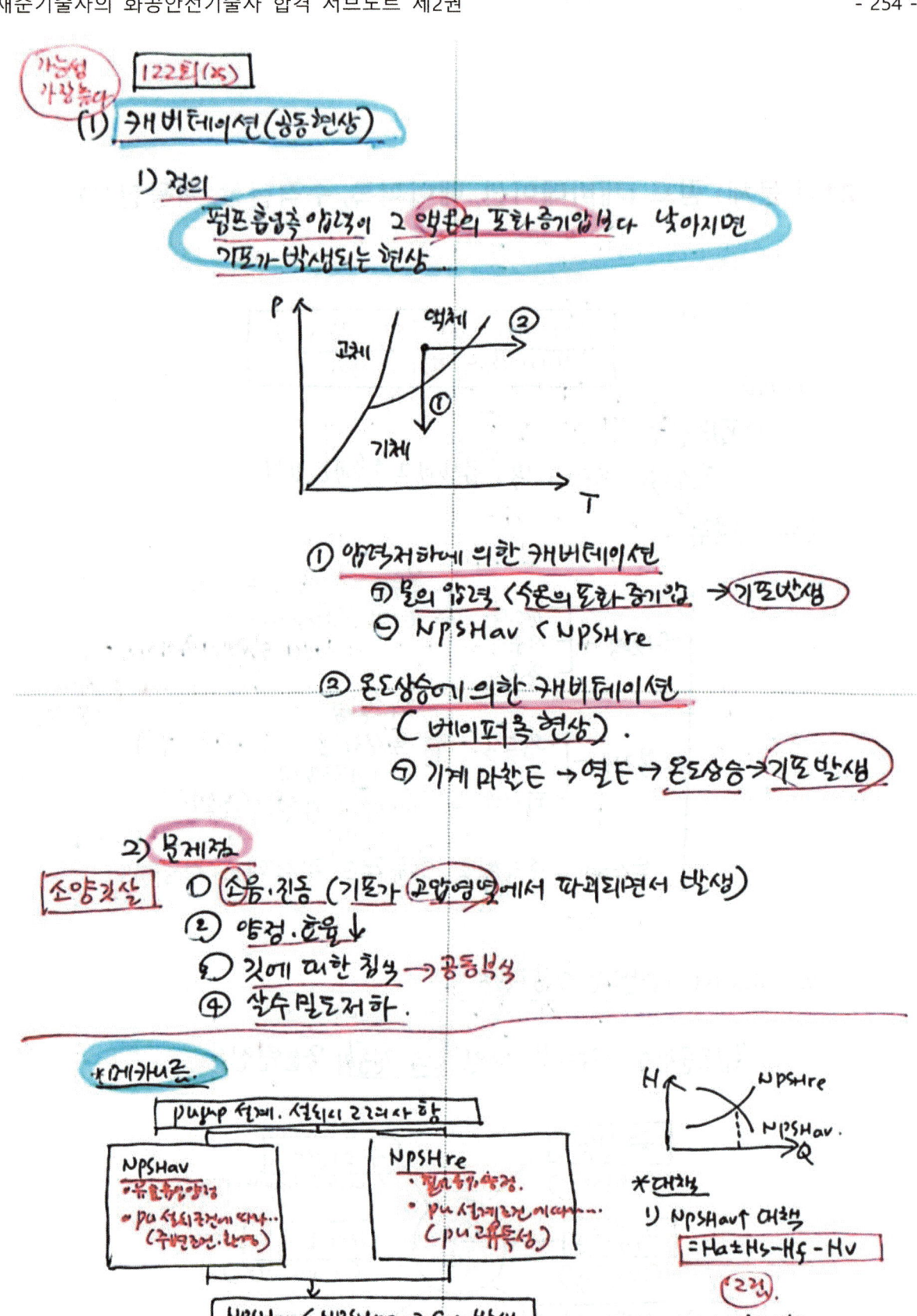

3) 발생원인

$$NPSHav < NPSHre$$

(NPSH : Net positive Suction Head)

① NPSHav (유효흡입양정)
㉠ 개념
ⓐ 펌프운전시 공동현상 없이 안전하게 운전할수 있는 수두
ⓑ 펌프의 흡입조건에 따라 결정

㉡ 공식

$$NPSHav = Ha \pm Hs - Hf - Hv$$

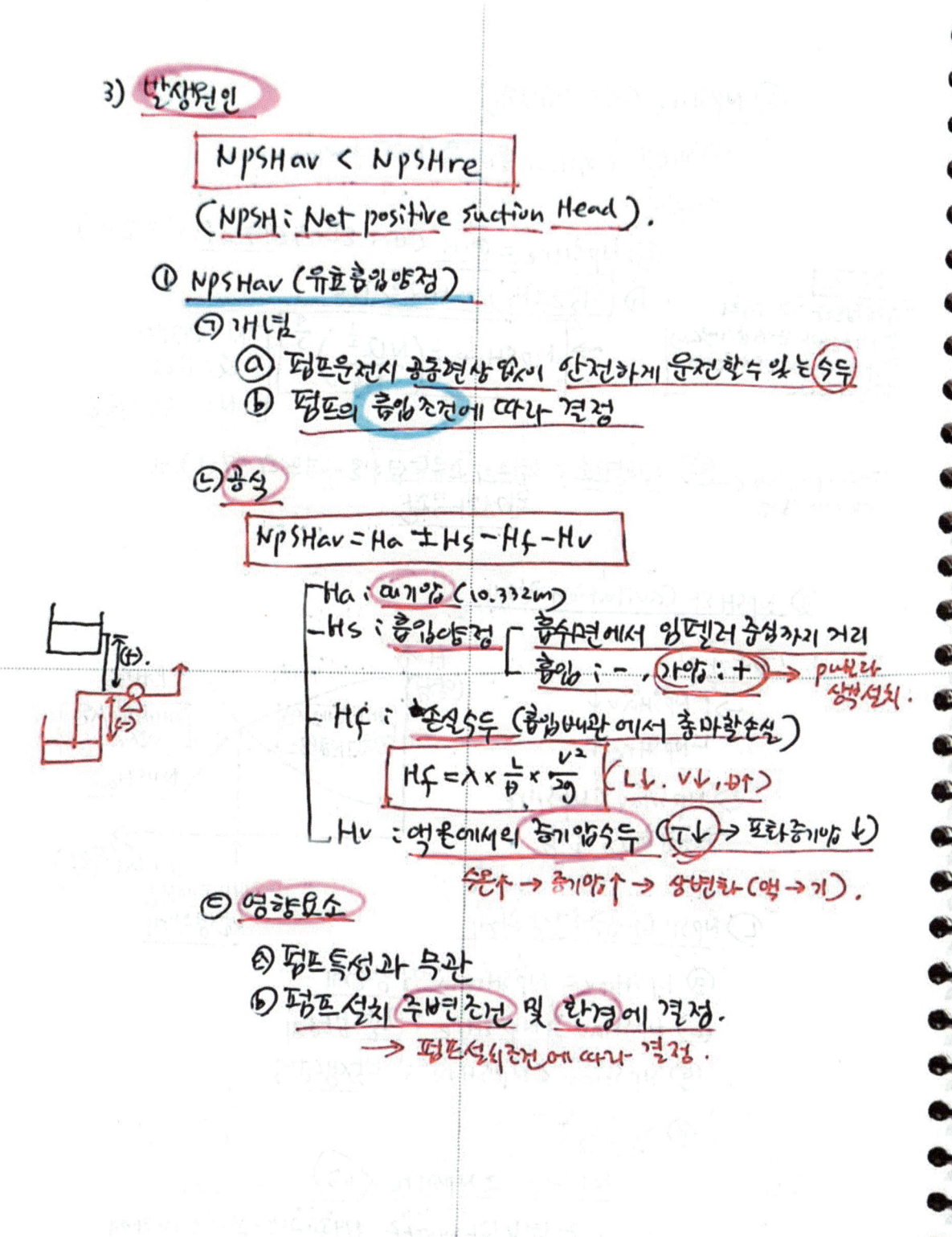

- Ha : 대기압 (10.332m)
- Hs : 흡입양정 ┌ 흡수면에서 임펠러 중심까지 거리
             └ 흡입 : -, 가압 : + → P낮다 생성시.
- Hf : 손실수두 (흡입배관 에서 총마찰손실)
  $$Hf = \lambda \times \frac{L}{D} \times \frac{v^2}{2g}$$ (L↓, v↓, D↑)
- Hv : 액온에서의 증기압수두 (T↓ → 포화증기압 ↓)
  수온↑ → 증기압↑ → 상변화 (액→기).

㉢ 영향요소
ⓐ 펌프특성과 무관
ⓑ 펌프설치 주변조건 및 환경에 결정.
→ 펌프설치조건에 따라 결정.

② NPSHre (필요흡입양정)

　㉠ 개념 : 펌프의 실제 흡입능력을 의미.

　㉡ 공식
　　ⓐ $NPSHre = \sigma \cdot H$ (σ : 토마의 계수, H : 전양정)
　　ⓑ 비속도(N_s) = $NQ^{\frac{1}{2}}/H^{\frac{3}{4}}$

[비교회전수] → 실제 펌프와 기하학적으로 상사인 펌프가 단위유량(1㎥/s) 단위양정(1m)으로 운전할때 얼마일지 회전수.

$$NPSHre = \left(\frac{NQ^{\frac{1}{2}}}{N_s}\right)^{\frac{4}{3}}$$

[N : 회전수, Q : 유량, N_s : 흡입비속도]

　㉢ 영향요소 : 펌프의 고유특성으로 펌프의 설치 조건 환경과 무관

[펌프 설계 제작 메이커서 결정]

③ NPSH와 Cavitation 관계

　㉠ 유량 ↑
　　→ NPSHav ↓
　　　 NPSHre ↑
　　→ NPSHav < NPSHre
　　→ 공동현상발생

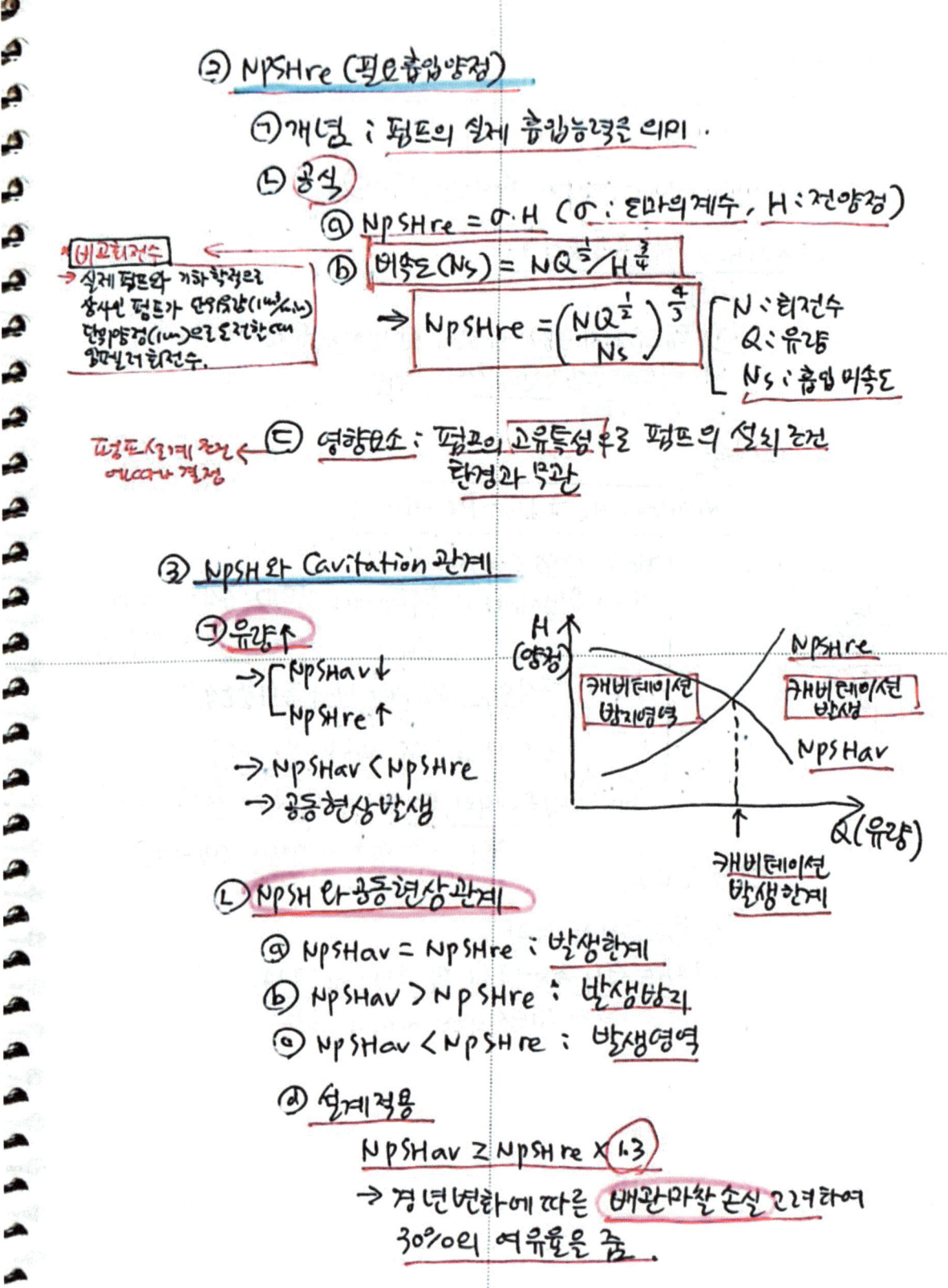

　㉡ NPSH와 공동현상 관계
　　ⓐ NPSHav = NPSHre : 발생한계
　　ⓑ NPSHav > NPSHre : 발생방지
　　ⓒ NPSHav < NPSHre : 발생영역
　　ⓓ 설계적용
　　　 NPSHav ≧ NPSHre × 1.3
　　　→ 경년변화에 따른 배관마찰 손실 고려하여 30%의 여유율을 줌.

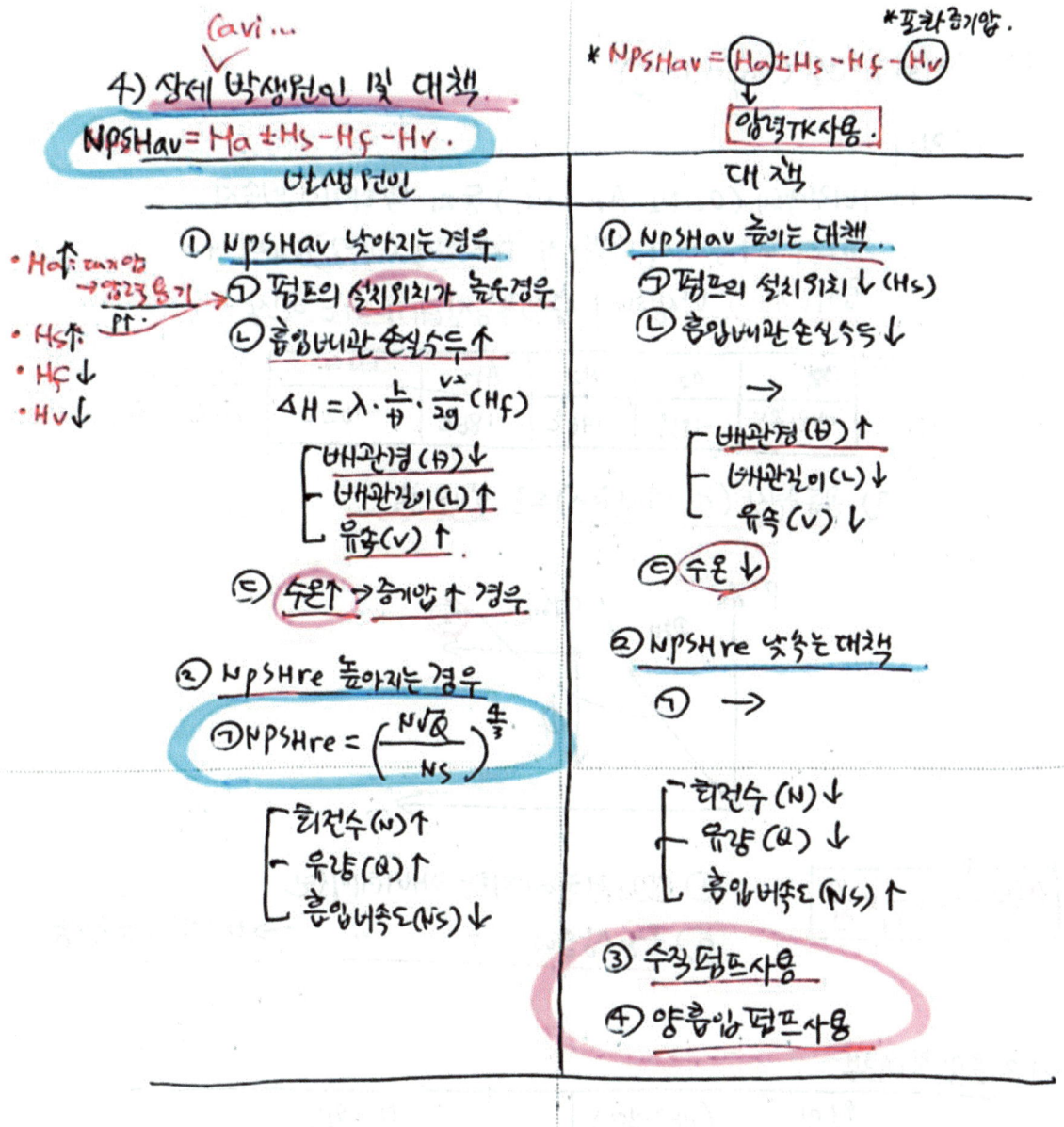

(2) 베이퍼록 현상 (Vapor Lock)

1. 정의

1) 저비점액체 (O_2, N_2, Ar, LNG) 등의 액화가스 이송시 펌프의 입구측에서 액체의 끓는 현상(발열)에 의해 증기(기포) 발생하여 흡입불능상태가 되는 현상

2)

종류	O_2	N_2	Ar	LNG	H_2	He
액화온도	-183℃	-196℃	-186℃	-162℃	-253℃	-200℃

3) 공동현상 (Cavitation)으로 보기도 함.

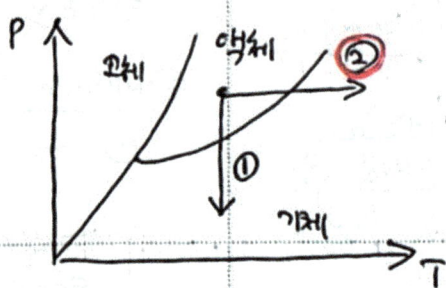

① 압력저하에 의한 캐비테이션
② 온도 상승에 " " → 베이퍼록 현상

$$마찰손실 = f \times \frac{L}{D} \times \frac{v^2}{2g}$$

2. 원인 및 대책

원인 (배관길이)	대책
1) 액가스의 온도 또는 흡입배관 온도↑	① 액온도↓, 흡입배관 단열처리
2) 펌프에 냉각기 미설치 또는 미작동	② 펌프에 냉각기 설치
3) 흡입배관경↓	③ 흡입배관경↑
4) 흡입관 막힘 → 저항↑	④ 흡입관 주기적 청소
5) 펌프의 설치위치 높은 경우	⑤ 펌프의 설치위치↓

흡입 P 감소 → 공동현상 생각...

02년(10점)

(3) 수격현상 (Water Hammering)

1. 정의
  1) 관내의 흐르는 물의 유속이 급변시 운동에너지가 압력E(충격E)로 변하여 배관 또는 펌프에 손상을 주는 현상.

2. 메커니즘
  1) 베르누이 정리에서
  $$\frac{P_1}{r} + \frac{V_1^2}{2g} + Z_1 = \frac{P_2}{r} + \frac{V_2^2}{2g} + Z_2$$

  수평관일 경우 $Z_1 = Z_2$
  $$\frac{V_1^2 - V_2^2}{2g} = \frac{P_2 - P_1}{r}$$

  $PQ = (질량유속)$ 이므로
  $PQ(V_1 - V_2) = mV$
  즉, 운동량차이 → 충격량.

  즉, 속도차 = 압력차
  속도차 → 압력차 → 힘의차(충격량) = $PQ(V_1-V_2)^2$

  [펌프기동] [정전]
  [밸브급개폐]
  [터빈 출력 변화]

  2) 유체가 유동중 정전, 응집리, 밸브차단
  ↓
  유속↓ → $\frac{V^2}{2g}$ (운동E) ↓ $\frac{V_1^2-V_2^2}{2g}$
  ↓
  베르누이 정리에 의해 압력E($\frac{P}{r}$)↑ $\frac{V_1^2-V_2^2}{2g} = \frac{P_2-P_1}{r}$
  ↓
  압력E가 충격E로 전환하여   충격량 $Q = PQ(V_1-V_2)^2$
  관벽을 치는 현상
  ↓
  ↓   ↓   ↓   ↓
  소음진동 침식   배관   고압발생
          부식   파손

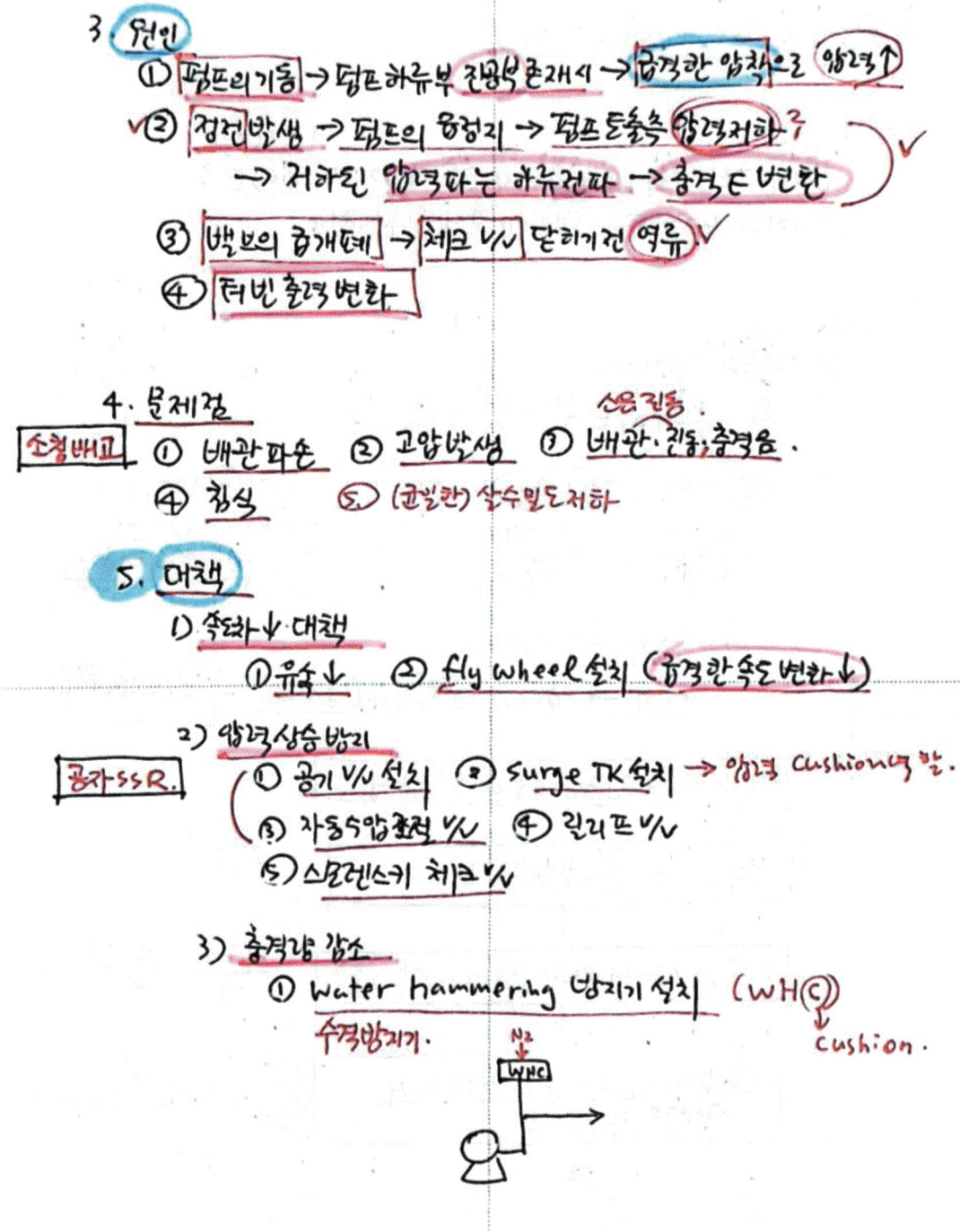

(4) Surging현상 (맥동 ")
    → 원심 pump

01(10) → 서징현상
08(10) → 서징현상의 의미와 방지책

1. 정의
   펌프가 운전 중에 일정주기로 압력과 유량이 변하는 현상.

2. 서징 발생 메카니즘

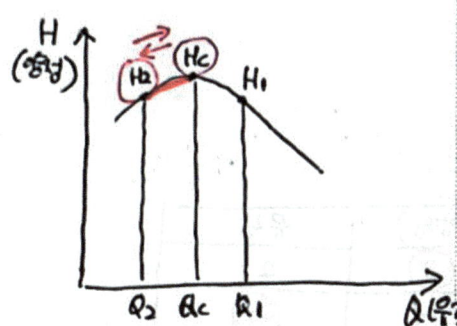

1) Hc 우변운전
   → 정상적인 pump 상태임.
   √ 1) 원심 pump는 유량↑ → 압력↓ : 정상임
   → 그래프의 Hc 우변 운전 (정상)
   √ → 힘의 방향(←)과 유량의 방향(→) 반대

2) Hc 좌변운전
   → 유량↑ → 압력↑
   → 힘의 방향(→)과 유량의 방향(→) 과 동일방향 작용
   → 따라서, Q₂H₂ ↔ HcQc 운전을 반복. (압력과 유량이 변함)

3. 문제점
   1) 소음과 진동발생
   2) 양정과 효율저하 (송수 밀도저하)

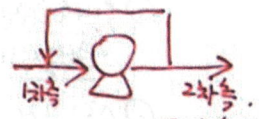

4. 원인 및 대책

원 인	대 책
1) 우상향 구배 펌프일 경우	1) By-pass 배관설치 (2차측→1차측) → 서징범위에서 벗어난 운전
2) 배관중에 수조·공기실이 있는 경우	2) 우하향 구배 펌프 선정
3) 유량조절 V/V가 탱크 뒷쪽에 있을때.	3) 유량조절 V/V는 펌프 토출측 직후 설치
	4) 회전차나 깃 의 형상치수 변경
	5) 배관중 수조 또는 공기실 없도록

B 우유회수

22번 문제) 소방펌프

1. 개요
   ① 펌프는 임펠러 회전에 의한 속도E → 압력E로 변환시켜 유체를 이송시키는 장치
   ② 종류 : 소화펌프, 충압펌프

2. 소화펌프 (주펌프)
   1) 목적 : 화재시의 소화수 가압송수
   2) 기동방식 : 자동기동 + 수동정지
   3) 종류

종류	안내날개유무	양정	유량
Turbine펌프	O	고	소
Volute "	X	저	대

   4) 특징 :
   ① 일반 급수펌프 와는 달리 토출유량이 가변적
   ② 토출유량 범위
      ㉠ 옥내소화전
         • 층별설치수량 1~5개, 토출유량 130~650 ℓ/m, 토출압력 0.17~0.7MPa
      ㉡ 스프링클러
         • 헤드개방수 1~30개, 토출유량 80~2400 ℓ/m, 토출압력 0.1~1.2MPa
   ③ 펌프의 성능곡선

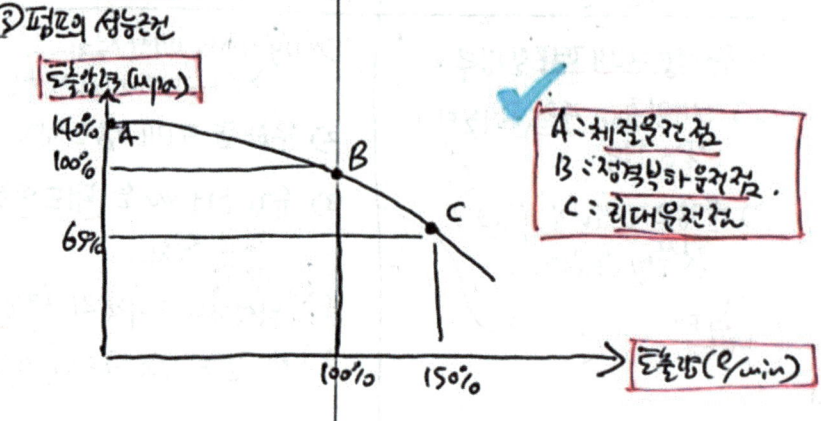

A : 체절운전점
B : 정격부하운전점
C : 과부하운전점

㉠ 체절운전시 체절압력은 정격토출압력의 140% 초과 X
㉡ 정격유량운전시 토출압력은 정격토출압력의 100% 이상 되어야 함.
㉢ 정격유량의 150% 운전시 토출압력은 정격토출압력의 65% 이상 되어야 함.

3. 충압펌프 (보조펌프)

1) 목적
   ① 평상시 : 배관내 압력유지 (소화펌프 기동방지)
   ② 화재시 : 신속한 소화를 돕는 기능 (소화장치에서 공정 방사량의 신속한 확보)

2) 기동방식 : 자동기동 + 자동정지

3) 종류 : 웨스코 펌프

4) 특징
   ① 토출압
      최고위 살수장치의 자연압보다 0.2MPa 이상이거나 가압송수장치의 정격토출압과 같게 할 것.
   ② 토출량
      정상적인 누설량 이상 (일반적으로 60ℓ/min 사용)

4. 소화펌프와 충압펌프의 비교.

	소화펌프	충압펌프	일반펌프
1) 목적	소화수공급	평상시: 소화펌프 기동방지 화재시: 신속한 소화	급수
2) 기동방식	자동기동 + 수동정지	자동기동 + 자동정지	-
3) 운전점	가변적 (운전점 여러개)	정격운전 (운전점 하나)	→
4) 성능시험	필요	불필요	→
5) 효율	가변적	고정	→

23번 문제) 압축기의 종류 및 특성

2) 비교 (토출압력)
```
Fan : 0.1 kg/㎠ ↓
Blower : 0.1~1  ″
압축기 : 1 kg/㎠ ↑
```

1. 개요
   → 기체를 압축하고, 압축후 압력이 2배이상 or 압축후 토출압력 1kg/㎠↑ 유체기계

   1) 압축기란
      ① 기체를 흡입하고, 기체를 토출하는 기체용기구
      ② 1 kg/㎠ ↑

2. 압축기 위험성

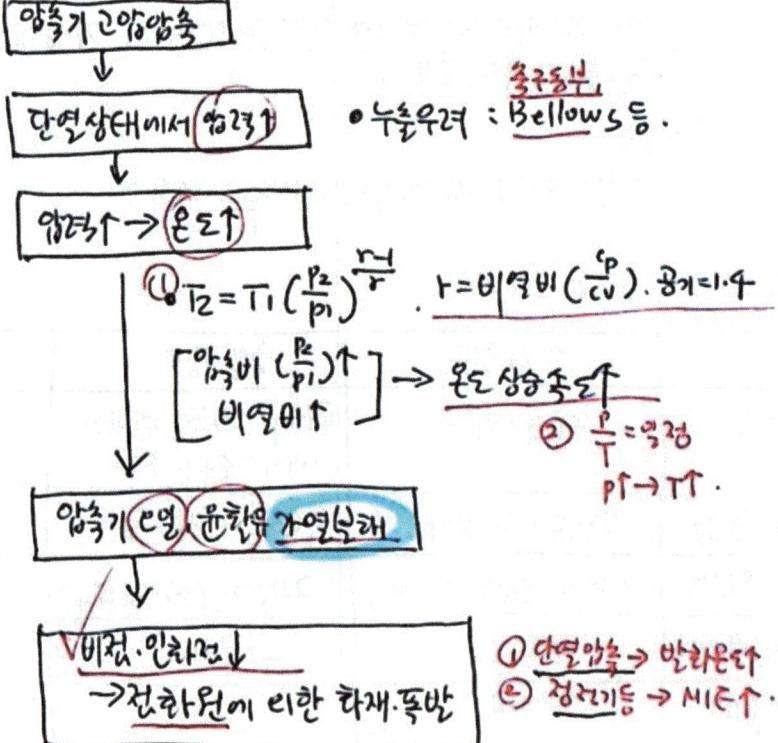

1) 온도상승에 의한 화재폭발위험성

   압축기 고압압축
   ↓
   단열상태에서 압력↑   • 누출우려 : Bellows 등. (축구동부)
   ↓
   압력↑ → 온도↑

   ① $T_2 = T_1 \left(\dfrac{P_2}{P_1}\right)^{\frac{k-1}{k}}$, $k=$비열비$\left(\dfrac{C_P}{C_V}\right)$. 공기 1.4

   $\left[\begin{array}{c}\text{압축비}\left(\dfrac{P_2}{P_1}\right)↑\\ \text{비열비}↑\end{array}\right]$ → 온도상승속도↑

   ② $\dfrac{P}{T} =$ 일정 , $P↑ → T↑$

   ↓
   압축기 윤활유 가열분해
   ↓
   비점·인화점↓
   → 점화원에 의한 화재·폭발

   ① 단열압축 → 발화온도↑
   ② 정전기등 → MIE↑

2) 오일탄화
  ① 윤활유 기능
    → 밀봉·냉각·감마(마모)·방청·세정·분산 (마멸부분에 묻는 세분) → 밀봉마찰세분
  ② 오일탄화 → 윤활불량 ┐
                        └→ 압축기 피스톤 장비수명 ↓

3) 효율저하
  VCM. [체적효율↓] [기계효율↓] [압축효율↓]
                    ↓
              [소모동력저하]
         $\eta_t = \eta_m \times \eta_v \times \eta_c$

③ 압축기 안전관리 대책
  1) 화재·폭발 예방
    ① 압축비 ($\frac{P_2}{P_1}$) 15 이상이면
        → 대부분의 물질이 발화온도 이상 ↑
        → 물질별 압축비에 따른 발화온도 data base 필요

    ② 압축비가 클 경우
        → 다단압축 + 인터쿨러 설치 → 온도↓ → 발화방지

  ※ 다단압축 목적
    ① 압축비 감소
    ② 체적효율 증가

  ※ 압축비 커지면
    → 체적효율 ↓
       소요동력 ↓

          [압축기의 압축비가 클 경우] : ($\frac{P_2}{P_1}$)↑
              ↓   ↓
        [다단압축으로 변경] [Intercooler 설치]
         • 압축비↓   • 냉각효과로 온도↓
              ↓   ↓
              [방열 > 발열]

㉠ 몰리에 선도 (p-h 선도)

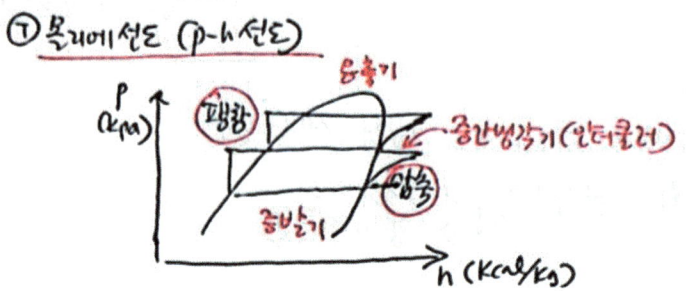

㉡ 다단압축 방법 (+ 인터쿨러)

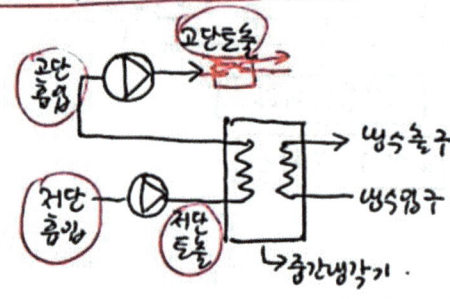

| 1단압축 | → | 토출가스온도↑ | ($T_2 = T_1 \left(\frac{P_2}{P_1}\right)^{\frac{n-1}{n}}$) |

→ 중간 냉각기 냉수공급 → 토출가스온도↓
→ 2,3단 압축반복 → 원하는 토출가스온도가
  될때까지 반복.

✓ ③ 이상압력 상승방지조치

| 압축기의 설계P 및 재료파괴 강도 고려 |
↓
| 안전V/V, 파열판, 폭압방산구를 압축기 상단설치 |
↓
| 설정압력 도달시 작동(해출) | : 폭발압력 > 설정압력
↓
| 압축기 파열방지 |

㉣ 급격한 밸브 조작금지.

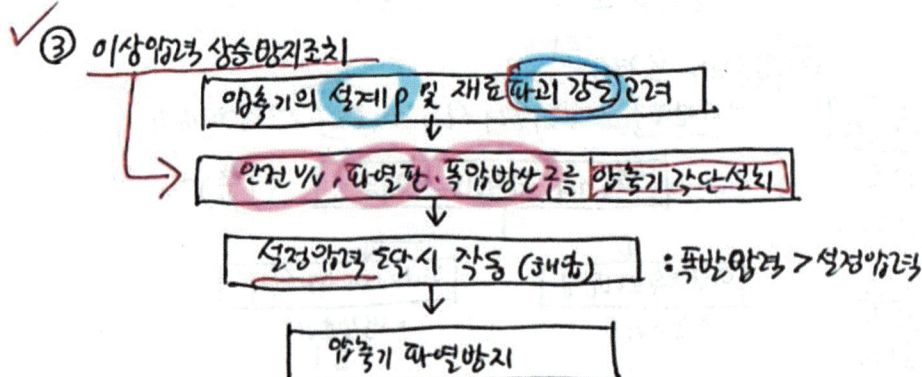

⑤ 폭굉유도거리에 따른 폭굉방지기
  ㉠ 연소파 → 압축파 → 충격파 → 폭굉파
          ←   DID   →   → 단열압축발생↑
  ㉡ DID(폭굉유도거리) 계산하여 단열압축 에비
     압력이력선계 및 이상압력 배출설비 설치(22어)필요

2) 설비관리   점검 및 유지관리.
  ① RBI (LOF×COF) 통해 점검주기·교체
      → 안전도↑
  ② 압축기 필터
      주기적청소 → 이물질제거
  ③ 윤활유
     ㉠ 1000시간 사용시 교체
     ㉡ 윤활유 오일 압력 → 22기시 유지
                        → 압력라인. 벙커: 조정나사로 조정
  ④ 차방 V/V
     ㉠ 가스누설 방지위해 22스쿨립
     ㉡ 방향도시 부착
  ⑤ 벤트
     ㉠ 장격 수시확인
     ㉡ 벤트풀리 카바 → 항상 복착상태 운전
  ⑥ 플렉시블 조인트 비상용비치 ㉢ 수시 점검 및 교체
      → 동일규격 제품을 비상용으로 비치
  ⑦ 안전장치 점검
      → 안전 V/V, 폭압방산공 (각 단마다)
        언로드 V/V (과부하방지 장치).

┌─────────────────┐
│ 리(R) 필 벤트 안 사 유 │
│   벨   윤.   │
└─────────────────┘

24번 문제) 신축이음쇠

※ 표를 만들어 본란에 정의면 X
→ 강약 작성 + 도

(1) 정의
관측유체의 온도 압력 변동에 의하여 배관이 팽창·수축 되는 것을 흡수하는 장치.

(2) 종류

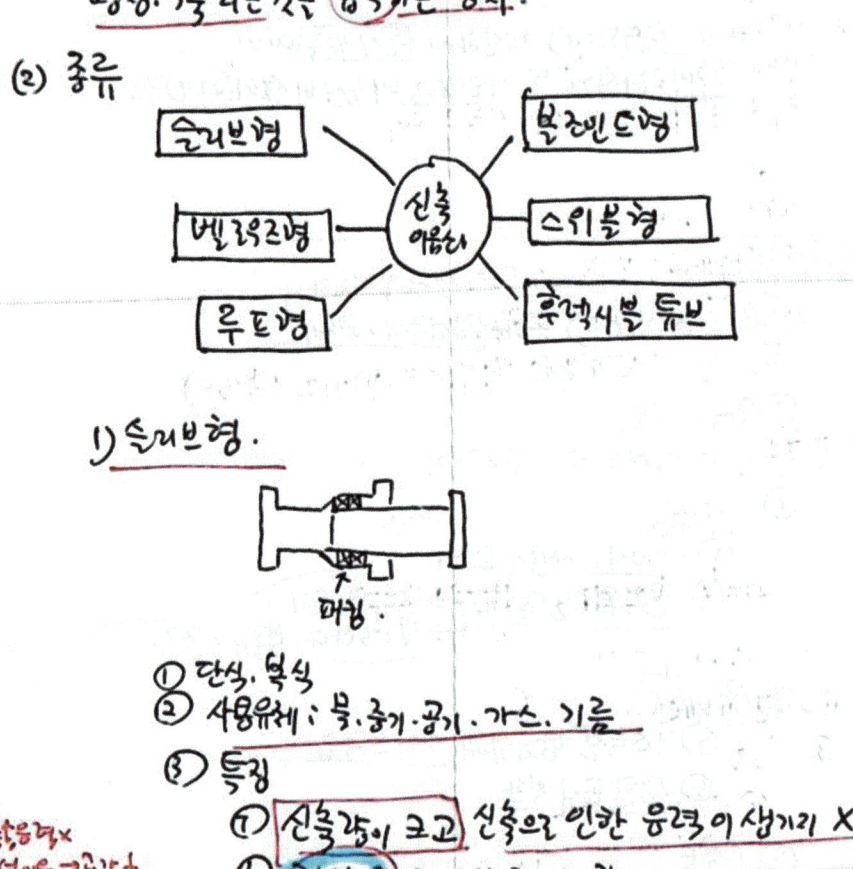

1) 슬리브형.

① 단식, 복식
② 사용유체 : 물·증기·공기·가스·기름
③ 특징
  ㉠ 신축량이 크고 신축으로 인한 응력이 생기지 X
  ㉡ 직선이음으로 설치공간이 작다
  ㉢ 배관에 곡선 부분이 있으면 파손우려 (비틀림)
  ㉣ 장시간 사용시 패킹재 마모로 누수의 원인이 됨

신축응력X
직선이음→공간↓
곡선→파손↑
패킹재 마모.

벨로우즈형

2) 벨로우즈형

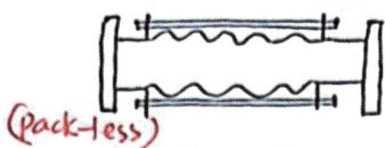
(packless)

① 팩레스 이음이라고 함
② 벨로우즈의 변형으로 신축을 흡수
③ 특징
  ㉠ 설치공간이 작다
  ㉡ 자체응력 및 누설이 없다
  ㉢ 고압 배관에는 부적당
  ㉣ 벨로우즈(재질) : 청동·스테인리스 (부식X)

벨로우즈 설치공간↓ 응력·누설X 2MPa× 204℃×

3) 루프형

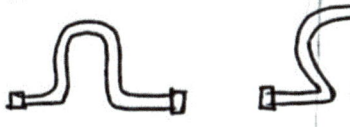

① 신축곡관이라고 함
② 관 자체의 가요성 이용
③ 특징
  ㉠ 설치공간이 크다
  ㉡ 고온고압의 옥외 배관에 많이 사용
  ㉢ 자체응력 발생되나 누설 X

신축곡관 가요성 설치공간↑ 고온고압(옥외) 응력↑ 누설X

4) 볼조인트형

① 배관의 평면 및 입체적인 변위까지 흡수 (증기·물·기름)
   → 최근 개발됨
② 특징
  ㉠ 설치공간이 작다
  ㉡ 어떠한 형상의 신축에도 배관이 안전

평면·입체변위 설치공간↓ 2.94N/mm² 220℃

ⓒ 최대사용압력 : 2.94 N/mm²
　　　온도 : 220℃

5) 스위블형

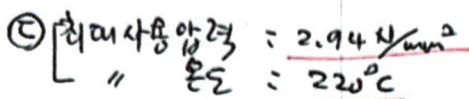

① 2개이상의 Elbow 사용하여 이음부 나사의 회전을 이용해서 신축을 흡수
② 특징
　㉠ 쉽게 설치가 가능하다
　㉡ 굴곡부에 압력이 강하게 생긴다
　㉢ 신축성이 큰 배관에는 누설의 염려가 있다.

(2개이상 Elbow.
이음부 나사 회전.
설치용이
굴곡부압력강
신축성큰배관누설염려.)

6) 후렉시블튜브
① 가요관이라도 함
② 주로 pump 전후단에 설치하여 진동 신축 흡수

(3) 상호비교.

	슬리브	벨로우즈	루프	스위블	볼죠인트
1) 설치공간	↓	↓	↑	↑	↓
2) 신축으로인한 응력발생유무	×	×	O	O	×
3) 누설우려	패킹 마모시 →누설有	×	×	有	無
4) 용도	중저압 배관	→	고온고압 배관 (옥외)	→	→ (용도목적용).

25번 문제) 킬드강

④ 설치의 편리성
재질에 따라 용접등 작업용이성, 비파괴검사방법, 플랜지 열처리 방법등이 달라짐.

(LCC, VE. 용(?))

5) 내구연한 및 경제성
내구연한과 경제성도 배관의 설치비용과 보수·유지 비용에 큰 영향을 주므로 재질선정시 고려.

(-45℃ 0℃ / 오 킬 탄)

→ 재질별 온도 사용범위 + 사용압력 + 주변환경조건 (수중, 지중)
　　　　　　　　　　　　　　↓　　　　　　　　　↓
　　　　　　　　　　　　　Pt→고탄소강.　　　토양비저항비
　　　　　　　　　　　　　　　　　　　　　　→ PE·PVC
　　　　　　　　　　　　　　　　　　　　　　→ sand blast 고려.
　　　　　　　　　　　　　　　　　　　　　　강도↓
　　　　　　　　　　　　　　　　　　　　　　내열성↓

(가볍게)
(킬드강 사용 제외 / 외면 출제) ← 1) 킬드강 → 탄소불안
목은강축에
Al, Si 첨가하고
산소는 제거.
·탈산제.

수소취성으로 인한 사고를 최소화하기 위해 킬드강 또는 동등이상 재질 사용.

① 운전조건에서 수소의 분압이 3.5 kg/cm² 이상되는 배관
② 액체상태의 몰분율 0.3% 이상의 H₂S를 포함하고 있는 유체 취급배관.
③ 10ppm 이상의 황화수소(H₂S) 포함하고 있는 물 취급 배관
④ 무게분율(비중) 로 5% 이상의 알카놀아민류를 포함하고 있는 유체 취급 배관
⑤ 농도에 관계없이 불화수소산(HF), 삼불화붕소(BF₃) 및 BF₃ 화합물을 포함하는 유체 취급배관

120회(10)

26번 문제) STS304와304L STS316과316L 의 차이점 및 구분하여 제작하는 이유

1. 304와 304L, 316과 316L의 차이점
   1) 구성성분중 탄소(C)의 함유량 차이도
      ① 304, 316의 탄소함유량 : 0.07~0.08%
      ② 304L, 316L의 " : 0.03% ↓
   2) L은 저탄소강을 의미한다

구분	C	Cr	Ni	Mo
STS304 STS304L	0.07~0.08% 0.03%↓	18%	8%	-
STS316 STS316L	0.07~0.08% 0.03%↓	16%	12%	2%

   ※ 상기외 대부분은 Fe임.

2. 구분하여 제작하는 이유
   1) STS는 탄소함유량이 높으면 입계부식 발생으로 재질의 강도 저하됨
      ① STS는 탄소함유냥이 높은 경우 400~800°C (예민화온도) 에서 탄소(C)가 Cr과 반응하여 입계에서 $Cr_{23}C_6$를 형성
      ② 국부적으로 Cr의 고갈현상 발생
         → 내식성저하 → 재질의 강도저하

   2) 즉, 입계부식을 방지하기 위하여 탄소함유량이 적은 304L, 316L의 저탄소강도 별도 생산함.

27번 문제) Fail to open, Fail to close

[Fail safe 개념나오면..]
[134(10)]
[Fail open으로 설계된 s/v가 고장으로 닫히지 않는 경우?]

1. 개요
   1) 공정제어의 공모한 control v/v 운전중 유틸리티 고장시
      control v/v의 position 설계   75몽
   2) Control v/v 설계
      ① Fail to close : 이상상태시 개방되는것이 안전한 경우
      ② Fail to open : ✗   폐쇄   "   "
      ③ Fail to lock : "   현충상태 유지하는것이 "

2. Fail open과 Fail close

	Fail open	Fail close
1) 선정기준	안전설비의 작동과 관계되며 전원공급 부재시 닫혔을 경우 공정상 위험을 초래하는 v/v	유해위험물질을 공급하는 배관장치에 설치된 v/v의 경우. 전원공급 불체 발생시 지속적으로 위험물이 공급되어 있는 v/v
2) 예시	① 가열로의 공기유량조절 v/v ② 반응기의 냉매조절 v/v ③ 발열성기체 유동조절 v/v ④ 증류탑 Reflux Drum 액위조절 v/v ⑤ Acetylene converter의 긴급 방출 v/v ⑥ 소화설비용 v/v	① 가열로의 연료유량조절 v/v ② 반응기의 원료유량 " ③ 저장Tk 범위조절 v/v ✓④ 촉매주입 v/v (정촉매) ✓⑤ S/D 관련된 v/v

3. Fail lock
   1) 퍼니스히터 앤상부 ID Fan
   → v/v 50% 유지 운전중이며, Fail 되면 그대로 유지.

28번 문제) Man-Machine System
(시퀀스제어/피드백제어 포함)

- Fail safe 야 Fool proof
- 피드백제어야 시퀀스제어.

1. 개요
   1) 정의
      인간과 기계의 상호작용에 의한 System을 설계하는 것.

   2) ┌ 직렬체계 : 인간이 직접 작업하는 체계
      └ 병렬 "   : 인간과 기계가 각각 동일한 운전작업을 수행할수 있는 체계.

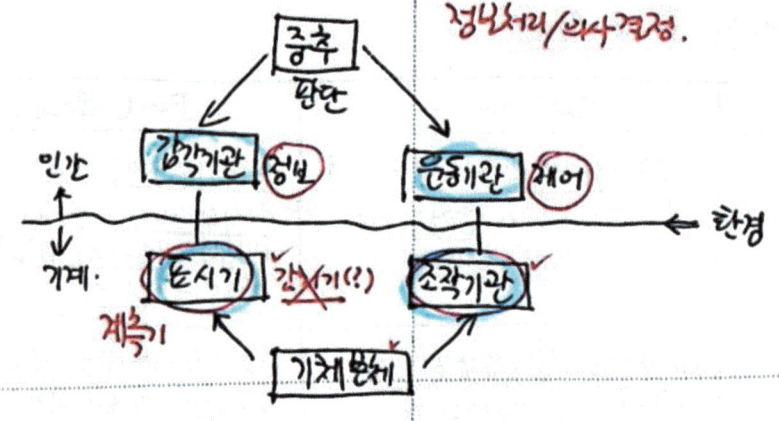

(그림 : Man-Machine System)

2. 인간-기계체계 기능의 종류와 정의 (4가지 기본기능)

감정행정	기능의 종류	인간 (Man)	기계 (Machine)
	1) 감지기능	감각기관 (정보획득)	작동계측장치 → T.P.Q.C.L
	2) 정보저장기능	뇌(기억)	메모리, 하드장치
	3) 정보처리 및 의사결정	기억된 내용을 근거로 판단후 행동	프로그램화된 연산장치 에서 정보처리
	4) 행동 (제어 및 통신)	인간과 기계장치의 조작운전행위이며, 물리적행동과 계속. 신호등의 행동으로 나눌수있다.	

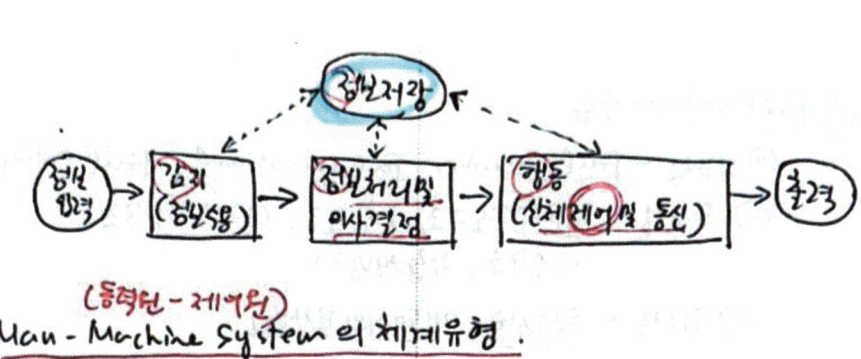

(동력원 - 제어원)

3. Man-Machine System의 체계유형

① 수동체계
  인간의 신체적 힘을 이용하여 작업을 하는 체계

2) 기계화체계
  기계는 동력원을 제공하고 인간이 운전 조작하여 작업하는 체계

3) 자동화체계
  기계가 감지, 정보저장, 정보처리, 제어 등의 모든 작업을
  수행하며, 인간은 보수관리, 제어방식 입력, 감시 등의
  기능을 수행하는 체계

4. Man-Machine System의 신뢰도

1) 직렬연결 : 인간이 기계의 동력을 이용하여 조작하는 작업

  -(인간 R₁)-(기계 R₂)- $R_S = R_1 \times R_2$

2) 병렬연결 : 자동화체계 시스템

  -[인간(R₁)/기계(R₂)]- $R_S = 1-(1-R_1)(1-R_2)$

5. 인간-기계 신뢰도유지 및 개선방법

(1) Fail safe & Fool proof

1) Fail safe ① Fail safe 방법
  ㉠ 기계적 고장 시 다른시스템 또는 동일한 다중시스템에
     의하여 사고발생 방지 방법
  ㉡ 오동작방지 ㉢ 2중, 3중 통제

※ ② Fail safe의 종류
  ㉠ 기능적 - Fail passive, Fail operational, Fail active
  ㉡ 구조적 - 저균열속도구조, 조합구조, 다경로하중구조,
           이중구조, 하중개방구조.
  ㉢ 회로적 - 철도신호, 개폐기의 몸장회로
  ㉣ 적용예 : 통풍시스템, 2중압력 방출장치, 비상전원,
           원자로 다중방호, 보일러건기의 Back-up시스템,
           2중 절연기.
  → 기계내부에 고장이 발생한 경우, 피해확대없이
    한시적 운영이 지속가능

3) Fool proof.
  ① Fool proof 방법
    ㉠ 인간의 과오를 포용하는 설계.
    ㉡ 피복상태에서도 쉬운구분, 문자를 통해 단단. ㉢ 오조작방지
  ② 적용예
    : 인터록시스템, 보호덮개 cover, 플러그모양(110V, 220V)
    NFPA 704 위험물 표시 방법.
    → 초보자, 운전미숙자 사용시에도 안전이 확보됨.
    즉, 작업자의 과오, 실수에도 안전한 시스템
    (정해진 기능·절차에만 작동)

(2) Lock system.
  ① 인간과 기계시스템에서 오류의 통제를 통하여
    신뢰도를 유지·개선하는 방법.
  ② Lock system의 종류.
    ㉠ Interlock system
       - 인간과 기계사이의 오류통제
    ㉡ Intralock system
       - 인간중심 오류통제

ⓒ Translock system
   - Interlock system과 Intralock system 사이의 오류통제

(3) 시퀀스제어와 피드백제어

1) 시퀀스제어 (open loop)
① 개요
   ㉠ 미리 정해진 순서 또는 일정한 논리에 의해 각 단계별 차례로 진행해가는 제어
   ㉡ 순서제어 + 조건제어 (Timer, Limit S/W)
   ㉢ 일반적으로 물체량의 변화, 또는 시간의 흐름에 따라 제어가 이루어짐

② 구성요소
   ㉠ 입력기구 : 수동 S/W, 검출 S/W, 센서
   ㉡ 출력 " : 전자개폐기(MC), 전자 V/V (SV), 솔레노이드(SOL), 표시경보, 경보기구
   ㉢ 보조 " : 보조릴레이, 트랜지스터, 타이머소자, 출력소자
   ㉣ 접점 " : 회로를 개폐하여 시퀀스회로의 상태를 결정하는 기구 (a접점, b접점)

2) 피드백제어 (close loop)
① 개요
   ㉠ 주어진 목표값과 공정제어후 조작된 제어값 차이를 제어하기 위한 동작
   ㉡ close loop 형성해서 출력측의 신호 → 입력측으로 되돌리는 것

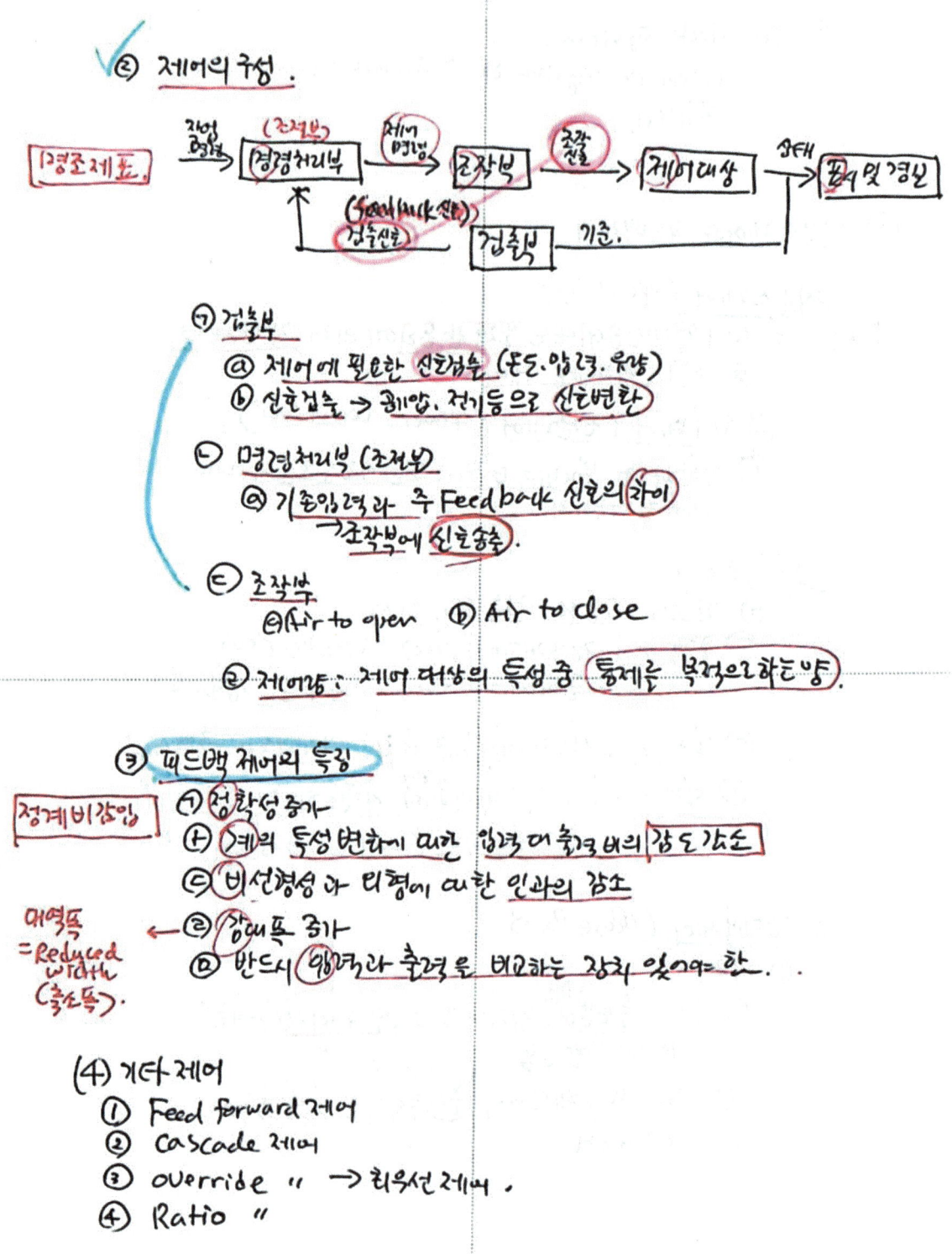

• 17(25) → 각각 정의, 예를 3가지씩.

29번 문제) Fail safe 와 fool proof

패널상단에서도 케이크닌, 물과를 통해 판단

= 다중보호기능 (Redundant protection)
= Redundancy (중복설비)

	Fail safe	Fool proof
1. 정의	① 기기·설비가 기능을 상실해도 재해로 발전하지 않도록 기기나 설비를 추가 설치 ② 기계의 오조작·고장을 안정한 설계 (오동작 방지장치)	① 인간이 쉽게 위험에 대하여 인지가 가능하도록 표시나 표지를 설계 ② 인간의 오류를 포용하는 설계 (오조작 방지)
2. 적용예	① 상용전원 차단시 예비전원 확보 ② 독성물질 이송배관의 이중배관 ③ 누설방지 위해 2중차단 V/V설치 ④ 통신라인의 Loop화	① 위험표지의 바탕색·문구 그리고 표지사용 ② 피난방향으로 문개폐 (은행: 반대) ③ 조작 V/V의 시건장치 ④ 회전부 보호커버 벗기면 운전정지 ⑤ 단속기 뚜껑 열면 정지 ⑥ 프레스기의 양손 S/W → 양손으로 2개 S/W 눌러야하는 작동

기계적 결함시 다른시스템, 또는 동일한 보조시스템에 의하여 사고방지 방법.

• 2중압력방출장치
• 원자로 다중방호
• 모니계기기 Back-up 시스템
• 2중절연기
• 방폭시스템

중요.
★ Fail safe의 3단계

누전차단기 ← ① Fail passive : 기기·기계부품 고장시 → 기계를 정지하는 방향으로 이동
감지기. ← ② Fail active : ㉠ " → 경보 울리고 짧은시간 동안 운전가능
㉡ 고장 발생시 안전조치 할수있는 시간확보.

③ Fail operation : 기기·기계부품 고장시 → 기계를 보수하는동안 안전하게 기능유지하도록 병렬계통 설계

① fail safe ─ ┌ 부운화 (진공차단V/V, 방유제)
              └ 다중화 (병렬), Redundancy.
              │
          Fail passive

② fail-to-open.
  " -close.

(06년 출제) ※ 06년 → DCS, PLC 기능 및 차이점 (25)

30번 문제) DCS와 PLC의 기능 및 차이점

	DCS	PLC
1. 정의	① Distribute control system (분산제어 시스템) ② 여러개의 제어용 컴퓨터를 기능별로 분산시켜 위험을 최소화하고 전체관리는 중앙에서 집중감시 및 콘트롤하는 자동제어시스템	① programmable logic controller ② 자체 CPU나 메모리를 보유한 소형컴퓨터로 아날/디지털의 디지털 신호가 주로 쓰이는 조립라인의 생산프로세스
2. 적용	① 다량의 아날로그 입력처리 유리 ② 석유화학, 발전, 제철 등 연속공정	① 다량의 디지털 I/O 처리에 유리 ② 자동화, 전자 등 불연속공정
3. 구성	① System interface : CPU, 광케이블 ② Process interface : 아날로그, 디지털 I/O 강치 ③ Operator interface : 운영자의 조작 S/W, 상태표시장치	① 소형 CPU ② 디지털, 아날로그 I/O 모듈 ③ 릴레이, 타이머, 카운터 메모리

4. 통합적 차이점 (아주복잡 운전 연속)	① 분산 및 실시간처리 : 가능 ↔ 불가능
	② 복잡한 연산수행 : 적합 ↔ 부적합
	③ 이중화 시스템 구성 : 유리 ↔ 불리
	④ 연속적인 프로세어 기능 : 유용성 ↔ 제한적
	⑤ 운전중 수정 : 가능 ↔ 불가능
	⑥ 시스템 진단기능 : 有 ↔ 無
	  고장원인 찾기 : 용이 ↔ 어려움
	⑦ 집중관리 가능 → 인력효율성↑ ↔ 인력효율성↓
	  → 유지보수 용이 ↔ 유지보수 어려움
	⑧ 가격 ↑ (초기투자비↑) ↔ 가격↓ (초기투자비↓)
	⑨ 확장성 불리 ↔ 확장성용이 (설비증설용이)
	⑩ 외부노이즈 영향↑ ↔ 외부노이즈 영향↓ (끝)	

감시자료(컴퓨터)

5. 관리적 차이점

1) 자료접근	운전자가 하나의 모니터로접근 마우스, 키보드 등으로 선택 표시 운전조작 위해 가공이 용이 ✓집약적 설치	PLC 설치장소에 가서 접근 항상 자료가 표시됨 운전조작 위해 가공 어려움 ✓계기배열에 따라 접근됨 ✓분산설치
2) 자료표시		
3) " 사용		
4) 동시 접근		
5) 감시 적 면적		

6. 기능적 차이점

① 전체표시	화면상 표시	여러기기를 종합해야 함
② 경보확인	Alarm time stamp 및 print out 가능	불가
③ Loop관리	화면에서 가능	계기에 접근해서 실시
④ 변수확인	"	"
⑤ 공정그래픽	화면에서 제공	별도 그래픽 판넬필요
⑥ 응답시간 예측가능	有	無
✗⑦ 운전중 (S)정가능	가능	불가
⑧ 운전기록 저장기능	有	無

공이 수요 경감 루트 응답

※ 2008(권) (25)
→ PFD/P&ID 기술자료 상세검토방법

31번 문제) PFD와 P&ID

1. PFD (공정흐름도)

   1) 정의
      공정계통과 장치설계 기준을 나타내는 도면으로
      장치간 공정연관성·운전조건·운전변수·물질수지·E수지를
      파악할수 있는 도면.
      → 활용 → 기본설계·상세설계·운전교체 등의 작성 참고 기본도면

      [도식: 펌프 → 열교환기 → 응축기 → 반응기 → 증류탑]
      (응축기) (가열기) (반응기) (증류탑)

      (그림 - 공정흐름도(PFD) 예시)

   2) 표시사항 (기술자료 상세검토방법)

      | 공정물기 TP 사양 등 |

      ① 공정흐름 순서·방향   ② 주요장치 번호
      ③ 물질수지·E수지   ④ 기본제어 회로
      ⑤ T.P 정상상태값   ⑥ 주요장비 (압력용기, 펌프, HE) 사양
      ⑦ 비중·밀도·점도 등 물리적특성

2. P&ID (공정배관계장도)

   1) 정의   운전예
      공정의 시운전·정상운전·운전정지·비상운전시 필요한
      모든공정장치·동력기계·공정제어 및 계기를 도시하고
      배관은 유체흐름방향 상호간의 연관관계를 나타내는 도면 배관(3단).
      → 배관(종류)을 하여

2) P&ID 작성원칙, 표시
　① 활용 : 상세설계·건설·변경·유지보수·운전등에
　　　　필요한 기술적 정보 제공
　② 작성원칙
　　㉠ PFD(공정흐름도)를 기초하여 작성
　　㉡ 유틸리티 계통도에 관한 P&ID는 별도작성
　③ 표시
　　㉠ 약어나 부호(symbol) 이용하여 일목요연하게 작성
　　㉡ 유체 흐름방향은 좌→우, 위→아래 로 도시

3) 표시사항 (기술자는 상세 전문 방법)

구분	P&ID 표시사항
① 설명어 및 범례도	㉠ 부호(symbol) 및 범례도, ㉡ 약자·약어정리 ㉢ 고유번호 부여 ㉣ 동력요구사항
② 장치 및 동력기계표시	㉠ 고유번호, 명칭, 용량 및 동력번호 사양·전열량·재질 ㉡ 연결부 ㉢ 보온 및 연결부
③ 배관, 닥트 유체의 흐름방향 표시	㉠ 호칭지름·배관번호·재질·두께 여유등계 ㉡ 차단 V/V 종류 ㉢ 보온, 보냉 종류 ㉣ 벤트·드레인 ㉤ 안전V/V 전후 차단V/V 여부 → short data
④ 계측기기	㉠ 센서·조절기·지시계·기록계 등 계기계통 ㉡ 제어장치구분 (+DCS 나 PLC) → PICR ㉢ 안전V/V의 크기·설정압력 ㉣ 인터록 ㉤ CV Fail position

5번역 2득 → ①설명어 및 범례도
PICR 제안 → ④계측기기

4) 도면관리 및 고유번호 부여
　① 도면관리
　　㉠ 원본관리 : 1회이상/년 갱신
　　㉡ 사본 " : 변경즉시 통보, 현상일치 → 변경내용 표시후
　　　　　　　　　　　　　　　　　　　1회/년 cad 작업(갱신)
　② 고유번호 부여 → plant 번호
　　　　　　P - 3 3 0 1 A/B → 수량(예비)
　　장치및 ←┘ │ └→ 일련번호
　　동력기기종류   └→ 단위공정 번호

제 14 장 화학설비 및 안전장치

1. 안전 V/V
   1) 설치대상 : 압력용기 외 2(이상)
   2) 안전V/V 전후단에 차단V/V 설치하는 경우.
      → CSO.

   3) 배압 (Back pressure) → 축부 누증

안전V/V 작동후 형성P	안전V/V 작동전 형성P
축적배압. 누적 " (Build-up P)	부가 배압 중첩 " (Superimposed P)

일반형 안전V/V	Bellows 안전V/V	Pilot 조작형 안전V/V
설정압력의 10% 이하	설정압력의 50% 이하	설정압력의 70% 이하

   4) 설정압력 (Set. P) → 열리도록 설정한 안전V/V 입구측 압력
      ① 설정압력 (171) ≤ 설계압력

구분		하나의 안전V/V		다수의 안전V/V	
		설정P	축적P	설정P	축적P
화재X	1차V/V	100%	110%	100%	116%
	나머지	-	-	105%	116%
화재	1차V/V	100%	121%	100%	121%
	나머지	-	-	110%	121%

   ② 분출압력 (토출 P, Popping P)
      → 완전히 개방되었을때 입구측 압력, (Lift가 최대)

   ③ 호칭압력 (nominal P)
      → flange의 압력등급

   ④ 분출정지압력 (Closing P, Reseating P)
      → 밸브몸체가 밸브시트다시 재접촉 (Lift가 Zero)
      → 설정 P 보다 4% 낮게.

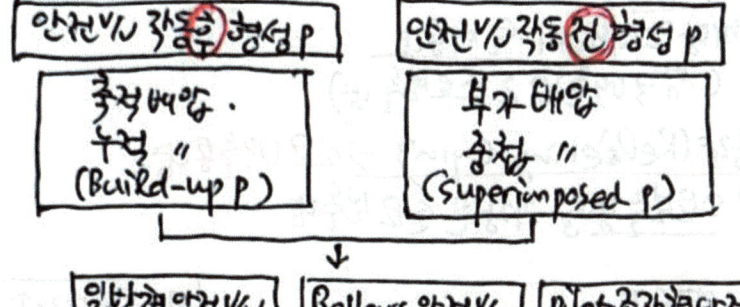

5) 소요분출량 (Required Capa)
   → 방쳐가능한 모든압력 상승원인에 의하여 각각 분출될수 있는 유체량.

   정격배출량
   → 해당안전V/V의 설계용량
   (정격배출량 ≥ 소요분출량)

   ✓ 배출용량 (Relieving Capa) → 소요배출용량.
   → 소요분출량중 가장 큰 소요분출량

✓ 6) 안전V/V 형식표시
   ① ② ③ ④ ⑤
   | S F Ⅱ 1 - B |

   → 시트유로면적 ↑.
   목부리늘의 1.15배↑
   중개용의 분출량↑ (고압).
   가격↑. 중요한 것.

   ① 모구성능 (S=증기, G=가스)
   ② 유량제한기구 (F=전량식, L=양정식) → 목부지름의 1.05배↓
   분출량↓ (저압)
   가격↓. 덜중요한 것.
   ③ 호칭크기지름 (D~V)
   ④ 호칭압력 (1~22).
   ⑤ 배압영향 ┌ A = 비평형형 (배압영향 ↑)
              └ B = 평형형 (" ↓)

4. 파열판
   1) 설치기준 : 이중 반복
   2) 파열판/안전V/V 직렬연결 : 독압방부
   3) 종류
      ① 돔형 : 단단형, 복합형, 흠집각인형 or 절개형
      ② 역돔형 : 흠집각인형 or 전단작동형, 칼날불이형
      ③ 평면형 : 교란형 측면, 요볼록형, 평면절개형.

4) 파열판/안전밸브 직렬연결 요구조건.
　① 파열판을 안전밸브 전단에 설치하는 경우
　② 　〃　　　〃　　후단에　　〃

5. 폭발진압 시스템 → 방폭원리
　　　　　　　　　→ 불착불폭안

1) 불꽃방지기 (화염〃) : Flame Arrester

```
                     ┌──────────────┐
                     │              │
                    TK            배관
                  ┌──┴──┐      ┌────┴────┐
                안화점     인화점    (관내)    (관외)
                (38-60℃)  (38이하)  측연방지기  폭광방지기    관외만
                                  (광외배관)  (관내관)     화염방지기
              ┌──┴──┐         ↓
           인화방지망 소염소자    액봉식
              ↓    ↓           → seal
           속도형  평판형          drum.
```

* 산안법 / 위험물 관리법

2) 폭발 억제장치 (폭발진압〃)
　→ 폭산억제
　→ 폭전기방감.

✓ 3) 안전거리
　　→ 산안법/위험물 안전관리법

1. 화염감지기 (Flame Scanner)

Flame Eye	Flame Rod	Stack S/W
• 빛의 파장의 차이 (크기) → 광전 방출현상 → 신호변환장치	• 가스의 이온화 (전기전도도)	• 열전대의 열기전력 (냉접점과 온접점의 온도차)

(0.38μm ~ 0.76μm)

[123] 2. 긴급차단장치

1) 주요 및 기능 2) 설치대상 3) 설치위치
4) 작 S/W 위치

3. 통기설비 (BV) 통기량산출방식

1) 정상운전

부압시 흡입통기량	과압시 배기통기량
$Q_i = V_b + q_i$	① 인화점 < 38°C, 비점 < 149°C $Q_0 = 2.14 V_i + q_0$ ② 인화점 > 38°C, 비점 > 149°C $Q_0 = 1.07 V_i + q_0$

2) 비상운전

$$Q_0 = 930 \left(\frac{HF}{L}\right)\left(\frac{T}{M}\right)^{0.5}$$

4. 가스감지기

1)

설치장소	설치대상	배치 및 설치개수
① 누출우려 높은설비 인접장소	㉠ CpR 충전 ㉡ 독성반응설비 (※현저큰발열반응 특가경인 2차반응)	• 인접장소 1개↑ • 바닥면둘레 10m마다 1개↑
② 체류우려 높은장소	㉠ 건물밖 → 풍속·풍향·가스비중 고려	• 설비군 바닥둘레 20m마다 1개↑
	㉡ 건물내 공기보다 무거운: 하부 " 가벼운: 상부	• 설비군 바닥둘레 10m마다 1개↑
③ 폭발위험장소내 전하된 존재	㉠ 배변레 → ㉡ 가복 →	• 건축물내부 1개 이상 • 바닥둘레 20m마다 1개↑
④ 독성물질 누출위험 장소에 사람상주	배변레 가복	• 1개 이상 설치

2) 감지기 종류
→ 반도체식, 접촉연소식, 기체열전도식
• IR(적외선)방식
• P냉방식

3) 경보설정치
① 인화성가스
LFL 25% (1개) → 2개설치시 [1차: LFL 25%
2차: " 50%]

② 독성가스
(ⓐ 누출가스 조기감지 목적)
㉠ TLV-2 → A EGL-2(1hr) → PAC-2 → 1시간내 10%
　　TLV-C값과 비교하여 작은값
(ⓑ 작업전·중 가스농도측정 → TWA)
㉡ 1대없는 경우
　LC50 × 0.1 (30분), ×0.2 (4hr)
　LC6 × 1
　↓ LD50 × 0.01
　　LD6 × 0.1

• 마하수 (M)
→ 유체의 속도를 유체속을 전파하는 음파의 속도로 나눈값.
ㄴ음속.

5. Flare System (Ḃ-59-2020)

1) 설계 조건
   ① 설계 P : 0.35Mpa
   ② MOP (=배압) : 0.2Mpa
   ③ 플레어팁 압력손실 : 0.014Mpa
   ④ 플레어가스 속도 : 0.2~0.5 Mach
   ⑤ 복사열 : 4000Kcal/m²·h

2) Flare Header

| 건스 | 습단 | 저온 | 고저 | 산3/6 | 가N¡ |

   -45°C   0°C
   ─○─────○─────
    오   켤   탄

3) Flare System 설치시 (설계시) 고려사항
4)   "   운전시   "

[기액분리]← 5) K.O드럼 [설치시] 고려사항
   → 버닝레인 견성. 중간 K.O드럼 설치기준

6) 액체밀봉드럼 (역화방지시설)
   ① 설계시 고려사항
   ② 종류 ┌ 액체밀봉드럼 (Seal drum)
          └ 건식설 ┌ Molecular seal
                  └ Velocity seal

✓ 7) SIS 적용한 플레어 시스템 결정시 고려사항
✓ 8) 플레어탑 소음 (계산문제)

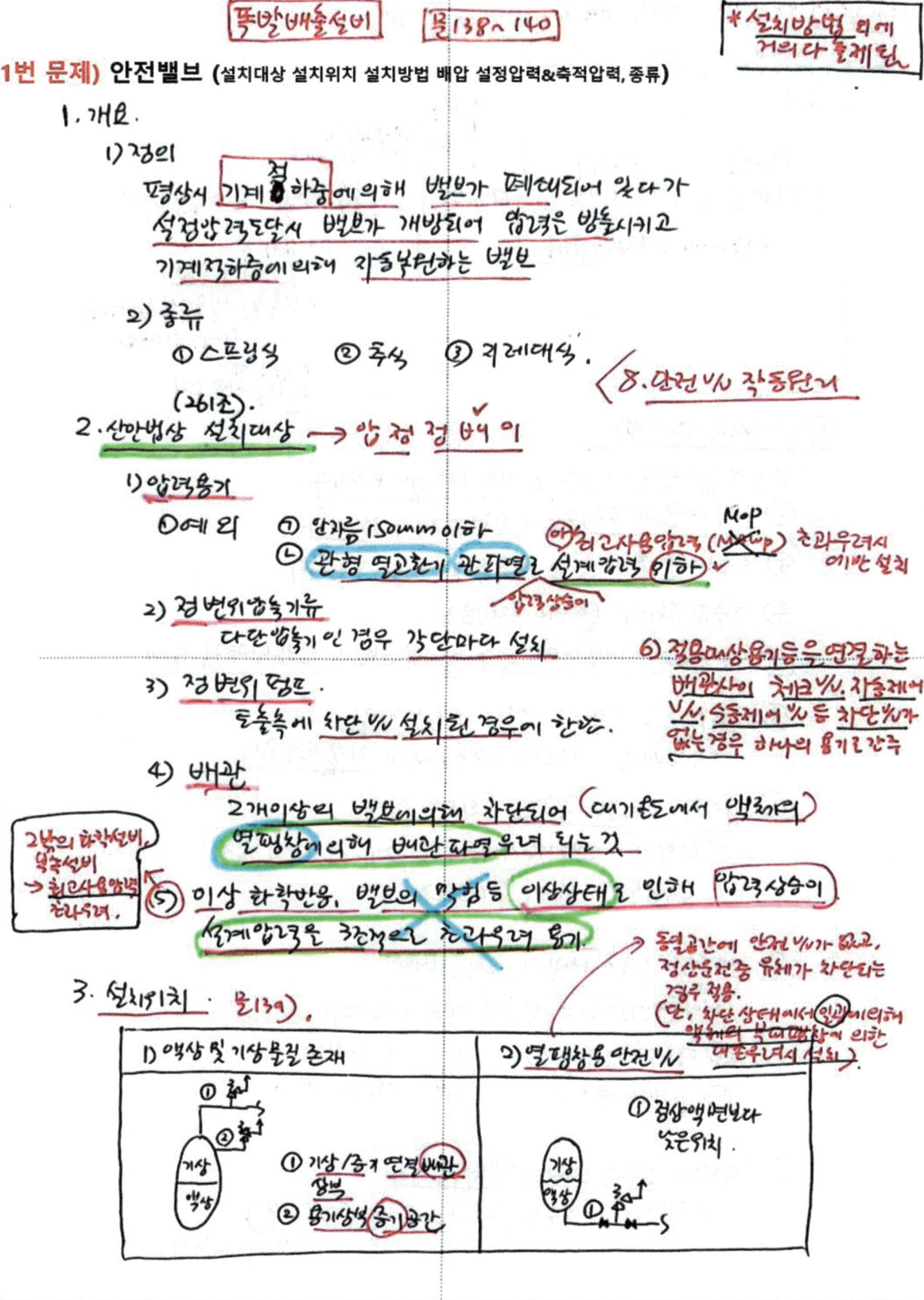

4. 안전 V/V 설치방법 (유의사항)

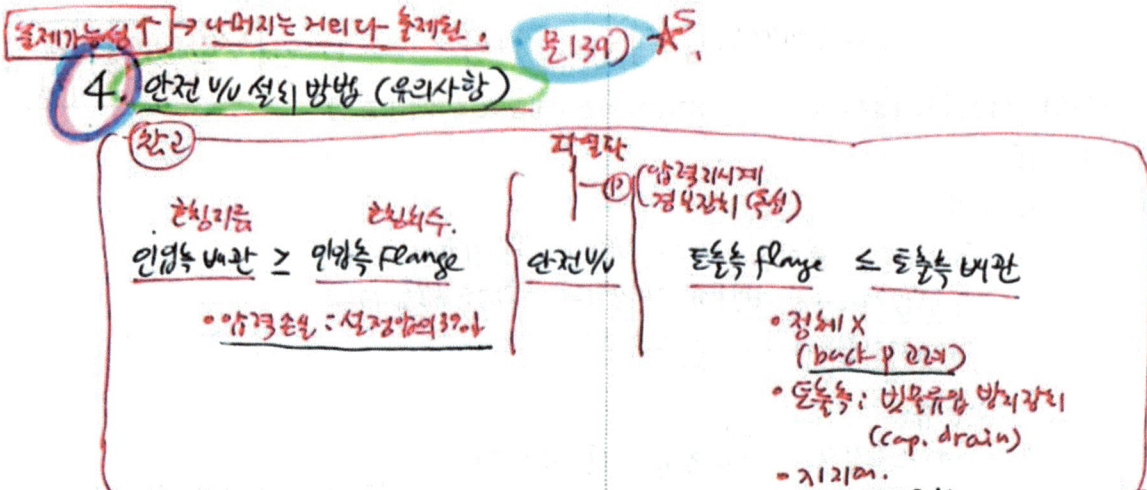

① 안전 V/V의 설치방법
  ① 인입측 배관의 호칭지름 ≥ 인입 Flange 호칭치수
  ② 인입배관 내 압력손실 : 설정압력의 3% 이하
  ③ 토출배관 호칭지름 ≥ 토출측 Flange 호칭치수
  ④ 토출된 유체가 배관내 정체회피
  ⑤ 연결배관 내경 단면적 ≥ 각 안전V/V의 인입 단면적 합계
  ⑥ 겨울, 응고, 결빙으로 막힐우려 있는경우
     → 인입배관, 안전V/V, 토출배관에 가열·단열조치
  ⑦ 파열판·안전V/V 직렬로 설치되는 경우
     → 파열판·안전V/V 사이에 압력계·경보장치 설치
     (독성물질: 반드시 경보장치)
  ⑧ 안전V/V 토출측 배관에 걸리는 배압
     ㉠ 일반안전V/V : 설정압력의 10%이하
     ㉡ 벨로우즈형 안전V/V : " 50% 이내
     ㉢ pilot형 " : " 70% "
  ⑨ 옥외설치시 토출측 배관에 빗물유입방지
     → 캡설치, 토출측 배관하부에 구멍 (drain홀)
                                    └ 직경 5mm 정도

④ 지지대설치
→ 안전 v/v 자체하중, 안전 v/v 전후단 배관하중.
  안전 v/v 도출측 충격, 외부충격 방지 필요시 설치.
      진동. 반발력.

5. 안전v/v 전후단에 차단v/v 설치하는 경우. (266조)
   └(설치공지 : 안전보건규칙 266조).

1. 개요
  1) 안전 v/v 전후단 차단 v/v close 상태에서 반응기 과압 발생시
     대형재해로 이어질수 있음.
  2) 원칙적으로 안전v/v 전후단에 차단v/v 설치할수 없으나
     아래 규정을 만족한 경우 예외적으로 적용됨. (차단 v/v 는 반드시 자물쇠형)

② 차단 v/v 의 설치
  1) 인접한 용기등이 2중으로 설치된 경우

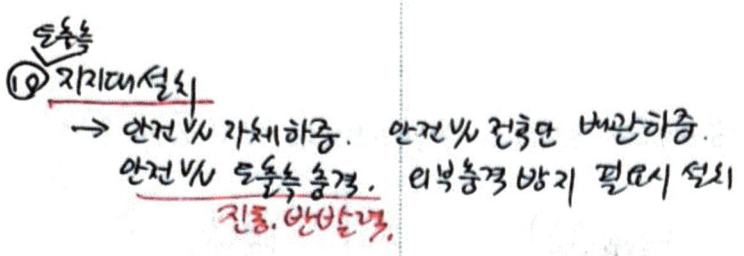

→ 인접한 화학설비 및 그 부속설비에
  안전 v/v 가 복수 설치되어 있고,
  (당해 화학설비 및 그 부속설비의
   연결배관에 차단 v/v 가 없는 경우.)

• 시건조치방법
  케이블타이
  열린/닫힌 색상구분.

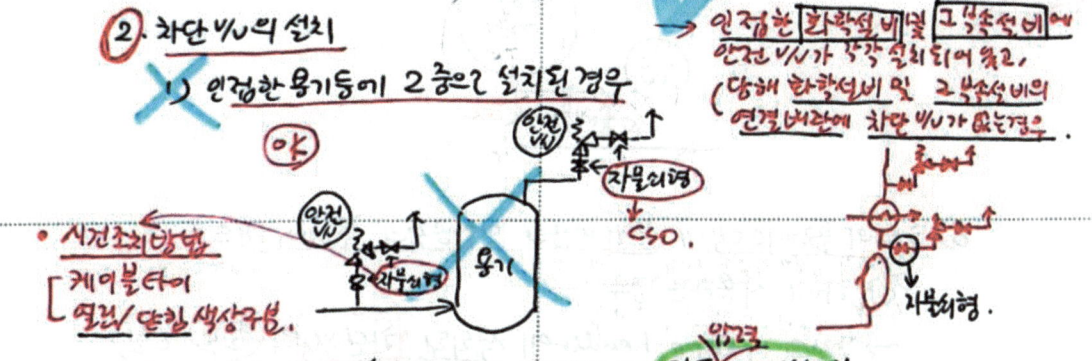

  2) 안전 v/v 배출용량 50% 이상 용량의 자동제어 v/v 와
     안전 v/v 가 병렬로 연결된 경우.

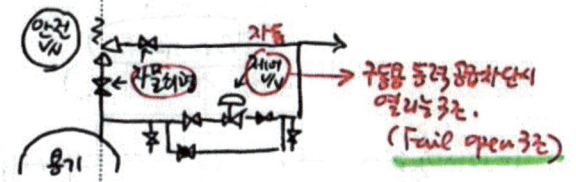

→ 구동용 동력원 차단시
   열리는 구조.
   (Fail open 구조).

  3) 복수방향으로 안전 v/v 설치된 경우.

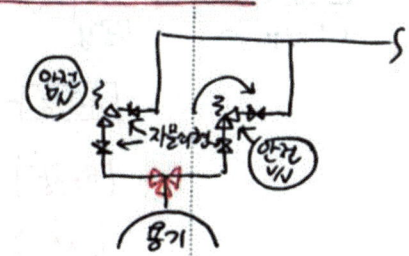

4) 예비용용기 등에 설치되고 각각의 용기에 안전 V/V가 설치된 경우.

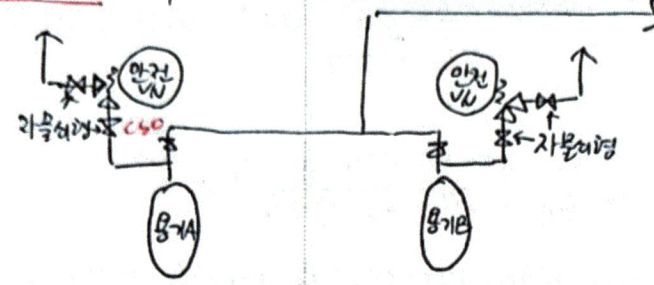

5) 열팽창에 의한 압력상승을 방지하기 위한 안전 V/V의 경우.

(B50쪽)
뒷page 에 보도정리.
• 열팽창용 안전V/V 설치하는경우

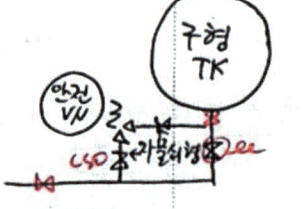

6) 하나의 플레어스택에 2개 이상의 단위공정의 플레어헤드를 연결하여 사용하는 경우
→ 각각의 Flare header에 설치된 차단V/V의 열림 닫힘 상태를 중앙제어실에서 알수 있도록 조치를 한 경우.

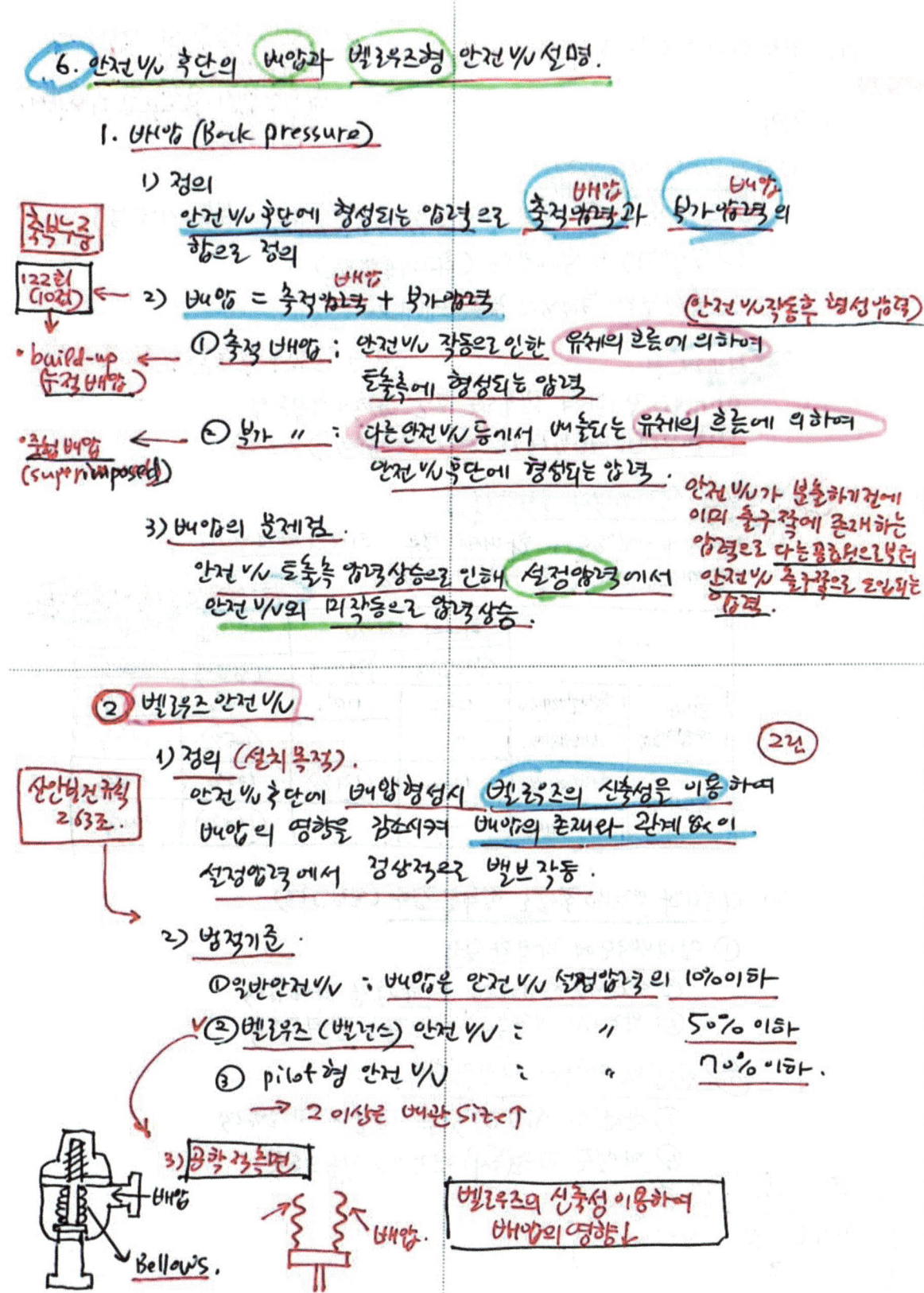

17. 안전 v/v의 설정압력과 축적압력

→ 안전 v/v 작동 될때, 안전v/v에 의해 축적되는 압력으로, 설비에서 순간적으로 허용가능한 최대압력.

1. 정의

1) 안전 v/v의 설정압력
   ① 안전 v/v가 열리도록 설정된 압력 (분출압력, 분출개시압력)
   ② 설정압력 ≤ 설계압력 (최고허용압력)
   (안전 v/v 둘이상인 경우는 예외)

2) 축적압력 — 유체의 흐름에 의하여 토출측에 형성된 압력
   안전v/v 작동하여 방출되는 동안 압력이 축적되어
   MAWP (최고허용압력)를 초과하는 압력. ✗ (?)

2. 안전 v/v의 설정압력과 축적압력

1) 화재시가 아닌경우와 화재시의 경우. 하나의 안전v/v와 여러개의 안전v/v로 구분하여 정함. (기준: 설계압력·최고허용압력)

구분		하나의 안전v/v		여러개의 안전v/v	
		설정압력	축적압력	설정압력	축적압력
화재 아닌경우	첫번째v/v	100%	110%	100%	116%
	나머지v/v	-	-	105%	116%
화재시	첫번째v/v	100%	121%	100%	121%
	나머지v/v	-	-	110%	121%

2) 파열판과 안전v/v 직렬로 설치한 경우 (설정압력)

   ① 안전v/v 후단에 파열판 설치
      ㉠ 안전v/v 설정압력 ≥ 파열판 파열압력
      ㉡ 안전v/v 작동즉시 파열판이 파열되도록

   ② 안전v/v 전단에 파열판 설치
      ㉠ 안전v/v 설정압력 ≤ 파열판 파열압력
      ㉡ 파열판 파열즉시 안전v/v 작동되도록

   ② 설 즉시 ①
   파열판 안 파열판
     ≥   ≤

3. 결론

1) 설정압력이 사용압력에 근접하는 경우 채터링 현상이 재해의 원인이 됨.

2) 사용압력 = 설정압력 85%이하 되도록 설계
(설정압력 충분히 높게)

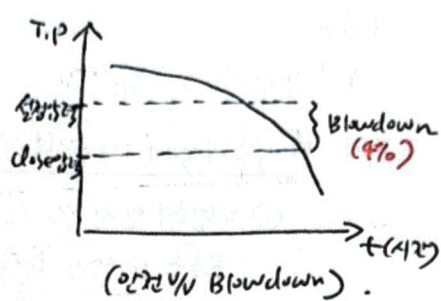
(안전 V/V Blowdown)

8. 안전 V/V의 작동원리.

평상시 : 기계적 하중 (스프링·추·지레) 에 의해 밸브 폐쇄
→ 기기·장비 압력상승
→ 설정압력 도달 > 기계적 하중에 의한 압력
→ V/V 개방으로 내부유체 방출.
→ 압력저하시 기계적 하중에 의해 작동복원 (폐쇄).

9) 안전 V/V의 특징

정자방출식

1) 정밀도가 높다
   작동설정압력을 미세하게 조정가능

2) 자동적 복원
   압력배출후 → 자동복원 → 내용물 연속 유출 방지

3) 방출량↓ → 급격한 압력상승에 부적합

4) 고점도·독성가스·슬러지·부식성 물질은 사용불가

② 가볍게

11. 안전 V/V 종류를 작동방식, 취급유체, 양정에 따라 분류하고 설명하시오

(답)

1. 안전 V/V의 종류

   1) 작동방식에 따른 분류

   ① 일반형 안전 V/V (Conventional Safety V/V)
      토출측 배압의 변화에 의해 성능에 영향을 받는 스프링 작동식 안전 V/V

   문20)% ← ② 벨로우즈 안전 V/V (Bellows Safety V/V)
      ✓ 토출측 배압의 변화에 의해 성능에 영향을 받지 않도록 만들어진 스프링 작동식 안전 V/V로 벨로우즈에 의해 스프링이 보호되는 형태

   ③ 파일럿 조작형 안전 V/V (Pilot operated Safety V/V)
      안전 V/V 자체에 내장된 보조 안전 V/V 작동에 의하여 작동되는 안전 V/V.

   ④ 비교

구분	일반형	벨로우즈	파일럿
✓ ㉠ 설정압력	10% ↓	50% ↓	70% ↓
㉡ 구조	간단	중간	복잡
㉢ 가격	저렴	중간	고가
㉣ 유지보수	거의 없음	중간	많음

   설정압력의 10% ↓   50% ↓

○ 뱅압 : 안전 V/V 설정압력의 10% 이하.

2) 취급유체에 따른 분류
   ① Relief V/V
      ㉠ 취급유체 : 액체
      ㉡ 초과압력에 비례하여 작동
   ② Safety V/V
      ㉠ 취급유체 : 스팀·가스·증기
      ㉡ 밸브개방 : 설정압력도달시 pop action (순간적 완전개방)
   ③ Safety Relief V/V
      ㉠ 취급유체 : 액체 및 기체
      ㉡ 밸브개방 : 밸브개방속도는 Relief V/V 와 Safety V/V의 중간

3) 양정에 따른 분류 (안전 V/V 작동거리 : H)

형식구분	유량 제어 기구
저양정식	H < 배수직경 1/40 ~ 1/15
고 〃	H < 〃 1/15 ~ 1/7
전 〃	H > 〃 1/7
전량식	배수직경이 목직경의 1.15배 이상

   → V/V 입구에서 시트에 이르는
     유로중 가장 좁은 부분의 지름.

4) 압력 배출방식에 의한 분류
   ① 개방형 : 분출가스 대기방출 (보일러·압력용기)
   ② 밀폐형 : 〃 가 다른 공정시스템으로 방출 (화학설비)
   X ③ 밸로즈형 : 부식유체로 (부터 스프링보호) (부식성·독성가스)

119회 (25점)

12. 안전밸브로부터 배출되는 위험물질의 처리방법에 대하여 설명하시오. (긴급방출장비?)

1. 개요
1) 반응기, 탑 등의 이상발생시 (누출·화재등) 재해 확대방지를 위해 방출되는 물질을 신속하게 처리하기 위한 방법

2. 배출물 처리방법

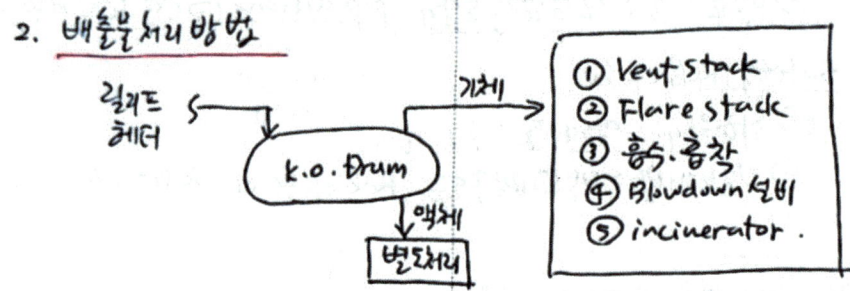

1) 연소
  ① 인화성가스나 인화성액체의 증기는 Flare ~~stack~~ System 소각 → 대기배출

2) 흡수
  ① 기체상태의 배출물을 액체에 용해 처리

3) 흡착
  ① 기체나 액체상태의 배출물은 고체상태의 물질에 부착시켜 처리

(활동중 기타)

4) 포집
  ① 배출물을 적정한 형태의 용기등에 모아서 처리하는 방법 (배출물질의 양이 소량인 경우 적용)

5) 회수
  ① 배출물질과 동일한 물질을 취급하는 설비로 수거하는 방법
     (배출물질의 양과 안전밸브의 배압을 고려)

6) 중화
   ① 산은 알칼리로, 알카리는 산으로 중화시켜 하는 방법
   ② 독성물질은 무독화하는 처리방법

7) 기타 방법
   ① 환경처리 설비에 연결
      ㉠ RTO 연결 (Regenerative Thermal Oxidizer)
      ㉡ RCO 연결 ("   Catalytic   ")
      → 화재폭발 위험으로 사전에
         위험성평가 실시.

---

13. 안전 V/V의 종류와 작동원리 설명

1) 안전 V/V
2) 파열판
3) 가용합금 안전 V/V
4) Emergency Vent.

[최근 2회출제 (119회)]
상19년(25조)
하19년 1"
123(25).

배출물질의 처리
① 상기의 방법으로 처리 하여야 하나.
② 다음의 경우 배출되는 위험물은 안전한 장소로 유도하여 외부로 직접 배출할수 있다.

1) 배출물질을 연·흡수·세정·포집·회수 등의 방법으로 처리할때
   파열판의 기능을 저해할 우려가 있는 경우

2) 배출물질 연소처리할때 유해성 가스를 발생시킬 우려가 있는 경우.

3) 고압상태 위험물이 대량 배출되어 ~등의 방법으로
   안전히 처리할수 없는 경우.

4) 공정설비@지역과 떨어진 인화성가스, 액체 저장TK에
   안전 V/V 설치되고, 냉각설비 와 작동스타설비 등 안전상 조치 한 경우

✓ 5) 배출량이 적거나, 배출시 급격히 분산되어 재해우려 없으며
    냉각설비 와 작동소화설비 설치등 안전상 조치를 하였을때.

14. 안전 V/V의 고장원인 및 대책

고장원인	대책
1. 이물질이 시트부 부착 누설	- 수동조작에 의한 이물질 제거
2. 급격한 체결로 시트부 손상	- 시트부는 서서히 회전시켜 체결
3. 열응력 및 잔류응력에 의한 분출량과 작동압력 상이 (설정압력에서 작동하지 못함)	- 열응력, 잔류응력을 탄력히 제거
4. 설정압력 근처에서 반복작동현상 (Hunting) → 시트면 손상	- 사용압력 = 설정압력 × 0.85 이하 ① 사용압력 ≤ 설정압력 × 0.85 ② Blowdown → 작동후 닫힐때 약 4% ↓
5. 배압	① 벨로즈 안전 V/V ② 배압 = 설정압력의 50% 이하
6. 부식	① 부식 방지 대책 ② 안전 점검
7. 안전V/V 전단의 차단 V/V 폐쇄 (close)	① 차단 V/V의 시건장치 ㉠ 자물쇠, 납봉, 케이블타이 ㉡ 케이블타이 : 쉽게 훼손하거나 절단될 수 있음 ② 램퍼 스위치 (게이지 확인가능) on-off

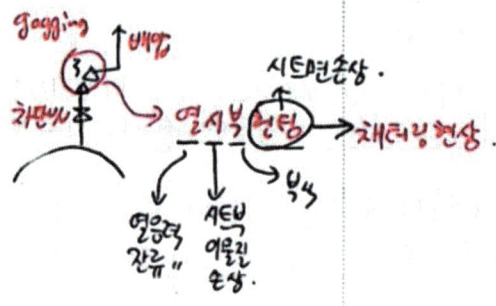

※ 출제가능성↑ → 수머리는것이다 출제됨.

2번 문제) 안전밸브 설치위치 및 설치방법

1. 안전 v/v 설치위치

   1) 액상 및 기상 물질 존재

   ① 용기등 상부 기상/증기공간

   ② 기상/증기공간에 연결된 배관 상부

   ③ 열팽창용 안전 v/v 는 정상액면보다 높은 액면공간에 설치.
   동일공간에 안전v/v가 없고
   정상운전중 유체가 차단되는
   경우적용
   (단. 차단상태에서 일광에
   의해 액체의 부피팽창에의한
   파손우려시 설치)

2. 설치방법

   1) 안전 v/v 인입 배관내
      압력손실 ≤ 설정압력의 3%↓

   안전 v/v 위치를 보르기기 보다
   둘이 이쪽 설치하거나.
   전단배관직경↑ ⇔ 압력손실↓
   → 압력손실↓

   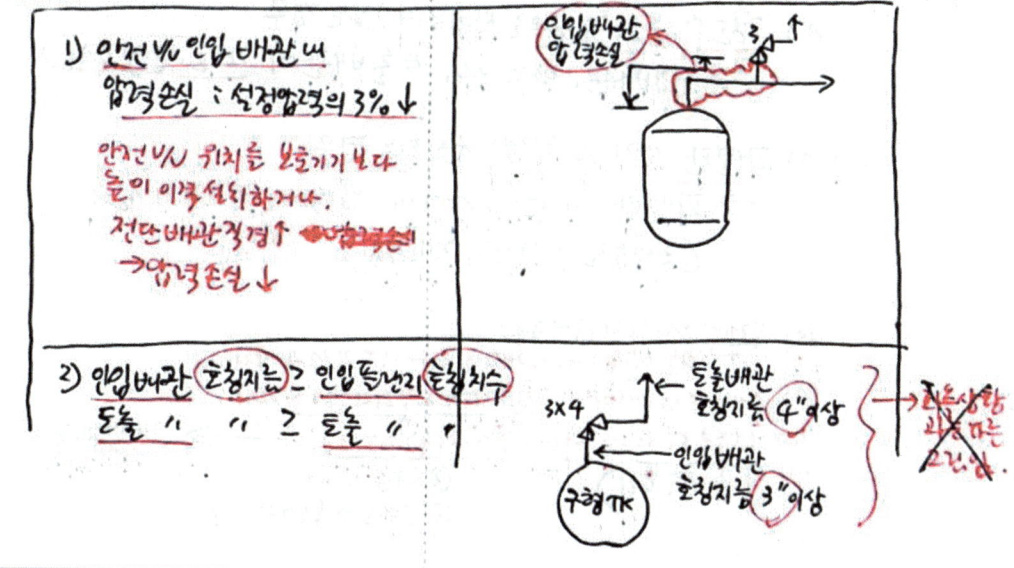

   2) 인입배관 호칭지름 ≥ 인입플랜지 호칭치수
      토출 " " ≥ 토출 "

3) 2개이상 안전V/V 등이 하나의 연결배관에 설치되어 필요분출량 배출시
→ 연결배관의 배복 단면적 ≥ 인접 단면적 합계

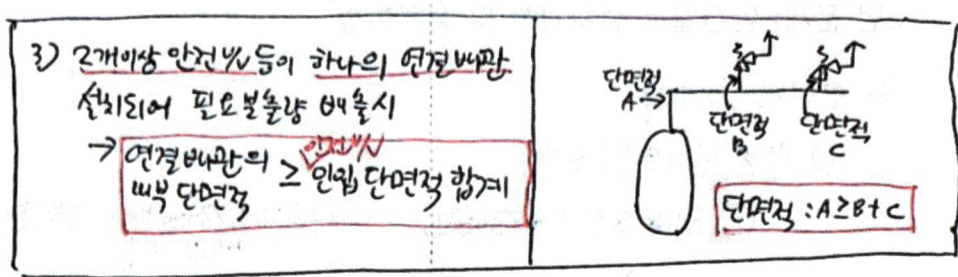
단면적 : A ≥ B+C

4) 토출배관의 배압
① 일반 안전V/V : 안전V/V 설정압력의 10% 이하
② 벨로우즈 " : " " 50% 이내
③ 파일럿형 " : " " 70% "

5) 토출된 유체는 안전V/V 토출배관 정체 X

6) 토출배관을 옥외 설치하는 경우
① 빗물 유입 방지
  내압의 영향 방지 } → 캡을 설치 → 가볍게 설치하여 가스 배출시 함께 분리
✓② 토출배관 하부에 drain홀 (직경 5mm 정도)

7) 지지대 설치
→ 안전V/V 자체 하중, 접속단 배관하중, 토출시 충격 및 외부충격에 견디수 있도록 설치하되, 떨어져 지지대 설치
* 방출시 반발력 및 진동흡수

8) 점도↑, 응고, 결빙으로 막힘우려 있는 경우
→ 연결배관, 안전V/V, 토출배관에 가열·단열 조치

✓9) 파열판·안전V/V 직렬로 설치되는 경우
→ 파열판·안전V/V 사이에 압력계, 경보장치 설치
   (독성물질 : 반드시 경보장치)

10) 드레인 V/V 설치 (6번 중복)
→ 빗물 방출관에 정체되지 X → 낮은 지점에 설치

11) 축이나 도장 예민하여 방출관에 고형물 형성되도록 하라

12) 방출시 온도↓ → 저온에 견딘 재질 (저온) → 배관재질 (S·K·탄)
  (줄·톰슨효과)   ③ STS
              ① 같은 CS → 부식의 우려 때문

3번 문제) 안전밸브 배출배관 설치시 고려사항

1. 개요
   1) 안전 V/V 란?
      설정압력 초과시 순간적으로 완전 개방후 과압을 제거하고,
      설정압력보다 4% 낮게 재설정.

   2) 안전밸브의 종류

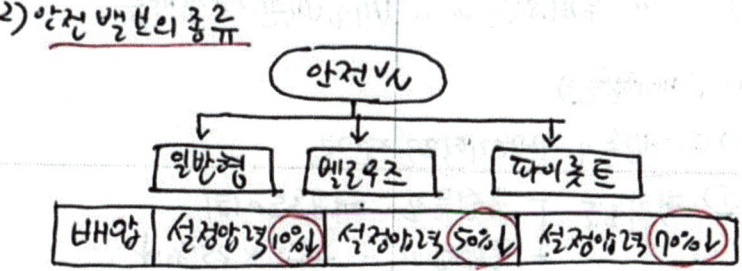

2. 안전 V/V 배출배관 설계시 고려사항.

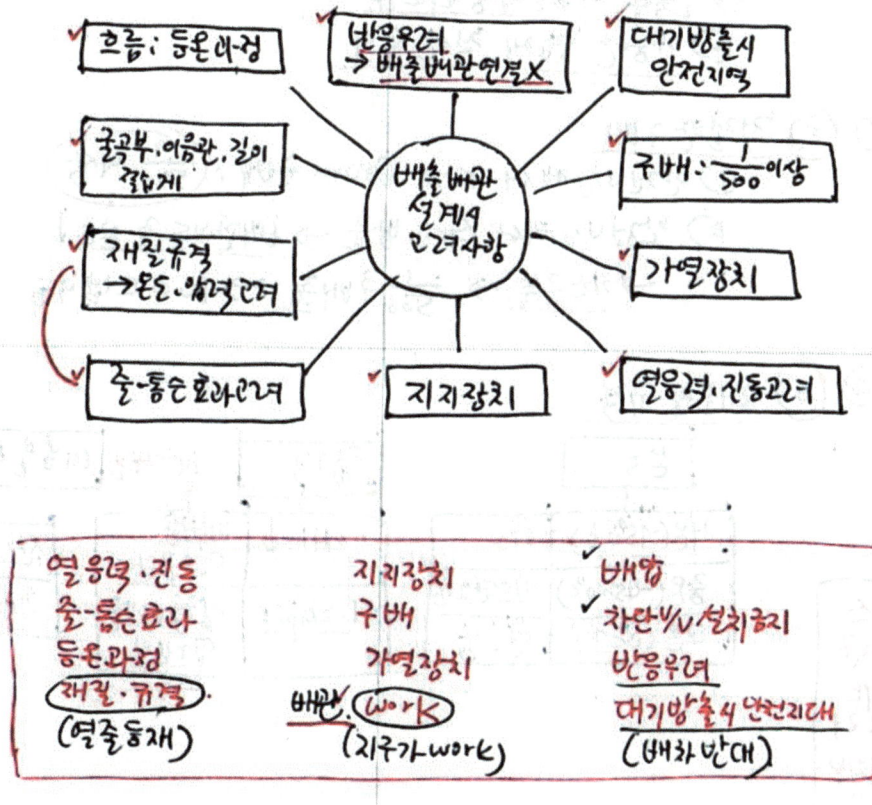

③ 1) 등온과정
   등온과정이 단열과정보다는 보수적인 결과제시
   → 안전차원에서 등온과정으로 가정

⑪ 2) 배출배관의 연결
   ① 서로 반응할 수 있는 물질 : 별도 배출배관 연결
   ② 〃 우려 없는 〃 : 배출배관 연결가능

⑫ 3) Vent (대기방출)
   ① 대기방출시 안전지역으로 연결
   ② 착지농도 ┌ 독성물질 : 허용농도 이하
              └ 폭발성 〃 : LFL × 25% ↓

⑧ 4) 배관 work
   ① 굴곡부, 이음관 사용 최소화
   ② 가능한 짧게 직선 설치

⑥ 5) 적절한 구배
   ① 안전 V/V 에서 K·O drum 구배 : $\frac{1}{500}$ 이상
   ② 안전 V/V 에서 Gas 방출 → 배관이동중 온도 ↓
      → 가스응축 → $\frac{1}{500}$ 구배줌 → K·O 드럼 이동

④ 6) 재질및 규격

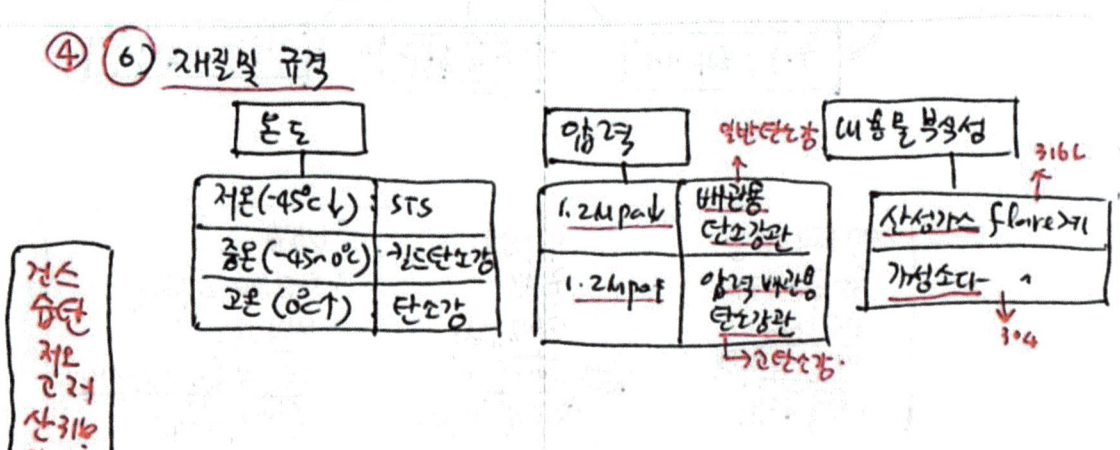

⑦ 7) 배관가열장치   ✓ 배출물의 누출·응축·점성↑ → 가열장치 → 흐름성↓

① 배출물질 냉각 → 배출물의 응집력↑ → 점도↑
   → 흐름성↓

② 따라서. 냉각시 가열장치로 가열 → 응집력↓
   → 점성↓ → 흐름성개선 ✓

8) 배출배관의 재질 (개스킷 포함).

[누설방지 중요!!]

① 역류 가능성
   본기관에서 다른 배관 연결시 역류가능성 有

*문2개). ② 줄-톰슨효과
   ┌─────────────────────────────┐
   │ 압축된 기체를 단열된 구멍(노즐) 분출 │
   └─────────────────────────────┘
                ↓
   ┌─────────────────────────────┐
   │   압력이 급격히 감소   │
   └─────────────────────────────┘
                ↓
   ┌─────────────────────────────┐
   │ 압력감소로 온도가 내려가는 현상 │
   │   ($\frac{P}{T}$=일정, P↓ → T↓)   │
   └─────────────────────────────┘

-45℃ 0℃   → 역류방지. 온도저하를 고려하여 배출배관 재질 선정.
 액   연   (예) 저온취성에 강한 9% Ni강.
              18-8 오스테나이트계 스테인레스강
              ─ ─
              Cr Ni

⑤ ✓9) 지지장치
   ① 안전밸브. 파열판 작동시 하중이 배출 배관에
      과도하게 걸리지 않게
   ② 배출되는 동안 반발력을 적절히 지지

① 10) 열응력과 진동고려
　① 열응력
　　고온물질 방출 → 선팽창계수 ↑ ┐ → 고온·저온에 의한
　　저온물질 〃 → 〃 ↓ ┘ 　(열응력) 발생
　② 진동
　　안전V/V 배출시 진동발생
　→ 열응력, 진동 발생시 → Flexible Joint 설치고려

⑨ 11) Back pressure.

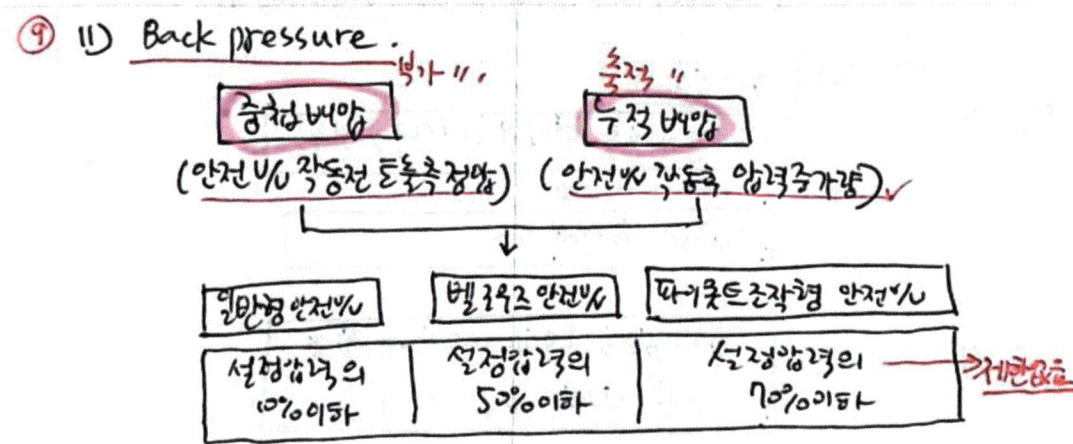

일반형 안전V/V	벨로우즈 안전V/V	파이롯트조작형 안전V/V
설정압력의 10%이하	설정압력의 50%이하	설정압력의 70%이하	→ 제한없음

⑩ 12) 차단V/V 설치위치
　　안전V/V 후단 ~ K.O drum 사이 차단V/V 설치하지

13) 안전V/V 배출배관 설치위치
　　공정지역 작업빈도가 높은 지역은 지양.

14) 수별함유여체
　① 비수설비
　② 충돌방지 측면에서 보온 가연성이.

4번 문제) 안전밸브 형식표시

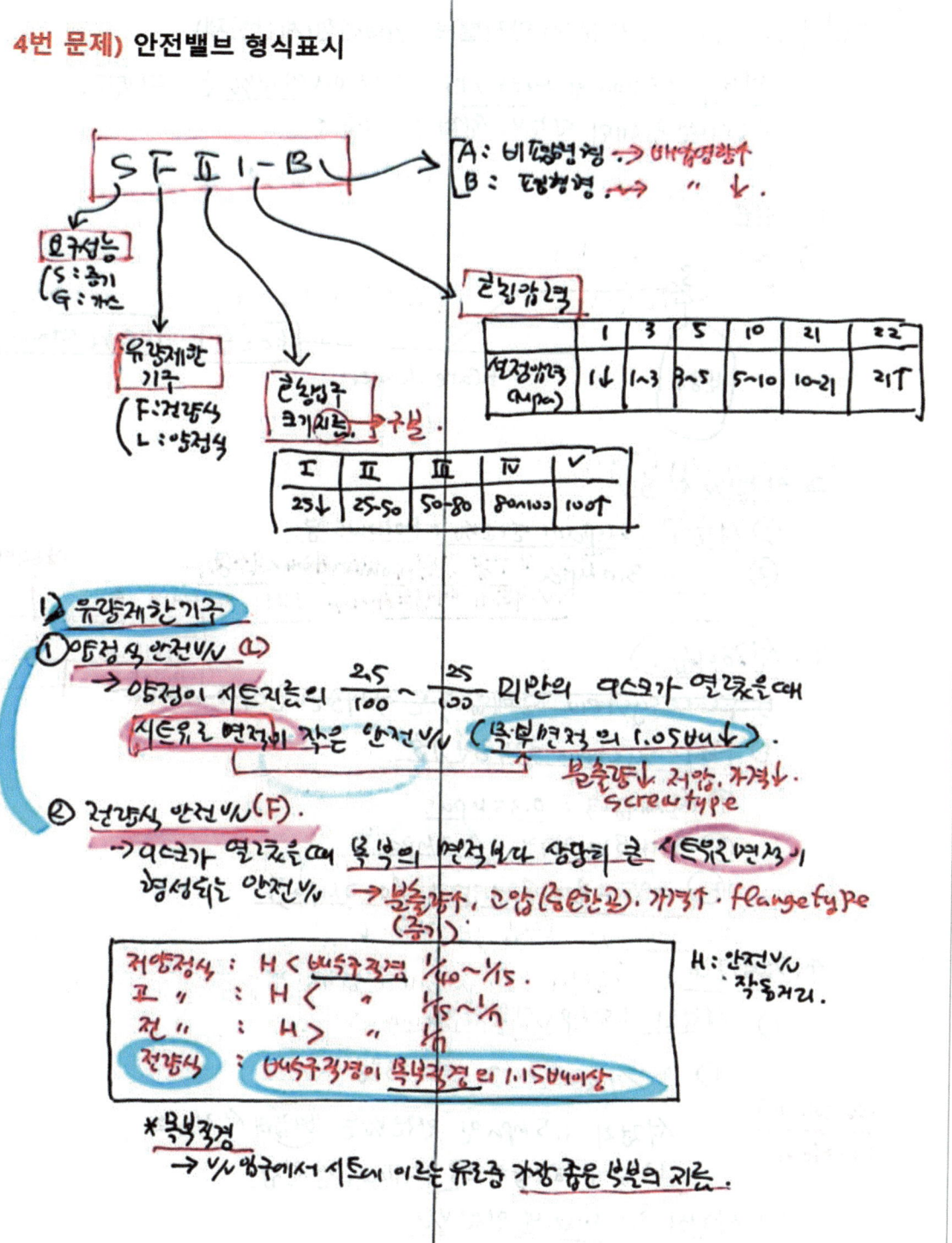

5번 문제) 안전밸브 Type선정 (계산문제)

[지적사] [120(25)]

설정치 1.5Mpa인 안전V/V 다 3.0Mpa 안전V/V을 F.S 연결...
각각 어떤 형태의 안전V/V 선정? 이유?

1. 개요.

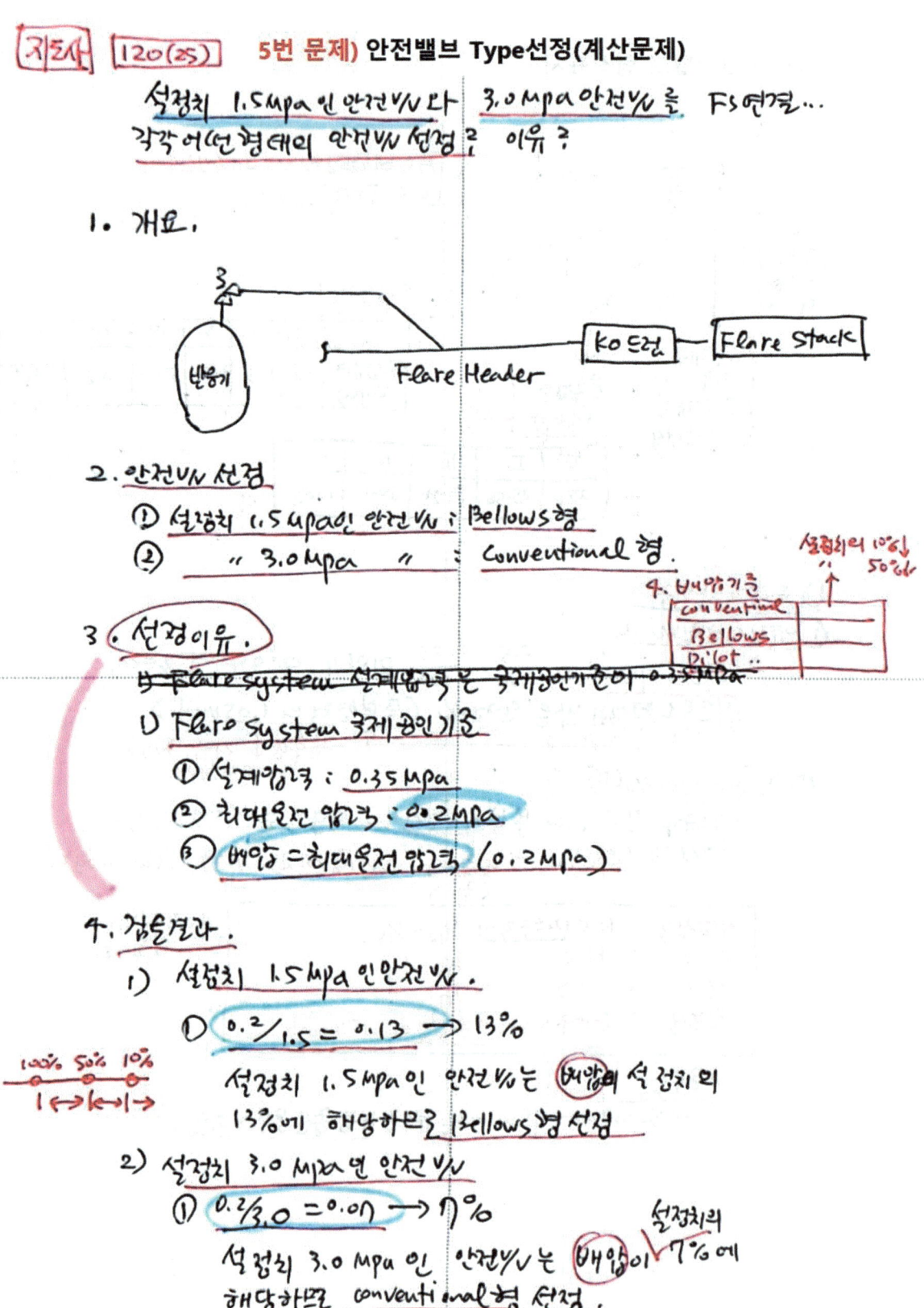

2. 안전V/V 선정
① 설정치 1.5Mpa인 안전V/V : Bellows 형
② " 3.0Mpa " : Conventional 형

3. 선정이유.

1) Flare system 크기결정기준
① 설계압력 : 0.35Mpa
② 최대운전 압력 : 0.2Mpa
③ 배압 = 최대운전 압력 (0.2Mpa)

4. 검토결과.

1) 설정치 1.5Mpa 인 안전V/V.
① 0.2/1.5 = 0.13 → 13%

설정치 1.5Mpa인 안전V/V는 배압이 설정치의 13%에 해당하므로 Bellows형 선정

2) 설정치 3.0 Mpa인 안전V/V
① 0.2/3.0 = 0.07 → 7%

설정치 3.0Mpa인 안전V/V는 배압이 설정치의 7%에 해당하므로 Conventional형 선정

6번 문제) 안전밸브와 릴리프밸브 비교

	Safety V/V	Relief V/V
1. 정의	밸브입구측 압력이 Set pressure에 도달시 완전히 개방되어 압력을 방출하는 장치	Set P 이상으로 압력상승시 초과압력에 비례하여 개방되어 압력을 해소하는 장치
2. 목적	인명, 재산, 환경등의 보호	장치 및 기기보호
3. 취급유체	Steam, vapor, Gas 등	Liquid
4. 작동원리	Value 입구측압력이 set p에 도달 ↓ Value 완전히 개방되어 내부압력 팽출되어 압력↓ (pop action) ↓ 안전 V/V의 기계적 자중에 의해 복원	Set. P 이상으로 압력상승 ↓ 초과한 압력량에 비례하여 Value 개방 ↓ 과압해소후 스프링의 힘에 의해 복원
5. Set p.	① Set p ≤ 설계 p ✓② 과압 방출후 valve 복원시 떨림이 Set p 값에 비해 약 4% 드게 설정됨 (Blow down) (채터링 예방)	① 운전압력 × 1.5 유량이 없을때 ↑P ② pump 후단에 설치 [Centrifugal Type: shut off P [Positive displacement Type MOP(Max. operating P)×1.5 ③ 배관에 설치된경우 → Piping design P
6. 설치위치	Flare 그림 ① 압력용기 또는 Tower의 상부 증기공간 ② 증기공간과 연결된 pipe line상에 설치	① 장압TK 그림 suction → Discharge ① positive displacement Type pump 후단 → 기기 보호용 + 폐쇄배관 보호용
7. 배출물 처리방법	① Steam·Air: Vent to ATM (대기압으로 방출) ② 고방의 위험요인나 Hydrocarbon 포함물질: Flare system, 흡착	① 배관 전단으로 Recycle ② Vessel·Tank 등의 Buffer 기능 갖는 저장조로 보냄 → 즉. 내부 System으로 Recycle ✓

* 정유천 SSVH

7번문제) 안전밸브 소요분출량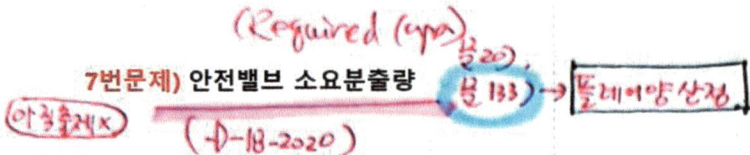

(안출제×) (P-18-2020)

1. 소요분출량 개요

1) 가능한 모든 압력상승원인에 의한 분출될수있는 각각의 소요분출량 계산.

2. 소요분출량 계산

1) 정변위 펌프 및 정변위 압축기 토출측 배관의 밸브차단
   - 펌프, 압축기의 최대용량

2) 용기등의 모든출구가 차단된 경우.
   [최대유체량 + 자체 최대발생율]
   - 유입유체 (액체) : 최대토출량
   - 〃 (스팀,증기) : 유효스팀,증기유량 + 최대운전조건에서 발생되는양.

3) 응축기로 유입되는 냉각수 또는 환류액의 공급중단.
   (응축기에 유입되는 최대용량)
   - 에너지수지 및 물질수지 고려 아래의 방법결정
   ① 안전응축 : 응축기 유화 증기의 전량
   ② 부분 〃 : (〃) - (응축되지 않는 증기량).

4) 공랭식 냉각기 fan 작동중단.
   - 공랭식 냉각기 열교환 용량 × 0.7

5) 자동제어 V/V가 고장난 경우 (최대유입량과 최대유출량의 차)
   ① 용기등 인입배관에 설치된 자동 V/V 고장시 열린상태인 경우
   : (자동제어 V/V 의) 최대유입량 - 용기등의 정상적인 배출량
   ② 용기등 인입배관 및 출구배관의 자동제어 V/V 고장시 열린상태인 경우.
   : 최대유입량 - 최대유출량.
   ③ 용기등 출구배관의 자동제어 V/V 고장시 닫힌상태인 경우
   : 최대유입량

6) 외부화재인 경우

① 취급유체에 액체가 포함된 경우

$$W(\text{소요분출량, kg/h}) = \frac{Q(\text{총입열량, kcal/hr})}{\lambda(\text{증발잠열, kcal/kg})}$$

*Q 계산 ↓

② 취급유체가 가스 또는 증기상인 경우

$$W = 8.769\sqrt{Mw \times P_1} \times \sqrt{\frac{Au(Tw-T_1)^{1.25}}{T_1^{1.1506}}}$$

- Mw : 분자량
- P₁ : 축적압력 + 대기압 (Mpa)
- Au : 화재시 노출용기 면적
- Tw : 용기등의 최대 벽면온도 (°K)
- T₁ : 안전밸브 작동시의 유체온도 (°K)

7) 전원공급이 중단된 경우

전원공급중단으로 인한 영향고려 → W(소요분출량) 결정.

8) 관형열교환기 관 파열인 경우

① 열교환기 동체의 압력
   〃 동체측 유체의 물성 → 3가지 고려 → W 결정
   관측유체

② 보통, 관단면적에 흐를수 있는 유량의 2배.

*Q 계산
① 적절한 소화설비일 때 유설비 O
   $Q = 37,100 \; FAw^{0.82}$

② 적절한 소화설비, 배유설비 X
   $Q = 61,000 \; FAw^{0.82}$

- F : 환경인자
- Aw : 내부액체 접촉하고 있는 용기단면적 (m²)

8번 문제) 파열판 (Rupture Disk)

1. 정의
밀폐된 압력용기나 화학설비등이 설정압력 이상으로 급격히 압력상승시 순속박판이 파열하여 압력을 급격히 방출하는 장치.

2. 파열판의 설치기준 (산업안전보건규칙 제262조)
(이급반복)
1) 반응폭주등 급격한 압력상승 우려가 있는 경우
2) 급성독성물의 누출로 인하여 주위 작업환경의 오염 우려
3) 운전중 안전 V/V에 이상물질이 누적되어 안전 V/V 미작동 우려
4) 유체 부식성이 강하여 안전 V/V 재질선정에 문제 있는경우

→ 단, 안전 V/V 설치하고, 후단에 배출처리설비 설치시 파열판 생략가능

→ next page

3. 파열판의 설계개요
(= 파열압력의 영향인자, 파열압력 설정시 고려사항)

1) 공식 $P = 3.5\sigma_n \times \left(\dfrac{t}{d}\right) \times 100$

- P : 파열압력 (kg/cm²)
- d : 직경
- t : 두께 (mm)
- σ_n : 재료의 인장강도 (kg/cm²)

4. 파열판과 안전 V/V를 직렬설치 (산업안전보건규칙 제263조 관련)

1) 개요
급성독성물질이 지속적으로 외부에 유출될수 있는 화학설비 및 그 부속설비에 파열판과 안전 V/V를 (직렬)설치하고, 그 사이에는 압력지시계 또는 자동경보장치를 설치. (지시 - 독성 : 반드시 경보장치)

2) 적용예
① 독성이 매우 강한 물질을 취급시 완벽하게 격리할때.
② 압력방출장치가 작동후 방출구가 개방되지 않아야 한때.
③ 부식성 물질로부터 스프링식 안전 V/V를 보호할때. → 이경우 다열판은 안전 V/V 전단에 설치
④ 스프링식 안전 V/V 작동된후 방출구가 개방되지 않아야 한때.

③ 파열판과 안전 V/V 직렬설치시 (설정압력)
① 안전 V/V 후단에 파열판 설치
  ㉠ 안전 V/V 설정압력 ≥ 파열판 파열압력
  ㉡ 안전 V/V 작동즉시 파열판 파열되도록
② 안전 V/V 전단에 파열판 설치
  ㉠ 안전 V/V 설정압력 ≤ 파열판 파열압력
  ㉡ 파열판 파열즉시 안전밸브 작동되도록.

5. 파열판의 종류 및 특징.
 1) 파열판의 종류
  ① 인장형 (돔형식)
   오목한 부분이 압력을 받아 파열.

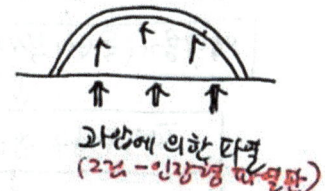
과압에 의한 파열
(그림 - 인장형 파열판)

  ② 반전형 :
   ① 볼록한 부분이 압력을 받아 파열
   ② 작은 홀더가 파열판을 절단하기 위하여 나이프가 장착됨.

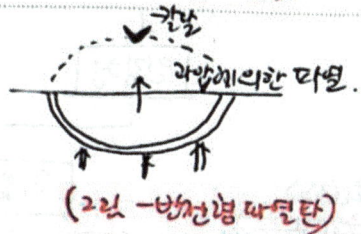
과압에 의한 파열
(그림 - 반전형 파열판)

 2) 파열판의 특징.
  ① 장점
   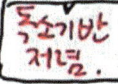
   독소기반 저렴.
   ㉠ 기계적 장치가 없어 구조단순
   ㉡ 반응폭주등 급격한 압력에서 가능.
   ㉢ 독성. 가연성 폭발성 물질에 사용가능
   ㉣ 점착성. 이물질 혼입된 경우에도 사용가능.
   ㉤ 개방시간 신속 (1/500sec)
   ㉥ 저렴
   ㉦ 대(大)구경. 큰 토출량가능.
   ㉧ 단독. 스프링식 안전 V/V 와 병행.
   ㉨ 소형 ~ 대형까지 제작 size의 제한 X

② 단점

[1회연속 파온파.]
- ㉠ 1회성 (한번 사용후 교환)
- ㉡ 파열시 다시 닫히지 않는 ⊖ 장치
- ㉢ 연속공정의 중요밸브에는 단독설치 불가
  (파열판 2개 병렬 설치)
- ㉣ 하절기 5분 유압시 충전기 동결로 파열우려 있음
- ㉤ 파열판은 하향강하고 Back pressure 민감함
- ㉥ 운전압력 ↔ 설정압력 근접유의
- ㉦ 온도에 민감 (온도↑ → 인장강도↓ → 파열압력↓)
- ㉧ 파열압시험을 할수 없다.

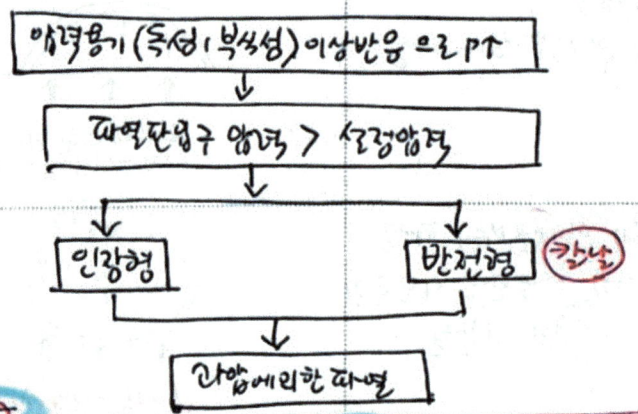

압력용기 (독성, 부식성) 이상반응 으로 P↑
↓
파열판입구 압력 > 설정압력
↓
인장형   반전형 (칼날)
↓
과압에 의한 파열

* 114회 (25)
6. 큰 문제 (요즘)   (요구조건)

1) 파열판을 안전V/V 전단에 설치하는 경우
 → 파열판과 안전V/V 사이에 필요치
   않는 압력이 형성되지 않는 구조로 한다.
 → 부식성, 독성물질, 위험시...

2) 파열판을 안전V/V 후단에 설치하는 경우
 ㉠ 파열판과 토출배관은 안전V/V 성능에
    영향을 주지 않도록 설치
 ㉡ 안전V/V 와 파열판사이에 필요하지
    않는 압력이 형성되지 않는 구조로
    한다.

② 파열시의 온도에서 파열판의
   파열압력 최대허용치 다 토출측에
   걸리는 압력의 합은 다음수치를
   초과하지 않도록 설치.

 ㉠ 안전V/V 배압 제한치
 ㉡ "   파열판 사이 배관의 설계압력
 ㉢ 관련기준 에서 허용하는 압력.

9번 문제) 안전밸브와 파열판의 직렬연결 요구조건

1. 적용범위 (전제조건)
   1) 파열판 토출측이 대기방출
   2) 파열판이 용기노즐로부터 배관길이의 8배이내 설치.
   3) 파열판의 토출면적이 인입배관면적의 50%↑
   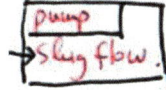
   4) 단상흐름
   5) 파열판 토출측 배관길이가 토출배관길이의 5배이내.
   6) 파열판 전·후단 배압의 공칭지름이 파열판공칭지름이상인 경우.

② 안전 V/V 전단에 파열판 설치 요구조건 (설계조건)

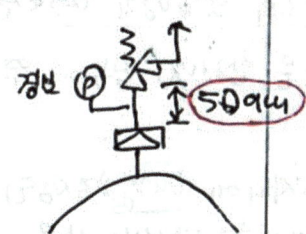

   1) 안전 V/V 와 파열판사이에 압력계, 시험용콕크, 자동경보장치 설치. → (독성물질은 반드시 경보장치)
   2) 파열판과 안전 V/V 사이에 배압형성 되지 X
   3) 파열판 파열시 정도의 방출이 안전 V/V 성능을 저하시키지 X
   4) 파열판 배관의 공칭지름은 안전 V/V 입구의 공칭크기보다 커야한다
   5) 파열판과 안전 V/V 사이 거리는 배관지름의 5배이내

③ 파열판은 안전V/V 후단에 설치 요구조건

(1) 대상(적용)
  1) 파열판 판독설치 혹은 안전V/V 입구쪽에 파열판 설치가 현실적이지 않을때
  2) 고가의 원료, 급성독성물질, 유해물질의 누출예방
  3) 배출연버로부터 부식성가스의 안전V/V 내부로의 침입 방지

(2) 부식성가스의 안전V/V 내부로의 침입방지 요구조건
  1) 파열판과 토출배관은 안전V/V 성능에 영향을 주지 않도록 설치
  2) 파열판과 안전V/V 사이에 배압 형성되지 X
     → 배압우려시 Bellows형 안전V/V 사용
  3) 파열판과 안전장치 사이 공간은 파열판이 정확하게 작동될수 있는 충분한 크기
  4) 파열시 온도에서 파열판의 최대파열압력과 분출배관의 압력의 합이 다음 수치를 초과하지 않아야 함.
     ① 안전V/V 배압 제한치
     ② 안전V/V와 파열판 사이 배관의 설계압력
     ③ 안전 표준에서 허용하는 압력

[21 기출사연계]

※ 방호장치 안전인증 고시 (21.3~)

10번 문제) 파열판의 성능기준

1. 개요
   파열판의 형상은 구조, 크기, 호칭압력에 따라 구별.

2. 파열판 구조에 의한 구별
   1) 돔형 파열판 (C) → 파열압력 방향으로 볼록한 형태
      ① 단판형 (O), ② 복합형 (C), ③ 홈집각인형 아 절개형 (S)
   2) 역돔형 파열판 (R) → 파열압력 반대방향으로 볼록한 형태
      ① 홈집각인형 아 전단각숭력 (S).
      ② 칼날붙이형 (K)
   3) 평면형 파열판 (F)
      ※ 교로형 ① 고른형 흑연 파열판 (R).
              ② 모노 볼록형   "   (M)
              ③ 절개형 파열판 (S)
                 평면
   4) 기타구조 (X)
      → 위 형태와 다른 제조사 특성에 따라 제작된 파열판
         (안전밸브 호칭지름과 동일)

3. 파열판의 크기는 파열판과 파열판장치의 호칭지름으로 표시.

호칭지름	I	II	III	IV	V
범위(mm)	25이하	25~50	50~80	80~100	100초과

4. 호칭압력 구별 (표3).

   • 파열압력 → 파열할때 파열판양쪽의 압력차이
   • 설정 " → 설계상 정한 온도에 따른 파열압력

폭발제어의 개념

11번 문제) 폭발진압과 보호시스템

→ 가 방 에 본

1. 개요
   1) 가스폭발조건:

      물적조건 × 에너지조건 = 1
      - 가연물+산소공급원
      - → 가연성 혼합기 형성
      - (폭발범위)
      - MIE, 최소발화온도, 점화원

   2) 방폭의 원리
      ① 물적조건 × 에너지조건 = 0
      ② 물적조건 × 에너지조건 ≒ 0 인 경우
         → 방폭전기설비
         - 점화원의 방폭적 격리
         - 전기설비의 안전도 ↑ (안전도↑)
         - 점화능력의 본질적 억제

   3) 물적조건 제어 (가연물, 산소)
      ① 누설·방류·체류로 통해 가연성 혼합기 형성 X
      ② 대책
         ㉠ 누설·방류·체류되지 않게 제어
         ㉡ 불활성화 → MOC↓
         ㉢ 환기설비 작동 → 가연물의 양 ↓ 통풍

   4) 에너지조건 제어
      ① 점화원 관리 : MIE, 최소발화온도 ↓ 유지

   ※ 전기설비의 구조적 방폭화
   - 점화원 ① 격리 (유입·압력·내압)
   - 전기설비 ② 안전도 향상 (안전증)
   - 점화능력 ③ 본질적 억제 (본질안전)

문368

② 폭발진압 및 보호시스템

1) 봉쇄 (Containment)

① 정의 : 장치나 건물이 폭발에 견디도록 강하게 제작하여 구획화

② 종류 [압력차]
 ㉠ 압력용기, 방폭벽, 방폭큐비클, 차단물

③ 특징
 ㉠ 가장 일반적인 방법이고 신뢰도↑
 ㉡ 최대폭발압력으로 산정
 ㉢ 폭연 : 유효, 폭굉 : 불가

2) 차단 (Isolation)

① 정의
 ㉠ 폭발이 다른곳으로 전파될때 자동적으로 고속차단 할수 있는 설비
 ㉡ 초고속 감지시스템 + 초고속 차단시스템
  → 비파괴계산하여 설치위치, 도종·간격 등 결정
  (비파괴 → 초고속 " + 초고속 ")

② 종류
 ㉠ 초고속감지시스템 : flame 감지기, spark 감지기
 ㉡ 초 " 차단 " ─ ⓐ 폭발차단밸브 (Mechanical Barrier)
          ⓑ Water Spray Extinguishment
          ⓒ Chemical Barrier (하론1301)
            정점소화약제
            (FM-200
            HCFC-125)

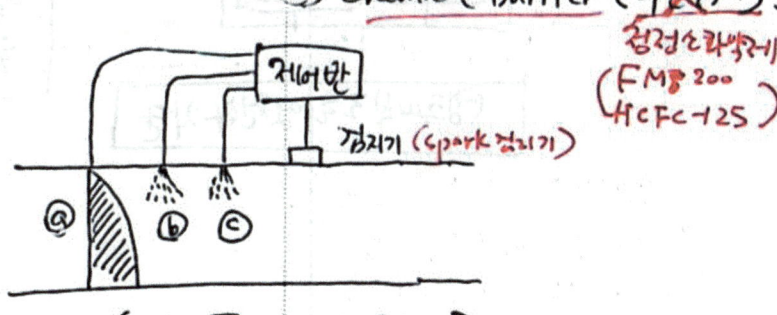

(그림 - 폭발진압 : Isolation)

12번 문제) 불꽃방지기(Flame arrester)

1. 개요
   1) 정의
      ① 가연성가스, 인화성액체를 저장·수송하는 설비 내외부에서 화재발생시 화염이 인접설비로 전파되지 않도록 차단하는 안전장치.

2. 화염방지기 종류
   1) 일반적인 분류

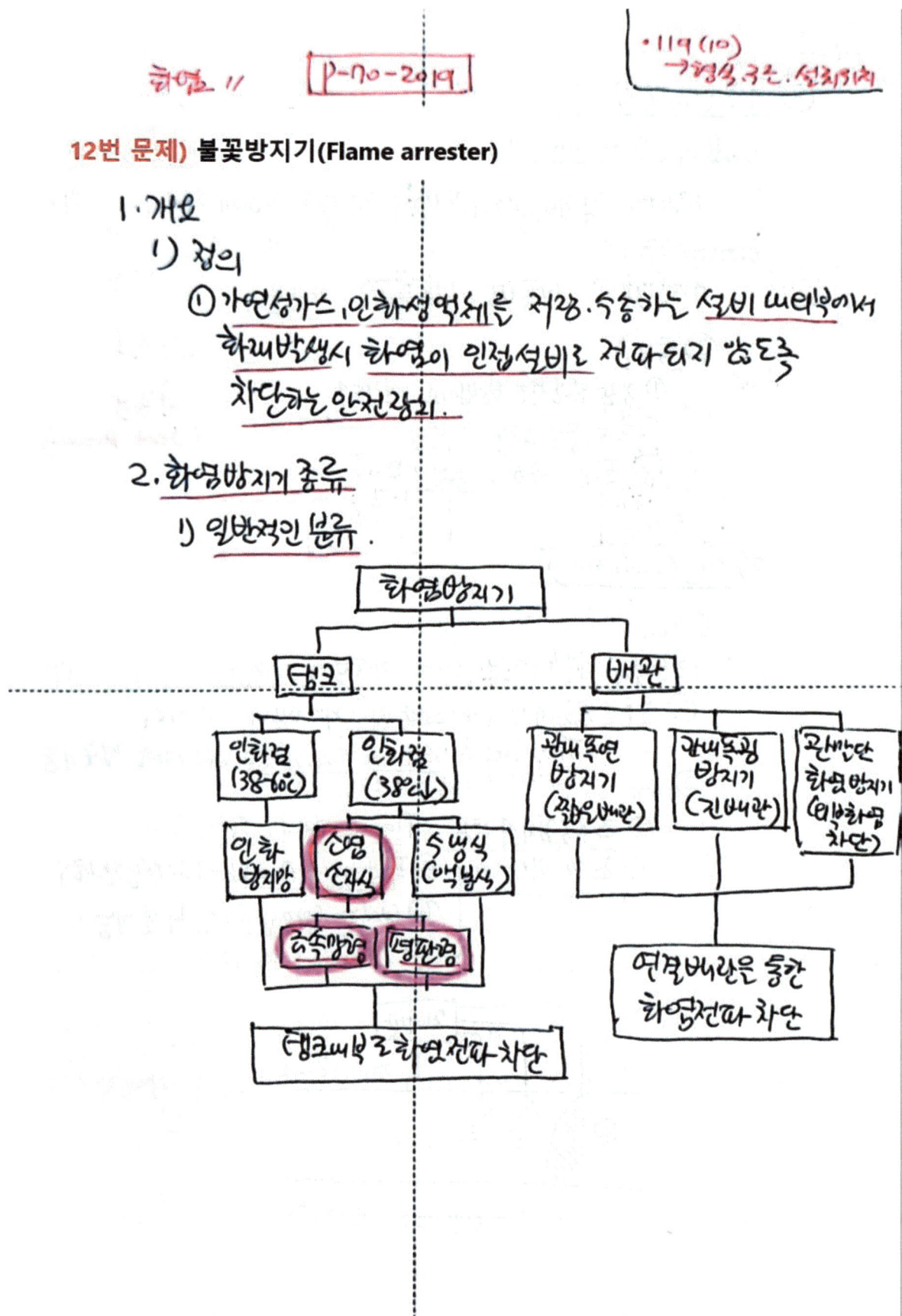

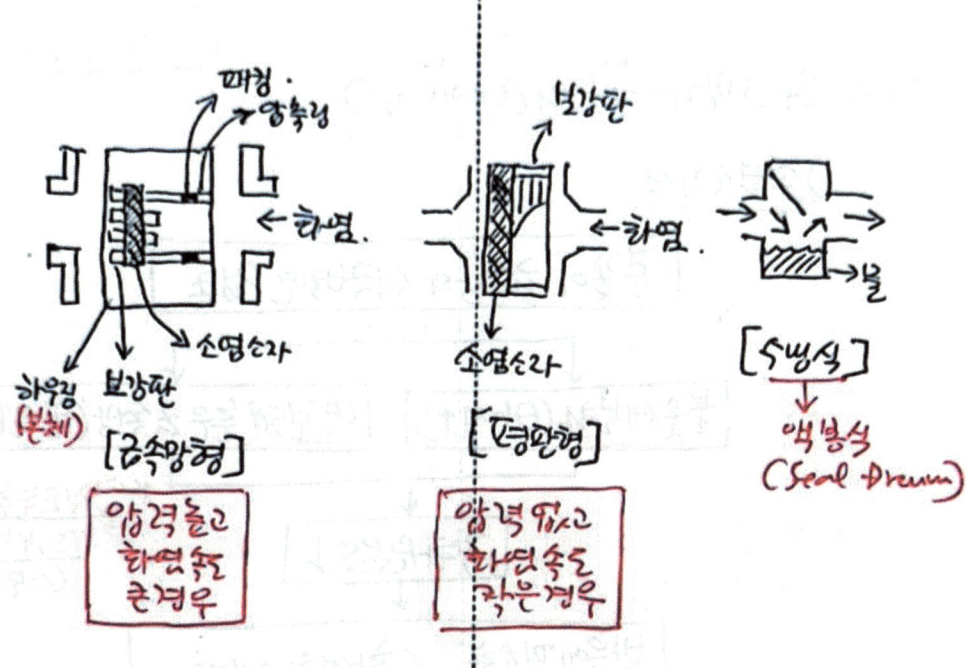

2) 화염확산 형태에 따른 분류
① 관말단 화염방지기
  ㉠ 배관의 말단부에 설치하여 설비 외부에서 발생한 화염이 설비내부로 전파되지 않게 하는 보호기능

② 관내 폭연방지기
  ㉠ 배관중에 설치하여 화재 및 폭발이 발생한 경우 반대편으로의 화염전파를 차단하는 보호기능
  ㉡ 길지 않은 배관

③ 관내 폭굉 방지기
  ㉠ 긴 배관내에서 가속화된 폭굉파가 발생한 경우 폭굉의 전파를 차단.

3. 화염방지기의 원리 (메카니즘)

1) 소염소자식

불꽃이 금속망의 세극벽면 접촉
↓
불꽃세분화 (방열↑) 열전도 높은 금속망 (방열↑)
↓   ※ 열전도율 높은재질
착화원은 ↓   → STS, Cu냉, Aℓ 주석
↓   (스텐위주)
반응에 필요한   < 활성화 에너지
분자생성속도   반열속도
↓
화염소멸 (소염)

2) 액봉식

증기관을 순환하는 물속으로 들어가게 함
↓
가연성증기 액화
↓
다시 TK로 되돌려 보냄

4. 화염방지기의 형식 및 구조

2권 → 앞page 1) 소염소자식
 ① 본체 : 금속제, 내식성, 화재로 인한 온도.압력에 견딜것
분소가정항 ② 소염소자 : 내식성. 내열성. 이물질 제거 용이한 구조
 ③ 가스켓 : 내식성. 내열성

④ 접합부 : 밀봉 (화염이 산연소자를 우회하지 않는구조)
⑤ 황화수소, 황성분등 핫유가스가 자연발화성물질로 전환우려
  있는경우 사용 ✗

2) 액봉식
  ① 본체 : 불연성. 담금액체에 대해 내식성. 1000°C이상의 내열성
  ② 담금액체
    ㉠ 물. 비독성. 불연성 액체
    ㉡ 보호대상 인화성 물질에 대하여 화학적으로 안정 (반응성✗)
    ㉢ 인입 배관등 전체압력손실 고려 → 액체높이 설정

  ※ FS의 Seal drum 참조.

  ③ 안전장치
    ㉠ 역사용시 충격방지 조치
    ㉡ 자동액면 조절장치 (LT)
    ㉢ 액면계. Sight glass
    ㉣ 경보장치. 운전 정지장치
      → [액면이 높거나 낮은경우] → [운전정지
         이상변화시]   경보.
    ㉤ 물보충 및 배출장치 설치

3) 일반적 특성
  ① 소염능력과 폭발압력에 견디는 기계적 특성 보유
  ② 재질 : 열전도율 ↑
    → STS강. 모넬. 연구리늄. 주철 (스모안주)
  ③ MIE ↓
    ㉠ 금속방염 Mesh↑, 평판형 ↑
    ㉡ 액봉식.

5. 설치기준 (옳바른 적용을 위한 건축사항)

1) 화염확산 형태기준
   ① 보호대상 화학설비의 통기관 끝단에 설치
   ② 통기 v/v가 있는 경우 화학설비와 통기 v/v 사이에 화염방지기 설치
      (단, 화염방지기 성능을 갖는 통기 v/v인 경우 생략 가능)
   ③ 배관 중간에 설치시 관내 폭연방지기 또는 관내 폭굉방지기 설치
   ④ 배관에 설치시 배관의 길이가 길어 폭굉 등이 발생할 우려가 있는 경우 폭굉방지기를 설치하여야 한다.
      (단, 폭발압력 발산구조로 한 경우 제외)
   ⑤ 설계압력을 초과하지 않도록 충분한 용량으로 설치.

2) 화염방지기 종류기준
   ① 상온에서 저장·취급하는 액체의 인화점이 38~60℃ 인경우 인화방지망 설치가능 (화염방지기 설치생략)
   ② 인화점이 100℃ 이하이고, 저장온도가 인화점 초과시에는 화염방지기 설치
   ③ 소형수지는 매년 1회이상 망체·보조·변형·파손등의 상태 확인 및 통기가 잘되도록 청소
      (단, 막힘이 자주 일어날 경우 점검주기 단축)
   ④ 결빙·승화·응축 등으로 막힐 우려가 있는 경우 보온 등 적절한 결빙방지조치를 해야 한다.

6. 화염방지기 소염성능의 영향인자.

$$V = K\frac{L}{\phi^2}$$

- V : 소염 가능한 전파속도 → 커야좋다.
- L : 세극 두께
- ϕ : 세극 직경
- K : 혼합가스종류, 소염소자 종류에 따른 상수.

1) Md (CH₄x1.5 × 선경) > 4
   → 소염소자식 (금속망) 가장 우수

2) 화염전파속도 : 상향 > 수평 > 하향.

3) 소염성능 : 상향 < 수평 < 하향.

4) 가스혼합비.
   혼합가스의 압력↑, 온도↑, 산소↑ (CST 부근)
   → V↓ → 소염성능↓

5) 세극의 두께 (L)
   L↑ → V↑ → 소염성능↑

6) 세극의 직경 (ϕ)
   ϕ↓ → V↑ → 소염성능↑

7) 소염소자의 열전도율↑ → K↑ → 소염성능↑

8) 금속망 적층수 : 일정개수까지 증가.

7. 화염방지기 설치예외 (API code 2000)

   1) 인화성 TK의 용량에 관계없이 TK내에 인화성가스가 체류할 공간이 있는경우 화염방지기를 설치하여야 함

   2) 다만, 아래의 경우는 예외로 한다
   ① 화염방지기를 설치하지 않는 대기 Vent는 TK내부에서 인화성증기 공간을 포함하지 않는 경우에만 적용.
   → Floating Roof TK.
   ② 아스팔트와 같은 고점성유의 경우 화염방지기가 막혀 TK봉괴의 위험이 TK의 화염전파보다 더 클수 있으므로 대기 Vent 적용 가능.
   ③ 환경규제가 엄격한 지역은 대기 Vent 가 허용되지 않을 수 있음

8. 화염방지기 선정 및 표시방법.

   1) 폭발등급
   ① 화염방지기 설치시 저장 취급하는 화학물질의 최대시험안전틈새(mm)에 따른 폭발등급 고려
   ② 폭발등급 분류

폭발등급	IIA	IIB	IIC
최대안전 틈새(mm)	0.9 이상	0.5 이상 ~0.9 미만	0.5 이하

   ③ 폭발등급 IIC의 화염방지기는 IIA, IIB 사용장소에 사용가능, IIB는 IIA 사용장소에 사용가능.
   (IIB는 IIC 사용장소에 사용 X).

2) 표시방법
① 형식 : 관말단 화염방지기, 관내 폭연방지기,
　　　　관내 폭굉 방지기 중 해당형식 표시
② 폭발등급 : ⅡA, ⅡB, ⅡC 중 해당폭발등급 표시
③ 재질
④ 제조번호 및 제조년월
⑤ 제조자명

3) 성능시험 결과
① 제작자는 "화염방지기 장치의 성능시험 방법"에 의한
　성능시험결과는 사용자에게 제공.

126(→) 9. 산안법과 위험물 안전관리 법상 화염방지기 비교

산안법	위험물법
산안규칙 269조	시행규칙 별표6
1) 인화성액체, 인화성가스를 저장·취급하는 설비에 화염방지기는 설비상단에 설치.	1) 인화점 38°C↓ → 통기관과 함께 화염방지기
2) 대기로 연결된 통기관에 통기V/V 설치되어있거나 인화점 38~60°C → 인화방지망	2) 인화점 38°C↑ → 40mesh↑ 구리망 혹은 동등이상 인화방지망
3) 산업표준화 법에 따른 한국산업표준에 정하는 화염방지 장치 기준에 적합한것을 설치	3) 인화점 70°C↑ → 위험물이 인화점 미만 저장시 인화방지 장치 설치X
4) 항상 정상하게 유지, 보수 하여야 함	

\# 론 368).

4) 폭발억제설비 (폭발진압설비)

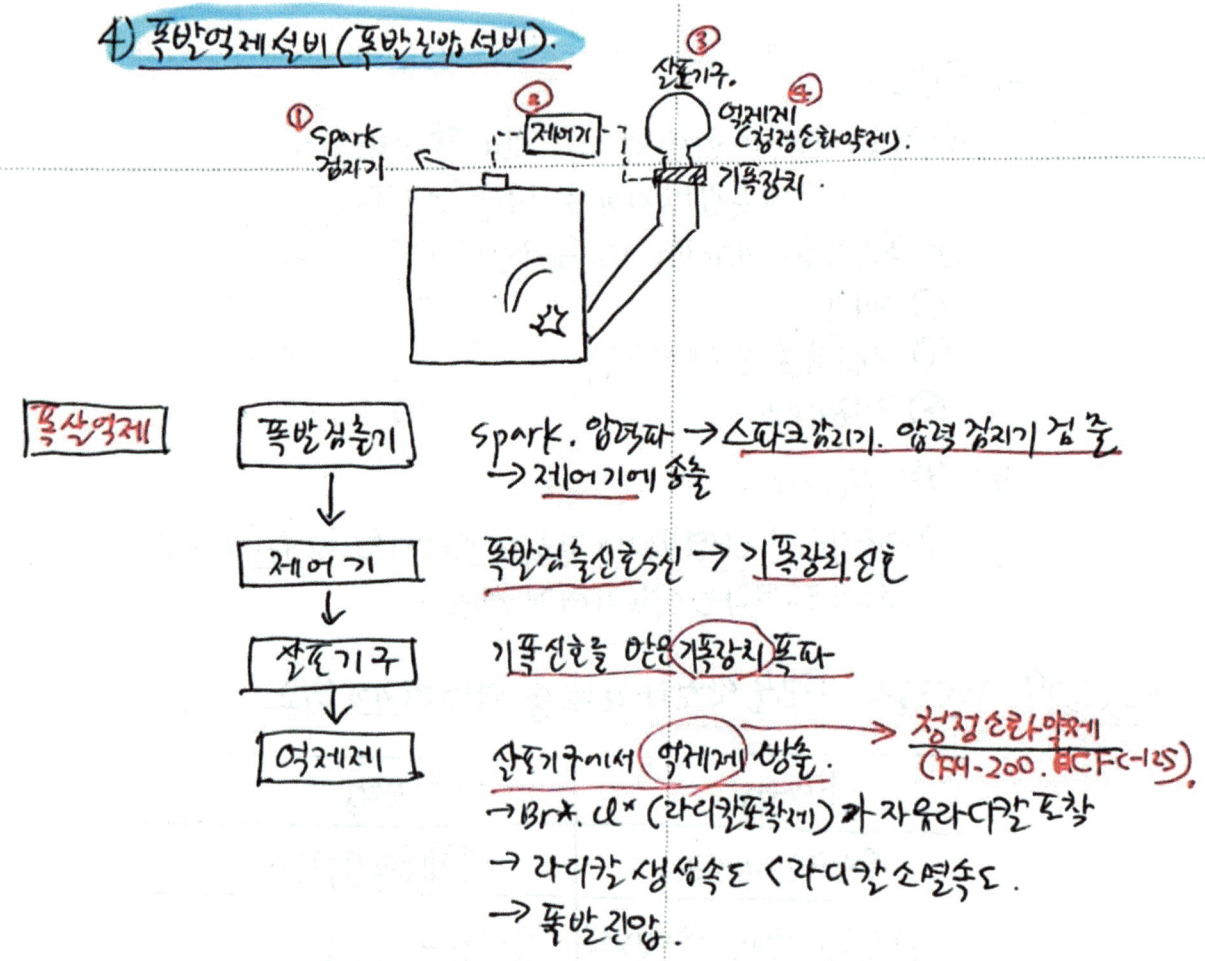

폭산억제

폭발검출기 → Spark, 압력파 → 스파크감지기, 압력 검지기 검출
→ 제어기에 송출

↓

제어기 → 폭발검출신호수신 → 기폭장치 작동

↓

살포기구 → 기폭신호를 받은 기폭장치 폭파

↓

억제제 → 살포기구에서 억제제 방출 → 청정소화약제 (FM-200, HCFC-125)
→ Br*, Cl* (라디칼포착제)가 자유라디칼 포착
→ 라디칼 생성속도 < 라디칼 소멸속도
→ 폭발진압

5) 폭발배출설비

① 정상운전 (폭연이하 유효)

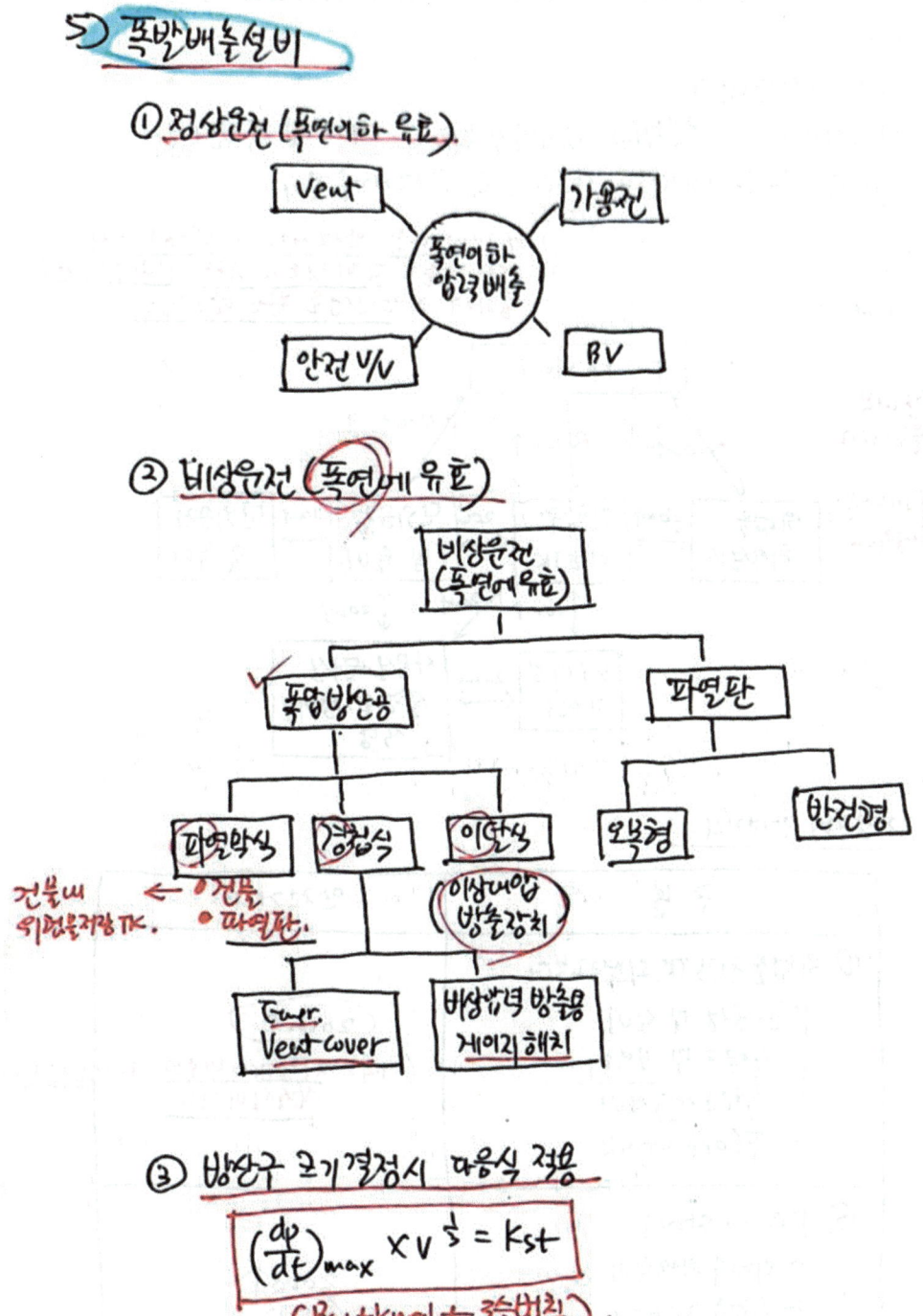

② 비상운전 (폭연에 유효)

③ 방압구 크기 결정시 다음식 적용

$$\left(\frac{dp}{dt}\right)_{max} \times V^{\frac{1}{3}} = Kst$$

(Bartknecht 3승법칙)

13번 문제) 안전거리(산안법,위험물법), 보유공지(위험물법)

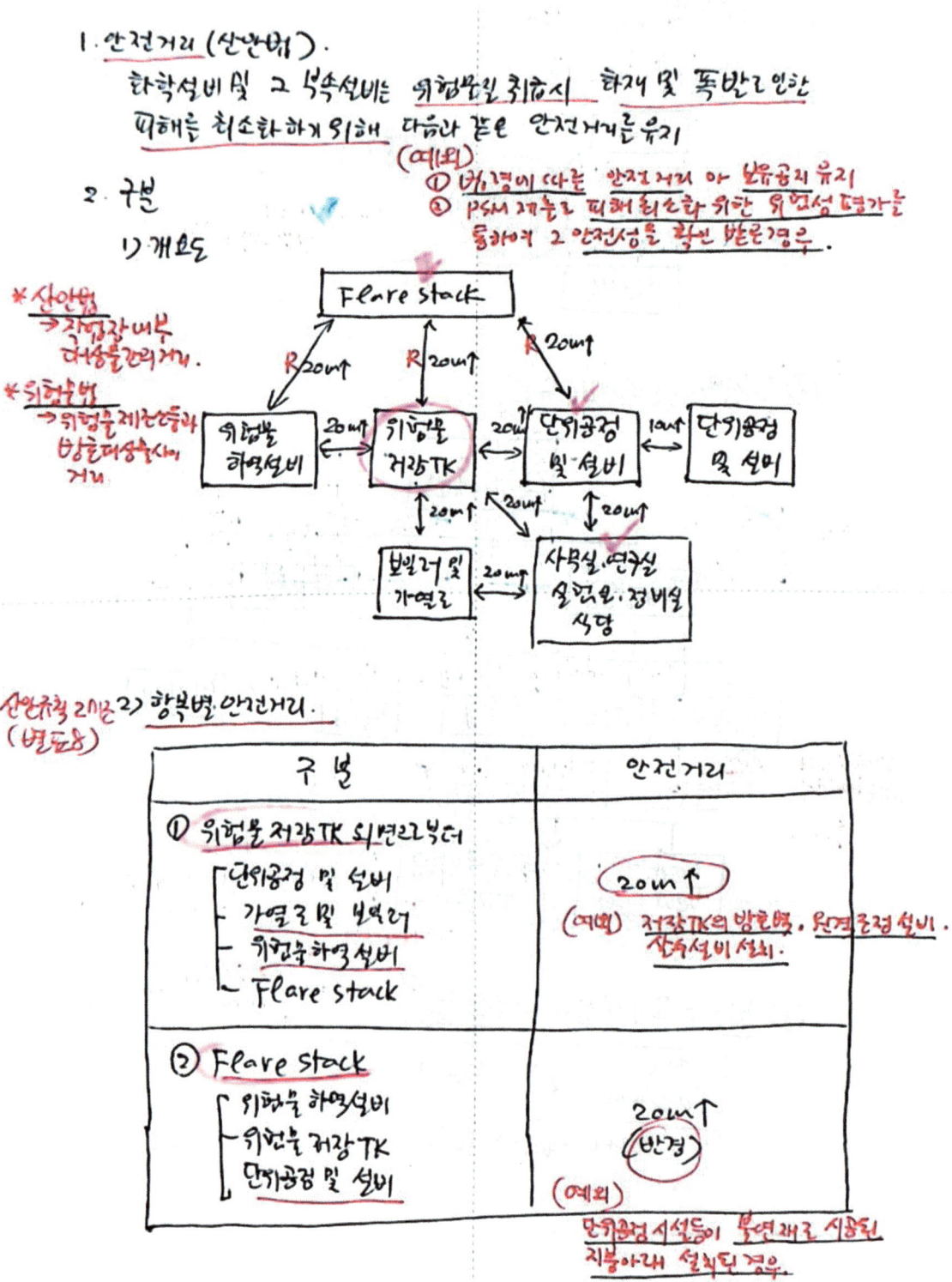

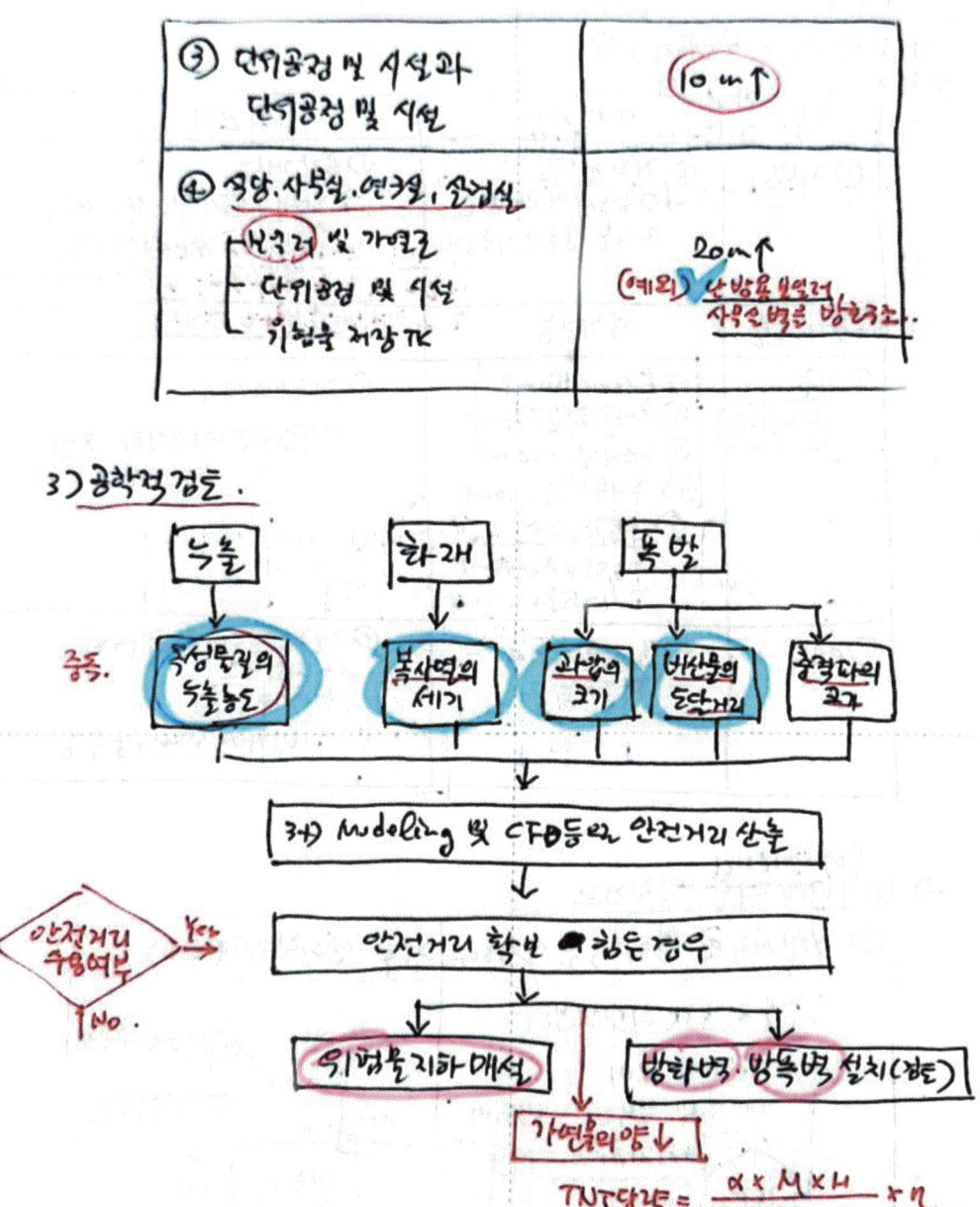

3. 위험물제조소의 안전거리 및 보유공지 (위험물법)

1) 안전거리와 보유공지 비교

구분	안전거리	보유공지
① 개념	① 거리개념 → 위험시설과 방호 대상물 상호간 수평거리	① 공간개념 → 화재폭방지·연소확대방지 소화활동공간·점검공간 피난공간 <u>유지관리공간</u>
② 타시설물	설치가능	설치불가능
③ 기준 **문병가주**	① 문화재 : 50m↑ ② 병원·학교 : 30m↑ ③ 가스시설 : 20m↑ ④ 주거용건축물 : 10m↑ ⑤ 고압가공전선 - 35kV 초과 : 5m↑ - 7~35kV : 3m↑	① 제조소의 경우 : - 지정수량 10배이하 : 3m↑ - 〃 10배이상 : 5m↑
④ 예외	• 방화벽 설치시 단축가능	① 제조소경우에한 면제가능 - 내화구조 - 개구부차단 - 방화벽 50m이상 돌출

2) 방화벽에 의한 안전거리

① 불연재료의 방화벽을 설치하는 경우 안전거리 단축가능

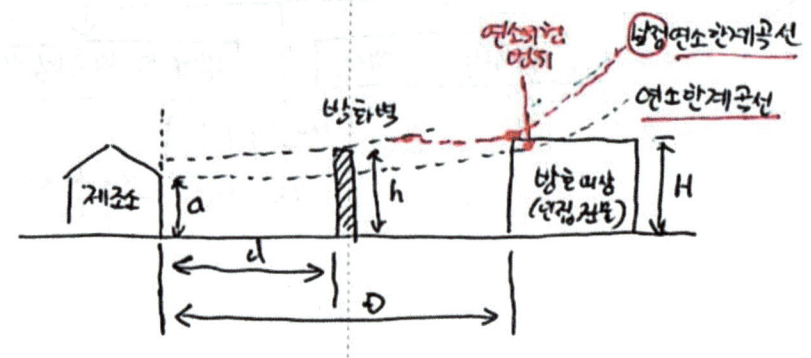

③ 방화벽 유효높이

㉠ H ≤ pD²+a 일때 h = 2m ↑
㉡ H > pD²+a "   h = H - p(D²-d²) ↑

- h : 방화벽 높이 (m), H : 인접건물 높이
- a : 제조소 높이   d : 제조소 벽과의 거리
- D : 제조소와 인접건물과의 거리
- p : 재료의 상수 (목조건물 : 0.04, 옥조방화문 : 0.15, 갑종 " : 60)

㉢ h값 2미만 : 방화벽높이 2m
㉣ h값 4이상 :   "   4m + 소화설비보강

14번 문제) 화염검출기의 종류 → Flame Scanner
　　　　　　　　　　　　　　　↳ Flame 있는곳 (보일러, FS)

- 이론(10) → Flame Eye
- Flame arrester (" 방지기)
- Flame Detector (" 감지기) ↳ Flame 없는곳

1. 개요

1) 화염검출기의 정의 (보일러, FS)
   연소기 (버너)에서 불꽃을 감지하여 불꽃이 꺼졌을때 자동적으로 연료밸브 차단.
   → 생가스의 유출방지 → 화재·폭발 방지.

2) 화염검출기의 종류
   ① 프레임로드 (Flame Rod) : 가스의 이온화 (전기전도도) 이용
   ② 프레임아이 (Flame Eye) : 광학식 화염검출기, 광전관식.
   　　┌ 황화카드뮴 광전셀 : 가시광선
   　　├ 황화납 광전셀 : 적외선
   　　├ 자외선 광전관 : 자외선
   　　└ 정류식 광전관
   　가능성↑
   ③ 스택스위치 (열전대식, Thermocouple)　　온도차 → 기전력 (Seebeck 현상)(제어백 효과)

2) 화염검출기의 구비조건

[오검정사 유지]
① 오검출 無
② 전기적 외란 영향없고, 정확한 진동
③ 정해진 조건에서 정확히 검출
④ 사용연수 ↑
⑤ 유지 관리 용이

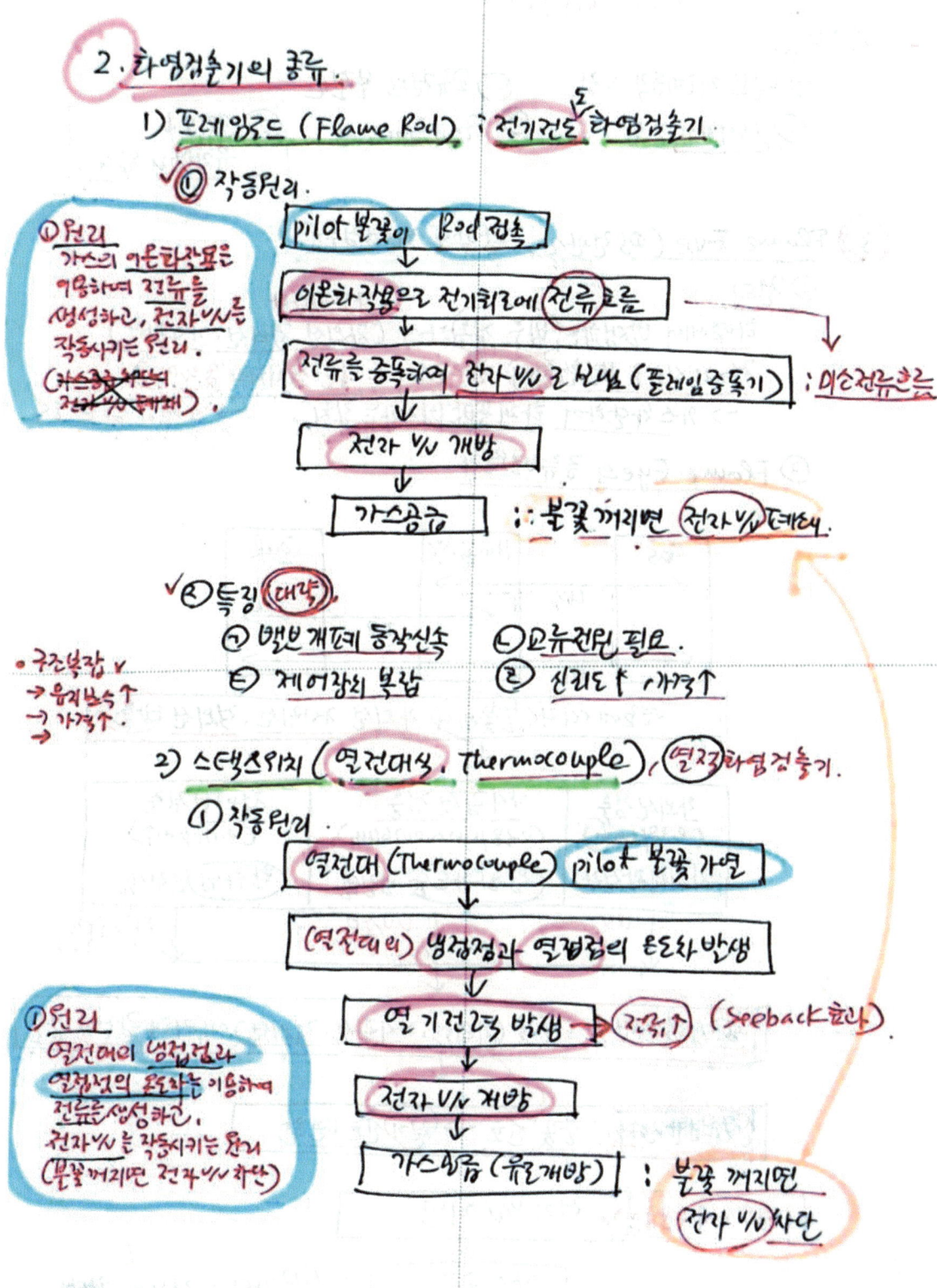

→ 프레크로스타와 반대

② 특징
  ㉠ 밸브 개폐동작 느림   ㉢ 교류전원 불필요
  ㉡ 제어회로 간단   ㉣ 구성품이 간단   ㉤ 신뢰도↓ 유지관리 쉽다

③ Flame Eye (광전관식, 광학식 화염검출기)

  ① 정의
     화염에서 발생하는 빛을 검출하여 (자외선·적외선·가시광선) 파장에 따라
     전기적신호로 변환하여 맞으면서 (→ 빛을 검지하지 못하면)
     → 가스차단하여 화재폭발 방지하는 장치.   → 화염이 없는경우

  ② Flame Eye의 종류별원리

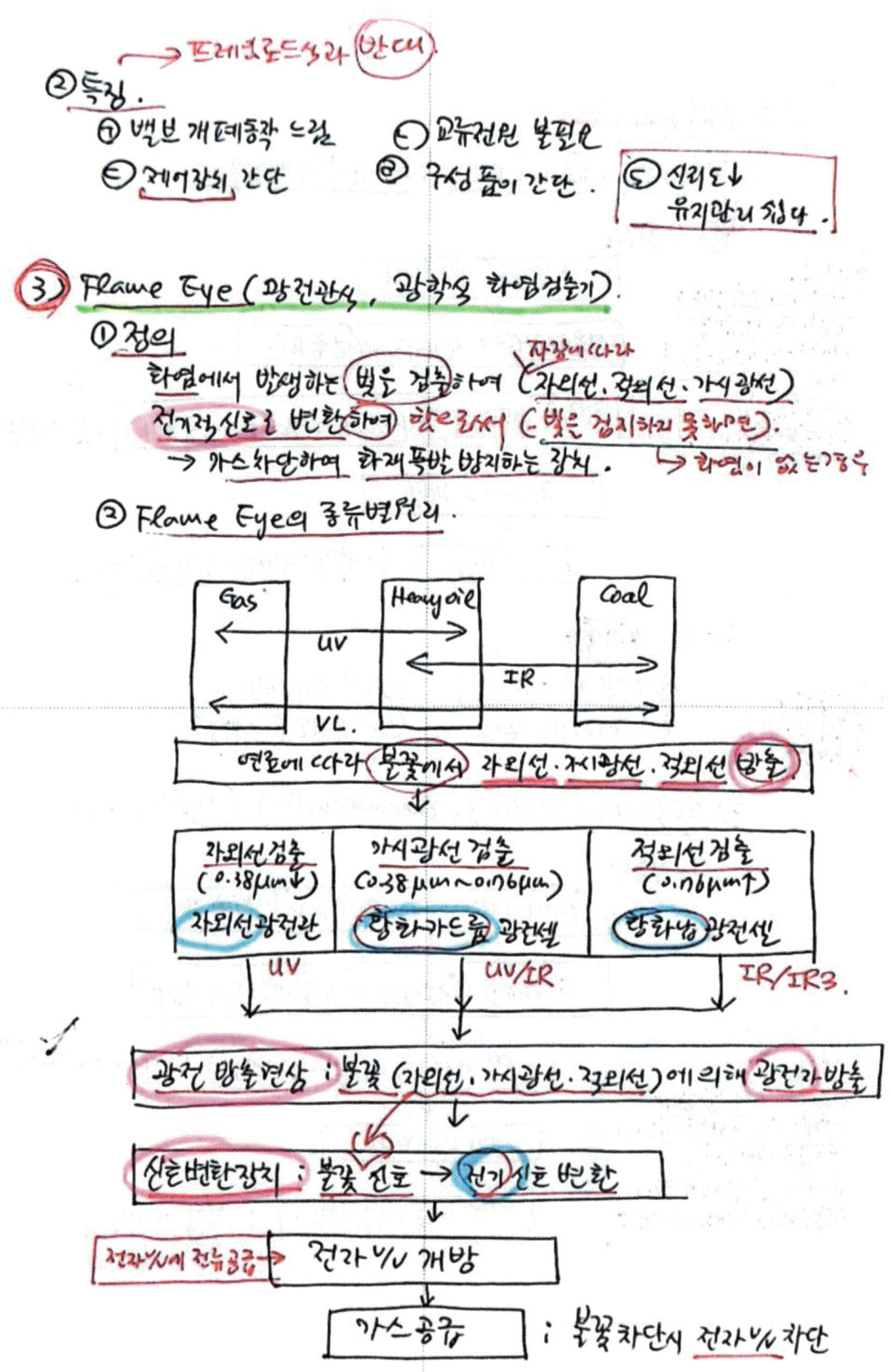

③ 특징
- ㉠ 밸브개폐 동작 ↑
- ㉡ 외부전원 필요
- ㉢ 제어장치 불량
- ㉣ 용도 : 대용량 보일러
- ㉤ 광전관 가봉(없시) → 동작불량, 청소필요

문) Flame Scanner에 대하여 설명하시오. (화염검출기)

1. Flame Scanner 정의
 연소기(버너)에서 불꽃을 감지하여 불꽃이 꺼졌을 때
 자동으로 연료 v/v 차단
  → 생가스유출 방지 → 착화·폭발 방지

2. 종류

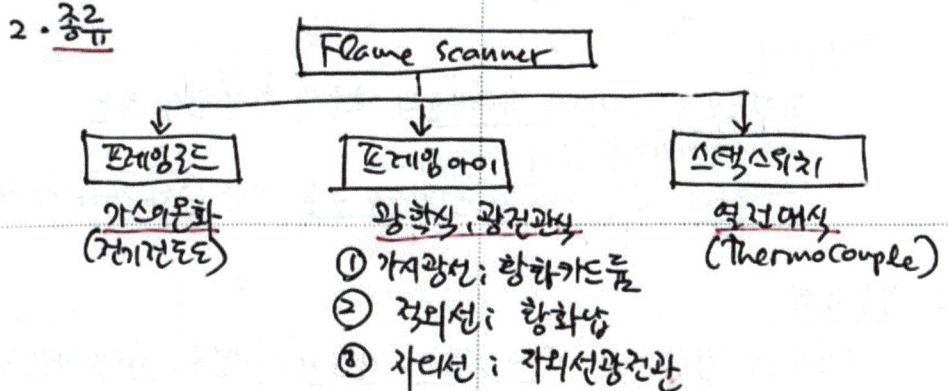

3. 작동원리

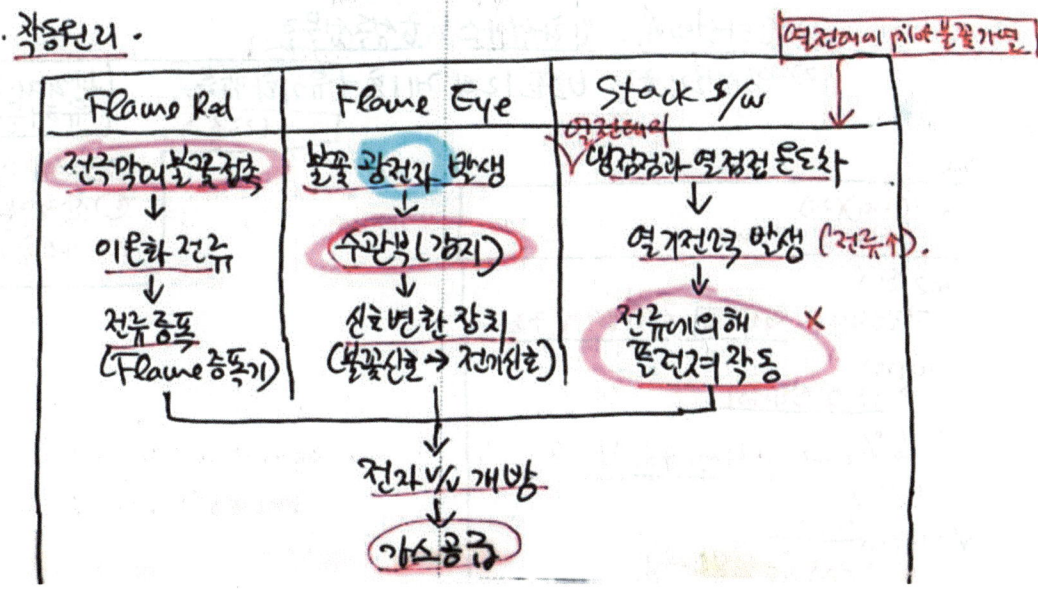

(4년에 2~3회 출제)

15번 문제) 긴급차단 밸브

1. 개요
    1) 긴급차단 V/V (ESV : Emergency shutoff valve) 정의
       배관상에 설치되어 주위의 화재 또는 배관에서 위험물질 누출시 원격조작스위치를 누르면, 공기 또는 전기등의 구동원에 의하여 유체흐름을 원격적으로 차단하는 밸브.
       - ③ 구동원 :
       - ④ S/W작동 : 자동, 수동, 원격

    2) 자동긴급차단장치 (Automatic ESV)
       *감지→연동
       배관상에 설치되어 운전조건 이상시 자동으로 유체의 흐름을 차단하는 밸브.

    ✓ 3) 설치목적
       위험누전 및 관리대상 유해물질의 흐름을 차단할 수 있는 ESV 설치지침을 정해
       → 화재, 운전조건이상, 위험물질 누출로 인한 2차 피해 예방

2. 적용범위
    다음물질을 저장하는 탱크, 탑류, 반응기, 가열로, 히팅배관 등에 적용
    1) 인화성액체, 인화성가스, 급성독성물질
    2) 안전보건규칙 별표12의 제1호 유기화합물 (123종)

    관리대상 유해물질
    ② 금속류 (25종)
    ③ 산·알카리류 (18종)
    ④ 가스류 (15종)

- 21 (113회)(25)
  → 구조&기능, 설치대상
- 02 (25)
  → 긴급차단V/V 설치목적, 설치방법 및 구조
- 10 (25)
  → 구조 및 설치방법
- 12 (10)
  → 설치가 필요한 곳 (설치장소)
- 18 (25)
  → 설치대상
- ✓ 19 (25)
  → 구조 및 기능, 설치대상

3. 구조 및 기능

1) ESV의 본체
   ① 배관의 설계압력, 설계온도에 견딜수 있을것
   ② 화재시 화염에 견딜수 있는 재질
   ③ 화재시 화염에 견딜수 있는 재질의 ESV 재량 곤란한 경우는 내화조치

   [본 F(30)1개]

2) ESV는 전기 또는 공기 등의 구동용 동력원 공급차단시 → Fail close 닫히는 구조

3) 구동용 전기 또는 공기 등의 공급 도관, 화재시 15분이상 내화조치 ✓
   구동기

4) ESV는 화재시 신속히 닫히고 누설 X
   밸브 폐쇄시간 : 조작후 1분이내 ✓

5) ESV의 재질 : 취급 유체에 내식성, 내마모성 有

※ 2회 출제

4. 설치대상 → 그림과 함께 그릴것

1) 다음 저장탱크 인입 및 출구배관
   (단, 인입배관에 역류방지 조치시 예외)

   [인화성가스 독성물질]
   [인화성액체 (인화점 30℃↓)]

   ① 인화성가스를 액체상태로 저장하는 설계용량 5㎥↑ 저장TK
   ② 인화성액체중 인화점이 30℃ 미만인 물질은 건축물내 설치되는 설계용량 10㎥↑ 저장TK
   ③ 독성물질중 1기압 35℃에서 기체로 존재하는 물질을 액체 상태로 저장하는 설계용량 5㎥↑ 저장TK

2) 다음 탑류 용기의 하부의 출구배관.
   (예외 : ① 최대운전액면 보다 높은곳에 설치된 배관 또는
   ② 비상시에 그 배관이 차단되어서는 안되는 특수한 경우)

   ① 인화성가스의 액체정체량이 10m³↑ 탑류. (용기)
   ② 비점 (1atm) 이상으로 운전되는 독성물질의 액체정체량이
      10m³↑ 탑류. (용기)
   ③ 비점 (1atm) 이상으로 운전되는 인화성물질의 액체정체량이
      30m³↑ 탑류. (용기) (액체)

3) 다음 용기하부의 출구배관.
   → 2)과 동일.

4) 연속운전되는 발열반응기의 원료공급배관. (원료)
   → 한 Batch동안 (반응에 연속적으로 관계되는)
   계속주입되는 원료공급배관.
   회분식 반응기중 반응에 관계되는 하나의 원료라도 한 Batch동안
   연속적으로 주입되는 경우는 해당됨.

5) 가열로의 원료 또는 연료공급 배관.
   (예외 : ① 원료공급 배관의 단절에 의한 화재 위험성이 작거나
   ② ESV 설치로 다른위험을 초래하는 경우.
   → ① 연료주입배관에 3회 밸브와 ESV
   ② ESV 오작동시 PSV 설치 검토.

6) 보일러 소각로 등의 연료공급 배관

1) 호스 또는 하역설비 등을 이용하여 기차, 선박, 탱크로리 등에
① 가연성가스 또는 가스상의 독성물질을 하역하는 배관 및 근접배관
  (예외: 근접배관에 역지 V/V 설치한 경우) → 역류방지 조치.

2) 호스 또는 하역설비
② 인화성액체, 액상의 유기화합물 또는 가스상 이외의 독성물질을
  하역하는 배관

5. 설치위치

입·출구배관 등 : 용기에 근접설치.

1) 저장TK, 탑류 및 용기 (이하 "용기")의 배관에 설치되는 ESV는
  → 가능한 용기에 근접설치.

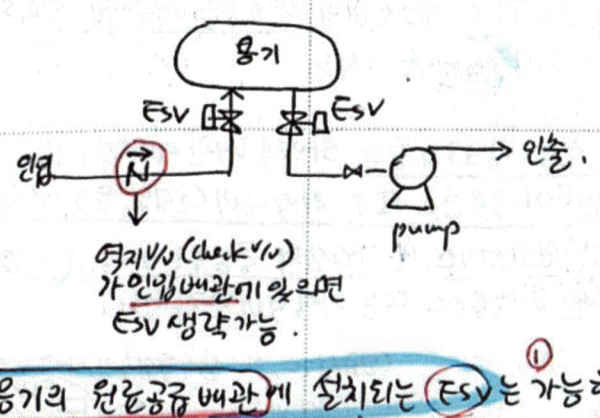

역지V/V (check V/V)
가 입·출배관에 있으면
ESV 생략 가능.

2) 반응반응기의 원료공급배관에 설치되는 ESV는 가능한
  반응기에 근접설치하고 ② 가능한 자동ESV 설치.
  또한 ③ 다만 원료공급배관중 반응에 직접 영향을 미치는 원료의
  하부 배관에만 ESV 설치.

① 반응기에 근접설치
② 가능한 자동ESV.
③ 반응에 직접 영향을
  미치는 배관에만 설치.

반응에 직접 영향을
미치지 않는 원료배관
에는 ESV 생략가능.

* ESV : 내부 반응조건과
  연동하는 자동 ESV.

3) 가열로 원료공급배관 및 연료공급배관에 설치되는 ESV는 가능한 가열로에 근접 설치한다.
  ① 원료공급배관의 역류위험성을 검토하여 가열로 출구 배관에
  ② 정료출구배관 역지 V/V 또는 ESV 설치하고, 출구측 배관에 ESV 설치시 밸브차단에 의한 안전 V/V 설치 검토

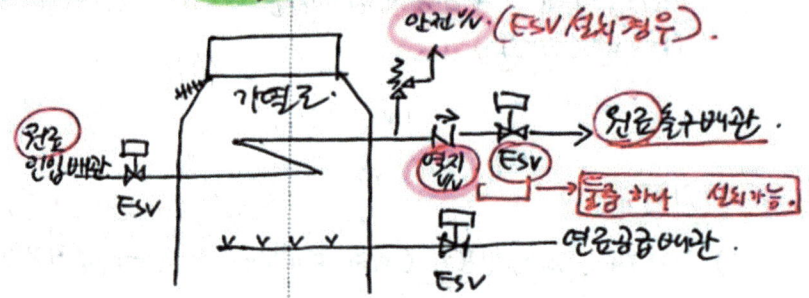

4) 보일러, 소각로 등의 연소설비의 연료공급배관에 설치되는 ESV는 가능한 해당설비에 근접설치

5) 기차, 선박, 탱크로리 등의 하역용 배관에 설치되는 ESV는 가능한 ① 하역용호스 또는 하역설비(로딩암 등) 근접설치.
  또한, 단, ② 인화성가스 및 가스상의 독성물질 하역시 균압 배관의 경우도 하역용호스 또는 하역설비 근접설치.
  ② 균압배관: 하역용 호스/하역설비 근접설치

6) ESV 작동용 스위치 (원격조작) 조정실에 설치하거나
   모든 운전자가 안전하고 쉽게 조작할수 있도록 다음사항 만족되게 설치 (모두)

   ① 누설위험원으로부터 수평방향 15m 이상 이격
   ② ESV에서 수평방향으로 7.5m 이상이고,
      30m 이내 있어야 한다
   ③ 가능한 한지점에서 조작가능한 위치에 설치 → 계단설치 (사다리 X)
      뜬 플랫폼위에 설치하는 경우, 지면에서 높이 6m 이하까지
      허용되며 접근가능한 통행설비 (계단, 사다리 X) 설치되어야 홋
   ④ 가열로, 보일러 등의 연소설비의 연료배관에 설치시
      긴급소화용 수증기공급 V/V 근처 설치
   ⑤ 조작스위치는 명백하게 식별할수 있는 표시

6. 시험 및 점검
   1) 연 1회 이상 작동시험
      (다만, 연속운전설비중 운전시험이 곤란한 경우
       회로시험 등을 통해 수행가능)
   2) 공장의 가동정지 (연차보수) 시 정밀 시험 및 점검 실시
   3) ESV는 반기 1회 이상 주기적인 점검실시

16번 문제) 통기설비 (Vent. Breather v/v)

[예상문제] 통기설비를 정상운전과 비상운전으로 구분하여 설명
→ 통기공, 설쉬기공.(?)..
●16번 (1)
→ 통기관과 통기설비에 어떠서 정상운전, 비정상운전 구분/기명

1. 개요
 1) 통기설비 정의
   탱크의 정상운전 및 비상운전(화재등) 시 탱크의 압력조정을 위하여 설치한 장치.

 2) 통기설비의 분류
   ① 정상운전시 → 통기관 (Vent)
                → 통기 V/V (Breather V/V) → PV (Pressure Vacuum)
   ② 비상 〃 → Emergency Vent Cover
               → 게이지 해치 (Gauge hatch)
               → 이상내압방출장치 (Weak seam)

   ※ 뒷page (설비) 참조.

2. 정상운전시 통기설비.
 1) 정의
   탱크의 정상운전을 위해 설치한 통기관 및 통기 V/V (탱크의 압력조정용)

 2) 통기관 (Vent).
   상압 Tk가 진공 또는 가압상태가 되지 않도록 대기로 개방된 배관

 3) 통기 V/V (Breather V/V).
   ① 평상시 : Close
   ② Tk압력 설정값 및 진공 설정압력 도달시 : open
     → 탱크내 가스·증기방출 또는 외부공기 흡입.

   ① 양압 : 압력디스크 개방
   ② 부압 : 진공디스크 개방

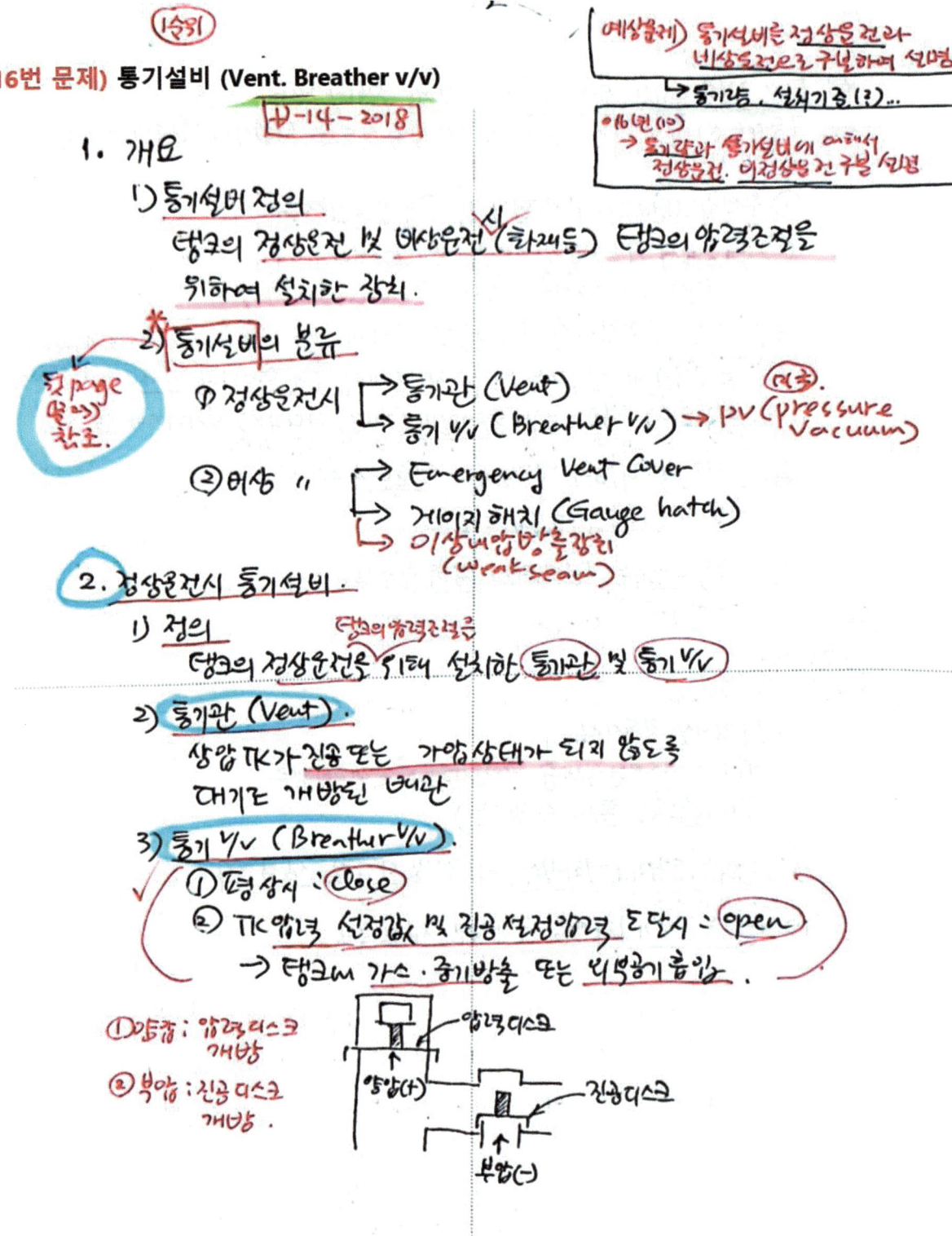

3. 비상운전시 통기설비.
   1) 정의
   TK주변 화재시 발생되는 많은양의(외부) 가스, 증기를 방출할수 있는 긴급벤트카바 (Emergency Vent Cover), 비상압력방출용 게이지 해치 (Gauge hatch).

   2) 긴급벤트카바
   ① 평상시 : close
   ② TK압력이 설정압력 도달 → 자동으로 open.
   → 많은양의 가스, 증기 방출하도록 TK의 맨홀에 설치된 긴급벤트카바

   3) 게이지 해치.
   ① 평상시 : close
   ② TK압력이 설정압력 도달시 → 자동으로 open.
   → 많은양의 가스, 증기 방출하도록 TK에 설치된 게이지 해치
   ③ 게이지 해치는 클램프에 고정되지 않은 구조.

   ① 작동은 긴급벤트카바 동일.

✓ 4. 통기량 산출방식.
   1) 정상압력.
   ① 부압시 흡입통기량 $Q_i = V_b + q_i$
   [Q_i : 흡입통기량 (15℃, 101.3kPa)
     V_b : 탱크에 저장된 인화성물질을 외부로 이송하는 최대량. (TK내 → 외부, 유체이송에 의한 통기량) TK(out)
     q_i : 탱크내부 온도변화(열수축)에 의한 흡입통기량 (온도변화에 의한 통기량).]

   TK내부열수축 흡입.

② 과압시 배기통기량 (Q₀)

㉠ 인화점이 38°C 미만 또는 비점이 149°C 미만 물질은 탱크내부로 이송시

$$Q_0 = 2.14\, V_i + g_0$$

- Q_0 : 배기통기량 (15°C, 101.3 kPa)
- V_i : 외부의 인화성 물질을 TK내부로 이송하는 최대량
- g_0 : 탱크외부 온도변화(열팽창)에 의한 배기통기량.

$$g_0 = g_0$$

• 유체이송에 의한 배기통기량
• 온도변화에 의한 통기량
→ TK외부 열팽창

㉡ 인화점이 38°C 이상 또는 비점이 149°C 이상 물질은 탱크내부로 이송시

$$Q_0 = 1.07\, V_i + g_0$$

2) 비상운전

① TK 주변 화재로 인해 TK외부로 방출되어야 하는 비상배기량 (Q₀)

수열면의 수열량
($Q_n = 2 \times F \times E$)

$$Q_0 = 9.30 \left(\dfrac{H\cdot F}{L}\right)\left(\dfrac{T}{M}\right)^{0.5}$$

→ 증발율

- L : 증발잠열 (J/kg)
- T : 비점 (°C)
- M : 분자량
- H : 화재시 TK의 인입열량 (watts)
- F : 환경인자 ─ 보온재가 없는 통상 TK F=1
  - 보온재의 열전달계수 ↓ → F↓
  - 보온재의 두께 ↑

※ 증발율 = $\dfrac{H_1 - H_2\,(엔탈피차)}{L\,(증발잠열)}$

L↑ → 주위온도↓ → 안전↑

※ 결론 :
열전도도↑ / 보온재두께↑ (성능up) → 환경인자↓ → 비상배기량↓

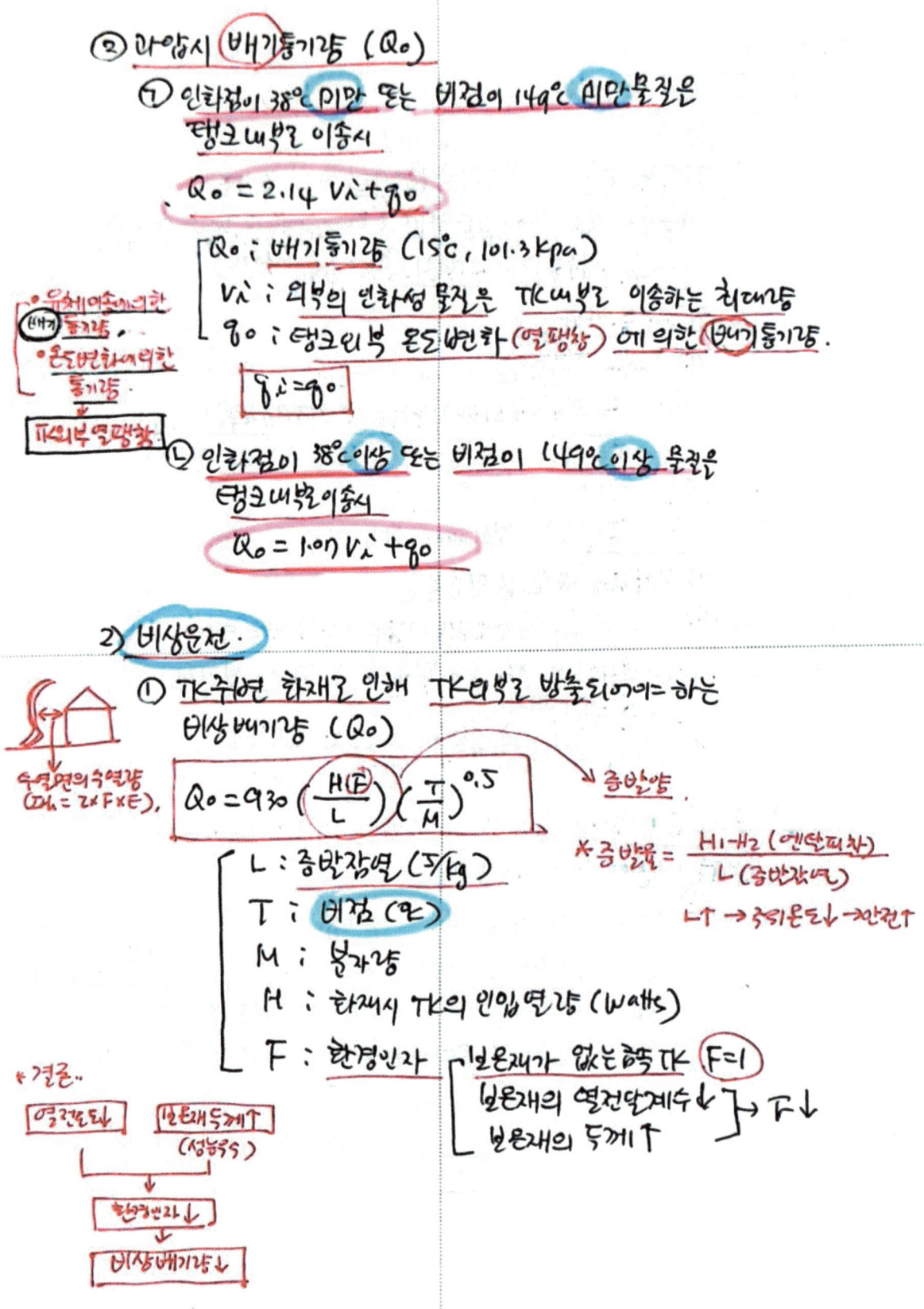

5. 통기설비의 설치기준

1) 정상운전
   ① 통기관 (Open Vent, ultra Vent)
      ㉠ 직경 32mm 이상
         (단, TK의 용량, 내용물의 증기압, 유입·유출되는 양에 따라 통기량을 만족하는 경우는 그러하지 않는다.)
      ㉡ 빗물 등이 저장TK로 유입되지 않도록 → 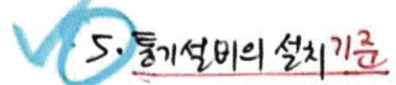 Bird seal (2~4 mesh)
      ㉢ 출구 ┌ 가스 증기의 흐름에 방해 無
              └ 조류에 의한 막힘 방지 (2~4 mesh 철망)

   ② 통기밸브
      ㉠ 통기관에 통기 V/V를 설치해야 하는 경우
         ⓐ 인화점이 38°C 미만인 물질
         ⓑ " 이상으로 운전되는 경우 (인화점 60°C 초과하는 물질)
      ㉡ 통기 V/V 설치를 생략할 수 있는 경우
         → 저장·취급 물질이 응축·부식·결정·승화·결빙되는 성질이 있어 통기 V/V가 막힐 우려가 있는 경우.
      ㉢ 정상운전시 통기관, 통기 V/V의 흡입·배기되어야 하는 통기량은 계산에 의한 통기량 이상.

2) 비상운전
　① 외부화재로 비상배기량을 방출할수 없는경우
　　비상통기 설비설치
　　　㉠ 비상압력 방출 긴급벤트카바
　　　㉡ 〃 　　　　게이지 해치
　　　㉢ 기타 이와 동등이상 성능
　② 비상통기설비의 배기량은 계산에 의한 비상 배기량이상
　　단, 압력상승시 탱크의 지붕이 분리되도록 제작된 경우
　　비상통기설비를 설치한것으로 본다.
　　　　　　　　　→ 이상내압 방출장치
　　　　　　　　　　　weak seam
　　　　　　　　　[상압저장TK]

3) 통기관의 크기
　① 정상운전시와 비상운전시의 흡입/배기 통기량 이상크기
　② 제작사의 실험실, 표, 그래프 에서 결정.

17번 문제) 가스누출경보기 설치에 관한 기술지침

[참고] 126(25) → 설치장소 (세치기준)

• 12권(25)
→ 가스감지기 설치장소, 구조, 성능설명
• 19년(10)
→ 설치장소 5개소

1. 가스누출감지 경보기 정의
1) 인화점 35℃ 이하 인화성액체, 가연성가스, 독성가스를 감지하여 그 농도를 지시하고, 설정값 도달시 자동으로 경보
2) 감지기 + 수신경보기로 구성

2. 선정기준
1) 감지대상 가스의 특성을 충분히 고려하여 적절한 장소에 설치
2) 하나의 감지대상 가스가 인화성이면서 독성인 경우에는 독성가스를 기준으로 가스누출감지 경보기를 선정해야 함
→ 바닥면 둘레 10m 마다 1개 이상
→ 특수반응설비 (암모니아 싸이클 중합체)
→ 현저한 발열반응 폭가경인 2차반응

3. 설치장소 및 설치갯수
[4R출제]
1) 압축기, 펌프, 반응기, 충전설비, 저장시설 등 누출우려가 높은 설비의 인접장소 : 1개 이상 설치
• 공기비중에 따라
2) 누출물질의 체류우려가 높은장소 → 소량누출(연결부) → 밤유레버분(1K마다) (1개↑)
  ① 건축물 밖에 설치 : 설비군의 바닥면 둘레 20m마다 1개 이상의 비율
  ② 〃 내에 〃 : 〃 10m마다 〃
3) 폭발위험장소 내의 점화원이 존재하는 지역 (변전실, 제어실, 배전반실, 가열로 또는 보일러실)
→ 건축물내부 : 1개 이상
④ : 바닥면 둘레 20m 마다 1개 이상

4. 설치위치
1) 가스누출이 우려되는 누출부위에 가까이에 설치해야 함
2) 누출물질의 체류우려장소
  ① 건축물 밖 : 풍향, 풍속 및 가스의 비중을 고려해서 설치
  ② 〃 내 : 가스의 비중이 공기보다 무거우면 하부, 가벼우면 상부에 설치

3) 가스누출감지경보기의 경보기는 근로자가 상주하는곳에 설치.

5. 경보설정치 및 정밀도

구 분	경보설정치	정밀도
가연성가스누출감지 경보기	감지대상가스 LFL 25% ↓	±25% 이하
독성가스 누출감지 "	독성가스의 허용농도 ↓	±30% 이하

※ 가연성용이 2개이상의 경보설정 형의 경우
 - 1차경보 : LFL 25% ↓
 - 2차 " : LFL 50% ↓

문369)
물189) **6. 성능**

1) 가스누출감지 경보기는 담배연기등 감지가스 이외의 물질에 경보가 울리지 않아야 함

2) 가스감지에서 경보발신까지 걸리는 시간은 경보농도의 1.6배인 경우 보통 30초 이내 일것.
   다만, 암모니아, 인산화탄소 또는 이와유사한가스는 1분이내로 한다

3) 경보정밀도는 전원의 전압의 변동율이 ±10% 까지 저하되지 않아야 한다   에서도 저하되지 않도록...

4) 지시계의 눈금범위
   ① 가연성가스용 : 0 ~ LFL
   ② 독성 " : 0 ~ 허용농도 3배값 (NH₃ : 150ppm ↓) 실내

5) 경보를 발신한 후에는 가스농도가 변해도 경보를 유지하며, 확인 또는 대책조치후 경보정지
   → 경보는 램프의 점등·점멸과 동시에 경보 울리는것

6) 방폭성능 (경보기)

7) 가스접촉부위 내식성, 노내성방지 위해 재료..

7. 구조
1) 충분한 강도를 지니며 유리보수가 쉬워야 함
2) 가스에 접촉하는 부위는 내식성재료 또는 부식방지처리 재료사용
3) 가연성가스 누출감지경보기는 방폭성능을 갖는 것 사용
4) 수신회로가 작동상태에 있는 것을 쉽게 식별 가능한 구조
5) 경보는 램프의 점등 또는 점멸과 동시에 경보를 울리는 것.

(B305)
⑤ 경보설정치 및 정밀도.

	경보설정치	정밀도
가연성가스	① 1개 경보설정형 → LFL × 25% ↓ ② 2개 경보설정형 ㉠ 1차경보 : LFL × 25% ↓ ㉡ 2차 " : " × 50% ↓	± 25% 이하
독성가스 ※ 허용농도↓	※ 다음순서로 선정 ① TLV-C 값 존재시 → 비교하여 낮은값 적용. ② ERPG-2 → AEGL-2 (1hr) → PAC-2 → IDLH 10% ③ IDLH 값에 없는경우 LC50 × 0.1 (3번) 또는 LC50 × 0.2 (4시간) → LC90 × 1 → LD50 × 0.01 → LD20 × 0.1	± 30% 이하 1) 작업 전 중 가스농도 측정 목적 → TWA↓ 2) 누출가스농도감지목적
산소	① 산소농도 18% 미만 → 산소결핍 경보 산소농도 23.5% 이상 → 산소과잉 경보 ② 산소농도 21% 미만인 경우 → 유해가스 누출등 원인을 확인	

18번 문제) 가스누출경보기 설치에 관한 고려사항

1) 고장률은 근로자 상주하는곳에 설치
2) 오작동우려 있는 다음장소 설치피함
   - 상온강(함)
     ① 진동이나 충격   ⑤ 온도·습도 높은 장소
     ③ 고전압·고주파 (전자파 외란 발생장소)
     ④ 출입구등 외부기류가 통하는곳으로부터 1.5m이내 장소
        → 출입구 근처 (최소 1.5m 이격).
3) 충분한 강도 갖추어야 함
4) 실내외 지형 환경등 주변여건 충분히 고려
   - 누출방지 전회
     ① 누출가스양, 압력, 온도, 주변외부기류 등 고려
        → 유효비중 검토
     ② 주변공기의 유속 및 방향은 누출증기, 가스의 확산영향
     ③ 벽, 물받이, 보리메 등 구조물은 가스·증기를 축적시킴
     ④ 저희발성 액체는 감지기를 공급선에 더 근접 설치
     ⑤ 진동 최소화
     ⑥ 감지기의 위치는 향후 유지보수 및 교정고려하여 결정
        ⑦ 주위온도 → 제조사 사용온도범위내
        ⑧ 습기타 응축 최소화
5) 전자파 간섭방지 및 감전예방조치
   - 전뚝빗인(독).
     ① 전자파 간섭방지 고려: 접지·차폐전선 사용.
        제어장치 말단 접지
     ② 감전예방조치 : 감지기 외함이 도전체인 경우 접지 실시.
6) 폭발위험지역에 설치시 방폭성능 적합한 감지기 → KS규격에 적합한
                  폭안위험장소에...
7) 전원공급장치 : 정전대비 비상전원 확보 (30분).
   - 요제사내
8) 인화성이면서 독성가스인 경우 (NH3).
   → 독성가스로 기준으로 가스누출 감지경보기 설치
9) 기타
   ① 나사연결부 : 유화제 사용 → 감지성능에 영향없는 물질
   ② 흡입장치로 유입되는 가스 → 안전하고 적절한 방법으로 배출

19번 문제) 플레어시스템의 설계 설치 및 운전에 관한기술지침

1. 플레어시스템의 정의
   1) 안전밸브 등에서 배출되는 물질을 모아 플레어스택에서 소각시켜 대기중으로 방출하는데 필요한 일체의 설비

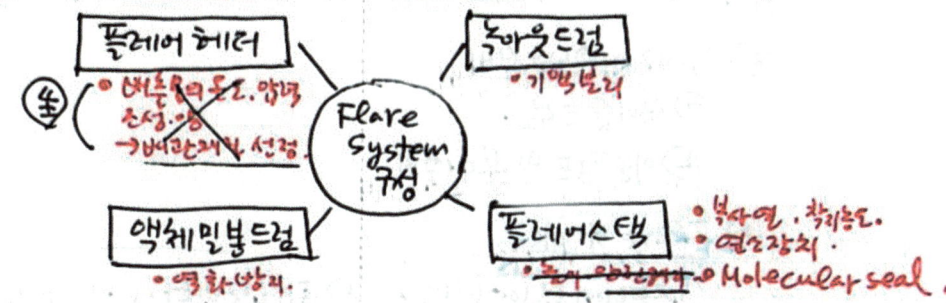

   ※ 2) 플레어 시스템은 플레어양을 기준으로 설계하며, 플레어헤더는 배출물의 압력, 온도, 조성, 양 등을 고려하여 배관재질 및 종류를 선정한다. 이외에 Flare stack 등의 안전거리등은 기준에 맞게 선정하여 안전한 설계, 설치가 필요함.

2. flare system의 구성
   1) 개념도.

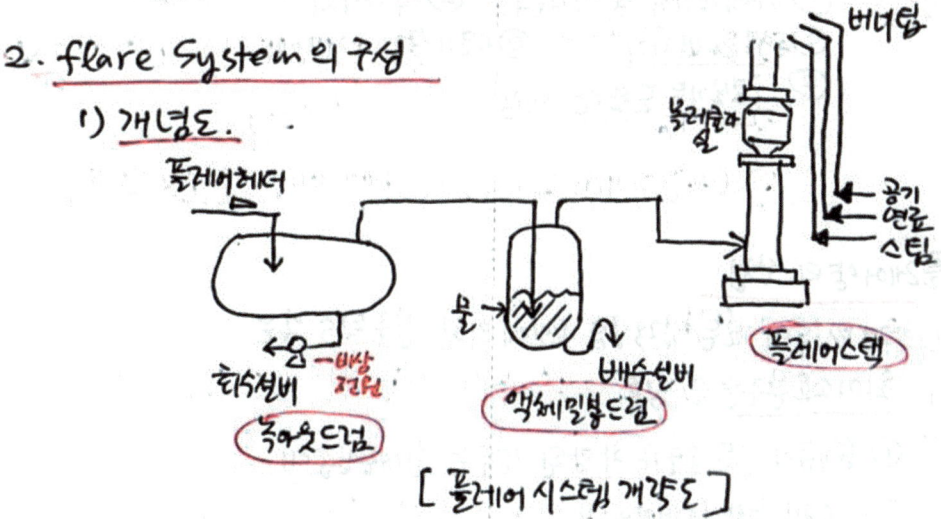

[플레어시스템 개략도]

2) Flare System의 구성
  ① 상호연결 포집 배관 시스템
    ㉠ 각각의 안전 V/V 및 기타 배출원으로 부터의 (토출배관)
    ㉡ 각각의 토출배관을 연결한 서브배관
    ㉢ 〃 서브배관을 〃 Flare Header

  토출배관
   ↓
  서브배관
   ↓
  Flare Header

  ② 액체 제거 관련 설비
    ㉠ 녹아웃 드럼
    ㉡ 이송펌프 및 부대설비

  ③ Flare Stack
    ㉠ 플레어 팁 (or 버너) OK   ㉡ 파일럿 버너
    ㉢ Flare Stack 지지대   ㉣ 자동점화장치
    ㉤ 유틸리티 배관 (수증기, 연료가스, 계장용 공기)
    ㉥ 본체

  ④ Flare System의 부대장치
    flame eye → ㉠ 화염감지기 및 모니터   ㉢ 격리장치
                ㉡ 역화방지기   ㉣ 연기억제 주력장치
                ㉤ 경보기능 포함한 계량

o Required Capa
 (소요분출5)

산안공 ③ · 플레어양의 산정.
 문138) 1) 안전 V/V 등의 모든 압력상승 요인에 의한 분출될 수 있는
         최대소요분출양을 적용

   용∅ 병공자 화전   ① 동기등의 모든 출구가 차단된 경우는 최대유입량에
                       자체 최대발생양의 합.
                     ② 정변위 펌프 및 압축기 최대용량.

③ 냉각수 또는 환류액 공급중단시에는 증기에 유입되는 최대용량
④ 공랭식 냉각기는 열교환기 용량의 70%
⑤ 자동식/고장시에는 최대유입량과 최대유출량 차
⑥ 외부화재시에는 총입열량을 증발잠열로 나눈양. (액체) → 기체는 다름
⑦ 전원공급 중단으로 인한 영향을 고려해서 소요분출량 계산

$W = \dfrac{Q}{\lambda}$

4. 플레어스택

1) 플레어스택 지름 [설계정격]
① 플레어가스의 속도에 의해 결정되며,
② 플레어 팁에서 압력손실은 0.14 kPa 적용
③ 플레어가스 속도가 0.2~0.5 Mach 되도록 한다

설계P : 0.35 MPa
MOP : 0.2 (=배압)

2) 플레어스택 높이
① 냄새, 독성의 연소생성물로 확산시키기 위해 200m 높이까지 설치할 수 있다
② 지면에서 최대 허용 복사열 : 4000 Kcal/m²·h

3) 안전거리
① 플레어스택으로부터 안전공정시설 및 설비, 위험물저장 TK 또는 하역설비간의 거리는 반경 20m 이상 유지 (최소기준법)
② 지면까지 최대허용 복사열량 (4000 Kcal/h·m²) 이내 장소에는 근로자 출입 금지 조치

4) 그을음 발생 최소화
① 그을음은 연료과잉조건에서 발생하여 보편적으로 고압스팀을 사용하여 그을음 형성을 방지하며,
② 플레어 팁에 주입되어 난류형성 및 수성가스 전이반응을 통해 일산화탄소를 이산화탄소로 전환시킴.
→ ($CO + H_2O \rightarrow CO_2 + H_2$)

20번 문제) 플레어스택의 종류와 특징

	그라운드 플레어	엘리베이트 플레어
1) 정의	① 지면과 가까운 곳에서 연소 ② 화염에 의한 복사열과 가스를 차단하는 밀폐식 구조	① 지면보다 높은 곳에서 연소 ② 복사열 감소시키고 연소생성물과 수증기를 대기중 확산
2) 개념도	K.O드럼, seal drum, 버너, 파이럿 버너, 공기, 연료, 불꽃발생장치	K.O드럼, seal drum, 파이럿 버너, 공기, 연료, 스팀
3) 특징	① 발광, 소음수준을 최소화 할수 있어야 한다 ② 독성, 오염물질 등은 부생시키면 안됨 ③ 높이는 40m 이하 바람직 ④ 유지관리 어렵다 ⑤ 설치공간 많이 차지	구성품이 많고 복잡하다 ① 스택지지대, 플레어팁, 파일럿버너, 파일럿 점화장치, 점화가스 배관 및 연기억제용 스팀배관 구성 ② 자체적으로 지지되거나, 가이드와이어에 의해 지지 → self-supported 방식 — 가이드방식 — 데릭방식 ③ 복사열 및 소음에 의한 영향 최소화 ④ 인화성, 부식성물질이 포함된 폐가스 소각이 가능한것 ⑤ 높이 : 최대 200m (복사열, 착지농도 고려)

21번 문제) 플레어헤더 (flare Header)

1. Flare Header 설계시 고려사항.

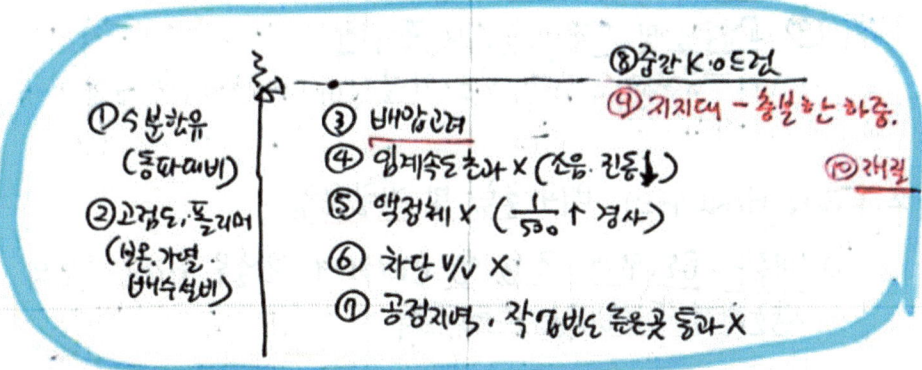

① ⓢ분한유 (동파대비)
② 고점도·폴리머 (보온·가열 배수설비)
③ 배압고려
④ 임계속도 초과 X (소음·진동↓)
⑤ 액정체 X ($\frac{1}{500}$↑ 경사)
⑥ 차단 V/V X
⑦ 공정지역·작업빈도 높은곳 통과 X
⑧ 중간 K.O 드럼
⑨ 지지대 - 충분한 하중
⑩ 래깅

① F·H 내 배압고려
  ① Flare Header에 항상 존재하고 있는 압력(배압)을 고려하여
     안전 V/V 배출용량의 감소가 없어야 함.

② 소음·진동 최소화 → 임계속도 초과 금지

③ 안전 V/V 등 토출측 ~ K.O 드럼 사이 배관 : 액정체 X, 1/500 경사
   (저온 플레어 헤더 제외)   → 주 K.O드럼.

④ 공정지역에서 Flare Stack 까지 거리가 멀어 Flare Header
   액정체 우려시 중간 K.O 드럼 설치

⑤ 또 집배관시스템에 차단 V/V 설치 금지
   ※ 예외 : 하나의 F·S에 2개이상의 단위공정의 F·H를
     연결하여 사용하는 경우 차단 V/V 설치 가능하나,
     이경우, 제어실에서 열림·닫힘상태, 경보장치
     설치해야함.

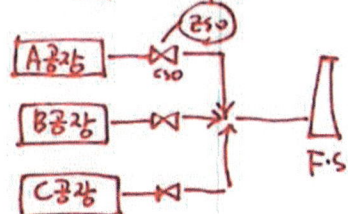

⑥ F.H 지지대는 운전시 충분히 하중에 견딜수 있게.
⑦ 공정지역이나 작업빈도 높은곳은 피하여 설치
⑧ 수분함유액체 : 동파대비
⑨ 고유응접 및 고점도가스나 폴리머
  → 응고방지를 위해 보온, 가열설비나 배수설비 설치.

2. Flare Header의 배관종류 및 재질선정

1) 배출물· 온도· 압력· 조성· 양을 고려하여 방출물 처리시스템의
   상호연결 또는 배관시스템 설치

2) 재질선정시 고려사항
   ① 소각되는 유체의 조성 (부식성·반응성) 및 Flare System의
      운전온도· 운전압력
   ② 넓은 온도변화를 예상, 전온도범위에서 견딜수 있는 재질
   ③ 휘발성높은 경질 탄화수소 액체는 압력저하시
      증기상태로 변하여 온도가 낮아지는 냉각효과
   ④ 화재 등 높은 온도에 의한 열화 및 배관자체의 연소성
   ⑤ 〃 직접노출우려 배관은 단열조치
   ⑥ 배관 지지대 등의 온도변화에 의한 열팽창 방지

조TP, 넓은 휘발성
열화연소성· 단열조치
지지대 - 열팽창 방지

문 285)
120회 출제 (25점)

Dry flare - 가스 - 저온
Wet flare - 증기 - 고온
(2상)

3. 처리물질에 따른 Flare Header의 종류별 특징

	취급물질	재질
1) 건식 (dry)	배출가스가 수분을 포함하지 않음	운전온도↓ 스테인레스강 아 등 이상
2) 습식 (wet)	수분이 있고, 온도 높은 가연성가스	탄소강
3) 저온 (cold)	0°C 이하에서 기액 분리 물질 (에탄 or 가벼운 증기)	오스테나이트 SUS
4) 고온 (hot)	과열된 가스 → F·H 돌라서 거의 급출 ×	저합금강 (Cr-Mo)
5) 산성가스	부식성이 강한 황화수소 등	SUS 316 (교체용이토록 20-30m 간격 Flange)
6) 가성소다	폐가성소다 중화계 발생가스	Ni 합금 (내식성↑)

건식 습식 저온 고온 산 316 가 Ni

4. F·H의 온도별 재질선정

	취급물질	재질
1) 저온	영하 45°C 이하에서 기액 분리물질 (에탄 or 가벼운 증기)	오스테나이트 SUS → ①Cr 17% + Ni 8% ②Mo 10%.
2) 중온	영하 45°C ~ 0°C 건조상태	킬드탄소강
3) 고온	0°C 이상 배출물	탄소강

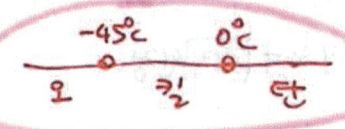

-45°C 0°C
오   킬   탄

22번 문제) 플레어시스템 설치시 고려사항

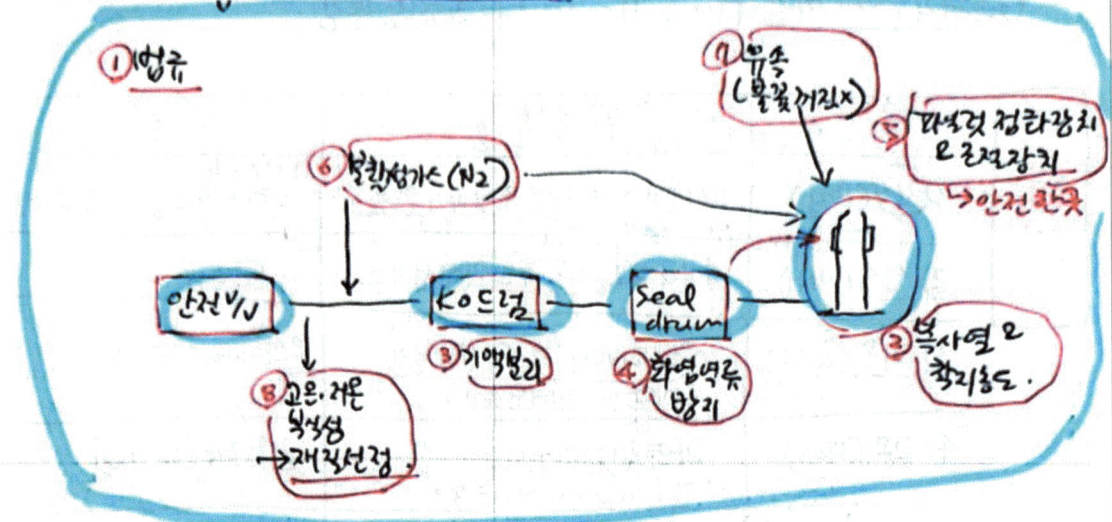

1) 연소가스 방출에 따른 국내 법규상 기준 만족

2) 플레어스택 위치와 이격거리
   → 지면의 복사열, 연소생성물의 착지농도 기준으로 충분히 이격
   [복사열 : 4000 kcal/h·m²
     착지농도 : LFL × 25% ↓ (독성물질 = 허용농도 ↓)]

3) F.S에 액체가 유입되지 않도록 방출가스다 비말동반된 액체의 제거능력 충분 (K.O드럼) → 기액분리
   → 버닝레인 불완전연소

4) 내폭발예방 → 화염역류 방지장치 설치 Seal drum → 습식 M.Seal / V. "

5) 파일럿 점화장치 및 조절장치는 안전한 곳 위치 ✓

6) F.H을 연료가스 또는 불활성가스로 치환가능 장치

7) 불꽃이 꺼지지 않도록 유속 관점에 주의

8) 고온 · 저온 · 부식성유체의 특성을 고려하여 재질 선정

목적
① 폭발예방 → N₂↓ → 안전밸브 보수시 O₂유입가능성 ↑
② 양압유지 → ③ 고온가스 응축 (T↓)
            → 부압(-)
            → 양압유지 (외부공기유입 방지)

23번문제) 플레어시스템 운전시 고려사항

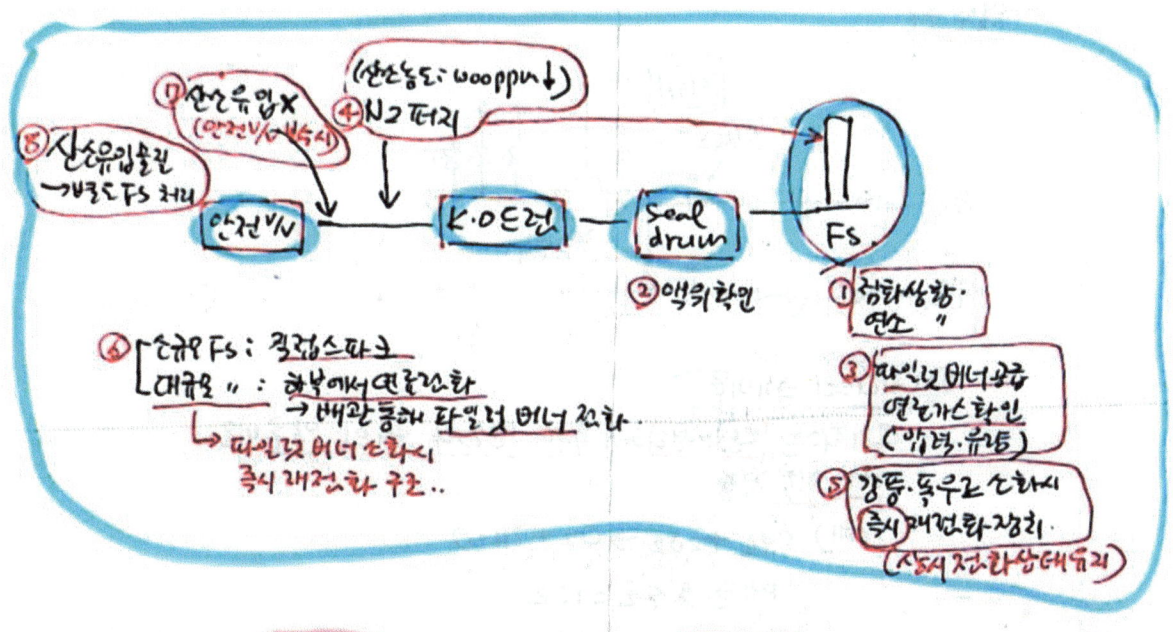

1) 상시 파일럿 버너의 점화상황, 플레어의 연소상황 점검 (감시). — Flame Detector / " Eye / CCTV

2) 액체 밀봉드럼에 설정된 액위이상 인지 확인

3) 파일럿 버너에 공급연료가스는 가스압력·유량·품질 등이 일정하고 신뢰성 높은것

4) 배관 및 스택 내 폭발성 혼합가스 형성방지 위해, 상시 스팀, 질소 등으로 퍼지. (산소농도 1000ppm↓)

  *N2 목적
  ① LFL↓ (불활성화)
  ② 관가스 응축 (T↓)
   → (-)
   → 장압유지 (외부공기 유입방지)

5) 파일럿 버너는 상시 점화상태 유지하고, 강풍·폭우로 소화시 즉시 점화할수 있는 설비.

6) ┌ 소규모 FS택 : 파일럿 버너열에 점화스파크를 발생시키는 전기 점화장치 설치
   └ 대규모 FS택 : 하부에서 연료에 점화하여 배관을 통하여 파일럿 버너로 이송하는 구조.

7) 대규모 FS의 파일럿 버너 쉽게 점화시킬수 있는 구조.

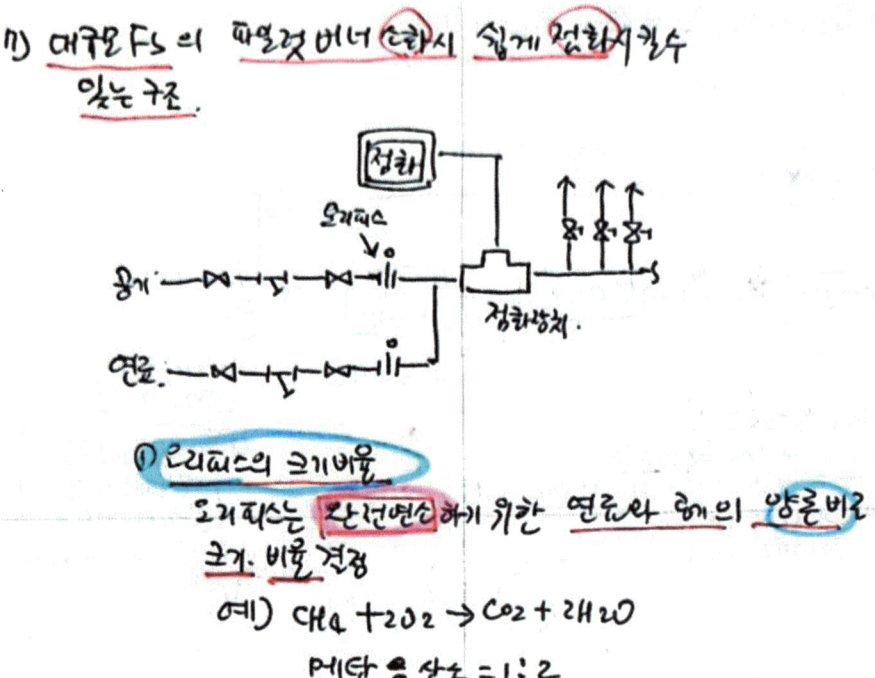

① 오리피스의 크기비율
오리피스는 완전연소 하기위한 연료와 공기의 양을비로 크기, 비율 결정
예) $CH_4 + 2O_2 \rightarrow CO_2 + 2H_2O$
메탄 : 산소 = 1 : 2

② 혼합기체의 유량
(연료와 공기의 혼합기체 유량은) 점타라인을 통과하는 연료와 공기 혼합기체의 이동속도가 연료의 연소속도보다 빠르게 (2배이상 권장).

8) Flare System으로 산소유입방지·(특히. 안전 V/V 부속시 주의)
1) 산소 함유된 물질은 별도의 플레어 시스템에서 처리.

24번 문제) 플레어시스템의 KO 드럼 설계 및 설치에 관한사항
(P-60-2017)

1. K.O 드럼
   1) 정의
      안전밸브 등의 방출물에 포함되어 있는 액체가 플레어스택으로 가스와 함께 흘러가지 않도록 액체를 분리·포집하는 설비

   2) 개념도 및 원리

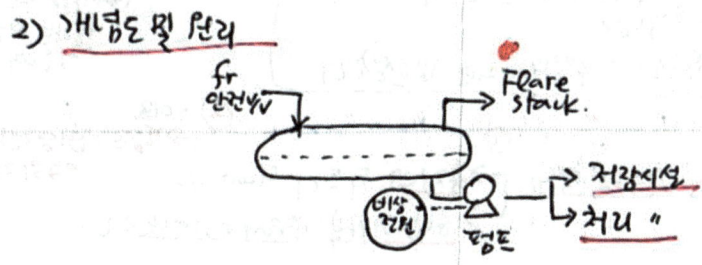

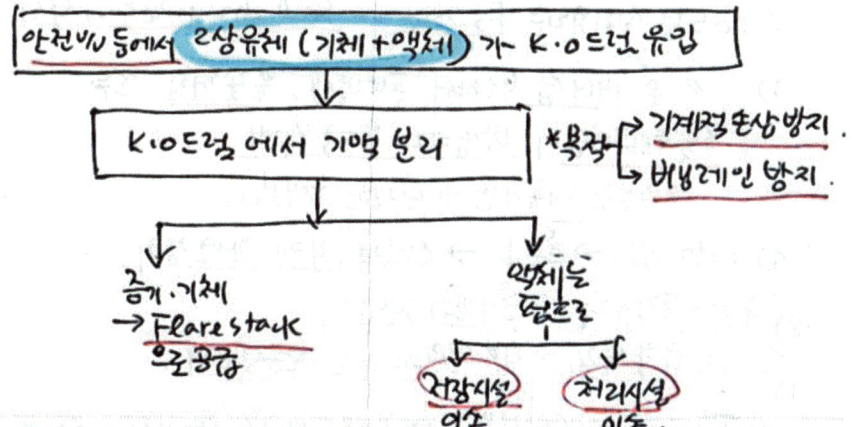

2. K.O 드럼의 분류
   (1) 형태에 따른 분류

	수평 K.O 드럼	수직 K.O 드럼
1) 적용	① 액체 저장용량↑ ② 증기 유량↑	① 액체 부하↓ ② 설치공간 부족
2) 특징	① 압력강하↓ ② F.S 하부에 직접 설치곤란	① 압력강하↑ ② F.S 하부에 직접 설치가능

6. K.O 드럼 설치시 고려사항

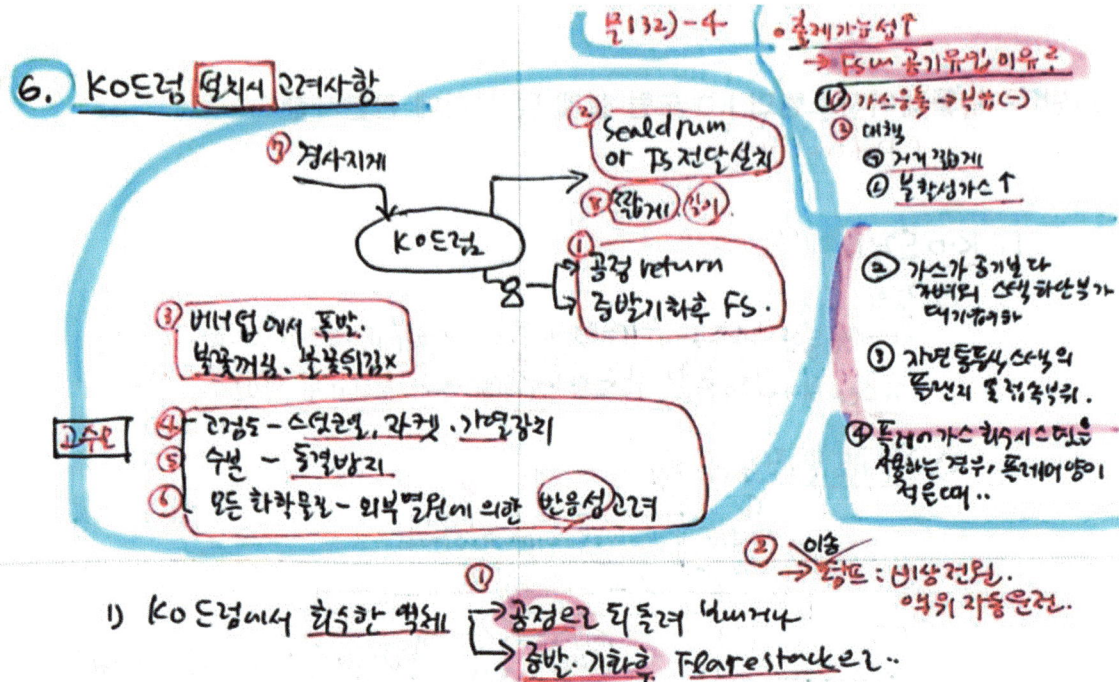

1) K.O 드럼에서 회수한 액체 → 공정으로 되돌려 보내거나
   → 증발·기화후 Flare stack으로.

2) K.O 드럼 설치위치는 FS 전단 or Seal drum 전단에 설치

3) 〃 은 버너팁 부근에서 폭발발생, 불꽃꺼짐, 또는 불꽃튀김현상이 발생하지 않도록 설계
   → 충분한 체류시간 → 안전한 기액분리.

4) 고점도액체 → 흐름↓ → 스팀코일, 자켓, 가열장치

5) 수분동결우려 → 동결방지수단고려

6) 모든 화학 물질 → 외부 열원에 의한 반응성고려.

7) 플레어 헤더 (안전밸브 등 → 녹아웃드럼)은 경사지게 하거 ($\frac{1}{500}$)(정체x) 중력으로 흐를수 있도록..

8) 플레어 헤더 (K.O 드럼 → 플레어스택) 내 정체가스의 응축에 대비하여 K.O 드럼과 플레어 스택 외 거리는 짧게
   → 가스응축 및 부압(-) 발생으로 공기유입 우려.
   → 폭발범위 형성시 폭발가능성↑

25번 문제) 버닝레인현상

1. 버닝레인 정의 및 개념도

   1) 정의
   Flare stack에서 액체방울이 불완전연소 상태로 버너덥에서 배출
   → 불붙은 상태로 지표면 도달하는 현상

   2) 개념도

   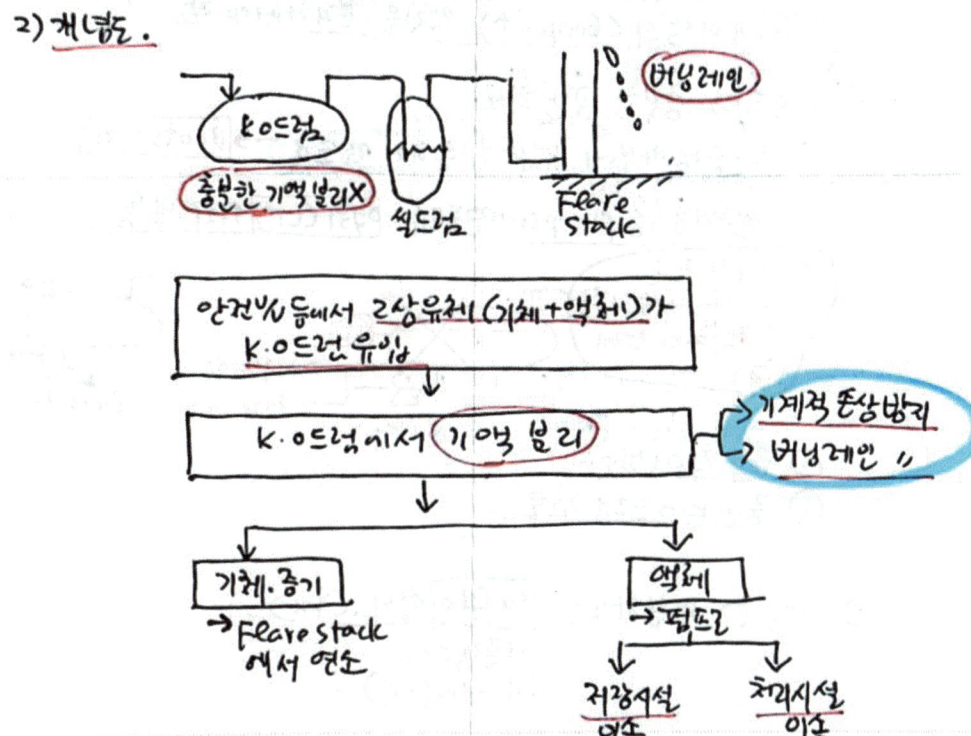

2. 버닝레인 발생사유

   1) K.O드럼에서 충분한 기액분리 되지 못하여
      직경 600㎛ 초과 액적 → 불완전연소
                          → 버닝레인 발생

      ① 통상 직경 300~600㎛ 크기의 액체방울은 K.O드럼에서 분리됨
      ② 직경 1000㎛ 초과 액적은 Flare system 형태와 관계없이
         버닝레인 현상 발생

③ 특히 Flare system 에서는 액적의 직경이 작아도 버닝레인 발생우려 있음.

K.O 드럼에서 버닝레인 방지대책.

1) K.O 드럼에서 충분한 체류시간을 두어 (30분↑). 일정크기 이상의 (600μm↑) 액적을 분리하여야 함.

2) K.O 드럼 충분한 공간 확보
   ① K.O 드럼 하부에 액상 체류하지 않도록 → Boots 설치
     ㉠ Boots 설치
     ㉡ 자동기동 pump와 연동되는 액위 (LT) 위치 낮춤.

→ pump의 잦은 on-off 예상되므로 용량확대와 함께 검토.

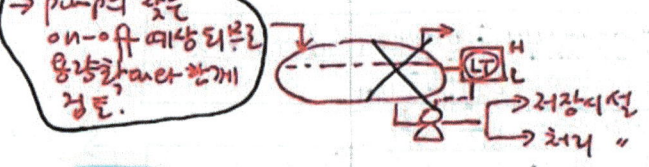
→ 저장시설 처리
Boots

② 용량 확대검토
③ 중간 K.O 드럼 검토.

3) 기액 분리 전환하도록 Baffle 설치. (추가).
   대플렉터..
   (deflector)

18년 114회 출제 (25점)

26번 문제) 중간 K O 드럼 설치기준

1. 개요.
   - 플레어 시스템의 개요 → 플레어 시스템 개요, 2권은 …?
   (아니다 중복?)

2. 녹아웃드럼.
   - P130 참조

3. 중간녹아웃드럼 설치기준.

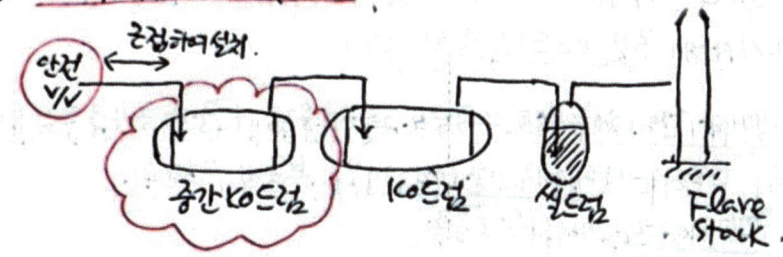
   - 안전 V/V
   - 근접하여 설치
   - 중간 KO드럼
   - KO드럼
   - 씰드럼
   - Flare Stack

1) 중간녹아웃 드럼의 설치 필요성

✓ 설치위치 : 아래의 경우 안전V/V 후단과 주 녹아웃드럼 사이에 중간녹아웃드럼을 설치

   ① 플레어 헤더로 다량의 액체를 방출하는 장치 또는 다량방출의 경우
   → 주 녹아웃드럼에서 회수되지 못하고…(?)

   (P138→응축) ② 주녹아웃드럼과 플레어스택 간 거리가 멀어서 안전V/V에서 방출된 증기가 응축 또는 액체방울 응집현상에 의해 액체방울 크기가 커지는 경우

   ③ 매우 높은 온도의 방출물이 플레어 헤더를 통과하면서
   고온방출물이 → 헤더 내부의 증기가 순간적으로 응축되는 경우

   ① 다량의 액체.
   ② 거리가 멀어 → 응축·액기방울응집현상
      → 액체방울 크기↑
   ③ 고온방출 → 순간적 응축.

3) 중간 녹아웃 드럼의 설치기준
① 대량의 액체방출물이 발생하는 공정에서는 안전밸브단과 근접한 위치에 중간 KO드럼 설치 고려
② 공정과 플레어스택간 거리가 멀어 배출증기가 대량으로 응축되는 경우 그사이에 중간 KO드럼 설치 고려
③ 주녹아웃드럼과 플레어스택간 거리가 멀고, 고온의 증기가 일정기간 체류시 대기와의 온도차에 의해 대량으로 응축되는 경우 그사이에 중간 KO드럼 설치 고려
④ 액체의 전체체류용량 = 주녹아웃드럼용량 + 중간 녹아웃 드럼 용량 즉, 요구되는 액체체류시간(20~30분) 부족시 전단의 중간 KO드럼에서 용량보충.

4. 결론
1) 플레어스택 버너팁에서 버닝레인 현상이 발생하지 않도록 중간 KO드럼을 포함하여 안전한 KO드럼의 설계가 필요하다.

119회 출제 (25점)

문제 27번) 액체 밀봉드럼(Seal drum)의 설계시 고려사항

1. 개요

    1) 플레어 시스템의 역화방지 설비란.
       플레어스텍 상부 및 플레어 헤더로 공기가 유입되어
       화염등이 역화하는 것을 방지하는 설비

    2) 역화방지설비의 종류
       ① 액체 밀봉드럼 (Seal drum)
       ② 건식 실 (Dry Seal) — 몰레큘러실 / 벨라시어실
       ③ 퍼지시스템.

② 액체밀봉드럼의 설계시 고려사항   Flare system 22년

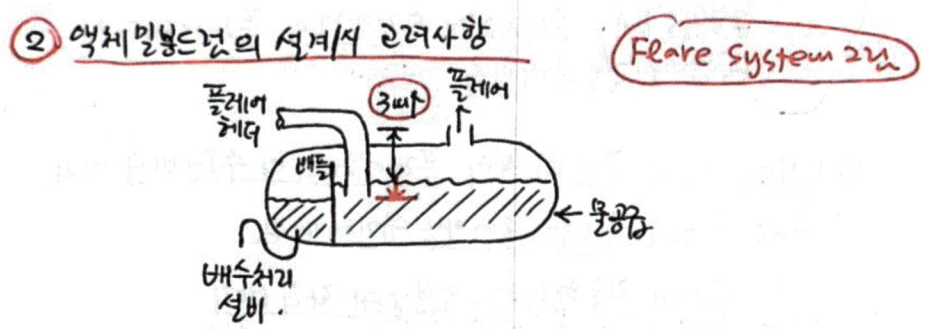

   1) 액체 밀봉드럼 설계목적

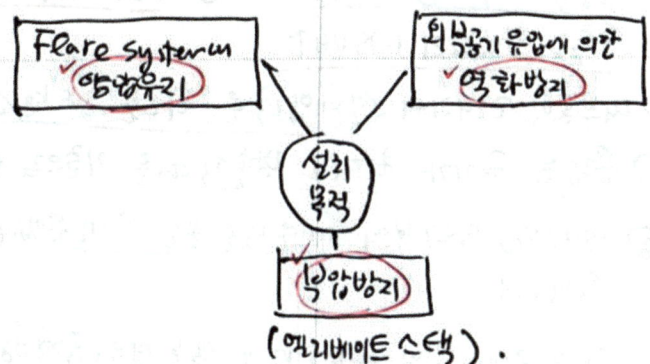

       (엘리베이트 스텍).

2) 설계시 고려사항

① 액체밀봉드럼의 구성
  - 드럼, 도출배관, 폐수처리설비, 액체공급설비

② 밀봉액은 주로 물을 사용하지만, 다른 유체도 사용가능
  이때 액체의 공결, 액체의 인화성, 반응성 고려 설계

③ 플레어가스 회수시스템을 사용하는 경우
  → 회수시스템은 액체밀봉드럼에 연결해야 함
  ㉠ 플레어양이 적은 경우에 회수로 인한 플레어헤더내 부압(-)이
     형성될수있고, 회수시스템 운전압력이 플레어헤더의
     배압으로 작용우려 있음

④ 밀봉되는 배관의 끝단으로 부터 플레어헤더의 수평바닥 까지
  높이는 수직으로 최소한 3m 이상 유지해야 함
  ㉠ F.H내 진공형성으로 밀봉상태 파괴 방지
  ㉡ 밀봉액의 범람증발 방지위해 드럼내 충분한 공간유지

⑤ 밀봉액 배수배관의 높이는 최소한 밀봉드럼의 운전압력을
  수두로 환산한값의 1.25배 ↑

⑥ 내부폭발 고려하여 설계압력은 최소한 3.5kg/cm² ↑

⑦ 용량은 증기가 최대로 방출될때를 기준으로 산출한다

⑧ 안전V/V 등으로부터 매우 낮은 온도 유체 유입시 밀봉액체의
  동결고려

⑨ ㉠ 동결로 관이 막힐 우려 위험이 있는 경우 동결방지 조치
  ㉡ 글리콜 등 혼합물 사용하거나 → 빙점강하
  ㉢ 밀봉액체를 가열 또는 배출

• EG (에탄-1,2-디올)
  C2H4(OH)2

⑩ 설치위치
주KO드럼과 플레어스택 사이에 설치하되
가능한 플레어스택 하부에 근접 설치.
(밀봉드럼이 플레어스택 자체 일부분 설계시
플레어스택 하부에 설치).

---

① 구성 ② 밀봉액-물 ③ 탄소스틸
④ 밀봉배관 끝단 - 3m↑ ⑤ 밀봉액 배출배관 - 1.75배↑
⑥ 설계P - 3.5kg/cm² ⑦ 용량 - 최대양측
⑧ 저온유체 - 동결고려 ⑨ 충격방지조치
⑩ 설치위치.

[폭증가 → 퍼지가스량↑]

2) 건식실 (Dry seal)

① 몰레큘러 실 (Molecular seal) (씨간격물)
   부식성물질, 중초생성물, 물의 응결 등으로 몰레큘러 실이
   막히는 것을 방지하기 위해 배수구는 상시 개방하고,
   동결방지조치를 해야 함

   [씨부연동]

② 벨로시티 실 (Velocity seal)
   플레어가스내 H₂, C₂H₄ 등 폭발위험성 높은 가스 포함시
   → 퍼지가스속도를 높여 폭발방지

③ 건식실은 플레어시스템의 퍼지가스량을 줄이는 것이 목적으로
   그 자체가 역화방지 할수 없으므로 액체밀봉드럼 등 대안고려.

※ 동결방지방법
→ 난 보 전 보 ⓢ 매 설
   방 ↓ 지속 ↓
   드레싱 추적 반염광하
              (EG).

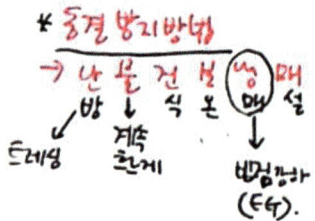

2) 건식실의 설치
  ① 설치위치
    시스템내로 공기유입 방지를 위한 퍼지가스량을 최소화하기 위해
    설치하는 것으로 플레어팁 바로밑 또는 근접설치

  ② 몰래쿨러실

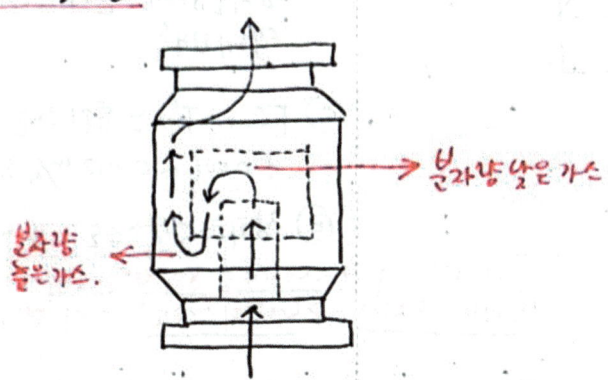
→ 분자량 낮은 가스
← 분자량 높은 가스

  ㉠ 퍼지가스와 공기의 분자량 차이를 이용하는 원리로
     플레어팁으로 향하는 가스흐름을 두번 변하게 만들어
     ┌ 분자량 높은가스 : 하단부 체류
     └   "   낮은 "   : 상단부 "
     → Flare stack내 공기침투 방지구조.

(내부연동)
*불연성물질, 연소생성물
물의 ②,③ 등으로 Seal이
막히지 않도록..

  ㉡ 내부 축적액체를 배출할수 있는 시설 (Drain) 설치하여
     액체밀봉드럼으로 연결. → 몰래쿨러실이 막히지 않도록 상시개방.
                              동결방지조치.

  ㉢ Flare Tip을 통과하는 퍼지가스 속도를 0.003m/s
     까지 낮출수 있다.   └ 낮을수록 좋음

  ㉣ 장치하부에서 산소농도 : 0.1% 미만유지.

③ 벤츄리식

* 신뢰도
(Risk 높은설비)

㉠ 원리 : 원추형 방해판을 이용해 공기를 벽으로부터 분리시켜 퍼지가스 흐름과 함께 대기부로 배출시킴.

㉡ 액체의 축적에 의한 병목 충격 방지를 위해 관에 구멍을 내어 액체 배출.

✓ ㉢ Flare Tip 을 통과하는 퍼지가스 속도 : 0.006~0.012 m/s 로 낮출수 있다

✓ ㉣ 장치 하부 산소농도 : 4~8% 유지.

✓ 플레어가스내 H_2, C_2H_4 등 폭발위험성이 높은 가스 포함시. → 퍼지가스속도를 높여 폭발방지.

창2. 4. 플레어 헤더의 봉입 및 퍼지가스

1) 플레어헤더의 봉입.

① 플레어 시스템 내 역화 및 공기혼입 방지를 위해 불활성가스를 플레어 헤더에 봉입

② 불활성가스
 ㉠ 원칙 : 질소
 ㉡ 스팀 또는 응축성가스 : 부적합
 ㉢ 연료가스를 사용할 경우 → 공기보다 가벼운 가스로서 폭발범위에 들지 않도록 해야 함

↳ 양압유지 해야 함
(공기흡입 ×)

※ 부압(-)운전
→ 대책으로 [N₂ 퍼지]
별도 레이어가 확수시스템을 사용하는경우 블레어양이 적을때

2) 공기의 혼합 가능조건 (공기유입조건)
① 가스가 공기보다 가벼운 경우 스택하단부가 대기압 이하일때.
② 더운 가스 방출후 헤더내의 증기가 냉각응축 될때
③ 자연통풍식의 스택의 경우 플랜지 및 접속부위
→ Wind effect Stack "

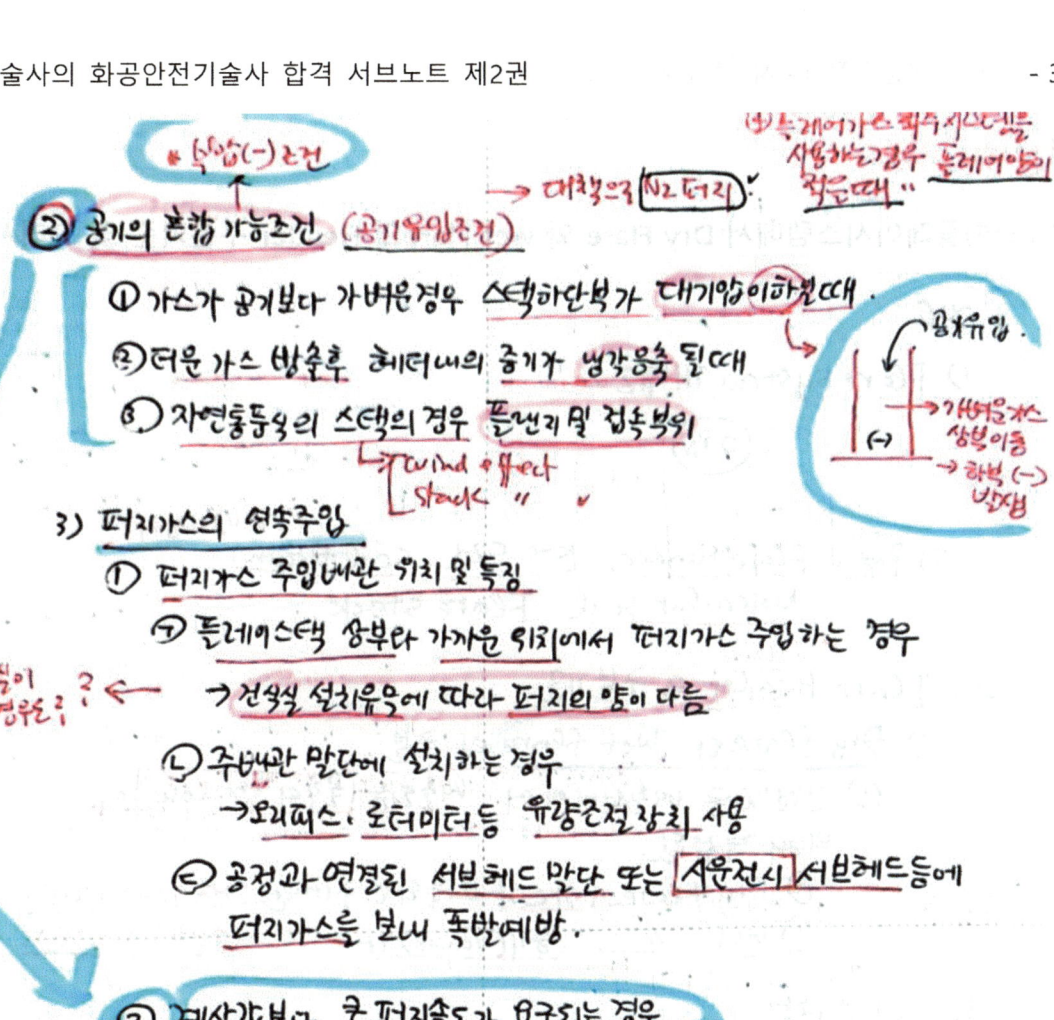
→ 공기유입
→ 가벼운가스 상부이동
→ 하부(-)
남겨짐

3) 퍼지가스의 연속주입
① 퍼지가스 주입배관 위치 및 특징
㉠ 플레어스택 상부와 가까운 위치에서 퍼지가스 주입하는 경우
→ 건성실 설치유무에 따라 퍼지의 양이 다름
건성실이 없는 경우는?
㉡ 주배관 말단에 설치하는 경우
→ 오리피스, 로타미터 등 유량조절장치 사용
㉢ 공정과 연결된 서브헤드 말단 또는 사운전시 서브헤드 등에 퍼지가스를 보내 폭발예방.

② 계산값보다 큰 퍼지속도가 요구되는 경우
㉠ 운전개시 한때 (산소 전혀 없거나) 매우 낮은 조건에서 Flaring 하는 경우
부압방지 ㉡ 태양열에 가열된 헤더가 비바람에 의해 냉각되어
purge 보격   음압을 형성하는 경우
㉢ 고온의 응축성가스를 플레어 헤더로 방출하는 경우 → 냉각응축↑
폭발방지 ← ㉣ 쉽게 폭발하거나 넓은 폭발한계를 갖는 화합물 ✓

③ 스팀 또는 응축성가스는 퍼지가스로 부적합.
④ 오리피스, 로타미터는 사용 주입속도 제어.

[120회-25권]

문제 28번) 플레어시스템에서 Dry Flare 와 wet Flare의 Header 구분기준 및 고려사항

1. 개요
   1) Flare system 개념도.
      (2점)

   2) 구성 : Flare Header, K-O 드럼, Seal Drum, 영화방지장치.
      Molecular Seal Flare Stack.

2. Flare header의 구분기준
   1) Dry flare 와 wet flare 의 구분.
      ① 안전밸브등 배출설비에서 배출되는 물질의 상(phase)에 의해 결정됨.
      ㉠ Dry flare : 가스가 배출되는 구배관 (건조상태) (저온)
      ㉡ wet ″ : 증기(vapor)가 ″ (수분함유)·(고온).

3. 고려할사항
   1) Dry flare.
      ① 배출되는 물질온도가 저온이므로 배출물질 중 가장 낮은 온도에 적절한 재료 (저온용강) 적용 여부
      ② 온도특성에 따른 배관재질 설정.

구분	온도범위	재질
저온 Flare	-45℃↓	스테인레스 SUS
중온 ″	-45℃~0℃	킬드강
고온 ″	0℃↑	탄소강

제 15 장 화학공장의 위험성

1. 화학공장의 특징 & 위험요인

   1) 특징 → 대 구 시 주민 고 사고 위험

   2) 위험요인 → 화 물 계 전기 (화 ; 공 폭 설)

2. 화기작업 (화재위험 ″)

   1) 사전 안전 조치사항 (작업허가서 발행전)
   → 작가 차 밸 위 한 비 임 소

   2) 작업시 준수사항
   → 작 작 화 용 인 작

   3) 화재 감시자 주요임무 → 산안규칙, 코샤가이드, OSHA.
   4)   ″   배치장소
   5)   ″   지급품목 (필수·권장)
   6) 비산불티의 특성 → 수풍천발 가속

3. 신뢰도 함수

   1) 신뢰도 : R(t) → 시간 t 동안 관존(생존)확률

   $\lambda = \mu$ · $R(t) = e^{-\lambda t}$

   2) 누적고장확률 (비신뢰도 함수) : 전체고장 확률, F(t)   P(t).
   → t시간까지의 고장난 부품의 누적확률
   $F(t) = 1 - e^{-\lambda t}$. $R(t) + F(t) = 1$

3) 고장밀도함수 : $f(t)$ → 시간당 어떤 비율로 고장이 발생되는가를 나타냄.

- $f(t) = \mu \cdot R(t)$

4) 고장율 (λ) = $\mu = \dfrac{\text{총고장건수 (N)}}{\text{총가동시간 (t)}}$

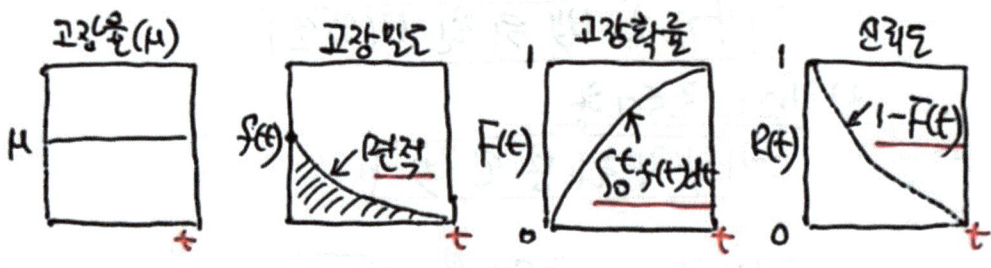

4 MTBF, MTTF, MTTR

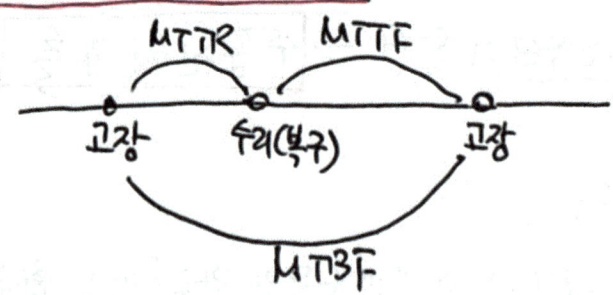

1) MTBF (평균고장간격) = MTTF (평균고장시간) + MTTR (평균수리시간)

2) 가용율 = $\dfrac{MTTF}{MTBF}$

5. 시스템의 직렬·병렬 신뢰도

	직렬	병렬
1) 신뢰도	$R(t) = R_1 \times R_2 \times R_3$	$R(t) = 1 - \{(1-R_1)(1-R_2)(1-R_3)\}$
2) 고장율	$\mu(t) = \mu_1 + \mu_2 + \mu_3$	$\mu(t) = \dfrac{-\ln(Rt)}{t}$

6. 중복설계 (Redundancy)
→ 병렬, 대기, Failsafe, M out of N, Spare

1번 문제) 화학공장의 전반적인 위험성(화학적 위험성)

1. 개요.

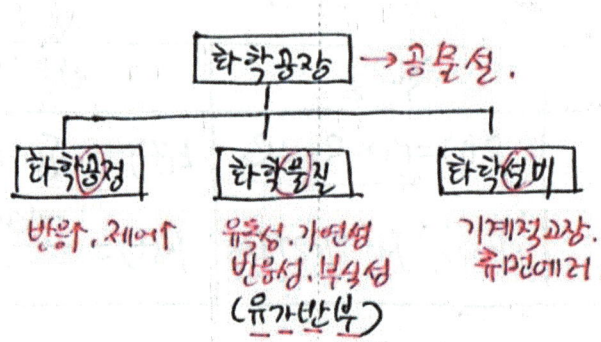

1) 화학공장의 생산성 = 반응속도 × 반응율.
2) 고온, 고압, 점촉매를 사용하여 생산성은 향상되지만.
   반응과 제어의 균형이 무너지면 큰사고 발생할수 있음.

[화공특제]

2. 화학공장의 화학적 위험성. → 공통설

1) 화학공정의 위험성.
   ① 반응폭주의 위험성.: 발열 > 방열

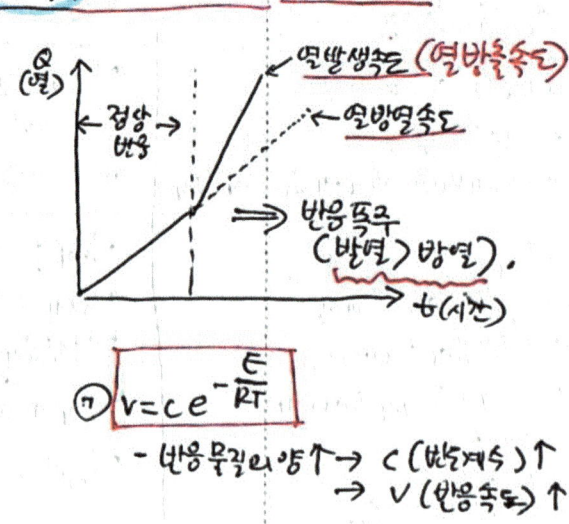

㉠ $v = ce^{-\frac{E}{RT}}$

  - 반응물질의 양↑ → C(반응계수)↑
     → V(반응속도)↑

[2권] ㉡ 촉매
   ┌ 정촉매 → 활성화E↓ → 반응속도↑
   └ 부 ″ →   ″   ↑ →   ″ ↓

② 누설·방류·체류 → 화재·폭발·중독
③ 온도·압력 변화 → 물리적 폭발 위험 (BLEVE)

2) 화학물질의 위험성

유기반응 ① 유독성, 가연성, 반응성, 부식성의 위험
② 수송운반시 위험

3) 화학설비의 위험

장치계 ① 장치파손 : 기계적파괴, 부식파괴
② 기계적고장, 휴먼에러
③ 계측제어 및 안전시스템고장

3. 화학공장의 특징

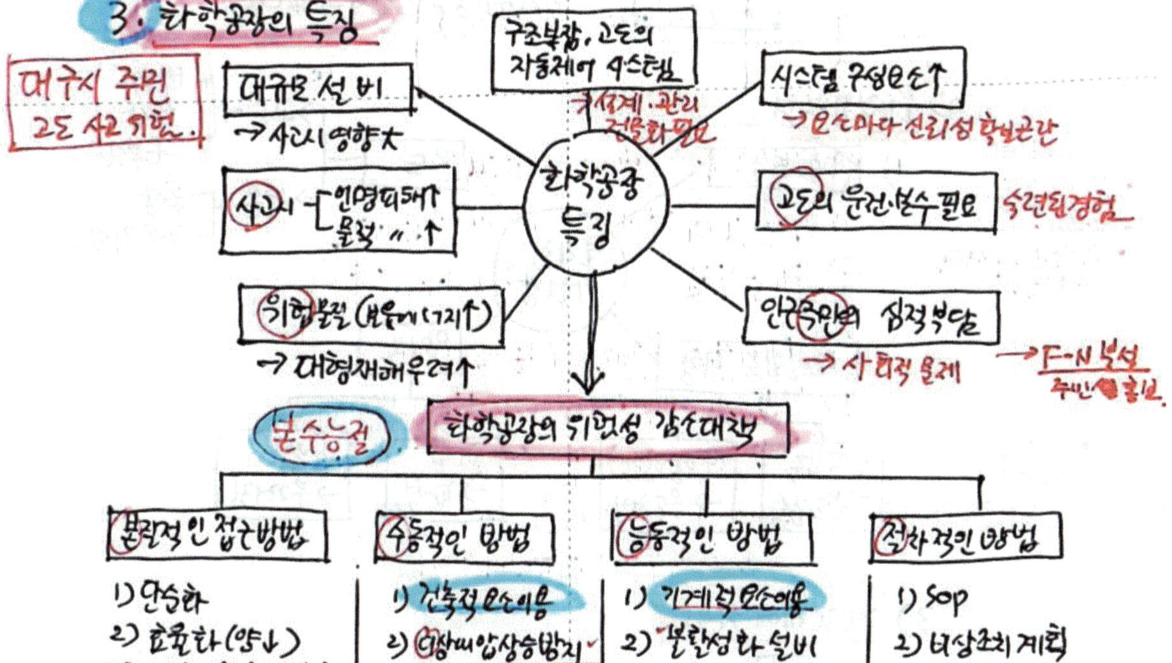

대구시 주원 고도 사고 위험

- 대규모 설비 → 사고영향大
  구조복잡, 고도의 자동제어 시스템
- 설계·관리 정밀화필요
- 시스템 구성요소수 → 요소마다 신뢰성 확보곤란
- 사고 ─ 인명피해가 보상 ↑ (화학공정 특징)
- 고도의 운전·보수 필요 → 숙련된경험
- 위험물질 (보유재고↑) → 대형재해우려↑
- 인근주민의 정적부담 → 사회적 문제 → F-N 곡선 주민 홍보

보수능력 → 화학공장의 위험성 감소대책

본질적인 접근방법	수동적인 방법	능동적인 방법	절차적인 방법
1) 안全화	1) 건축적요소이용	1) 기계적요소이용	1) SOP
2) 효율화 (양↓)	2) 이상압상승방지	2) 불활성화 설비	2) 비상조치 계획
3) 대체 (위험성↓)	3) 방류제	3) 화재폭발차단	3) 교육·훈련
4) 완화 (T.P↓)	4) 안전거리	4) 냉각수 공급설비	4) 점검
5) 영향의 제한	5) 보유공지	5) 반응억제공급	
(방류제, 안전거리)	6) 분리	6) 자동감지 소화설비	
	7) 배관구조		
	이방안보 불리	(B)원씨 보병 반	

2번 문제) 화학공정의 위험요인과 대책

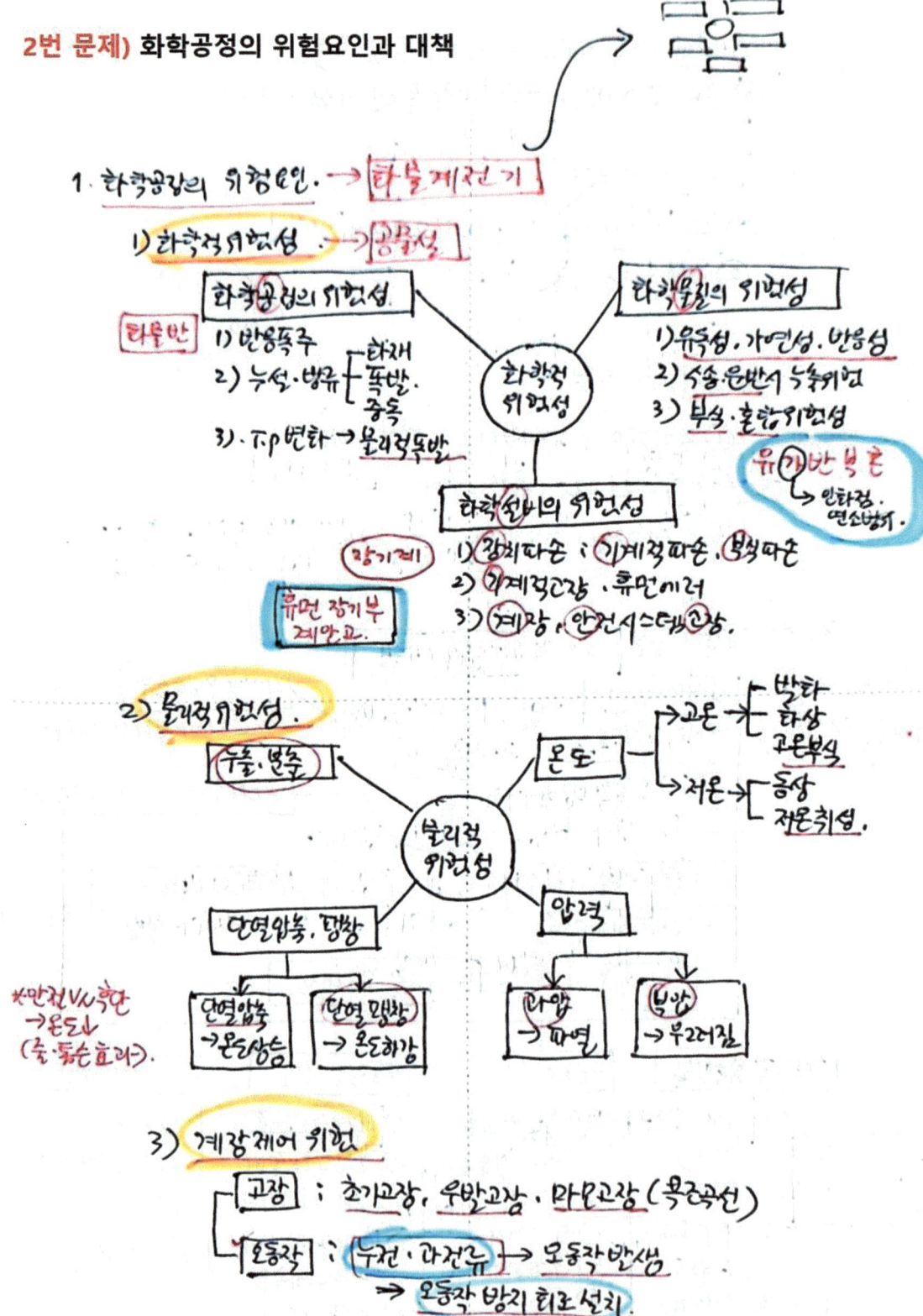

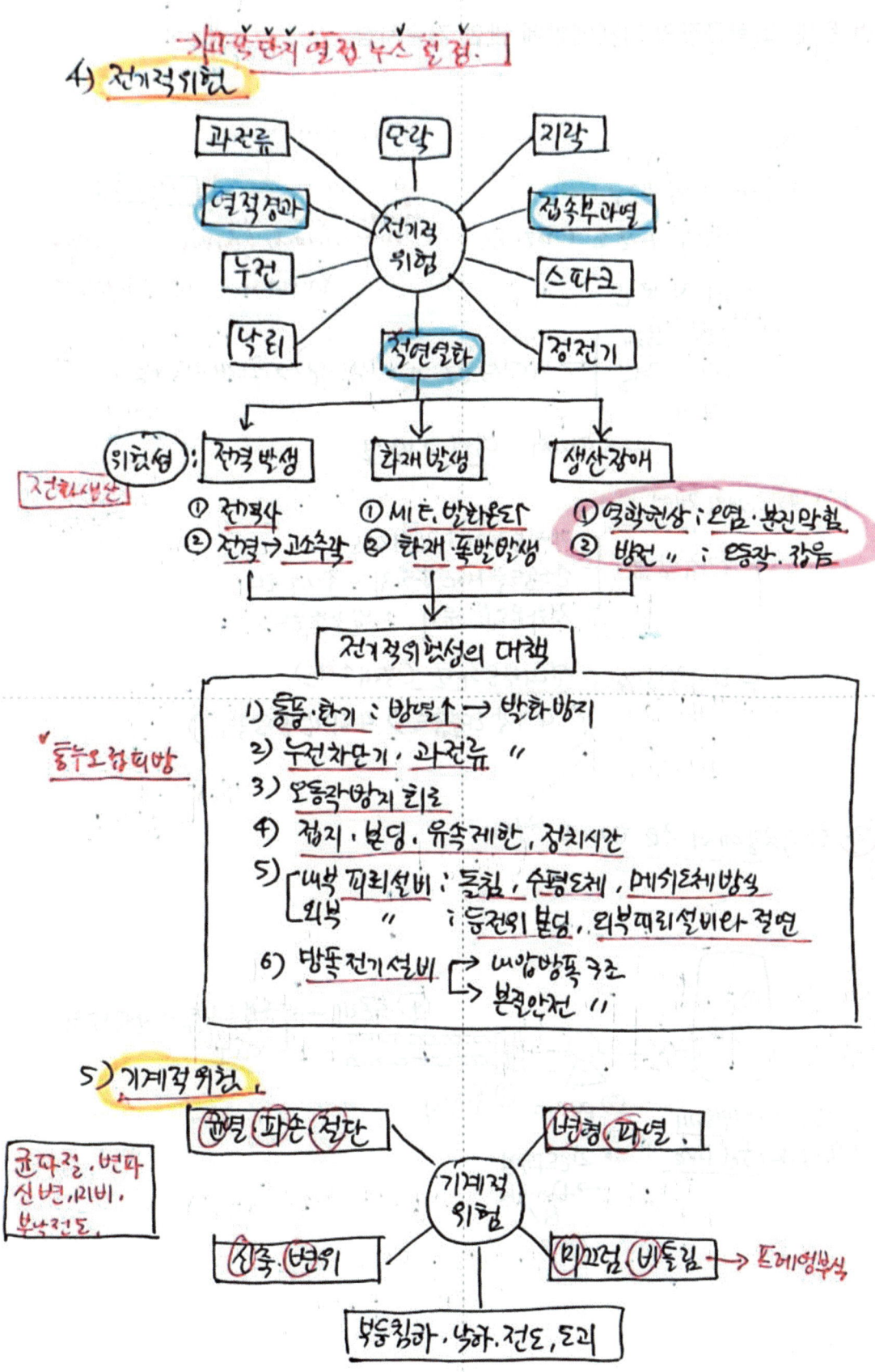

3번 문제) 화학공장의 화재예방에 관한 기술지침

1. 화재의 개요

   1) 화재의 발생조건

   가연물 + 산소 + 점화원

   2) 화재의 지속요건

   고체 : 분해
   액체 : 증발 } → 가연성 혼합기 + 점화원 → 화재 지속가능
   기체

   → 따라서, 발열 > 방열

   ✓ 3) 화재의 제어

   물리적 방법 ┬ 가연물제거 : 제거소화
             ├ 산소농도 MOC↓유지 : 질식소화
             └ 점화온도↓ 유지 : 냉각소화

   화학적 방법 : 연쇄반응차단 (억제소화)
             (라디칼 소멸속도 > 라디칼 생성속도)

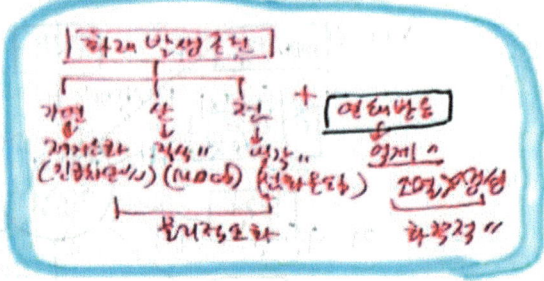

119회 2. 화학공장에서 주요 화재의 형태
출제

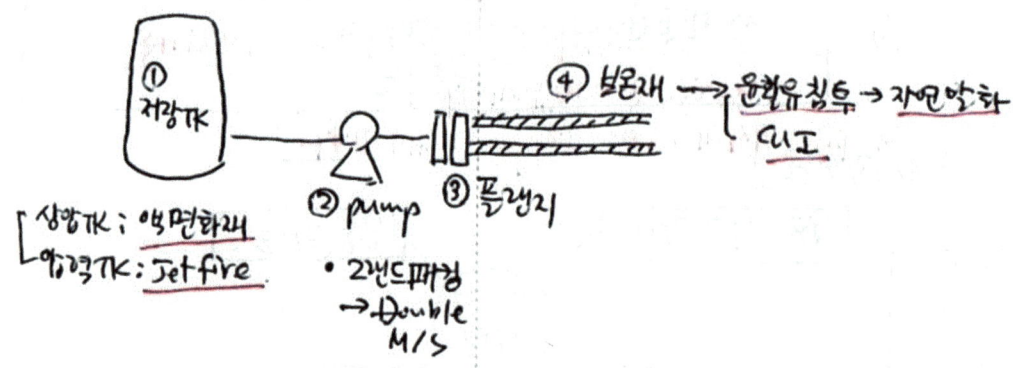

1) 저장TK에서의 화재

① 상압TK : 내부폭발로 화재로 전기되거나, 방유제 내부유출에 의한 액면화재

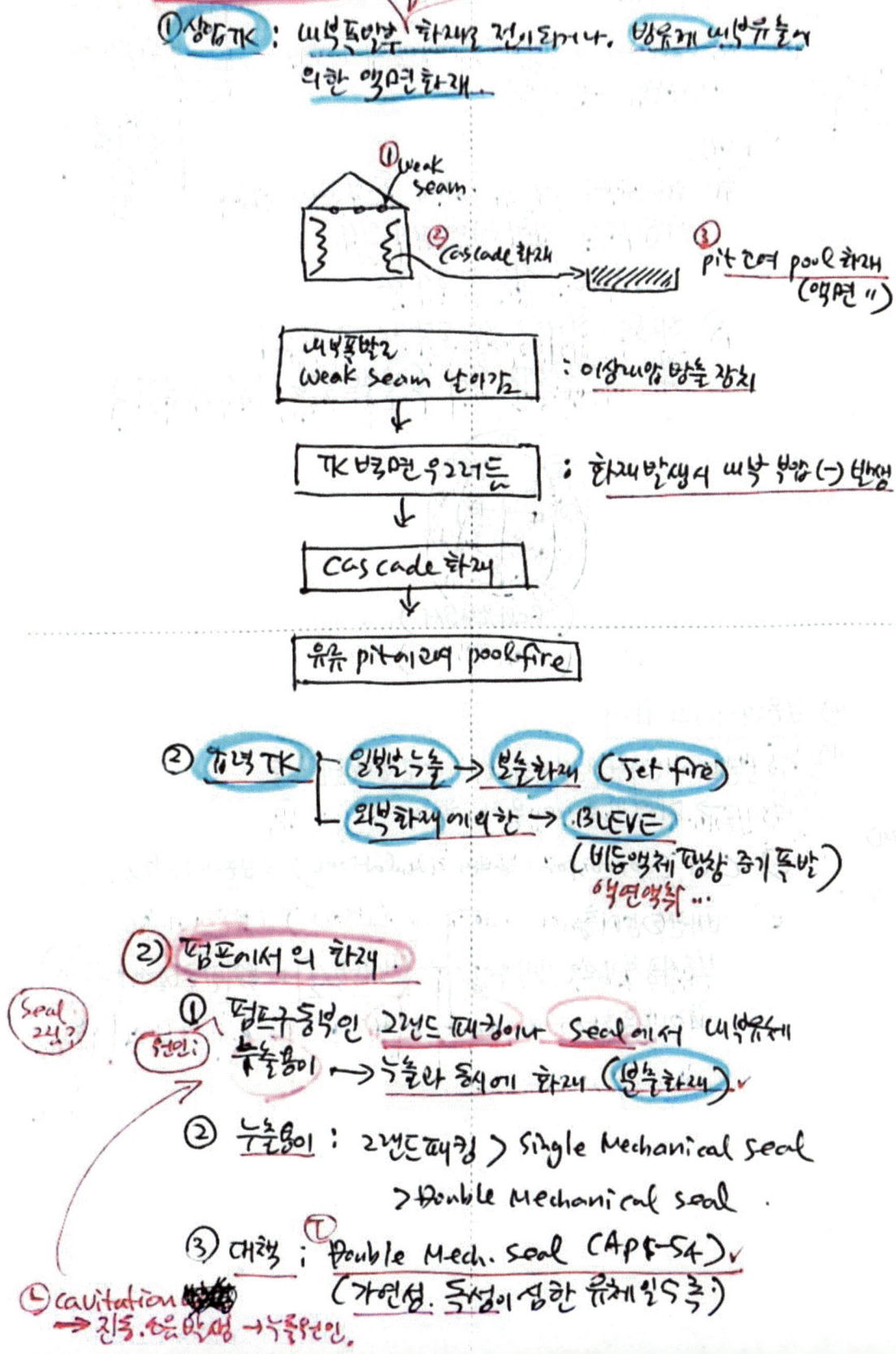

- 내부폭발로 Weak seam 날아감 : 이상내압 방출 장치
- TK 벽면 우그러듬 : 화재발생시 내부 부압(-) 반영
- Cascade 화재
- 유류 pit에 고여 pool fire

② 압력TK ┬ 일반누출 → 분출화재 (Jet fire)
         └ 외부화재에 의한 → BLEVE
                              (비등액체 팽창 증기폭발)
                              액면액체...

2) 펌프에서의 화재

(Seal 고장?)
① 펌프 구동부인 그랜드패킹이나 Seal에서 내부유체 (원인:) 누출됨이 → 누출과 동시에 화재 (분출화재)

② 누출용이 : 그랜드패킹 > Single Mechanical seal
                      > Double Mechanical seal

③ 대책 ; Double Mech. seal (API 5-54) ✓
         (가연성, 독성이 심한 유체일수록)

└ cavitation 발생
  → 진동.소음 발생 → 누출원인.

3) 플랜지에서의 화재

① 온도 상승, 하강시 → 재질의 수축, 팽창 차이 발생
   → 밀착부의 손상 → 누출

※원칙:
① 전체체결

② 체결의 동등성
   개스킷, B/N 구조적 결함
   └ 노후화

③ 체결력의 동등성
   개스킷, 볼트 경향 노후화
   ↓
   누출

② 대책
  ㉠ 정비작업후 운전개시 시에 온도상승이나 하강은
     단위시간당 허용범위내에서 실시
     → 천천히 상승, 하강시킴
  ㉡ 최고온도, 최저운전온도 도달 전 2~3차례
     볼트 재진압작업 실시 (고온볼트작업, 냉각볼트작업)

(B/N 조임순서)

4) 보온재에서의 화재

원인 ① 보온재에 고비점 성분유체 나 가연성액체 침투
        → 자연발화에 의한 화재

(p.429) ② CUI (corrosion under insulation) : 보온재 하-부식.

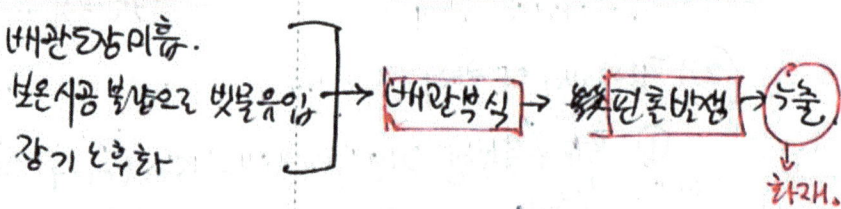

배관 노감 미흡
보온시공 불량으로 빗물유입 → 배관부식 → 전촉반응 → 누출
장기 노후화   ↓
                                                  화재

3. 화상

1) 화상의 종류
   ① 1도 화상 (홍반성 화상) : 변화가 피부표층에 국한
       벌겋게 되며 가벼운 부기와 통증
   ② 2도 화상 (수포성") : 화상직후 혹은 1일내 물집
   ③ 3도 " (괴사성") : 피부전체를 괴사하여 궤양화하는 현상
   ④ 4도 " (흑색") : 피하지방, 근육, 뼈까지 도달.

2) 복사열에 의한 화상
   ① 시간이 4~6초 동안 복사열을 받아 화상을 입는 정도.
       ㉠ 1도 화상을 받는 한계 : 3 cal/cm²·s
       ㉡ 2도 " " = 6 "
       ㉢ 3도 " " = 9 "

   ② 대책
       ㉠ 근자에게 지급되는 작업복이 2400 Kcal/m²·h 의
           복사열을 견딜수 있어야 함
       ㉡ 여름철 작업복도 긴소매 작업복 지급.

4. 화학공장에서 화재예방대책. (각산점)

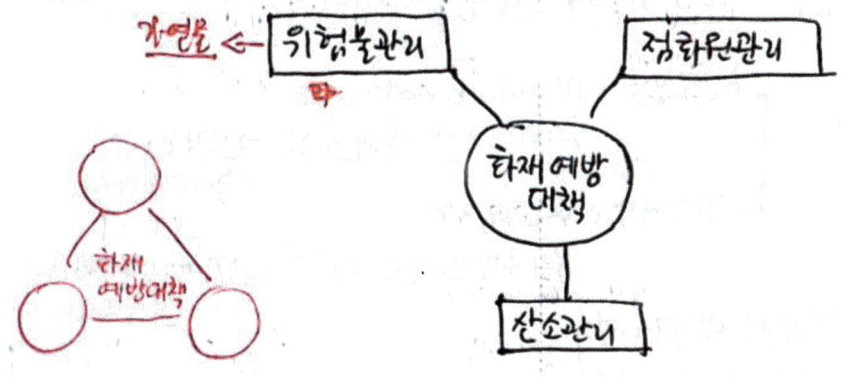

(1) 위험물관리

1) 위험물관리의 일반사항
[참고]
① 설치된 위험물 취급설비 (용기, 배관류) 관리
② 위험물 취급설비는 운전압력, 운전온도, 취급물질의 특성, 사용재질등에 따라 내압성, 내열성, 내부식성 갖추어야 함
[연결재안·내배유관]
③ 고압에 의해 핀홀같은 미세한 구멍으로 누출방지

2) 위험물저장 TK
① 상압 TK
[120(25) 상압TK 3단]케 연결되요.
 ㉠ 압축과 일량에 의한 증발가스처리 → 충분크기의 통기구 (Breathing loss, Working loss)   ←배출용머리설비
[Emergency Vent 케이쓰메로]
 ㉡ 외복사열 등 복사열에 의한 증발가스처리 → 긴급통기설비 (초속)
[비상인보 통기관경 손상분비]
 ㉢ CRT는 내폭방식 TK의 원통과 지붕연결부위에 취약부위설치 (weak seam)
 → weak seam
 → 상단 방출장치

(압력TK)
② 액화석유가스
*LPG:0.7MPa   BLEVE 방지위해 물분무설비 설치하여
[복사열 : 0T4] 냉각 및 복사열차단. (복사열=σT⁴)
 water spray
  ┌ 현열냉각 : $Q = G \times C \times \Delta t$
  │   물의비열 (1kcal/g·°C)↑ → 냉각효과↑ (목재(소화전))
  └ 잠열냉각 : $Q = G \times r$
      물의 증발잠열 (539kcal/kg)↑ → 냉각효과↑ (물분무, SP.)

③ 방유제. 방액제 설치
  (위험물) (액화가스)

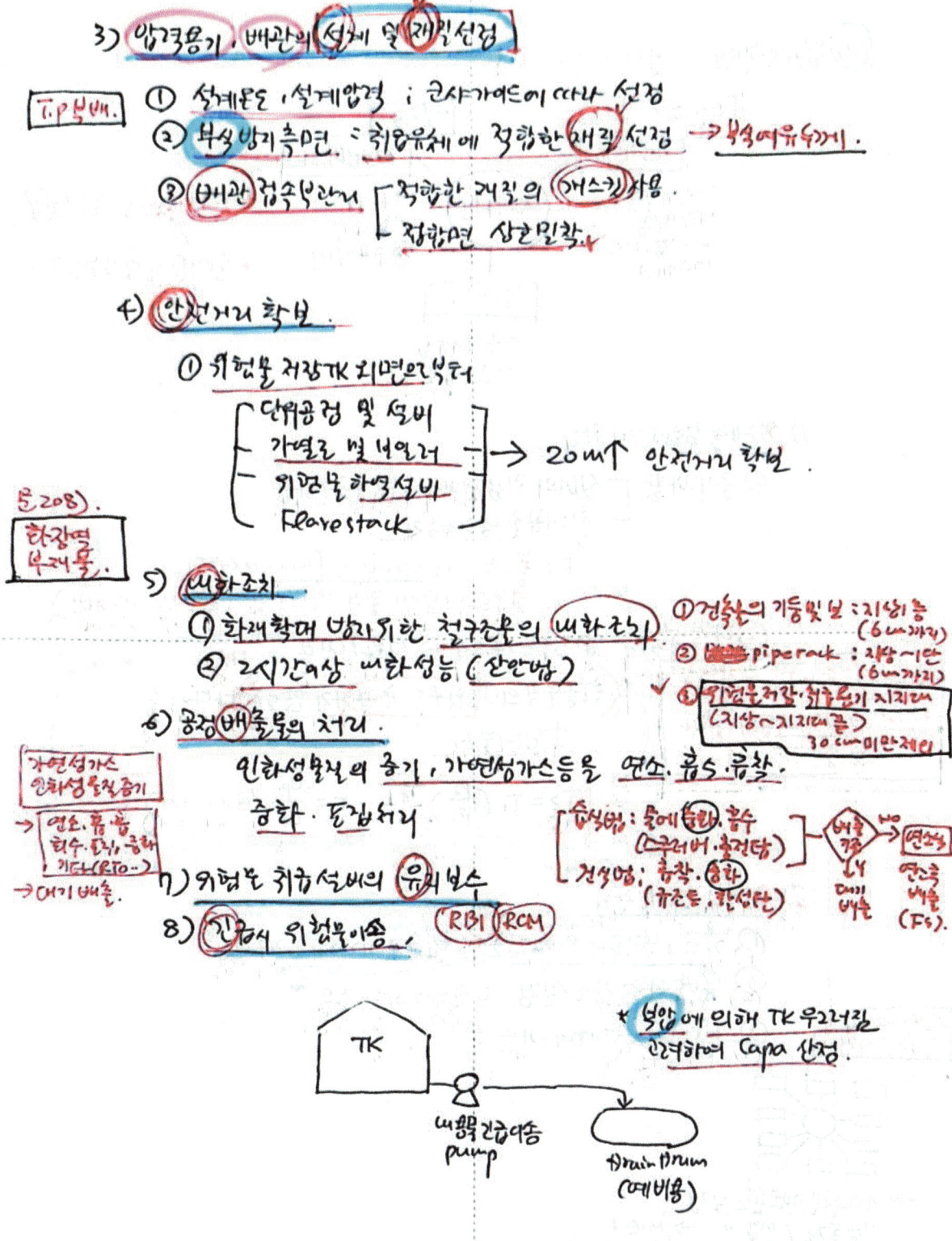

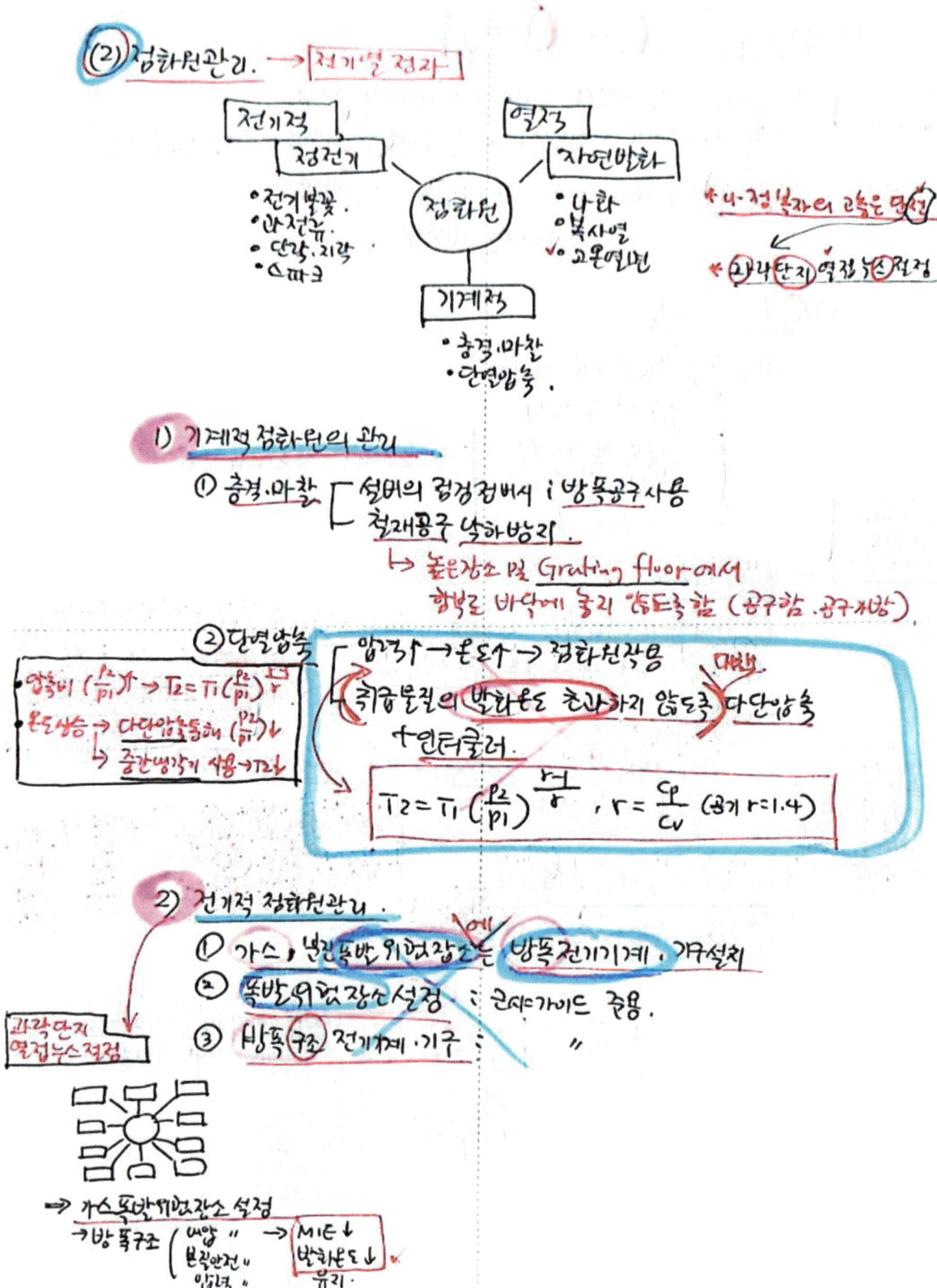

★방폭전기기계(기구)

가스의 폭발등급	A	B	C
최대안전틈새 (mm)	0.9↑	0.5~0.9	0.5↓
최소점화전류비	0.8↑	0.45~0.8	0.45↓
적용가스	C_3H_8, C_2H_6	C_2H_4, 부타엔	C_2H_2, H_2
✓방폭전기기기의 폭발등급	ⅡA	ⅡB	ⅡC

★방폭전기기기가 설치된 지역의 방폭지역 등급

구분	0종장소	1종장소	2종장소
①정의	폭발분위기가 장기간 빈번하게 발생	정상상태에서 폭발분위기가 간헐적	이상상태에서 폭발분위기가 단시간
②발생시간	1000hr/yr↑	10~1000/yr	1~10/yr
③확률	10%↑	0.1~10%	0.01~0.1%
④장소	가스용기내부 액상TK상부	벤트,릴리프 부근 피트,트렌치	이상반응우려 (아르곱)

3) 열적점화원 관리.

① 나화(불꽃),고온연면은 발화온도를 높여 쉽게 점화원으로 작용.

② 운전온도는 위험물 발화온도의 80% 초과 X

③ 공정물질과 스팀사용기기류 ; 보온조치하여 고온의 표면에 노출방지.

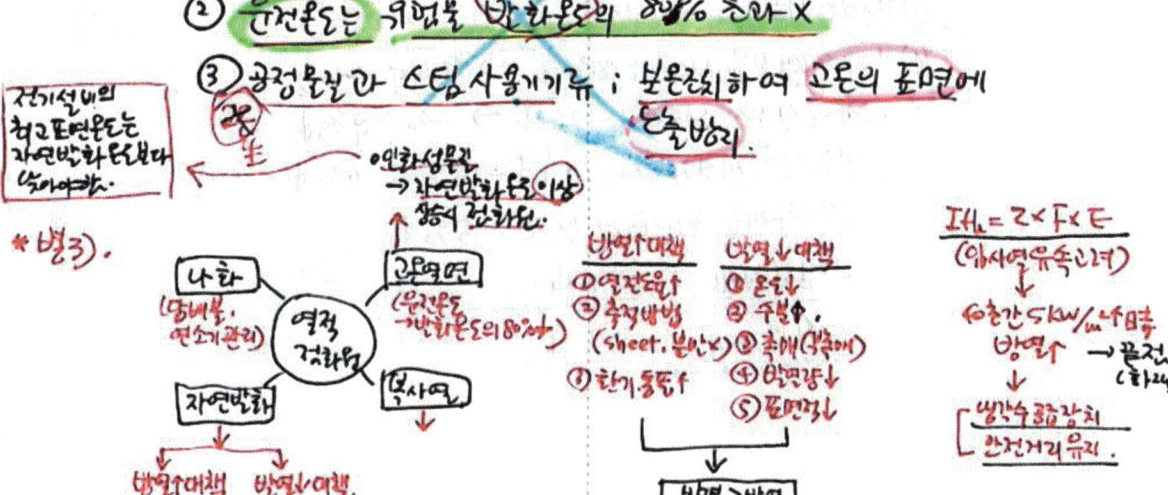

4) 정전기관리 → 설비의 전촉이상은 10요이하유지
   ① 도체에 의한 대책 : 접지, 본딩
   ② 부도체 " : 가습제 (전자방)
   ③ 인체 " : 복합 존(복정지대) → 제전기 : 전압인가식, 자기방전식, 방사선식
        제전복

5) 자연발화관리
   ① 고온용 보온부위에 고비점 유체 침투
      기름걸레 장기간 방치   → 자연발화
      반화점 높은 고분자물질 햇빛노출
   ② 대책
      ㉠ 청결유지
      ㉡ 직사광선 X, 전장온도이하 보관
      ㉢ 방열 > 발열

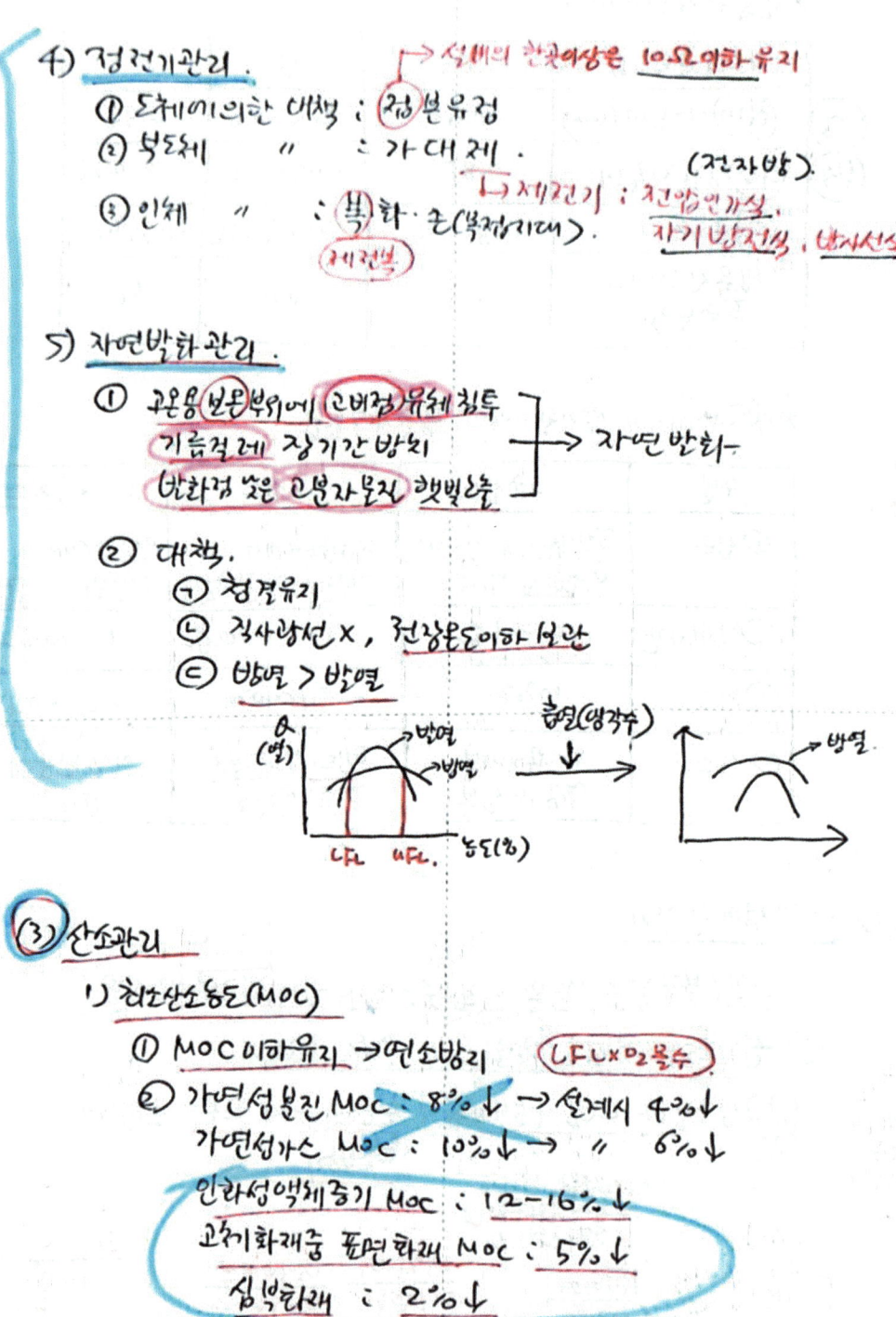

(3) 산소관리
   1) 최소산소농도(MOC)
      ① MOC 이하유지 → 연소방지   (LFL × O₂몰수)
      ② 가연성분진 MOC : 8%↓ → 설계시 4%↓
        가연성가스 MOC : 10%↓ → " 6%↓
        인화성액체증기 MOC : 12~16%↓
        초기화재중 표면화재 MOC : 5%↓
        심부화재 : 2%↓

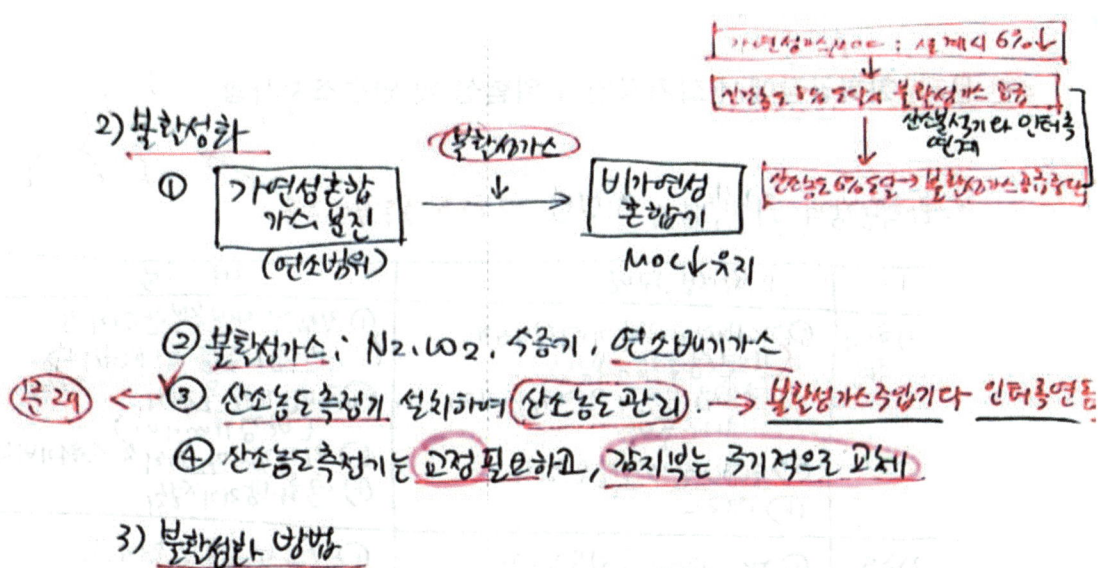

4번 문제) 화학공장에서 화기작업시 위험성 및 안전조치사항

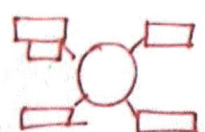

1. 화학공장의 화기작업시 위험성 → 화폭·중독·질식·누출

	발생원인	대책
1) 화재 폭발	① TK·배관내 잔류가연성가스가 가연성 혼합기 형성 → 용접·용단시 점화원되어 화재·폭발 ② 불티비산 가연물 착화 ③ 여타	① 작업전 내부 충분환기 및 가스농도측정 (LFL이하) 25%까지 ② 주변 가연물 제거 (반경 11m이내) ③ 화재감지기 배치 & 소화기 비치 ④ 역화방지기 설치
2) 중독	① TK·배관내 독성물질 기화 ② 용접 Fume 발생	① 작업전 충분환기 및 가스농도측정 (TWA이하) ② 보호구 착용
3) 질식	① 불활성가스 (N₂,Ar)치환 → O₂농도↓	① 밀폐공간 출입전 산소·가스농도 측정후 → 출입 ② 지속환기 & 송기마스크
4) 누출	① 배관V/V의 안전차단 실패	① 맹판사용 (크리포)
✓5) 화상	① 불티·과열된 금속 등 신체노출 → 화상	① 적절한 보호구 착용 - 방열복·긴팔셔츠 - 난연성 작업복 → 2400㎉/㎠·s 복사열 차단

2. 화기작업시 안전조치사항 (산소유지농도: 18~23.5%)

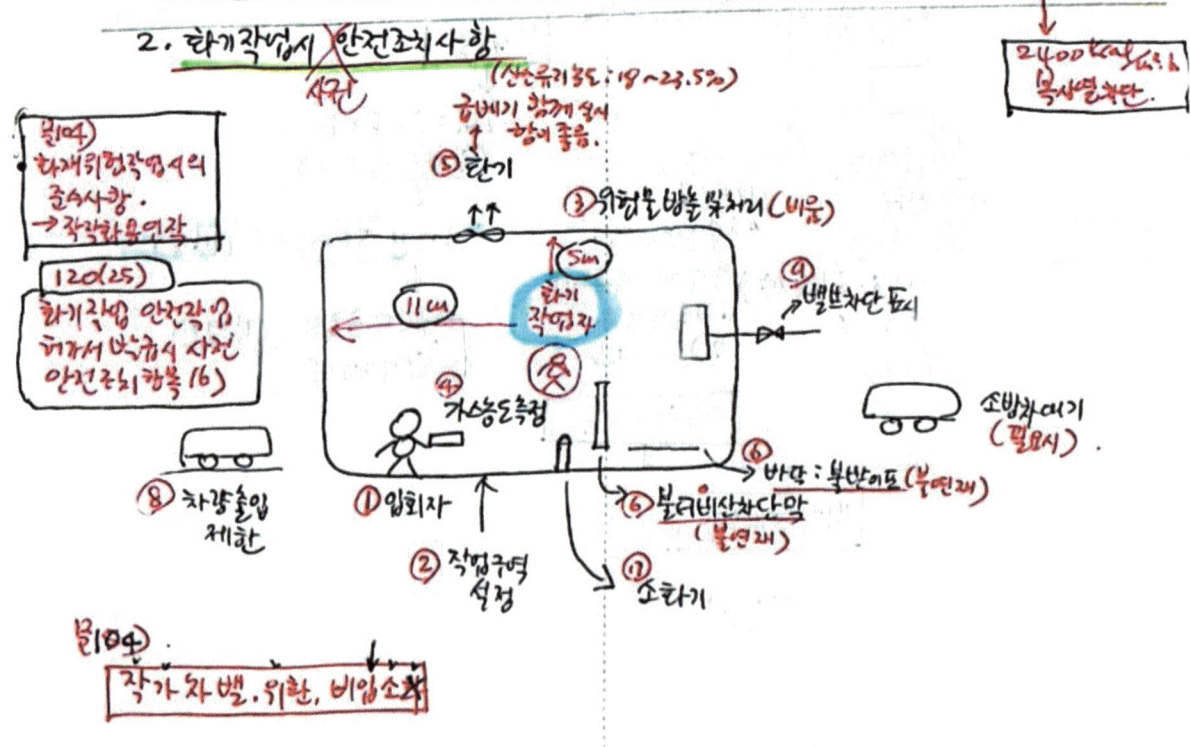

별책) 작가화뱉·위환·비압소

1) 안전담당자 입회   ③ 화재발생시 대피유도(필수요) ← 작업자
   ① 현장입회하여 안전상태 확인
   ② 주기적 가스농도 측정   → 감시반경 : 11m (기본)

2) 작업구역 설정
   ① 화염 또는 스파크등이 인근공정설비에 영향이 있다고
      판단되는 지역은 작업구역으로 설정
   ② 작업구역은 출입·통행 제한 → 출입금지 표지판

3) 위험물질의 방출 및 처리
   ① 배관 및 용기내 위험물질 비움 → 세정 → 가스농도 측정

4) 가스농도 측정
   ① 화기작업전 측정하고, 주기적으로 가스농도 측정 필요
   ② 가연성가스 : LFL의 25% ↓   ✓ 중식시간, 휴식시간..
      독성가스 : 허용농도↓ (TWA)
      산소농도 : 최소 18% 이상 ✓
         → 정상농도 21%이내 3% 위험은 가스부족 ... ←해설
         단말조치 100ppm 하여 21%이내 작업시시간에 바깥쪽

5) 환기
   ① 밀폐공간인 경우 강제환기 실시
   ② 환기의 목적 ┬ O₂농도유지 (18~23.5%)
                ├ 가연성가스 희석
                └ 독성가스 배출
      → 화기와 함께 실시한이 바람직 (공환기)

6) 불티비산차단막, 복받이포
   ① 용접불티등이 인화성물질에 비산방지
   ② 불연재료

7) 소화장비의 비치
   ① 이동식 소화기 비치
   ② 필요시 화재진압을 위한 소방차 대기

8) 차량등의 출입제한
   ① 불꽃이 발생하는 내연설비의 장비나 차량 통제

9) 열변차단 포지부착
   ① 벽을 차단 포지하거나 망막설치 ✓
      └ 열변소 현장 및 도면 포지
        (Wst-up)
        ↓
        PNP SNB

1) 본질적인 대책
   ① 단순화
      Fail safe. Fool proof.
   ② 혼축화.
      ┌ 유해위험물질 보유량 ↓
      └ 대형화보다 → 다량 연축성 (만들기)
   ③ 대체
      ┌ 유해위험성이 작은 물질로 바꿈.
      └ 위험성 높은 용매 → 낮은 용매.
   ④ 완화
      ┌ 위험성 낮은 화공조건. 농도.
      └ 온도↓. 압력↓
   ⑤ 영향의 제한.
      ┌ 피해영향 최소화 설계.
      └ 안전거리. 방유제.

2) 수동적인 대책
   이방전성 용배.
   ① 건축적 요소이용
   ② 위험지역 구분 및 방폭설비 ✗
   분사불폭발 ③ " 예간지 및 경보설비.
   ④ " 에 내화재료 사용 ✗
   ⑤ 봉쇄. 차단.
   ⑥ 폭안억제 설비 → 폭발억제.

3) 능동적인 대책 → 공전대비냉방(W) ✓
   ① 기계적 요소이용
   ✓② 내용물감시설비
      → 기계·경비
   ✓③ 안전장치기능 및 응동확인
   ④ 예비부품 확인
      - 위사 parts 많라 관리.
   ⑤ 공전내내 불냉반
   ⑥ 소화설비.

4) 절차적인 대책
   ① 위험성서바 · 물질의 위험성 포가
      ┌ 정성적 평가
      └ 정량적 "
   ② SOP
   ③ 비상대처계획.
   ④ 교육·훈련.
   ✓⑤ 점검 및 보수
   ⑥ RBI · RCM
   ✓⓻ 위험장치 설계·제작·보수검사
      → 재질·강도·비파괴검사·용접시공.
   ⑧ 안전진단.

5번 문제) 화재위험작업시 준수사항 (특별안전교육)

※ 화재위험작업시 사전안전조치 4항 문150)
(작업허가서 발행전)
작가화별 위탁 비상조치

1) 환기·통풍위해 산소사용 X

2) 화재위험작업시 준수사항 → 작업허용 인정

129(10)
가연성물는
장소에서 화재
위험작업
특별안전교육

① 작업준비 및 작업절차 수립
② 작업장내 위험물의 사용·보관현황 파악
③ 타기작업에 따른 인근 가연물에 대한 방호조치 및 소화기구 비치
④ 용접 불티 비산방지덮개, 용접방화포등 불꽃·불티등 비산방지조치
⑤ 인화성액체의 증기 및 인화성가스가 남아 있지 않도록 환기등의 조치
⑥ 작업근로자에 대한 화재예방·피난교육등 비상조치

→ 작업 시작·종료시까지 작업내용·작업일시·안전점검 및 조치 4항 작업장소에 게시
(같은 장소에서 상시·반복되는 작업 → 생략)

[비산불티의 특징]
① 수천개의 불티 발생→비산
② 풍향·풍속에 따라 비산거리 달라짐
③ 1600°C 이상 고온체 → 전화된 현상
④ 발화원 가능 크기 - 직경 0.3~3mm 적열
⑤ 가스용접시 산소압력, 절단속도, 절단방향에 따라 양과크기 달라짐
⑥ 축열로 인한 화재발생
→ 수동 천반 가능

6번 문제) 화재감시자

※ 120회 문제: 화기취급 안전작업 허가서 발급시 사전안전조치 항목 (6가지)

1. 정의
1) 화재의 위험을 감시하고, 화재 발생시 사업장내 근로자의 대피를 유도하는 업무만을 담당하는 사람
2) 용접·용단 작업장소에 지정 및 배치

2. 화재감시자 배치장소 [122회 (10점)]
1) 작업반경 11m 이내 가연성 물질이 있는 장소
2) 가연성 물질이 11m 이상 떨어져 있지만 불꽃에 의해 쉽게 발화될 우려가 있는 장소
3) 가연성 물질이 금속으로 된 칸막이, 벽, 천장 또는 지붕의 반대쪽면에 인접해 있어 열전도나 열복사에 의해 발화될 우려가 있는 장소

3. 사업주의 대피용 방연장비 지급품목

구분	지급품목
필수	확성기, 휴대용조명기구, 방연마스크
권장	휴대용소화기, 화재감시자조끼

[필조마조소]

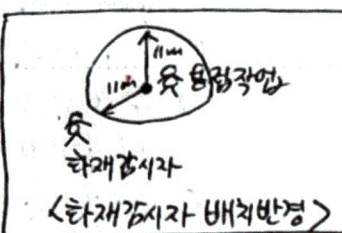
〈화재감시자 배치반경〉

4. 화재감시자 주요업무 [※21년 개정]
1) 화재의 위험감시
2) 화재발생시 근로자의 대피유도
3) 용접·용단 작업후 30분간 대기 → 화재발생 여부 확인
4) 비상경보설비 작동, 인근 소화설비 위치 확인

[51대3비]

개정내용:
1) 당해장소에 가연성물질이 있는지 여부 확인
2) 가스검지, 경보기의 작동여부 확인
3) 화재발생시 근로자 대피유도

※ 코사가이드
① 소화설비 위치 확인, 사용법 숙지하여 화재진화
② 확성기, 휴대용조명기구, 방연마스크 등을 휴대하고, 비상경보설비의 작동
③ 용접·용단작업 후 30분이상 화재발생여부 확인

※ OSHA (미. 작업환경위생국)
→ 화재발생시 작업자의 안전한 대피와 화재진압에 관해 지식 많고, 훈련 받아 능숙한 작업자

120회(25)

7번문제) 고양저유소 풍등 화재사고

1. 개요
   1) 증기압이 높은 휘발유가 저장된 상압저장TK의 내부는 휘발유 증기가 공기와 혼합되어 폭발분위기는 상시 형성됨.
   2) TK의 잘못된 설계로 TK 내부로 불씨(점화원)이 유입됨으로서 폭발이 발생하고 화재로 이어짐.

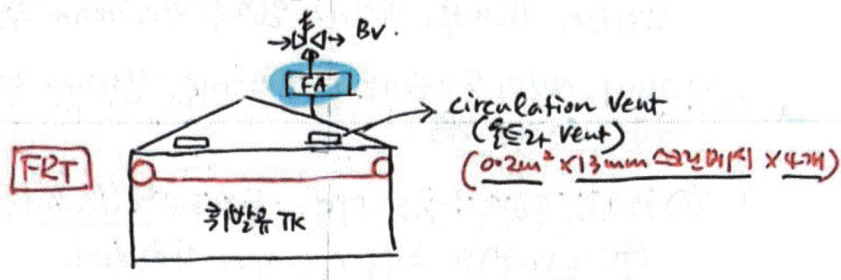

2. 휘발유 TK의 문제점
   1) 화재나 폭발을 방지하기 위해서는 연소의 3요소 중 한가지 이상은 관리하여야 함. 즉, 3가지 요소가 동시에 충족되지 않도록 관리되어야 함.

   (산) Class I
   fp < 23°C
   bp ≤ 35°C

   (위) 제1석유류
   (21℃) → 경유

   ① 가연물 (위험물)
      ㉠ 휘발유는 탄소수 5~11개 정도의 탄화수소 혼합물.
      ㉡ 증기의 비중은 1보다 커서 공기보다 무겁다.
      ㉢ Floating Roof의 Seal을 통해서 누출된 휘발유는 증기압이 높아 쉽게 기화되고, 증기는 Floating Roof 상부에 정체됨.
      ② 정체된 양이 많아지면 증기는 상부의 지붕까지 쌓일 수 있다.

② 산소(공기)
　㉠ 휘발유저장 TK가 상압 TK이므로 통기구를 통하여 공기가 자유롭게 드나들며, 휘발유 증기와 쉽게 혼합됨
　　→ 가연성 혼합기 형성

③ 점화원(부식)
　㉠ 인화성 액체를 저장하는 상압저장TK는 탱크 내부의 기체혼합 위험으로 공기가 섞여있는 가스폭발위험장소 이므로 점화원이 TK 내부로 유입되지 않도록 관리하여야 함
　㉡ 그래서, 상부의 통기구에는 화염방지기를 설치하여 점화원의 유입을 차단하고 있음.
　㉢ 그러나, 폭발된 TK는 지붕의 둘레에 Circulation Vent (윈드라 Vent)가 추가로 설치되어 있으며, 이곳을 통해 부식가 유입됨.

　＊ Circulation Vent는 API 650에서 0.2m² 크기로 4개이상 설치하고, 13mm의 폭은 매시스크린을 설치하도록 규정
　　→ 결론적으로 잘못된 설계임.

3. 결론
　1) 위험물 취급하는 설비를 설계·제작시에는 공인된 코드에서 제시하는 내용을 적용하더라도, 심도있는 위험성평가를 통해 위험요소를 찾아내고 개선하는 활동이 이루어져야 함.

＊ 개선안
① Circulation Vent를 막고, PIC control로 TK 내부 압력 유지.
　②번
　→ BV는 ??

8번 문제) 신뢰도함수(Reliability Function)

1. 신뢰도 함수
   1) 정의
      ① 신뢰도를 사용시간 t의 함수로 나타낸 것으로 그 값은 시간 t에서의 잔존(생존) 확률이 된다.
      ② 예) ㉠ 초기 부품총수는 N개, 시간 t에서의 잔존수 n(t)일 때 시간 t에서의 잔존확률.

신뢰도 함수 ← $R(t) = \dfrac{n(t)}{N} = \exp[-\lambda(t)] = e^{-\lambda t}$ → if t=1, $\lambda = -\ln(R)$

㉡ t시간까지의 고장난 부품의 누적확률 (F(t))

비신뢰도함수 = 누적고장확률 ← $F(t) = 1 - \dfrac{n(t)}{N} = 1 - e^{-\lambda t}$

㉢ t=∞ 에서 부품전부가 고장 → $F(t=\infty) = 1$

$$R(t) + F(t) = 1$$

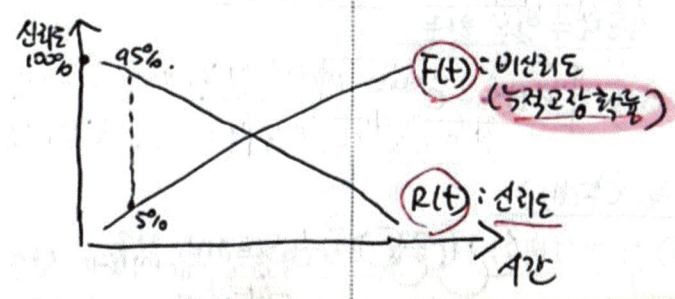

F(t) : 비신뢰도 (누적고장확률)

R(t) : 신뢰도

- 09년 (25)
  → Risk assessment 관점에서 bath tube 형태의 고장율(λ)을 시간(t)의 함수로 도시하고, 고장율(λ), 신뢰도(R), 고장확률(p)에 대하여 설명

- 05년 (25)
  → 고장율(λ), 신뢰도(R), 고장확률(p), MTBF 설명하고, 상호관계식으로

- 02년 (40)
  → 고장율, 신뢰도, 고장확률, MTBF 간의 관계

② $\lambda(t) = \dfrac{f(t)}{R(t)} = \dfrac{\text{고장확률밀도함수}}{\text{신뢰도함수}}$
고장율함수

* $f(t)$: 시간당 어떤 비율로 고장이 발생되고 있는가를 나타냄.

(예) 만일 평균고장율 $\lambda = 0.001/$시간, 1000시간 사용시 신뢰도.
$R(t=1000) = e^{-\lambda t} = e^{-0.001 \times 1000} = e^{-1} = 0.37$
즉 37%

즉, 1000시간 사용하면, 100개중 (37개 작동 / 63개 고장.

2. 고장율 (μ)
① 가동시간에 대하여 고장의 발생건수
② 공식 : 고장율 (μ) = $\dfrac{\text{총고장건수}(N)}{\text{총동작시간}(t)}$

3. 신뢰도 ($R(t)$)
① 기계설비가 가동중 고장은 발생하지 않고 작동할 수 있는 확률
② 공식 → $R(t) = e^{-\lambda t}$

4. 누적 고장확률 ($F(t)$)
① 기계설비가 가동중 고장을 일으키는 확률
② $F(t) = 1 - R(t) = 1 - e^{-\lambda t}$

9번 문제) MTBF. MTTF. MTTR 설명

1. 개요
   1) MTTF(평균고장시간) 과 MTBF(평균고장간격) 은 고장분석, 원인도출, 신뢰성측정에 폭넓게 활용됨
   2) MTTF 와 MTBF는 길수록, MTTR(평균수리시간)은 짧을수록 우수한 장비 척도임

2. 개념도
   1) 개념도

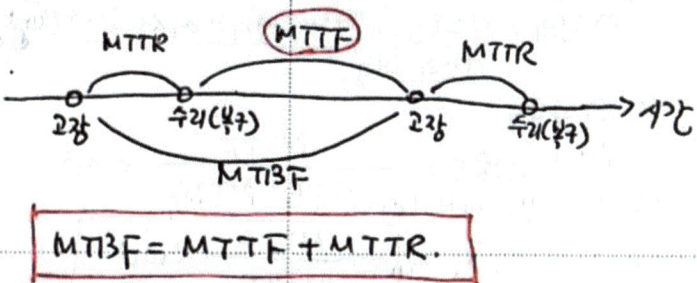

$$MTBF = MTTF + MTTR$$

   2) 용어설명
      ① MTTF (Mean time to Failure)
         ㉠ 평균고장시간
         ㉡ 고장수리후 다음 고장까지의 시간
         ㉢ 고장을 일으키지 않고, 정상작동하는 시간
           고장없이
         → 고장나면 버리는 개념 (백열구). 파열판. Fuse.

      ② MTTR (Mean time to Repair)
         ㉠ 평균 수리시간
         ㉡ 고장후 수리(복구) 까지의 시간
         ㉢ 수리율(μ) = $\dfrac{수리횟수(N)}{총수리시간(t)}$
         ㉣ $MTTR = \dfrac{1}{\mu} = \dfrac{총수리시간(t)}{수리횟수(N)}$

③ MTBF (Mean time between Failure) → 고장 후 수리하여 사용
  ㉠ 평균고장간격   (pump, 반응기…)
  ㉡ 고장에서 다음 고장 까지의 시간
  ㉢ $MTBF = \dfrac{1}{\mu(고장률)} = \dfrac{총가동시간(t)}{고장건수(N)}$

  ㉣ MTBF = MTTF + MTTR.

3. 가용도와 MTTF/MTBF의 활용
  1) 가용도
    ① 정의 : 시스템의 전체운영시간에서 고장없이 운영되는 시간의 비율

    ② 가용도
      $가용도 = \dfrac{MTTF}{MTTF + MTTR} \times 100$
      $\qquad = \dfrac{MTTF}{MTBF} \times 100$

  2) MTTF/MTBF의 활용
    ① 고장원인분석 : 고장의 분석과 원인 파악
    ② 가용도측정
    ③ 설계 : 제품설계 및 개발활용
    ④ 제품선정 : 목표 가용도 만족하는 제품선정
    ⑤ FT. HA 관점 : FT. HA의 가용성 체크

(25회 출제)

10번 문제) 시스템의 직렬/병렬연결 개념 및 신뢰도 고장율 산출방식

1. 직렬연결방식 (OR회로)

  답변) 1) 직렬연결방식의 정의
      연속연결된 공정요소중 어느하나라도 고장이 그 공정전체의 고장인것. (전체)

  공정2력
  ① R1,R2,R3 → OR   ② ─[R1]─[R2]─[R3]─

  2) 신뢰도 및 고장율
   ① 신뢰도 (Rs) = $R_1 \times R_2 \times R_3$
   ② 고장율 (λs) = $\lambda_1 + \lambda_2 + \lambda_3 = \sum_{i=1}^{n} \lambda_i$

  3) 적용예
   ① 자동화운전.   ② SIS (센서 - logic solver - Final Element)

  4) 특징
   ① 제어계가 2개요소로 연결
   ② 각 요소의 고장이 독립적으로 발생
   ③ 어떤 요소의 고장도 제어계의 기능을 잃는 상태
   ④ 중요도가 낮은 공정에 적용.

2. 병렬연결방식 (AND회로)

  1) 병렬연결방식의 정의
      다수의 공정요소들이 동시에 고장날때, 그공정전체의 고장인것 (전체)

  ① R1,R2,R3 → AND   ② ─[R1]─
                          ─[R2]─
                          ─[R3]─

2) 신뢰도 다령솔

① 신뢰도 $(R_t) = 1 - \{(1-R_1)(1-R_2)(1-R_3)\}$

② 고장률 $(\mu_t) = \dfrac{(-\ln(R_t))}{t}$

$\boxed{R_t = e^{-\mu t} \rightarrow \mu = \dfrac{-\ln(R_t)}{t}}$

3) 특징

① 결함의 기능을 대체할 수 있는 장치를 중복 부착 (Redundancy) — fail safe

② 원전, 항공기, 화학공장의 한 요소의 결함이 중대한 사고의 염려가 있는 경우 적용

[지도사] 11번 문제) 신뢰도(계산문제)

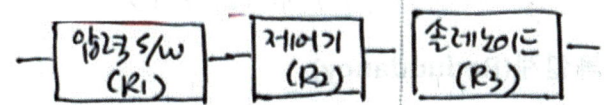

압력계에서 압력을 계측하여 제어기로 신호를 보내고 제어기에서 이를 평가 솔레노이드 v/v 를 통해 투입량을 제어하는 직렬시스템 → 전체신뢰도, 고장율, 전체고장확률.

항목	고장율(μ)
압력 S/W	1.41
제어기	0.29
솔레노이드 V/V	0.42

* 운전기간 : 1년.

(답).

1. 각각의 신뢰도 $e^{-\mu t}$

   $R_1 = \exp(-\mu t) = e^{-(1.41 \times 1)} = 0.244$

   $R_2 = \qquad\quad = e^{-(0.29 \times 1)} = 0.748$

   $R_3 = \qquad\quad = e^{-(0.42 \times 1)} = 0.657$

2. 시스템의 전체신뢰도 (Rt)

   $R(t) = R_1 \times R_2 \times R_3 = 0.244 \times 0.748 \times 0.657 = \boxed{0.120}$

3. 시스템 전체고장율 (μt)

   $\mu t = \mu_1 + \mu_2 + \mu_3 = 1.41 + 0.29 + 0.42 = \boxed{2.12}$

4. 전체 고장 확률 (Pt)

   $P(t) = 1 - R(t) = 1 - 0.120 = 0.88/yr$

   → 시스템이 1년내에 고장날 확률이 88% 로 높다.

   $P(t) = 1 - R(t)$
   $= 1 - e^{-\mu t}$
   $= 1 - e^{-2.12}$
   $= \boxed{0.88}$

(가능성↑) (이중화설계, 여유설계, 용량설계)

12번 문제) 중복설계(Reduudancy)

1. Redundancy 개념

   1) 정의 → 일부 고장이 발생하더라도 전체가 고장이 일어나지 않도록 기능적으로 여러인 부분을 복가해서 신뢰도를 향상시키는 중복설계 → 시스템 일부 고장시에도 본래의 기능 유지가능한 중복하여 설계

   2) 중복설계의 필요성
      ① Fail safe로 신뢰성 향상   ② 중요설비 및 장치 기능유지

   3) 중복설계 방식

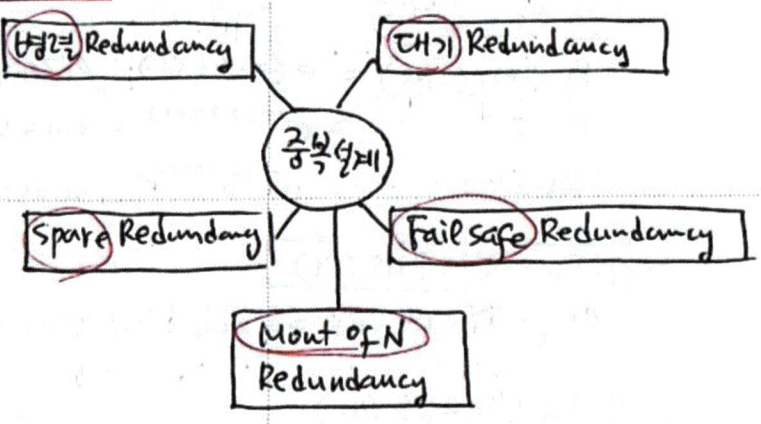

2. Redundancy 방식

구분	1) 병렬 Redundancy	2) 대기 Redundancy
① 개념	R₁(t) / R₂(t) (병렬)	R₁(t) / R₁(t) (스위치)
	통상은 1기운전 1기 stand-by (교대) → ① 2개의 구성요소가 항상 동작상태 있음 ② 1+1 Redundancy	① 여분 설계하며 구성요소가 동작하고 있지 않다가 필요시 작동 ② 1:1 Redundancy
~~② 분포~~	고장율 증가	고장율 증가

③ 신뢰도 (Rt)	$2e^{-\lambda t} - e^{-2\lambda t}$	$e^{-\lambda t}(1+\lambda t)$
④ 평균수명 (MTTF)	$\dfrac{3}{2\lambda}$	$\dfrac{2}{\lambda}$
⑤ 1개대비 수명증가	1.5배	2배
⑥ 예	안전% 이중화. Stand-by pump.	ATS (3) (상용전원 + 비상전원)

3) M out of N Redundancy

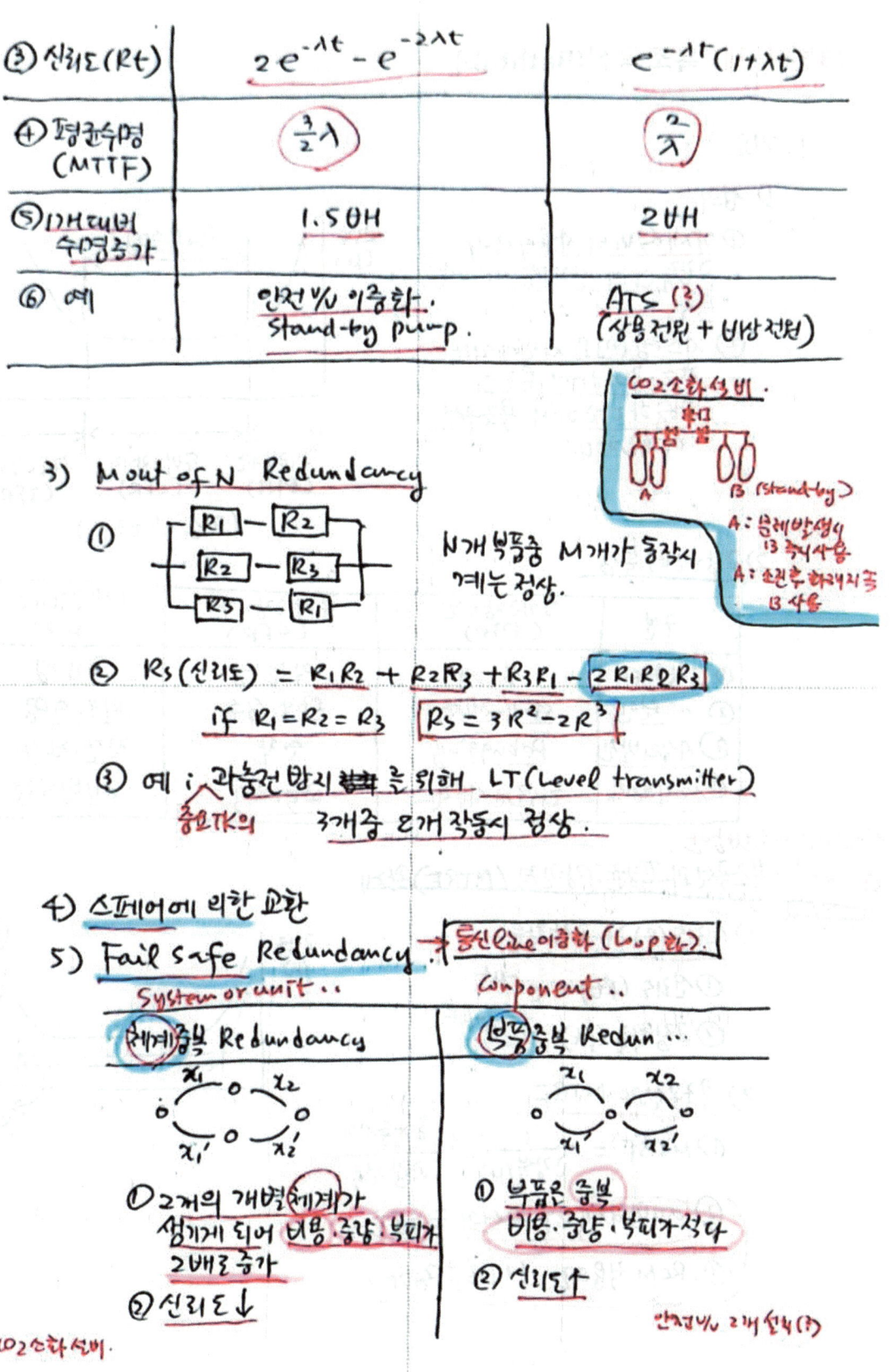

  ①
  N개 부품중 M개가 동작시 계는 정상.

  CO2 소화설비.
  A : 불레발생시 B 즉시사용
  A : 손괴후 하자시 B 사용
  B (stand-by)

  ② R_S (신뢰도) $= R_1R_2 + R_2R_3 + R_3R_1 - 2R_1R_2R_3$
  if $R_1 = R_2 = R_3$ $R_S = 3R^2 - 2R^3$

  ③ 예 ; 과충전 방지를 위해 LT (Level transmitter)
     중요TK의   3개중 2개 작동시 정상.

4) 스페어에 의한 교환
5) Fail safe Redundancy → 통신라인 이중화 (Loop화).

System or unit..	Component..
계계중복 Redundancy	부품중복 Redun…
x_1 ○ x_2 ○ x_1' ○ x_2'	x_1 x_2 x_1' x_2'
① 2개의 개별체계가 설치 되어 비용·중량·부피가 2배로 증가 ② 신뢰도 ↓	① 부품은 중복 비용·중량·부피가 적다. ② 신뢰도 ↑

CO2 소화설비.

안전% 2배 선시(3)

13번 문제) 욕조곡선(Bathtub)

1. 개요

   1) 정의

      ① 기계설비의 사용시간과 고장률과의 관계를 나타내는 곡선

      ② 시스템 고장은 시간에 따라 감소, 증가하며 욕조 바닥과 닮았다하여 욕조곡선 이라고 한다

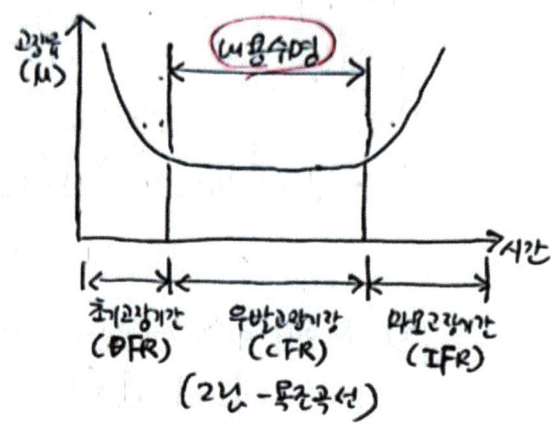

(2번 - 욕조곡선)

   2) 고장기간별 특징

구분	초기고장기간 (DFR)	우발고장기간 (CFR)	마모고장기간 (IFR)
① 고장형태	감소형	일정형	증가형
② 〃 원인	설계·제작	오조작·실수	마모·수명
③ 사선의발견	Debugging	손상	진단·검사
④ 조치방법	최적조건 시운전	교육·의식	예방보전

• 욕조곡선 개선방안

2. 욕조곡선과 평균고장간격 (MTBF) 관계

   1) 신뢰도(R) 과 고장확률

      ① 신뢰도 $(R(t)) = e^{-\lambda t}$

      ② 고장확률 $(F(t)) = 1 - e^{-\lambda t}$

   2) 욕조곡선과 MTBF

      ① $MTBF = \dfrac{1}{\text{고장률}(\lambda)} = \dfrac{\text{총가동시간}}{\text{고장건수}}$

      ② 예방보전으로 곡선의 하향화

      ③ RCM 적용으로 MTBF 증가

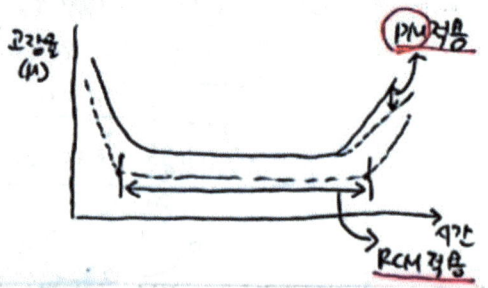

14번 문제) 정비작업 4가지
(TBM, CBM)

> ① 05년: 4가지 정비방법
> ② CBM & TBM 비교 → 10점가능성↑

1. 개요

1) 보전이란
　기계·설비·장치등이 고장나는 일 없이 안전하게
　가동하도록 보수하는 것.

2) 보전의 종류.

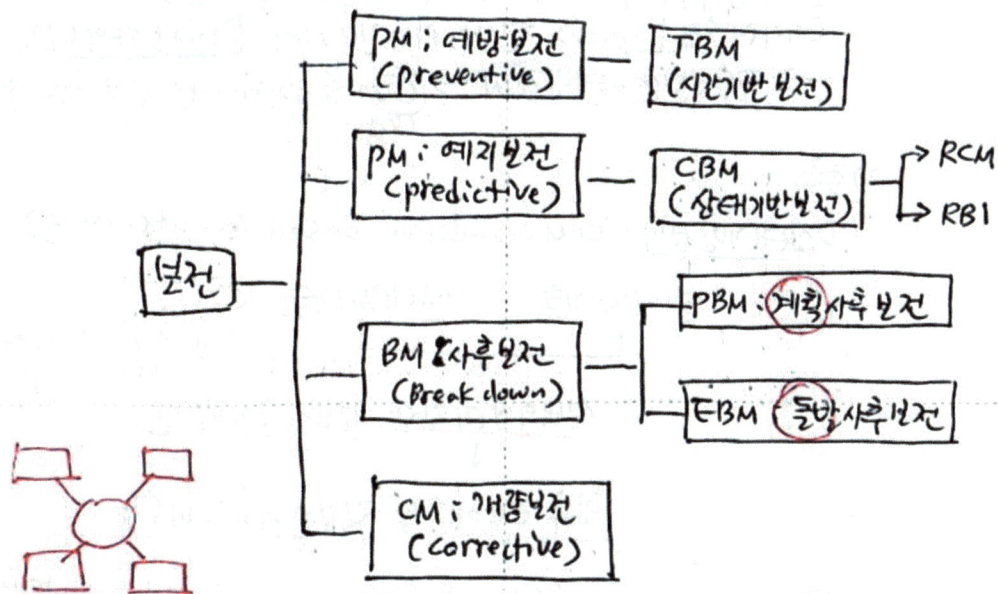

```
         ┌─ PM : 예방보전 ──── TBM
         │   (preventive)    (시간기반 보전)
         │
         ├─ PM : 예지보전 ──── CBM ──┬─ RCM
  보전 ──┤   (predictive)    (상태기반보전) └─ RBI
         │
         │                   ┌─ PBM : 계획사후 보전
         ├─ BM : 사후보전 ────┤
         │   (Break down)    └─ EBM : 돌발사후보전
         │
         └─ CM : 개량보전
             (corrective)
```

2. 정비방법

(1) 예방정비 (preventive Maintenance = 예방보전)

　1) 정의
　　기계의 상태와는 관계없이 기계 또는 설비의 일부분
　　또는 전부를 정기적으로 분해수리

　2) 예방정비의 종류
　　① TBM (Time based Maintenance) : 시간기반예방보전
　　　과거의 고장데이터 분석하고, 평균고장시간 (MTTF)을
　　　기본으로 정비시기를 결정하는 방법. 평균고장간격 (MTBF).

② IR (Inspection & Repair)
설비를 정기적으로 분해검사하여 불량인 것은 교환하는 것으로 Overhaul형 보전

(2) 예지정비 (predictive Maintenance)
 1) 정의
  ① 설비진단기술을 활용하여 설비의 현재상태를 파악 → 데이터 수집 분석 → 현상을 미리 진단하여 문제점 파악발견 → 필요부분만 예방정비 → 긴급가동중지에 따른 손실 최소화 예상.

 2) 종류
  ① 상태기반정비 (CBM : Condition Based Maintenance)

   설비진단기술   상태감시기술   CMS
              ↓   Condition Monitoring
         설비의 상태판단, 결함의 조기발견   System (진동)
              ↓
         향후 고장예측 및 적절한 시기 정비수행

  ② 대표적인 예 ┌ RCM (Reliability Centered Maintenance)
              └ RBI (Risk based inspection)
                 → 위험기반검사.
                 - 발생빈도 높고 피해정도 심각한 위험설비 집중관리.
                 - Risk (위험) = LOF × COF
                              (사고발생확률) (사고발생결과)
                 → 위험경감 방안 5감
                 · Risk ↑ → 검사주기 ↓
                 · Risk ↓ →   "   ↑

(3) 개량정비 (Corrective Maintenance = 개량보전)

  1) 정의
    ① 현존설비의 문제점을 ─┌ 보전성↑
       계획적, 적극개선   ├ 안전성↑
       (프로젝트팀)   ├ 신뢰성↑
                         └ 경제성↑
    ② 수명연장·수리시간 및 수리비단축목적
    ③ 개량보전의 적용
       ┌ 시스템영향 大
       │ 점검·검사 어려운곳 ┠→ 개량보전 적용.
       └ 열화경향의 산포 大
                              ※ 프로젝트팀, TFT 구성하여
                                 해결과제

(4) 사후보전 (Breakdown Maintenance 고장보전)

  1) 정의   (2때)
    ① 기계·설비에 결함이 발생하면 사후에 수리하는 것으로
       고장이 날때까지 계속운전. → 중요하지 않은 설비.

  2) 적용
    ① 중요하지 않은 설비
    ② 고장나도 중대사고가 없는 설비 ┠ 사후보전 적용.
    ③ 예비설비가 있는 설비

  3) 종류
    ① PBM (Planned Breakdown M.. : 계획 사후보전)
       → 고장날때까지 사용하여 보전하는 계획사후보전
    ✓② EBM (Emergency 〃   : 돌발 사후보전)
       ㉠ 예상외의 고장으로 긴급 교체하는 긴급사후보전.
       ㉡ 한가지 결함은 2차적으로 치명적인 결함을 파생
          → 돌발적 사고 피할수 없다.

전기인 동영상 강의가 있는
성재준기술사의

화공안전기술사 합격 서브노트 제 2 권

발행일 : 2025. 9. 22 초판발행

저　자 : 성재준
발행인 : 김종선
발행처 : 도서출판 전기박사드림

주　소 : 서울시 금천구 범안로 1130, 1510 (도서출판)전기박사드림
T E L　: 02-2624-2865

- 이 책의 어느 부분도 저작권자나 발행인의 승인 없이 무단 복제하여 이용할 수 없습니다.
- 파본 및 낙장은 구입하신 서점에서 교환하여 드립니다.
- 전기인 홈페이지 : www.jeongibaksa.co.kr

정가 : 47,000 원
ISBN 979-11-994926-1-5